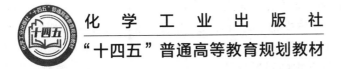

"十四五"普通高等教育规划教材

固体废物处理与处置

李卫兵　孔晓伟　白卯娟　主编

·北京·

内容简介

《固体废物处理与处置》全面系统地介绍了固体废物的基本概念、处理、处置及资源化技术与方法,包括生活垃圾、工业固体废物、建筑垃圾、农业固体废物及危险废物的来源、性质、分类、运输、贮存、前处理、后处理(包括物理方法、化学方法、微生物方法、焚烧等)和最终处置及实例,以及固体废物的资源化等。本书在编写上力求通俗易懂,便于查阅,尽量多地采用图形,使读者一目了然,加深认识。

本书可供高等学校相关专业师生使用,也可供环境工程、环境科学等相关专业从业人员作为参考之用。

图书在版编目(CIP)数据

固体废物处理与处置 / 李卫兵,孔晓伟,白卯娟主编. -- 北京:化学工业出版社,2024.10. -- (化学工业出版社"十四五"普通高等教育规划教材). -- ISBN 978-7-122-46692-1

Ⅰ. X705

中国国家版本馆CIP数据核字第2024XM9320号

责任编辑:李 琰 宋林青 文字编辑:葛文文
责任校对:宋 玮   装帧设计:韩 飞

出版发行:化学工业出版社
(北京市东城区青年湖南街13号 邮政编码100011)
印　　装:高教社(天津)印务有限公司
787mm×1092mm 1/16 印张19½ 字数486千字
2025年5月北京第1版第1次印刷

购书咨询:010-64518888   售后服务:010-64518899
网　　址:http://www.cip.com.cn
凡购买本书,如有缺损质量问题,本社销售中心负责调换。

定　价:58.00元   版权所有　违者必究

前言

《固体废物处理与处置》作为环境科学与环境工程专业的核心课程，在环境科学领域占据重要位置，是专业知识体系不可或缺的基石。在工业化飞速发展，产业持续升级的大背景下，培养兼具创新思维与实践能力的新工科人才，成为人才培养的共同目标。

本书在内容编排上，契合了新版《中华人民共和国固体废物污染环境防治法（2020 年修订）》的脉络设计，采用"概论-采样分析及处理-生活垃圾-工业固废-建筑垃圾和农业固废-危险废物"的思路架构，区别于传统固废教材的多以知识点为主线的架构类型，为环境工作者的学习又增加一个选项。编写时，深挖技术原理，聚焦实操要点，剖析优势与局限，便于读者活学活用，利于理论落地提高实操能力。

为确保知识的权威性和时效性，编写团队走访固体废物处理领域的资深专家、学者，将前沿科研成果、最新行业动态融入教材；同时，以行业头部企业授权仿真动画为依托，打造新颖、有动态感的高质量新形态教材，助力读者理解不同场景下技术的选择与运用策略。

本教材由青岛科技大学环境与安全工程学院资助出版，编写团队如下：

主编：李卫兵 孔晓伟 白卯娟

副主编：孙瑾 高伟杰 李玲玲

工艺技术指导：高伟杰 刘家斌 英慎林

其他参编人员：张亚萍 暴勇超 刘文龙 刘文容 党锦

数字资源（视频）依托单位：

北京欧倍尔软件技术开发有限公司

郑州洁普智能环保技术有限公司

河南国立百特环保科技有限公司

青岛市固体废弃物处置有限责任公司

青岛十方生物能源有限公司

青岛环境再生能源有限公司

青岛中海环境工程有限公司

吉林省鑫祥有限责任公司

在本书的编写过程中，有幸得到上海腾韶环境科技有限公司高级工程师张益老师的鼎力相助，同时，化学工业出版社的李琰、宋林青同志也为本书的编撰与出版付出诸多心血，在此一并表示感谢。

由于编者水平与经验尚有不足，书中或有疏漏之处，诚盼广大读者不吝赐教，多提宝贵意见。

李卫兵
2024 年 12 月于青岛科技大学

目录

第一篇 概论 — 1

第1章 固体废物的定义和分类 — 2
1.1 固体废物的定义及特征 — 2
1.2 固体废物的来源 — 3
1.3 固体废物的分类 — 4

第2章 固体废物的危害及污染控制 — 9
2.1 固体废物的危害 — 9
2.2 固体废物的污染途径 — 9
2.3 固体废物的污染控制 — 10

第3章 固体废物的管理体系与标准 — 13
3.1 固体废物管理体系及原则 — 13
3.2 固体废物管理的基本法规 — 13
3.3 固体废物管理的标准体系 — 15

第二篇 固体废物的采样分析和处理 — 17

第4章 固体废物的采样分析 — 18
4.1 样品采集 — 18
4.2 样品保存 — 26
4.3 样品制备 — 28
4.4 样品分析 — 30

第5章 固体废物的处理 — 36
5.1 脱水和干燥 — 36
5.2 压实 — 48
5.3 破碎 — 51
5.4 分选 — 60
5.5 浸出 — 79
5.6 其他处理技术 — 81

第三篇　生活垃圾

第6章　生活垃圾概述 … 86
6.1　生活垃圾及其危害 … 86
6.2　生活垃圾的产生量和清运量 … 87
6.3　生活垃圾的特点及分类 … 88
6.4　生活垃圾的处理处置方式 … 91

第7章　生活垃圾的收运 … 94
7.1　生活垃圾收运的管理及收运方式 … 94
7.2　生活垃圾收运过程 … 96
7.3　生活垃圾的运贮 … 97
7.4　生活垃圾的清运 … 99
7.5　生活垃圾的转运 … 104

第8章　生活垃圾的焚烧 … 109
8.1　概述 … 109
8.2　焚烧原理 … 112
8.3　焚烧过程的平衡分析 … 116
8.4　机械炉排型焚烧炉的焚烧技术 … 122
8.5　流化床焚烧炉的焚烧技术 … 136
8.6　回转窑式焚烧炉的焚烧技术 … 141

第9章　生活垃圾的卫生填埋 … 145
9.1　概述 … 145
9.2　填埋场选址 … 149
9.3　填埋场总体设计 … 151
9.4　场地处理及场底防渗系统 … 153
9.5　渗滤液收集导排 … 158
9.6　填埋气体导排与利用 … 167
9.7　填埋场封场及土地利用 … 175
9.8　垃圾填埋场典型案例 … 178

第10章　厨余垃圾的生物处理 … 182
10.1　概述 … 182
10.2　厌氧发酵处理技术 … 185
10.3　餐厨垃圾处理实例 … 195

第四篇　工业固体废物

第11章　工业固体废物简介 … 200
11.1　工业固体废物的分类 … 201

11.2 工业固体废物的特征 …………………………………………… 202
11.3 工业固体废物的产生 …………………………………………… 202
11.4 工业固体废物的贮存 …………………………………………… 203
11.5 工业固体废物的排放 …………………………………………… 203
11.6 工业固体废物的管理 …………………………………………… 204

第12章 工业固体废物的综合利用 ……………………………………… 205
12.1 煤矸石 …………………………………………………………… 205
12.2 粉煤灰 …………………………………………………………… 206
12.3 高炉渣 …………………………………………………………… 208
12.4 铬渣 ……………………………………………………………… 210

第五篇 建筑垃圾和农业固体废物 212

第13章 建筑垃圾的处理与资源化 ……………………………………… 213
13.1 概述 ……………………………………………………………… 213
13.2 建筑垃圾的管理原则 …………………………………………… 215
13.3 建筑垃圾的资源化利用 ………………………………………… 219

第14章 农业固体废物的处理与资源化 ………………………………… 224
14.1 概述 ……………………………………………………………… 224
14.2 畜禽养殖废物 …………………………………………………… 228
14.3 农作物秸秆 ……………………………………………………… 252
14.4 农用塑料残膜 …………………………………………………… 269

第六篇 危险废物 274

第15章 危险废物的处理与处置 ………………………………………… 275
15.1 危险废物的鉴别与管理 ………………………………………… 275
15.2 危险废物的收集、贮存与运输 ………………………………… 280
15.3 危险废物的固化/稳定化处理 …………………………………… 283
15.4 危险废物处置技术 ……………………………………………… 293

参考文献 302

第一篇

概 论

第1章 固体废物的定义和分类

1.1 固体废物的定义及特征

1.1.1 固体废物的定义

中华人民共和国固体废物污染环境防治法（2020年修订）

依据《中华人民共和国固体废物污染环境防治法》，固体废物是指在生产、生活和其他活动中产生的丧失原有利用价值或者虽未丧失利用价值但被抛弃或者放弃的固态、半固态和置于容器中的气态的物品、物质以及法律、行政法规规定纳入固体废物管理的物品、物质。经无害化加工处理，并且符合强制性国家产品质量标准，不会危害公众健康和生态安全，或者根据固体废物鉴别标准和鉴别程序认定为不属于固体废物的除外。

由于液态废物（排入水体的废水除外）和置于容器中的气态废物（排入大气的废物除外）的污染防治同样适用于《中华人民共和国固体废物污染环境防治法》，所以有时也把这些废物称为固体废物。

固体废物需要根据法律、行政法规规定进行管理，经过无害化处理并符合国家产品质量标准，以确保不对公众健康和生态安全造成危害。除非根据固体废物鉴别标准和程序确认不属于固体废物，否则都需要被视为固体废物。

《固体废物鉴别标准 通则》（GB 34330—2017）对固体废物的利用、处理和处置的含义进行了较为明确的界定。固体废物的利用，是指从固体废物中提取物质作为原材料或者燃料的活动；固体废物的处理，是指利用物理、化学、生物等方法，使固体废物转化为适合于运输、贮存、利用和处置的活动；固体废物的处置，是指将固体废物焚烧和用其他改变固体废物的物理、化学、生物特性的方法，达到减少固体废物数量、缩小固体废物体积、减少或者消除其危险成分的活动，或者将固体废物最终置于符合环境保护规定要求的填埋场的活动。

1.1.2 固体废物的特性

（1）污染性

固体废物的污染性表现为固体废物自身的污染性以及固体废物在处理过程中的二次污染性。

（2）废弃性和资源性的相对性

固体废物具有其独特性，既丧失了原有的使用价值，又具备再生利用的潜力。固体废物仅是在特定时间和空间条件下失去了价值，某一过程的废物往往又是另一过程的原料，这种矛盾特性在时间和空间上都得到了体现。随着科学技术的不断进步和矿物资源的日渐枯竭，过去的废物将成为未来的宝贵资源。因此固体废物又被称为"放错地方的资源"。

（3）复杂多样性

固体废物的种类繁多，成分复杂。如，一台废旧电视机由阴极射线管（CRT）屏玻璃、CRT 锥玻璃、白铜、镍网、不锈钢、荧光粉、印刷电路板等 23 种小部件组成，包含了 700 多种物质。其中，CRT 锥玻璃、荧光粉、印刷电路板和管颈管（电子枪）玻璃等为危险废物。

（4）富集终态和污染源头的双重性

固体废物通常是各种污染物的最终形态。如，一些有害气体或飘尘在经过处理后会聚集成固体废物；一些有害溶质和悬浮物则会在处理过程中被分离出来形成污泥或残渣；还有一些含有重金属的可燃固体废物，在焚烧后，重金属会富集于灰烬。然而，这些"终态"物质中的有害成分在长时间受自然因素影响后，又会释放到大气、水体和土壤中，成为环境的污染源头。

（5）潜在性和长期性

固体废物本身具有的呆滞性，使得它的污染过程缓慢，很容易被忽视。这种隐蔽的污染若长期存在，很可能演变成灾难性事件。

一个典型的案例就是美国的腊芙运河污染事件。

腊芙运河原本是美国的一条废弃的运河，1942 年，美国胡克公司购买了这条运河，用于倾倒工业废料。经过 11 年的倾倒，运河逐渐被填满，该公司在表面做好覆盖后于 1953 年将其转赠给当地的教育机构。随后，纽约市政府在这个区域建起了住宅和学校。然而，从 1977 年开始，当地居民开始出现各种奇怪的疾病，如孕妇流产、婴儿畸形、癫痫、直肠出血等。更为严重的是在 1978 年夏季，一场暴风雨后，地面开始渗出一种黑色液体，这种液体接触的地方，草木枯萎发黑，皮肤接触后出现灼伤，这引起了当地居民的恐慌。随后，经过有关部门的监测和分析，发现当地地表共有 82 种化学物质泄漏，其中包括氯仿、三氯酚、二溴甲烷等十多种致癌物质，给当地居民的健康造成了长期的伤害。

1.2 固体废物的来源

固体废物主要源自人类的生产、消费和环境污染治理过程。具体可归纳为以下三个来源。

（1）生产过程中的副产品

现代社会的运转依赖于复杂的生产系统，涵盖原料采集、工农业生产等环节。在这些生产过程中，产生的副产品往往是固体废物的主要来源。这些固体废物包括但不限于以下几类：

① 在产品加工和制造过程中产生的下脚料、边角料、残余物质等。

② 在物质提取、提纯、电解、电积、净化、改性、表面处理等处理过程中产生的废弃物，如高炉渣、钢渣、赤泥、电解泥、电镀槽渣、打磨粉尘等。

③ 在物质合成、裂解、分馏、蒸馏、溶解、沉淀等过程中产生的残余物质，包括废酸液、废碱液、氨碱白泥等。

④ 金属矿、非金属矿和煤炭开采、选矿过程中产生的废石、尾矿、煤矸石等。

⑤ 石油、天然气、地热开采过程中产生的钻井泥浆、废压裂液、油泥或油泥砂、油脚和油田溢出物等。

⑥ 火力发电厂锅炉、其他工业和民用锅炉、工业窑炉等热能或燃烧设施中，燃料燃烧产生的燃煤炉渣等残余物质。

⑦ 在建筑、工程等施工和作业过程中产生的报废料、残余物质等建筑废物。

⑧ 畜禽和水产养殖过程中产生的动物粪便、病害动物尸体等。

⑨ 农业生产过程中产生的作物秸秆、植物枝叶等农业废物。

此外，在教学、科研、生产、医疗等实验过程中也会产生实验室废弃物质。

(2) 丧失原有使用价值的物质

丧失原有使用价值的物质，包括但不限于以下几类：

① 在生产过程中产生的不合格品、残次品、废品等。

② 因为超过质量保证期，或因沾染、混杂等原因影响到其质量，无法满足使用要求，而不能在市场出售、流通或者不能按照原用途使用的物质。

③ 因使用寿命到期，或丧失原有功能而无法继续使用的物质。

④ 执法机关查处没收的需报废、销毁等无害化处理的物质，包括（但不限于）假冒伪劣产品、侵犯知识产权产品、毒品等禁用品。

⑤ 生活中丢弃的生活垃圾等。

⑥ 由于其他原因而不能在市场出售、流通或者不能按照原用途使用的物质。

(3) 环境治理和污染控制过程中产生的物质

在处理废水、废气、废渣过程中，也会产生固体废物，比如印染废水处理产生的污泥、电厂烟气脱硫产生的脱硫渣、垃圾焚烧产生的灰渣等。

总之，固体废物随着社会生产、流通和消费活动而产生，也伴随着人类社会的进步、生产方式的改变以及科技的进步而不断更新。

1.3 固体废物的分类

科学合理的固体废物分类是有效管理的关键支撑。分类的首要目标是规范管理行为，为管理决策提供依据，引导开发适当的处理和利用技术，为不同类型的固体废物选择合适的处理和利用方法提供指导。

1.3.1 分类准则

固体废物来源广泛，不仅产生于不同的生产过程，还具有不同的组成特征。固体废物的分类方法有多种，常见的分类方式有以下几类。

① 按其化学组成，可分为有机废物和无机废物。有机废物是指废物的化学成分主要是有机物的混合物，无机废物是指废物的化学成分主要是无机物的混合物。

② 按其形态，可分为固态废物、半固态废物和液态（气态）废物。固态废物是指以固体形态存在的废物；半固态废物是指以膏状或糊状存在并具有一定流动性的废物；液态（气态）废物是指存放于容器内的液态（气态）废物，排出的废水以及排放的气体则不属于固体

废物范畴。

③ 按其污染特性，可分为危险废物和一般废物。

④ 按其毒性，可分为有毒有害和无毒两大类。有毒有害固体废物是指具有毒性、易燃性、腐蚀性、反应性、放射性和传染性的固体、半固体废物，没有这些性质的则为无毒固体废物。

1.3.2 固体废物的行业分类

实际管理过程中，常用的分类方法是根据废物的产生来源进行划分。根据来源不同，固体废物分为产业固体废物和生活垃圾。产业固体废物又可细分为工业固体废物、农业固体废物和建筑垃圾等，如图 1-1 所示。这种分类方法与《中华人民共和国固体废物污染环境防治法》一致，是管理法规中常见的固体废物分类标准方法。

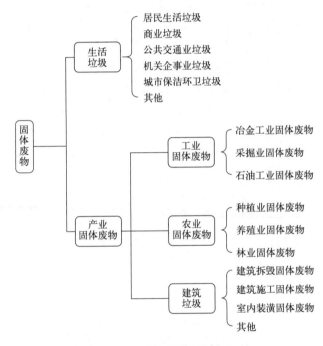

图 1-1 固体废物分类体系

(1) 工业固体废物

工业固体废物，是指在工业生产活动中产生的固体废物。这些废物涵盖了多个领域，如冶金工业的高炉渣、钢渣、金属渣、赤泥等；燃煤工业的粉煤灰、炉渣、除尘灰等；矿业的废石、尾矿、煤矸石等；化工工业的油泥、焦油页岩渣、废有机溶剂、酸渣、碱渣、医药废物等；轻工业的发酵残渣、废酸、废碱等；其他工业废物，如金属碎屑、建筑废料等。

工业固体废物分为一般工业固体废物和危险性工业固体废物。其中，危险性工业固体废物是指被列入《国家危险废物名录》（2021 年版），或根据《危险废物鉴别标准》（GB 5085—2007）判定为具有危险特性的工业固体废物。该类废物须严格按照危险废物管理法规和流程进行处理和处置。

一般工业固体废物是指企业在工业生产过程中产生且不属于危险废物的工业固体废物。在日常管理中，通常所说的工业固体废物为一般工业固体废物，与危险性工业固废相比，一般工业固体废物的危险性较低，且其资源化回收利用价值较高。因此，一般工业固体废物和危险废物要求分别处理和处置。

在本书中，所提到的工业固体废物，除非另有说明，均指一般工业固体废物。根据《固体废物分类与代码目录》，一般工业固体废物的种类如表1-1所示。

表1-1 一般工业固体废物名录

废物类别	废物名称	行业来源	废物类别	废物名称	行业来源
SW01	冶炼废渣	炼铁	SW09	赤泥	常用有色金属冶炼
		炼钢	SW10	磷石膏	基础化学原料制造
		钢压延加工	SW11	其他工业副产石膏	基础化学原料制造
		铁合金冶炼			常用有色金属冶炼
		常用有色金属冶炼			非特定行业
		贵金属冶炼	SW12	钻井岩屑	石油开采
		稀有稀土金属冶炼			天然气开采
		有色金属合金制造			非特定行业
		有色金属压延加工	SW13	食品残渣	植物油加工
		非特定行业			屠宰及肉类加工
SW02	粉煤灰	非特定行业			调味品、发酵制品制造
SW03	炉渣	电力生产			酒的制造
		非特定行业			饮料制造
SW04	煤矸石	煤炭开采和洗选			烟叶复烤
SW05	尾矿	铁矿采选			卷烟制造
		锰矿、铬矿采选			非特定行业
		常用有色金属矿采选	SW14	纺织皮革业废物	机织服装制造
		贵金属矿采选			皮革鞣制加工
		稀有稀土金属矿采选			非特定行业
		化学矿开采	SW15	造纸印刷业废物	纸浆制造
		石棉及其他非金属矿采选			造纸
		非特定行业			印刷
SW06	脱硫石膏	煤炭加工			非特定行业
		炼铁	SW16	化工废物	精炼石油产品制造
		电力生产			煤炭加工
		非特定行业			生物质燃料加工
SW07	污泥	屠宰及肉类加工			基础化学原料制造
		食品制造业			合成材料制造
		酒、饮料和精制茶制造业			金属表面处理及热处理加工
		纺织业			非特定行业
		造纸和纸制品业	SW17	可再生类废物	非特定行业
		电子器件制造	SW59	其他工业固体	非特定行业
		非特定行业			

(2) 生活垃圾

生活垃圾，是指日常生活中或为日常生活提供服务的活动中产生的固体废物，以及法律、行政法规规定视为生活垃圾的固体废物。

生活垃圾不仅包括城市生活垃圾，还包括农村生活垃圾。2019 年发布的《生活垃圾分类标志》（GB/T 19095—2019），给出了生活垃圾的分类及相应的标志和颜色，指导生活垃圾如何分类。依据该标准，生活垃圾被分为可回收物、有害垃圾、厨余垃圾和其他垃圾四大类以及十一个小类，详见表 1-2。

表 1-2 生活垃圾的分类

序号	大类	小类
1	可回收物	纸类
2		塑料
3		金属
4		玻璃
5		织物
6	有害垃圾	灯管
7		家用化学品
8		电池
9	厨余垃圾	家庭厨余垃圾
10		餐厨垃圾
11		其他厨余垃圾
12	其他垃圾	—

注：1. 除上述四大类外，家具、家用电器等大件垃圾和装修垃圾应单独分类。
2. 厨余垃圾也可称为湿垃圾，其他垃圾也可称为干垃圾。

(3) 建筑垃圾、农业固体废物

建筑垃圾，是指建设单位、施工单位在新建、改建、扩建和拆除各类建筑物、构筑物、管网等，以及居民装饰装修房屋过程中产生的弃土、弃料和其他固体废物。

农业固体废物，是指在农业生产活动中产生的固体废物，主要来自种植业及养殖业，包括农作物在种植、收割、交易、加工利用等过程中产生的源自作物本身的固体废物以及农业残膜，还有畜禽养殖宰杀过程中产生的畜禽粪便、脱离毛羽等废物。

(4) 危险废物

危险废物，是指列入《国家危险废物名录》或者根据国家规定的危险废物鉴别标准和鉴别方法认定的具有危险特性的固体废物。

危险废物是从对环境的危害与非危害的角度来分类的，更通俗的定义是：具有毒害性、腐蚀性、化学反应性、传染性、放射性等特性，能够对人体健康或环境安全构成危害或潜在危害的废物。关于危险废物的含义，应当明确以下几点：

① 这里说的危险废物不能与公安部门管理的易燃易爆有毒的危险物品混为一谈，但它又不能排除有毒有害的成分。

② 环保部门在认定企业排放、倾倒、处置的物质是否属于危险废物时，首先对照《国家危险废物名录》进行判定，凡列入《国家危险废物名录》的废物种类都是危险废物，需要

特殊的防控措施和管理方法。

③ 有一些固体废物虽然没有被列入《国家危险废物名录》，但根据国家规定的危险废物鉴别标准和鉴别方法，符合条件的也认定为危险废物。

④ 危险废物的形态不仅限于固态，还有半固态、液态（高浓度废液）、置于容器中的气态废物，但排入水体的废水和排入大气的废气不属于危险废物的管理范畴。

⑤《国家危险废物名录》不是固定不变的，而是根据实际情况实行动态调整。

此外，国家对危险废物中的放射性废物有专门的管理规定，自成体系，也不属于危险废物的管理范畴。

第 2 章 固体废物的危害及污染控制

2.1 固体废物的危害

固体废物因为缺乏流动性,往往表现出来的是呆滞性大、扩散性小的特性,对环境的危害也更具有间接性和隐蔽性。

固体废物对环境的影响及危害主要表现在以下三个方面。

(1) 对土壤环境的危害

固体废物若随意堆放而不加以处理,不仅会占用大量的土地,还会对土壤造成严重污染。土壤是许多微生物如细菌和真菌居住繁衍的地方,它们与植被共同构成了生态循环系统,在碳循环和氮循环中扮演着关键角色。然而,如果固体废物随意堆放,受到自然风化、雨雪侵蚀和地表径流的影响,其中的有害成分将迁移到地表,破坏土壤中的微生物群落,使土壤变得板结并丧失腐解能力,从而导致植物无法正常生长。这些有害成分不仅会阻碍植物根系的发育和生长,还会在植物体内积聚,通过食物链传递最终危害人体健康。

(2) 对大气环境的危害

固体废物中含有许多微小颗粒和粉尘,容易在堆放或搬运时飘散至空气中,直接对大气环境造成污染。此外,在适宜的温湿条件下,固体废物中的有机物质可能发生厌氧发酵,产生的沼气排放到大气中会导致空气污染。固体废物在低温或高温处理过程中,会产生一些有毒有害的气体,比如焚烧过程中产生的二噁英,这些气体难以实现零排放,进入大气中,也会对人体健康造成直接或间接的危害。

(3) 对水环境的危害

固体废物可以随着自然降水或地表径流流入河流和湖泊,也可随着风的迁移落入水体。其中的有毒有害物质会危害水中生物,并且对人类的水源造成污染,对人类健康构成威胁。此外,固体废物还可能产生渗滤液,其危害更为严重,因为它可以渗透到土壤中,直接污染地下水。如果固体废物直接排放到河流、湖泊或海洋中,将导致更严重的水体污染。即使是无毒的固体废物,也会导致水体污染,造成河床淤塞、水面降低,严重时还会影响国家水利工程设施等。

2.2 固体废物的污染途径

固体废物本身就是一种污染物,当它进入水体、大气等环境时,会直接或间接地对人类和环境要素造成影响和危害。在特定条件下,固体废物还会发生化学、物理或生物的转化。

如果处理不当，一些有毒有害的化学物质和病原微生物等会通过大气、土壤、地表水或地下水体进入生态系统，从而引发化学物质型和病原型的污染，不仅危害人体健康，还会对生态环境造成破坏。

固体废物中的有毒有害物质进入生态系统的路径是多种多样的，取决于固体废物自身的物理、化学和生物性质，同时也受到固体废物处理场地的地质水文条件的影响。工业、矿业等产生的废物所含的化学成分往往会导致环境污染，而人畜粪便和有机垃圾则成为各种病原微生物滋生和繁殖的场所，容易导致病原体污染。固体废物污染的一般途径可以参考图 2-1。

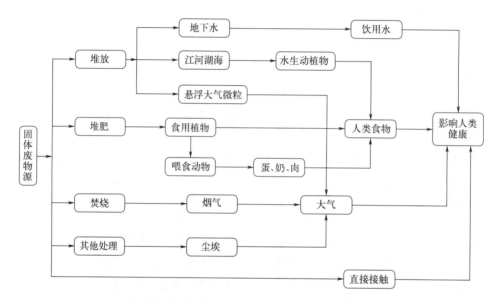

图 2-1　固体废物污染的一般途径

2.3　固体废物的污染控制

为了有效控制固体废物对环境的影响，通常需要从两个方面入手：一是源头控制，减少废物的排放量；二是污染防治，合理处理固体废物，避免对环境的进一步污染。

2.3.1　源头控制措施

(1) 积极推进清洁生产审核，采用环保生产工艺

积极推进清洁生产审核，对产品的生产、使用和服务过程进行全方位、持续性的分析和预防，以减少污染物的产生。在生产过程中，节约原材料和能源，淘汰有毒有害材料，减少废物的产生和毒性；对产品部分，减少从原材料提炼到产品最终处置的全生命周期的不利影响；对服务部分，将环境因素融入设计和提供的服务中。

(2) 开发物质循环利用技术

物质循环利用是指将生产过程中某一工序产生的废物作为另一工序的原料使用。通过合理和持久的物质循环，使物质和能源得到有效利用，通过循环生产工艺，将对环境的影响降到最小，实现低开采、高利用和低排放。

（3）开发资源综合利用技术

世界上不存在废物，只有"放错地方的资源"。为进一步推动资源综合利用，提高资源利用效率，发展循环经济，建设资源节约型、环境友好型社会，国家多个部委共同组织编写了《中国资源综合利用技术政策大纲》，并于2010年7月开始施行。主要包括：综合开发和合理利用矿产资源中的共生、伴生矿技术；对生产过程中产生的废渣、废水、废气、余热、余压等进行回收和合理利用技术；对社会生产和消费过程中产生的各种废弃物进行回收和再生利用技术。

（4）提高产品质量和寿命，倡导极简生活态度

有人认为极简主义与环保息息相关，因为极简的生活方式中也包含着环保的理念。生活中减少过度包装和避免使用一次性产品既可节省大量资源，又能减少垃圾的产生。通过低排甚至零排，减少对地球的伤害，实现社会、经济和环境的可持续发展。极简环保生活正是以这种循环经济模式为基础构建的新型理念。

2.3.2 污染防治手段

选择合理适当的方式处理处置固体废物，是为了避免其对环境进一步造成污染，是固体废物污染防治的重要部分。

减量化、资源化和无害化是固体废物污染控制的根本原则。物理/化学处理、固化处理、生物处置、热处置、最终处置是固体废物污染防治的主要方法和手段。

（1）物理处理

通过浓缩或相变改变固体废物的形态，使之成为便于运输、贮存、利用或处置的形态。包括压实、破碎、分选、增稠、吸附、萃取等多种手段。物理处理通常是从固体废物中提取有价值成分的重要方法。

（2）化学处理

采用化学方法破坏固体废物中的有害成分，以实现无害化处理或将其转变为适于进一步处理的形态。由于化学反应条件复杂，影响因素多，因此化学处理方法通常仅适用于成分单一或化学成分相似的废物处理。对于混合废物，化学处理可能无法达到预期效果。化学处理方法包括氧化、还原、中和、化学沉淀和化学溶出等。有些有害固体废物经过化学处理后，可能会产生富含毒性成分的残渣，因此需要对残渣进行进一步的无害化处理或安全处置。

（3）固化处理

采用一种惰性的固化基材将废物固定或包裹起来以降低其对环境的危害，从而能较安全地运输和处置的一种过程。这种方法主要针对有害废物和放射性废物。由于固化处理需要添加大量固化基材，因此固化后的废物体积往往超过原始废物的体积。

（4）生物处置

利用微生物分解固体废物中可降解的有机物，实现废物无害化或资源的综合利用。固体废物经过生物处置，在容积、形态、组成等方面均发生显著变化，从而便于运输、贮存、利用和处置。生物处置方法包括好氧处置、厌氧处置和兼性厌氧处置。生物法通常成本更低，且应用广泛，但周期较长，效率有时不够稳定。

(5) 热处置

通过高温处理，破坏和改变固体废物的组成和结构，实现减量化、资源化和无害化的目的。热处置的方法包括焚烧、热解、湿式氧化以及焙烧、烧结等。其中，焚烧被广泛应用于处理生活垃圾，通过燃烧使可燃性物质氧化，有效减少体积并消灭细菌和病毒。回收焚烧产生的热能，可以用于发电，实现废物的减量化、资源化和无害化。另一种常用的方式是热解，即在高温下将固体废物中的有机成分裂解，从中获得轻质燃料，例如废塑料和废橡胶的热解。

(6) 最终处置

固体废物最终处置是固体废物污染控制的末端环节，解决固体废物的归宿问题。一些固体废物经过利用和处理处置后，由于技术原因或其他原因，还会有部分残渣很难或无法再加以利用，这些残渣往往又富集了大量有毒有害成分，将长期地保留在环境中，是一种潜在的污染源。为了控制其对环境的污染，必须进行最终处置，使之最大限度地与生物圈隔离，故又称安全处置。固体废物最终处置方法包括海洋处置和陆地处置两大类。海洋处置方法包括深海投弃和海上焚烧；陆地处置包括土地耕作、工程库或贮留池贮存、土地填埋等。

第3章 固体废物的管理体系与标准

固体废物管理是指运用环境管理的理论和方法，通过法律、经济、技术、教育和行政等手段，鼓励固体废物资源化利用，控制固体废物污染环境，促进经济与环境的可持续发展的一系列活动。

3.1 固体废物管理体系及原则

我国的固体废物管理体系是以生态环境主管部门为主，结合有关的工业主管部门以及建筑主管部门，共同对固体废物实行全过程管理。

《中华人民共和国固体废物污染环境防治法》第九条规定：国务院生态环境主管部门对全国固体废物污染环境防治工作实施统一监督管理。国务院发展改革、工业和信息化、自然资源、住房城乡建设、交通运输、农业农村、商务、卫生健康、海关等主管部门在各自职责范围内负责固体废物污染环境防治的监督管理工作。地方人民政府生态环境主管部门对本行政区域固体废物污染环境防治工作实施统一监督管理。地方人民政府发展改革、工业和信息化、自然资源、住房城乡建设、交通运输、农业农村、商务、卫生健康等主管部门在各自职责范围内负责固体废物污染环境防治的监督管理工作。

"三化"原则和全过程管理原则是固体废物管理的最基本原则。"三化"原则是指固体废物污染环境防治坚持减量化、资源化、无害化的原则。任何单位和个人都应当采取措施，减少固体废物的产量，促进固体废物的综合利用，降低固体废物的危害性。

全过程管理原则是指对固体废物从产生到处理处置的全过程都实行控制管理和污染防治。产生、收集、贮存、运输、利用、处置固体废物的单位和个人，应当采取措施，防止或者减少固体废物对环境的污染，对所造成的环境污染依法承担责任。

3.2 固体废物管理的基本法规

解决固体废物污染控制问题的关键之一是建立和健全相应的法规、标准体系。

1978年，我国《宪法》中首次提出"国家保护环境和自然资源，防止污染和其他公害"的规定，标志着我国全面展开环境立法工作。1979年颁布了《中华人民共和国环境保护法（试行）》，1989年通过了《中华人民共和国环境保护法》，这是我国环境保护的基本法。

针对固体废物出台的专项法是 1995 年颁布的《中华人民共和国固体废物污染环境防治法》。该法于 1995 年 10 月 30 日第八届全国人民代表大会常务委员会第十六次会议通过，2004 年 12 月 29 日第十届全国人民代表大会常务委员会第十三次会议第一次修订；根据 2013 年 6 月 29 日第十二届全国人民代表大会常务委员会第三次会议第一次修正；根据 2015 年 4 月 24 日第十二届全国人民代表大会常务委员会第十四次会议第二次修正；根据 2016 年 11 月 7 日第十二届全国人民代表大会常务委员会第二十四次会议第三次修正；2020 年 4 月 29 日第十三届全国人民代表大会常务委员会第十七次会议第二次修订。

修订后的《中华人民共和国固体废物污染环境防治法》共分为九章，内容涉及总则，监督管理，工业固体废物，生活垃圾，建筑垃圾、农业固体废物等，危险废物，保障措施，法律责任及附则，自 2020 年 9 月 1 日起施行。

《中华人民共和国固体废物污染环境防治法》（以下简称《固废法》）是我国的一项专门法律，是实施固体废物法规化管理的基本法律依据。在这部法规中，明确了以下问题：

① 明确了固体废物污染环境防治坚持减量化、资源化、无害化的"三化"原则，强化了政府及其有关部门监督管理责任，规定了目标责任制、信用记录、联防联控、全过程监控和信息化追溯等制度，要求逐步实现固体废物零进口。

② 完善了工业固体废物污染环境防治制度，强化产生者责任，增加排污许可、管理台账、资源综合利用评价等制度。

③ 完善了生活垃圾污染环境防治制度，明确国家推行生活垃圾分类制度，统筹城乡，加强农村生活垃圾污染环境防治。规定地方可以结合实际制定生活垃圾具体管理办法。

④ 完善了建筑垃圾、农业固体废物等污染环境防治制度，建立建筑垃圾分类处理、全过程管理制度，健全秸秆、废弃农用薄膜、畜禽粪污等农业固体废物污染环境防治制度，将生产者责任延伸制度扩展适用至铅蓄电池、车用动力电池等产品，加大过度包装、塑料污染治理力度，明确污泥处理、实验室固体废物管理等基本要求。

⑤ 完善了危险废物污染环境防治制度，规定危险废物分级分类管理、信息化监管体系、区域性集中处置设施场所建设等。加强危险废物跨省转移管理，通过信息化手段管理、共享转移数据和信息。

⑥ 切实加强医疗废物特别是应对重大传染病疫情过程中医疗废物的管理，进一步明确卫生健康、生态环境等部门的监管职责，突出医疗卫生机构、医疗废物集中处置单位等主体责任，完善应急保障机制。

⑦ 健全保障机制。增设保障措施一章，从用地、设施场所建设、经济技术政策和措施、产业专业化和规模化发展、污染防治技术进步、政府资金安排、环境污染责任保险、税收优惠等方面全方位保障固体废物污染环境防治工作。

⑧ 严格法律责任，对违法行为实行"严惩重罚"，提高罚款额度，增加处罚种类，强化处罚到人，同时补充规定一些违法行为的法律责任。

各级生态环境主管部门在充分认识并深刻领会立法的基本原则和理念的基础上，开展并建立切实可行、严格有效的法规或制度。在执行环境保护专项法的同时，还应遵从与固体废物管理相关的其他国家专项法律的条款，更具体的管理法规依据来自国务院和其所属部门的行政法规及地方性法规。

3.3 固体废物管理的标准体系

标准体系是环境保护法规的重要组成部分，是落实环境法规的具体化。它以技术的语言和定量化的方式表达与环境保护相关的控制要求，事实上成为评估环境事件当事人行为是否符合法规要求的具体准则。

固体废物管理的技术标准体系是逐渐完善积累起来的，目前已建立了环境污染物的全过程控制技术标准化系列。

我国现有的固体废物标准主要分为固体废物分类标准、固体废物检测标准、固体废物污染控制标准和固体废物综合利用标准。

3.3.1 工业固体废物的相关技术标准

工业固体废物执行的标准主要包括以下方面：

① 固体废物排放标准。规定了工业固体废物的排放限值，包括各种有害物质的排放浓度限制，以保护环境和人民健康。

② 固体废物处置标准。规定了废物处理设施的建设和运营要求，包括废物转运、储存、处理等环节，以确保固体废物得到有效处置，避免对环境造成污染。

③ 质量控制标准。规定了废物处理过程中的质量控制要求，包括固体废物采样、分析、监测等工作，以确保废物处理过程的安全性和有效性。

④ 管理要求。对企业进行固体废物管理的要求，包括废物分类、储存、运输等方面的规定，以促进废物减量化、资源化利用和环境管理。

⑤ 技术导则。对特定工业固体废物的处理技术和方法进行规范，包括固体废物处理工艺、工程设计、运营管理等方面的指导。

县级以上地方人民政府应当制定工业固体废物污染环境防治工作规划，组织建设工业固体废物集中处置等设施，推动工业固体废物污染环境防治工作。各生产单位负责本单位生产过程中产生的一般工业固体废物的分类、收集和向管理部门的申报登记等工作。

3.3.2 生活垃圾的相关技术标准

生活垃圾来源广泛，种类繁杂，且发源地分散，导致其管理复杂性远高于工业固体废物，涉及的管理环节也相当多。经过多年的积累，我国已形成了对其全过程控制的技术标准（规范）体系，基本可做到每个管理环节均有标准可循。

3.3.3 建筑垃圾、农业固体废物等相关技术标准

2020年版《固废法》强化了对建筑垃圾污染防治工作的力度，全面规定了加强建筑垃圾污染防治、分类处理、科学回收、综合利用等全过程管理的要求。法律要求建筑垃圾管理应遵循减量化、资源化、无害化和产生者承担处置责任的原则，建立统筹规划、属地负责、政府主导、社会主责、分类处置和全程监管的管理体系。

农业固体废物是农业面源污染的重要来源，具有复杂性、多样性等特点，威胁农业生态环境安全和农产品质量安全。《固废法》规范了对农业固体废物的监管。

3.3.4 危险废物相关技术标准

近年来，随着我国工业的不断发展，工业生产过程中排放的危险废物数量不断增加。这些危险废物所带来的长期环境污染和潜在的影响引起了社会公众的日益关注。为回应社会关切，《固废法》对建立信息化监管体系、动态调整国家危险废物名录、强化危险废物处置设施建设、规范危险废物贮存、加强危险废物跨省转移管理等制度进行了完善。这一管理体系覆盖了危险废物的运输与转移、贮存、处理和处置全过程。

固体废物管理是法规驱动的行业，其目标、方法、手段、适用技术和管理责任等主要环节均有明确的法律法规予以规范，使其展开管理过程中基本能够做到依据法律法规实施。

第二篇

固体废物的采样分析和处理

第4章 固体废物的采样分析

固体废物产生过程的复杂性，决定了其具有很大的组分不确定性和不均匀性，因此只有通过采样分析才能确定其具体组成和特性，进而制定出合理可行的处理处置或资源化利用技术方案。

固体废物的采样分析，一般是按预定方案从总体物料中取得能代表总体物料的若干样品，再通过对样品的处理和检测，获得相关定性以及定量数据以便深入了解总体物料的情况，实现对总体的特征性和规律性的评价。

固体废物采样分析的主要目的，一般是获得其成分、性能、状态等各项特性，包括：

① 鉴别固体废物的危险特性。如污染源监测、污染事故调查、法律调查与仲裁、危险废物管理。

② 分析固体废物的物理、化学、生物等特征值及其变化规律。如针对性的分类管理、分类贮存、综合利用，以及处理、处置工艺设计等。

③ 确定固体废物中某种污染物质的化学形态等。如环境影响评价等。

设计采样分析方案时，应实事求是，首先必须对总体废物的来源和性质有所了解，在此基础上制订采样计划、确定采样方法，以及进行针对性的样品分析，同时还要兼顾采样误差和成本。唯有此，采得样品才具备准确性与科学性、随机性与代表性，分析的结果才能最大限度反映总体真实信息（总体性，即由样本推断总体），并且才能经济、快速、简便易行。

固体废物的采样分析结果可以作为固体废物的分类依据，并根据所获得信息，有针对性地进行后续处理处置。例如，垃圾分类的实施过程中，先对生活垃圾进行采样和分析（部分生活垃圾可按照经验数据分析），可以获得可燃性能、燃烧热值、化学成分及容重等重要指标，据此可进行具体分类。其中，按可燃性能分为可燃性垃圾与不可燃性垃圾；按发热量分为高热值垃圾与低热值垃圾；按化学成分分为有机垃圾与无机垃圾；按可堆肥性分为可堆肥垃圾与不可堆肥垃圾。可燃性能、燃烧热值可作焚烧处理的参考，化学成分及容重则是堆肥化及其他生物处理时的重要参考依据。

4.1 样品采集

固体废物的样品采集，亦即采样，可参考《生活垃圾采样和检测方法（征求意见稿）》《生活垃圾采样和分析方法》（CJ/T 313—2009）及《工业固体废物采样制样技术规范》（HJ/T 20—1998）等标准规范。此外，在某些情况下，一些其他工业产品的样品采样标准或技术规范也可等效引用固体废物的采样过程。

采样的全过程，是采样计划的具体化，一般应包括以下基本步骤。

(1) 明确采样目的和要求

① 特性鉴别与分类；

② 综合利用或处置；

③ 污染环境事故调查分析和应急监测；

④ 科学研究；

⑤ 环境影响评价；

⑥ 环境保护验收；

⑦ 污染治理、综合利用、处置设施的环境保护验收；

⑧ 法律调查、法律责任、仲裁等。

(2) 背景调查与现场踏勘

① 废物产生、贮存、排放的方式和时间；

② 废物的种类、形态、数量、特性（物理化学特性与污染物特征）；

③ 废物产生工艺，原辅材料的种类、数量和污染成分分析；

④ 待测组分的性质和历史分析资料；

⑤ 废物产生、贮存、排放的现场与周围环境；

⑥ 法规要求等。

(3) 制订采样计划

① 采样计划内容（包括采样目的和要求）；

② 调查内容和方法；

③ 采样方法、样品的准确度与精密度要求；

④ 样品保存和运输方法的要求；

⑤ 采样的公正性要求；

⑥ 样品的待测项目和分析方法；

⑦ 采样过程及全程序质量保证等。

(4) 现场采样

① 采样人员的组成；

② 采样过程的公正性；

③ 采取样品的有效性；

④ 采样现场安全等。

(5) 采样记录

① 采样工况条件；

② 采样过程；

③ 采样方法、最少样品数和最小样品量；

④ 采样时间与采样人员；

⑤ 采样地点、位置；

⑥ 样品名称、编号、数量；

⑦ 样品容器、标签；

⑧ 样品保存和运输方法；

⑨ 采样过程中的质量保证与质量控制方法；

⑩ 采样记录者单位、姓名等。
(6) 样品的运输与保存
① 样品运输方法；
② 样品运输空白；
③ 样品保存方法等。

4.1.1 制订采样计划

采样前，需根据采样目的制订出详细、严格、可操作的采样计划。
(1) 采样计划的内容
采样计划的内容一般应包括：根据采样目的、标准规范等，设计合适的调查方法、采样方法，提出对准确度与精密度的要求，明确样品分析方法；制订样品采集、分类、标记、保存和运输的实施细则；提出全过程质量保证和质量控制的方法；充分考虑各环节可能会发生的问题，做好应急准备；统筹人力、财力、物力和时间等因素，做出具体各项工作任务的计划。

(2) 制订采样计划时需考虑的因素
① 法规标准。明确采样需符合哪些法规、标准、技术规范。
② 数据要求。采样分析数据的用途是什么？准确度和精密度有何要求？需要分析哪些必需参数，其他参数是否需要，为什么？
③ 样品要求。样品是新产生的还是贮存一段时间的？原封不动的还是与其他废物混合或与稳定剂混合的，抑或是否需要一定预处理？现场产生的还是处置或利用或排放现场的？
④ 废物性质。对废物本身及其性质的了解，是制订采样计划中最重要的因素之一。如：废物的物理形态对采样工作的大多数环节都有影响，采样工具和样品容器的选择将根据样品的形态不同而不同。样品是固态（粉状、块状、黏土状）、半固态（有无渗滤液、软的或黏稠的）、液态（均匀或有分层现象）或多项混合物对应的是不同的工具和容器；废物的体积或占地面积会影响到样品数量、采样点位置、采样深度和采样工具的选择；废物的组成与成分直接关系到采样方法的选择，所采样品应能反映废物总体在时间和空间上的均匀性、随机不均匀性和分层现象；废物中待测定成分的易挥发、分解、光分解、氧化还原性和废物的毒性、可燃性、腐蚀性、反应性、传染性等危险特性，会导致采样及其样品运输时的安全与卫生防护措施与方法有很大差异。
⑤ 采样方法。应该根据采样目的、废物性质、现场条件等选用适宜的采样方法，常用的采样方法有简单随机采样法、分层随机采样法、系统随机采样法、多段采样法和权威采样法等。
⑥ 采样点。确定采样点位置时，除考虑采样误差外，还要考虑：接近并采取样品的便利性；产生废物的生产工艺与废物的产生位置，产生废物的批次和批量，废物组成是否会随工艺温度或压力的变化而有明显改变等；没有特殊目的的前提下，开车、停车、减速、维修、事故排放时产生的废物不能代表正常情况下产生的废物，有可能得出不正确的结论；各采样点都可能出现可预见或不可预见的危险性，如失手或失脚、毒气泄漏、酸碱腐蚀、暴露皮肤接触等，应有相应的卫生与安全措施。
⑦ 设备和容器。选择采样设备和样品容器的原则是便于使用和洗涤，保证样品分析所

需的体积,不造成样品交叉污染,节省成本等。

⑧ 质量保证与质量控制。质量保证(QA)可理解为确保全部数据及由此做出的决定技术上可靠、统计上有效、证明文件适当的过程。质量控制(QC)程序则是衡量这些质量保证目的达到程度的工具。如说明采样准确度和精密度的质量控制程序一般有运输空白、现场空白、现场平行样品等。除上述质量控制样品外,还要有一套完整的质量保证计划,包括采样标准操作程序、容器与设备的校准和清洗、卫生与安全规定、采样记录、样品的公正性考虑等。

4.1.2 选择采样方法

根据固体废物的状态和性质差异,可选择简单随机采样、分层随机采样、系统随机采样、多段采样和权威采样等方法。各采样方法既可单独使用,一定情况下也可组合使用。

一般地,若对固体废物的性质和分布一无所知,则简单随机采样法最适用;而随着对废物性质的认识加深和资料积累,则可更多地考虑分层随机采样法、系统随机采样法,偶尔可选权威采样法。

(1) 简单随机采样法

简单随机采样法是最常用、最基本的采样方法。其原理是:总体中的所有个体成为样品的概率(机会)都是均等的和独立的。简单随机采样法有抽签法和随机数表法两种。

① 抽签法。先将总体的各个独立单元顺序编号,同时将号码写在纸片上(纸片上的号码代表各采样单元),掺和混匀后从中随机抽取所需最少样品数的纸片,抽中的号码即为采样单元的号码。此法只宜在采样单元较少时使用。

② 随机数表法。先将总体的各个独立单元顺序编号,然后从随机数表的任意一栏、任意一行的数字数起,小于或等于编号序列内的数码即作为采样单元(不重复),直至取到所需的最少样品数。

当对固体废物中组分含量分布状况一无所知或固体废物不存在明显非随机不均匀性时,简单随机采样法是最为有效的方法。从贮池、沉淀池、大件容器等抽取有限单元废物样品时,可采取此法。

(2) 分层随机采样法

分层随机采样法,是将总体划分为若干个组成单元或将采样过程分为若干个层(阶段),然后从每一层中随机采取样品。

相比简单随机采样法,其优点是:当已知各层间理化特性存在差异,且层内均匀性比总体要好时,通过分层随机采样可降低层内的变异,使得在样品数和样品量相同的条件下,误差小于简单随机采样法。

分层随机采样法常用于批量产生的废物、具有非随机不均匀性并且可明显加以区分的废物采样,也常用于生活垃圾的分类采样,如不同燃料结构生活垃圾的组成、灰分、热值、渗滤液性质分析等。

(3) 系统随机采样法

系统随机采样法,是利用随机数表或其他目标技术从总体中随机抽取某一个体作为第一个采样单元,然后从第一个采样单元起按一定的顺序和间隔确定其他采样单元来采取样品。

与简单随机采样法相比,该法简便、迅速、经济,但当废物中某种待测组分有未被认识的趋势或周期性变化时，将影响采样的准确度和精密度。

系统随机采样法常用于连续产生或排放的废物、较大数量件装容器存放的废物等采样，有时也用于散状堆积的废物或废渣采样。

（4）多段采样法

多段采样法，是将采样的过程分为两个或多个阶段来进行，先抽取大的采样单位，再从大的采样单位中抽取小的采样单元。

与前三种采样方法的最大区别是，它不直接从总体中抽取最小采样单元。

此外，多段采样法与分层采样法也不一样。分层采样法中的"层"，一般是按照一定属性和特征将总体划分为若干性质较为接近的类型、组、群等，再从其中抽取采样单元。因此，分层的意义在于缩小各采样单元之间的差异程度。而多段采样则是由于总体太大，难以直接抽取最小采样单元，从而需要中间单元过渡，亦即除了最后阶段抽取的最小采样单元外，其余阶段均为中间过渡单位。

多段采样法常用于区域生活垃圾产生量、垃圾分类和组分分析时的采样。

（5）权威采样法

权威采样法，是一种严重依赖采样者过往工作经验积累和对采样对象的认识和判断（如特性、结构、抽样结构）来确定采样位置的方法，该法所采样品为非随机样品。

如根据某容器的形状、大小，可根据经验选择按对角线形、梅花形、棋盘形、蛇形等确定采样位置采取样品。尽管该法有时也能采到有效样品，但对大多数固体废物的分析来说，不建议采用该法。

4.1.3　实施采样操作

采样的具体实施过程，主要包括样品采样工具和容器的选择、具体采集操作方法、样品的临时贮存及运送等步骤。对不同的固体废物，所需的具体操作方法也各不相同。

4.1.3.1　采样工具

采样工具的选择，主要应根据废物产生、贮存、排放方式，废物的种类、形态、特性，以及工作场地条件等因素来共同确定。如：不得污染样品或与样品发生反应；应方便洗涤并尽量避免或减少在采样过程中发生的样品交叉污染；应能满足分析所需的样品体积；应适于采样点现场工作条件；应安全可靠；应尽量不破坏废物原有的基本物理形态、不破坏废物原有的组分结构等。如：

① 固态废物样品采样时，采样铲的宽度或直径应为废物最大颗粒直径的两倍以上，以防采样时丢失大粒径废物或造成样品平均粒径与废物总体平均粒径出现较大偏差。

② 液态废物样品采样时，采样工具应能准确采集到所需液位的样品或无偏差的全液位样品。

③ 生活垃圾样品的采样工具，主要有锹、耙、锯、锤子、剪刀等。

④ 固态工业废物样品的采样工具，主要有锹、锤子、采样探子、采样钻、气动探针、取样铲等。

⑤ 液态工业废物样品的采样工具，主要有采样勺、采样管、采样瓶（罐）、泵、搅拌器等。

4.1.3.2 采样容器

样品的盛放容器，也应符合一定的规范要求。如：

① 必须结实、隔潮，其材质不得污染样品或与样品发生化学反应、浸溶现象，并尽可能避免样品组分吸附、挥发等损失。

② 容器必须清洁，容器的洗涤方法必须考虑所用于盛装样品的性质和待测组分的性质。

③ 盛装易挥发、分解或发生氧化还原反应样品的容器应能够密封。

④ 盛装易光分解样品的容器应是深色的或在容器外套有不透光套。

⑤ 盛装遇热分解或易挥发样品的容器应有保温套或降温套。

⑥ 盛装液态废物样品的容器应为小口瓶并备有带垫层的螺旋盖。

⑦ 容器的外表面显著位置处必须有不易破损的标签或标志，标签或标志上应能清楚写出样品名称、样品编号、采样时间、采样地点和采样人。

4.1.4 生活垃圾的采样

生活垃圾的成分具有随意性大、均匀性差、扩散性小、不易流动等特点，为了能够得到正确而可靠的测定数据，取样的代表性十分关键。

设立垃圾采样点，应考虑垃圾的来源或贮存方式，注意所采样品的真实性和代表性。垃圾采样作业，主要采取下列方法。

(1) 大于 3m³ 的垃圾箱

采用立体对角线布点法，见图 4-1，在等距离（不少于 3 个）点处采集垃圾样品，然后制备成混合样。混合样质量为 100~200kg。

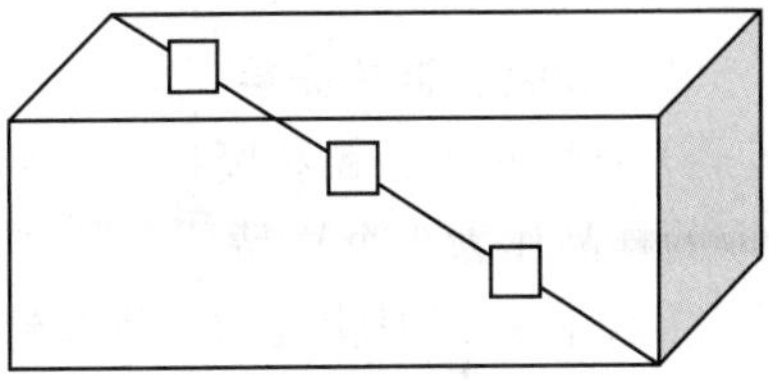

(2) 小于 3m³ 的垃圾箱

图 4-1 立体对角线布点法

采用垂直分层的采样方法，层数和高度依照盛装垃圾量的多少确定，然后将各层样品等体积混合为一个混合样，见表 4-1。混合样质量应不少于 20kg。

表 4-1 小于 3m³ 垃圾箱（桶）的采样位置

按容器直径计算所装垃圾的高度/%	按容器直径计算采取垃圾样品的间隔高度/%			按混合样品的总体积计算各层份样的体积/%		
	上层	中层	下层	上层	中层	下层
100	80	50	20	30	40	30
90	75	50	20	30	40	30
80	70	50	20	20	50	30
70		50	20		60	40
60		50	20		50	50
50		40	20		40	60
40			20			100
30			15			100
20			10			100
10			5			100

(3) 垃圾车

应采取当天收运到垃圾堆放场（或焚烧厂、填埋场）的垃圾车内的垃圾，在间隔的每辆车内或在其卸下的垃圾堆中采用立体对角线布点法在 3 个等距离点采取份样，每份样不少于 20kg，然后等量混合制备成混合样，混合样质量为 100～200kg。每次采样不少于 5 车。

(4) 垃圾流

垃圾焚烧厂、堆肥厂的垃圾输送过程中，利用系统随机采样法按照等时间间隔采取样品。采样工具的宽度应与输送带宽度相同，并能够接到垃圾流整个横截面的垃圾。每一次间隔内采取的样品不少于 20kg，混合样质量为 100～200kg。

(5) 散堆垃圾

取样方法有四分法、蛇形式、梅花点法、棋盘法等多种，常用四分法。将垃圾卸在平整干净的地上（水泥地或铁板上），然后一分为四，按对角线取出其中两份，混合，再均分为四份，再按对角线取两份混合，一直到最后样品的质量达到规范要求为止。

4.1.5 工业固体废物的采样

根据产生阶段和存在形式的不同，工业固体废物的采样，一般涵盖在产生、贮存和排放过程中的各不同阶段，对固态、半固态、液态等各形态废物的采样。

4.1.5.1 固态样品采样

(1) 袋装容器中采样

① 袋装的块、粒状废物：将袋倾斜 45°，用长铲式采样器从袋中心处插至袋底后抽出，所取的样品作为 1 个样品。

② 袋装的污泥状废物：将探针从袋的中心处垂直插至袋底，旋转 90°后抽出，用木片将探针槽内的泥状物刮入预先准备好的样品容器内，然后再在第一个采样位置半径 10～15cm 处按照相同的方法采取样品，直至采集到所需样品量。

③ 袋装的干粉状废物：将袋倾斜 30°，将套筒式采样器开口向下从袋中心处插至袋底，旋转 180°并轻轻晃动几下后抽出，将套筒式采样器内的样品倒入预先铺好的塑料布上，然后转移到样品容器中。

④ 桶（箱）装废物：根据废物颗粒直径大小选择采样器，按图 4-2 所示位置分层采取样品。分层方法和每层采取的份样品量仍可参照表 4-1。

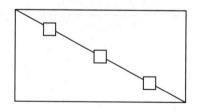 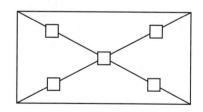

图 4-2　桶（箱）装废物采样点位置

(2) 输送带（或连续产生、连续排放时）采样

① 停机采样：在所选取的采样时间段内抽取采样时间点（采样时间点可按简单随机采样法抽取或按系统随机采样法等时间间隔抽取），在采样时间点停机后，于输送带的某一指

定位置处采取样品。采样时，用采样铲或锹紧贴皮带并横穿皮带宽度采取输送带横截面上的所有废物颗粒作为样品。

② 不停机采样：在所选取的采样时间段内抽取采样时间点（采样时间点可按简单随机采样法抽取或按系统随机采样法等时间间隔抽取），然后在采样时间点从出料口采样。采样时，用勺式采样器从料口的一端匀速拉向另一端接取完整废物流，每接取一次作为一个样品。

(3) 贮罐（仓）采样

① 对贮罐（仓）废物的采样，应尽可能在装卸废物过程中按输送带（或连续产生、排放时）采样或按件装容器采样中的桶（箱）装废物采样方法进行操作。

② 当只能在卸料口采样时，应根据卸料口的直径和长度放空适量废物后再采取样品。采样时，用布袋或桶接住料口，按设定的样品数逐次放出废物，每次放料时间相等，然后将袋或桶中废物混匀，按"件装容器采样"方法采取样品。

(4) 池坑（塘）采样

① 将池坑（塘）划分为若干面积大小的相等网格，按顺序编号后，用随机数表抽取与样品数相等的网格作为采样单元。采样时，在网格中心位置处用土壤采样器或长铲式采样器垂直插到指定深度并旋转90°后抽出，作为1个样品。当池坑（塘）内废物较厚时，可分上、中、下层采取份样品，等体积（或质量）混合后再作为1个样品。

② 当废物是从池坑（塘）的一端进入时，也可采用分层随机采样法采集样品。采样时，将池坑（塘）按长度或面积分为上、中、下三个区，根据各区大小分配设定的样品数。

(5) 车内采样

可按桶（箱）装废物采样方法进行采样。一车废物既可作为一个采样单元采取样品，也可在车内采取多个样品。

(6) 散状堆积废物采样

① 堆积高度小于0.5m的独立散状堆积废物：将废物堆摊平成10cm左右厚度的矩形后，等面积划分网格，顺序编号，用随机数表抽取设定样品数的网格作为采样单元，在网格中心位置处用采样铲或锹垂直采取全层厚度的废物，一个网格采取的废物作为1个样品。

② 连在一起的数个散状堆积废物：首先选择最新堆积的废物堆，用系统随机采样法采样。当无法判断堆积时间时，用抽签方法抽取若干废物堆，然后对各堆用系统随机采样法采样，每堆各点采取的份样品等量（体积或质量）混合后组成1个样品。当堆积高度在0.5～1.5m时，在废物堆距地面的1/3和2/3高度处设两个横截面，按上下截面份样品数之比为3:5的比例分配份样品数，每堆采取的份样品数不少于8个；当堆积高度在1.5m以上时，在废物堆距地面的1/3、1/2和2/3高度处各设三个横截面，以上、中、下截面份样品数之比为3:5:7的比例分配份样品数，每堆采取的份样品数不少于15个。采样时，量出各横截面的周长，以单位长度作为一个采样单元，随机抽取第一个采样单元后等长度间隔确定其他采样单元，用适宜的采样器垂直于中轴插入，采取距表面10cm深度的废物作为样品。

(7) 渣山（堆肥厂、填埋场等）采样

① 堆积过程中采样：当废物用输送带连续输送时，可按输送带（或连续产生、连续排放时）采样方法进行采样；当废物用运输车辆装卸时，用车内采样方法进行采样，无法在车内采样时，可用散状堆积废物采样的方法采取样品。

② 填埋作业面边缘采样：首先丈量填埋作业面的边缘长度，按设定样品数5倍进行等

分后顺序编号,并确定采样的长度间隔;在第一个等分长度内,用抽签的方法确定具体采样位置采取第一个样品,然后等长度间隔采取其他样品。采样时,在随机确定的采样位置用土壤采样器或铁锹垂直插入废物中采集样品。

(8) 脱水机上采样

① 带式压滤机采样:可按输送带(或连续产生、连续排放时)采样方法进行采样。

② 离心机采样:可按散状堆积废物采样中有关方法进行采样。

③ 板框压滤机采样:将压滤机各板框按顺序编号,用抽签的方法抽取不少于30%的板框数作为采样单元,在完成压滤脱水后取下,按照图4-2所示位置用小铲将废物刮下,每个板框采取的废物等量(体积或质量)混合后作为1个样品。

4.1.5.2 液态样品采样

(1) 容器装

将容器内液态废物混匀(含易挥发组分的液态废物除外)后打开盖子,将玻璃采样管垂直缓缓插入液面至底部,待采样管内液面与容器内液面一致时,用拇指按紧管的顶部慢慢提出,在管外壁附着的液体流下后,将样品注入预先准备好的采样瓶中,重复上述操作至满足样品量要求。

(2) 贮罐(槽)装

在顶部入口处,将闭盖的重瓶采样器缓缓放入指定的液位深度后启盖,待瓶中装满液体后(液面不再冒气泡),闭盖提出,待瓶外壁附着的液体流下后,将样品注入预先准备好的盛样容器中,重复上述操作直至满足样品量要求。

当采取混合样品时,各深度层份样品数的比例见表4-2。

表4-2 贮罐(槽)装废物采样时各深度层份样品数的比例

液位深度(容器直径比例)/%	采样深度(距容器底直径比例)/%			份样品数量比例/%		
	上层	中层	下层	上层	中层	下层
100	80	50	20	3	4	3
90	75	50	20	3	4	3
80	70	50	20	2	5	3
70		50	20		6	4
60		50	20		5	5
50		40	20		4	6
40			20			10
30			15			10
20			10			10
10			5			10

4.2 样品保存

采样获得的样品,需要妥善保存才能保证分析结果的有效性,特别是针对可能挥发、光敏、受潮、热敏感、反应性等易发生性质变化的样品,必须有及时、准确的保存方式。

一般地，样品运输保存过程中，要留有空白样品，并避免样品容器的倒置和倒放，应保存在不受外界环境污染的洁净房间内，并避免样品相互间的交叉污染（特别是在样品的制备过程中），应根据待测组分的性质确定样品的具体保存条件和保存时间，必要时可加保护剂。其他常见要求有：

① 每份样品保存量至少应为试验和分析需用量的3倍。
② 样品装入容器后应立即贴上样品标签。
③ 易挥发废物，采取无顶空存样，并采取冷冻方式保存。
④ 光敏废物，样品应装入深色容器中并置于避光处。
⑤ 温度敏感的废物，样品应保存在规定的温度之下。
⑥ 与水、酸、碱等易反应的废物，应在隔绝水、酸、碱等条件下贮存。
⑦ 样品保存应防止受潮或受灰尘等污染。
⑧ 样品保存期为1个月，易变质的不受此限制。
⑨ 样品应在特定场所由专人保管。
⑩ 撤销的样品不许随意丢弃，应送回原采样处或处置场所。

表4-3列出了部分待测污染物样品的保存条件和最长保存时间。

表4-3 部分待测污染物样品的保存条件和最长保存时间

名称	容器	保存条件	最长保存时间
细菌实验			
粪大肠菌	P,G	低温4℃,0.008％$Na_2S_2O_3$	6h
总粪链球菌	P,G	低温4℃,0.008％$Na_2S_2O_3$	6h
无机污染物			
酸度	P,G	低温4℃	14d
碱度	P,G	低温4℃	14d
氨	P,G	低温4℃,H_2SO_4调pH<2	28d
生化需氧量(BOD)	P,G	低温4℃	48h
溴化物	P,G	—	28d
化学需氧量(COD)	P,G	低温4℃,H_2SO_4调pH<2	28d
氯化物	P,G	—	28d
总残渣	P,G	—	即时分析
色度	P,G	低温4℃	48h
氰化物	P,G	低温4℃,NaOH调pH>12,0.6g抗坏血酸	14d
氟化物	P	—	28d
硬度	P,G	HNO_3调pH<2,H_2SO_4调pH<2	6个月
pH值	P,G	—	即时分析
凯氏氮和有机氮	P,G	低温4℃,H_2SO_4调pH<2	28d
硝酸盐	P,G	低温4℃	48h
硝酸盐-亚硝酸盐	P,G	低温4℃,H_2SO_4调pH<2	28d
亚硝酸盐	P,G	低温4℃	48h
正磷酸盐	P,G	即时过滤,低温4℃	48h
溶解氧	G	—	即时分析
总磷	P,G	低温4℃,H_2SO_4调pH<2	28d

续表

名称	容器	保存条件	最长保存时间
硅	P,G	低温 4℃	28d
电导率	P,G	低温 4℃	28d
硫酸盐	P,G	低温 4℃	28d
硫化物	P,G	低温 4℃,醋酸锌和 NaOH 调 pH>9	7d
亚硫酸盐	P,G	—	即时分析
表面活性剂	P,G	低温 4℃	48h
铬(Ⅵ)	P,G	低温 4℃	24h
汞	P,G	HNO_3 调 pH<2	28d
金属类[除去铬(Ⅵ)、汞]	G,聚四氟乙烯盖	HNO_3 调 pH<2	6 个月
有机污染物			
油和酯	G,聚四氟乙烯密封垫	低温 4℃,H_2SO_4 调 pH<2	28d
有机碳	G,聚四氟乙烯密封垫	低温 4℃,HCl 或 H_2SO_4 调 pH<2	28d
酚类	G,聚四氟乙烯密封垫	低温 4℃,0.008% $Na_2S_2O_3$	7d 内萃取,萃取后可存 40d
可吹脱卤代烃类	G,聚四氟乙烯盖	低温 4℃,0.008% $Na_2S_2O_3$	14d
可吹脱芳香烃类	G,聚四氟乙烯密封垫	低温 4℃,0.008% $Na_2S_2O_3$,HCl 调 pH<2	14d
丙烯醛和乙腈	G,聚四氟乙烯密封垫	低温 4℃,0.008% $Na_2S_2O_3$,调 pH=4~5	14d
联苯胺类	G,聚四氟乙烯盖	低温 4℃,0.008% $Na_2S_2O_3$	7d 内萃取,萃取后可存 7d
邻苯二甲酸酯类	G,聚四氟乙烯盖	低温 4℃	7d 内萃取,萃取后可存 40d
亚硝胺类	G,聚四氟乙烯盖	低温 4℃,暗处,0.008% $Na_2S_2O_3$	萃取后可存 40d
PCB,乙腈	G,聚四氟乙烯盖	低温 4℃	萃取后可存 40d
硝基芳香类和异佛尔酮	G,聚四氟乙烯盖	低温 4℃,暗处,0.008% $Na_2S_2O_3$	萃取后可存 40d
多环芳烃类	G,聚四氟乙烯盖	低温 4℃,暗处,0.008% $Na_2S_2O_3$	萃取后可存 40d
卤代醚类	G,聚四氟乙烯盖	低温 4℃,0.008% $Na_2S_2O_3$	萃取后可存 40d
氯代烃类	G,聚四氟乙烯盖	低温 4℃	萃取后可存 40d
四氟二苯二噁英	G,聚四氟乙烯盖	低温 4℃,0.008% $Na_2S_2O_3$	萃取后可存 40d
总有机卤化物	G,聚四氟乙烯盖	低温 4℃,H_2SO_4 调 pH<2	7d
农药	G,聚四氟乙烯盖	低温 4℃,调 pH=4~5	萃取后可存 40d

注：P 为聚乙烯，G 为玻璃。

4.3 样品制备

4.3.1 生活垃圾样品制备

生活垃圾样品的制备过程，一般包括分拣、破碎、混合缩分等三个步骤。

(1) 分拣

将生活垃圾样品摊铺在水泥地面上，按垃圾分类原则中规定的分类方法，手工分拣垃圾样品，并记录下各类成分的比例或质量等信息。

(2) 破碎

将分类后的各类垃圾分别进行破碎。破碎后样品的大小，需根据分析测定项目的要求来确定。

不同材质的生活垃圾，破碎方式不同，具体可以参考固体废物的预处理中关于破碎的相关内容。如对动植物、纸类、纺织物、塑料等废物，用剪碎方式；对灰土、砖瓦、陶瓷类废物，可先将大块敲碎锤碎，然后用破碎机或其他破碎工具进行破碎。

(3) 混合缩分

根据破碎后的样品，按分拣得到的各类垃圾成分原始比例或质量，进行混合缩分。

混合缩分采用圆锥四分法，即将样品置于洁净、平整、不吸水的板面（玻璃板、聚乙烯板、木板等）上，堆成圆锥形，每铲由圆锥顶尖落下，使颗粒均匀沿锥尖散落，不要使圆锥中心错位，反复转堆至少三次，达到充分混合。将圆锥尖顶压平，用十字分样板自上压下，分成四等份，然后任取两个对角的等份，重复上述操作，至所需分析试样的质量。

4.3.2 工业固体废物样品制备

工业固体废物的样品制备，一般包括干燥、破碎、筛分、混合、缩分等五个步骤，具体如图 4-3 所示。

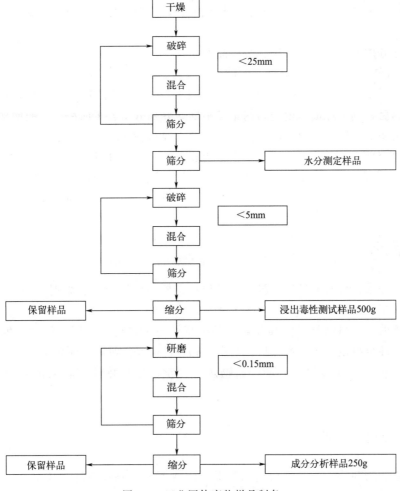

图 4-3 工业固体废物样品制备

(1) 干燥

干燥是为了使样品能够较容易制备。一般干燥过程可采用自然干燥，即将样品均匀平铺在洁净、干燥的搪瓷盘中，置于清洁、阴凉、干燥、通风的房间内自然干燥。干燥过程时间较长时，应避免样品受外界环境污染和交叉污染。当样品中的待测组分不具备挥发或半挥发性质时，也可采用恒温干燥箱进行干燥，干燥温度一般保持在（105±2）℃。当样品颗粒较细时（如污泥），干燥过程中应经常用玛瑙锤或木棒等翻搅和敲打，以防干燥后结块。

(2) 破碎

破碎是为了减小样品的粒度。破碎可用机械或手工完成。根据干燥后的样品的硬度和粒径大小，选择适宜的破碎机、研磨机和研钵等工具，将其破碎至所要求的粒度。样品破碎可一次完成，也可以分段多次完成，直至达到符合要求的粒径为止。

(3) 筛分

筛分是为了使样品保证处于某一粒度范围内，方便分析。一般可根据破碎后样品的最大粒径选择相应的筛号，分阶段逐次筛出全部破碎后样品。其中，筛分过程中的筛上部分应全部返回破碎工序进行重新破碎，不得随意丢弃。

(4) 混合

混合是为了使样品达到均匀。少量样品混合时，可利用转堆的方法对样品进行手工混合；样品数量较大时，应采用混合器进行机械混合，以保证样品均匀。

(5) 缩分

将样品缩分成两份或多份，以减少样品的质量。

① 圆锥四分法：同生活垃圾样品的四分法缩分。

② 份样缩分法：当样品数量较大（即缩分比较大）、样品的粒径小于 10mm 时可用。样品先混合，然后将其平摊成厚度均匀的矩形平堆，并划分出若干面积相等的网格，再用分样铲在每个网格中等量取出一份，收集并混合后即为经过一次缩分的样品。如需继续缩分，应再次破碎、混合后，按上述方法重复操作至所要求的最小份样量。

③ 二分器缩分法：将样品通过二分器三次混合后置入给料斗中，轻轻晃动料斗，使样品沿二分器全部格槽均匀散落，然后随机选取一个或数个格槽作为保留样品。

4.4 样品分析

样品分析是采样分析的最后阶段，一般包括：样品检测分析、数据的处理与误差分析、数据评价与共享等内容。

样品分析的主要目的是明确其包含的各种特性，主要包括物理、化学、生物及感官性能，既包括定性分析也包括定量分析。其中，感官性能是指废物的颜色、臭味、新鲜或腐败程度等，往往可直接通过感官判断；而物理、化学、生物特性包含的内容和方法则较为复杂。

4.4.1 物理特性分析

固体废物的物理特性与其组成密切相关。组成不同，物理特性也不同。一般常用含水率、物理组分含量、容重、粒度等来表示。

(1) 含水率

含水率是指单位质量固体废物的含水量，用质量分数 w（%）表示，计算式为：

$$w=(A-B)/A\times 100\% \tag{4-1}$$

式中，A 为新鲜固体废物（或湿固体废物）试样的原始质量；B 为固体废物试样烘干后的质量。

含水率的分析，一般是先将样品置入恒温干燥箱中，在 (105 ± 5)℃ 条件下烘干，冷却后称重，再重复烘干称重，直至恒重。

固体废物的含水率受组成成分、季节、气候、运输和贮存方式等影响因素而变化较大，如生活垃圾含水率的变化幅度在 11%～53% 之间（典型值为 15%～40%），且与食品类垃圾的含量密切相关。

测定含水率的主要目的有：

① 以干物质为基础，计算各种成分的含量，故有时把含水率称为干燥质量换算系数。

② 及时了解水的存在状况，以便科学地计算堆放场或填埋场产生的渗滤液量。

③ 当直接堆肥化或焚烧时，可作为处理过程的重要调节控制参数。

因此，含水率是研究固体废物特性、确定其处理过程的必不可少的测定项。

(2) 物理组分含量

对于物理组分含量的测定，可以采用湿基表示，也可以采用干基表示。干基含量与湿基含量的换算公式为：

$$G=a(1-w) \tag{4-2}$$

式中，G 为湿物料中某成分的质量分数；a 为烘干物料中同组分的质量分数；w 为物料的含水率。

对于工业固体废物，物理组分含量分析首先可参考废物的产生源对其大体定性，然后再进行分析，可提高针对性和效率。

对于生活垃圾，物理组分分析的一般步骤是：取适量样品，按物理组分表（表 4-4）进行粗分拣，过筛，再次细分拣（无法分类的为混合类），最后称重。

表 4-4　生活垃圾分类

有机物	无机物	可回收物
动物、植物	灰土、砖瓦陶瓷、纸类	塑料橡胶、玻璃、金属、木竹

(3) 容重

固体废物在自然状态下，单位体积的质量称为容重，又叫视比重，单位为 kg/L、kg/m³。

容重是选择固体废物贮存容器、收运机具，设计处理构筑物和处置场等环节必不可少的参数。

固体废物容重随成分和压实程度的差异而有所不同。

测定原始固体废物容重的方法有全试样测定法和小样测定法，测定填埋场固体废物容重则较多采用反挖法、钻孔法等。其中，小样测定法是将经四分法缩分后的固体废物试样，装满一定容积广口容器，稍加振动但不压实，再按下式计算确定固体废物容重值。通常需重复测定 3 个以上试样，取平均值。

$$D=(W_2-W_1)/V \tag{4-3}$$

式中，D 为固体废物容重，kg/L 或 kg/m³；W_1 为容器质量，kg；W_2 为装有试样的容器质量，kg；V 为容器体积，L 或 m³。

(4) 粒度

粒度分析步骤一般如下：

① 先将一系列不同筛目的筛子分别称取质量并记录后，按筛目规格序列由小到大排放，最上为粗筛，最下为细筛。

② 称取并记录需筛分的试样质量。

③ 在最上面的粗筛上放入需筛分的试样后，连续摇动 15min，样品按粒径依次穿过各筛，形成筛上物和筛下物。

④ 将每个带有筛上物试样的筛子称重后，计算各个筛子上微粒的比例。

4.4.2 化学特性分析

固体废物的化学特征参数主要有挥发分、灰分、灰熔点、元素组成、固定碳及热值等，固体废物的化学特性对其后续处理和回收利用工艺十分重要。

(1) 元素组成

元素组成主要指固体废物中 C、H、O、N、S 及灰分的含量。

固体废物中化学元素组成是很重要的特性参数，对选择处理工艺是很必要的。如：测得固体废物化学元素组成可估算固体废物的热值，以确定固体废物焚烧方法的适用性，亦可估算固体废物堆肥化等好氧处理方法中的生化需氧量。

固体废物的化学元素组成很复杂，测定方法亦很烦琐，需要用到常规化学分析方法和仪器分析方法，甚至多种先进精密仪器。如 C、H 元素联合测定需要碳氢全自动测定仪，全氮测定用凯氏消化蒸馏法，全磷测定用硫酸过氯酸铜蓝比色法，全钾测定用火焰光度法，有些金属元素测定更要用到原子吸收分光光度计、电感耦合等离子体发射光谱仪或质谱仪等精密仪器，故固体废物化学元素测定较为复杂且昂贵。表 4-5 列举了一些元素的分析方法。

表 4-5 一些常见元素的分析方法

分析指标	分析方法
总汞	冷原子吸收分光光度法
总砷	二乙基二硫代氨基甲酸银分光光度法/硼氢化钾-硝酸银分光光度法
总铬	二苯碳酰二肼比色法/火焰原子吸收分光光度法
铜、锌、镍	火焰原子吸收分光光度法
铅/镉	KI-MIBK 萃取火焰原子吸收分光光度法/石墨炉原子吸收分光光度法
氰化物	异烟酸-吡唑啉酮法

(2) 挥发分

挥发分又称挥发性固体含量，用 v_s（%）表示。挥发分以固体废物在 600℃（有些情形下规定为 700℃）下的灼烧减量作为指标，是反映固体废物中有机物含量近似值的参数。其测定方法是用天平称取一定量的烘干试样 W_3，装入坩埚内，将坩埚置于马弗炉内，在 600℃温度下灼烧 2h，取出后置干燥器中冷却到室温再称重。计算式为：

$$v_s = (W_3 - W_4)/(W_3 - W_1) \times 100\% \qquad (4-4)$$

式中，v_s 为固体废物中的挥发性固体含量，%；W_1 为坩埚质量，g；W_3 为烘干固体废物+坩埚的质量，g；W_4 为灼烧残留+坩埚的质量，g。

(3) 灰分及灰熔点

灰分是指固体废物中不能燃烧也不挥发的物质，即灰分是反映固体废物中无机物含量的参数，常用符号 A 表示，其数值即是灼烧残留量（%），测定方法同挥发分。灰分含量计算式为：

$$A = 100\% - v_s \tag{4-5}$$

灰熔点，是指达到一定温度以后，灰分发生变形、软化和熔融时的温度，符号为 T_A。灰熔点主要受灰分的化学组成影响，固体废物的组成成分不同，则灰含量及灰分熔点也不同，并主要取决于 Si、Al 等元素的含量。

(4) 热值

固体废物的热值，是指单位质量固体废物完全燃烧并使反应产物温度回到参加反应物质的起始温度时所能放出的热量。

根据产物中水分存在状态的不同，又分为高位热值与低位热值。高位热值（毛热）是指单位质量固体废物完全燃烧后燃烧产物中的水分冷凝成为液态水时所放出的热量。低位热值（净热）是指单位质量固体废物完全燃烧后，燃烧产物中的水分仍为水蒸气时所放出的热量。

固体废物的热值对于分析固体废物的燃烧性能，判断其能否选用焚烧处理工艺是至关重要的依据。根据经验，当固体废物的低位热值大于 800kcal[❶]/kg 时，燃烧过程无须加助燃剂，易于实现自持燃烧，当低位热值大于 1100kcal/kg 时，则能够较好地回收热量。因此，固体废物的热值测定与煤和石油的热值测定一样重要。

固体废物热值的测定，一般常采用氧弹量热计。固体废物燃烧过程发生在密闭容器（氧弹）中，氧弹放在量热器中，容器中盛有一定量的水。测量时，先称取一定量的试样，压成小片，放在氧弹内。为使燃烧完全，一般在氧弹中充以 2.5～3.0MPa 的氧气，然后通电点火，使压片燃烧。燃烧时放出的热传给水和量热仪器，由水温的升高值（Δt）即可求出试样燃烧时放出的热量，公式如下：

$$Q = k\Delta t \tag{4-6}$$

式中，K 为量热体系的水当量，即量热体系（水和量热仪器）温度升高 1℃时所需的热量。

4.4.3 生物特性分析

固体废物的生物特性，一般包含两方面：一方面，固体废物本身所具有的生物性质及其对环境的影响，如生物性污染或病原性污染等；另一方面，固体废物进行生物处理的潜能，即所谓可生物处理能力或可生化性。

4.4.3.1 生物性污染

由于固体废物的成分复杂，当含有人畜粪便、生活污水污泥等组分时，其本身就含有机生物体，且组成很复杂，极易造成生物性或病原性污染。

---

❶ 1kcal=4.1868kJ。

常见的生物组成包括：草籽、虫卵、真菌、细菌、病毒、原生动物、后生动物以及有机物腐化产生的各种有害的病原微生物，尤其是肠道病原生物体、寄生虫等。典型的寄生物有阿米巴原虫、各种线虫（如蛔虫、钩虫、血吸虫等），其中蛔虫卵在污水和污泥中广泛存在。此外，未经处理的粪便污染不可进入水体，以免造成水体的生物性污染，有可能传播多种疾病并引起传染病的暴发。

固体废物的生物性污染对环境及人体健康具有严重危害。因此采样分析以明确固体废物的生物组成，并有针对性地进行转化或灭活，使致病性生物体稳定或消灭就显得至关重要。

(1) 细菌总数测定

采用平板菌落计数法。用营养琼脂为培养基，在规定的培养条件下，测定在营养琼脂上发育的嗜中温性需氧和兼性厌氧的细菌菌落总数。

(2) 大肠菌群测定

采用多管发酵法，根据总大肠菌群具有的生物特性进行测定。如：根据革兰氏阴性无芽孢杆菌在37℃乳糖内培养能发酵并在24h内产酸、产气的特点，将不同稀释度的试样接种到具有选择性的乳糖培养基中，经培养后根据阳性反应结果，可测出原试样中总大肠菌群的最可能数（most probable number，MPN）。

4.4.3.2 可生物处理能力

固体废物的生物处理，与废水生物法处理类似，首先需要明确其可行性。即固体废物中有机质的可生物降解性能如何？微生物所要求的环境条件及营养物质是否得到满足？

固体废物组成中的有机物，能提供生物体碳源和能源，是进行生物处理的物质基础。常见有机物大致分为碳水化合物、脂肪、蛋白质等，各类物质的生化途径、代谢速度及代谢产物也有所不同。

以对污泥厌氧消化为例：代谢产物方面，脂肪产气量最大，且产气中甲烷含量很高；蛋白质产气量较少，但产气中甲烷含量高；碳水化合物则产气量及甲烷含量均较低。代谢速度方面，碳水化合物最快，脂肪次之，蛋白质最慢。

不同固体废物中的有机物种类和含量差异较大。如生活垃圾一般碳水化合物含量较多，且主要是纤维素，这主要是因为含大量的纸、布、素菜等废物。碳水化合物中，单糖、二糖类最容易被生物降解。多糖类中，淀粉极易分解；纤维素较难分解；木质素则更难分解。据报道，固体废物中淀粉组分含量一般较低，为2%~6%，该部分在堆肥化过程中分解速度快、降解彻底。与此相反的是纤维素，它以相当慢的速度被微生物降解。实验结果表明，生活垃圾堆肥化不同阶段纤维素降解率差异较大，纤维素的总降解率为34.7%~68.2%，且高温阶段纤维素降解率占总降解率的63.3%~88.5%。

明确测定固体废物组成、分析其生物处理可行性是选择合理处理工艺的重要步骤，这方面内容可以参考废水生物法的可生化性测试方法，如五日生化需氧量（BOD_5）/COD和耗氧速率等。

(1) BOD_5/COD（B/C）

B/C值虽不能确切代表有机物中可生物降解部分占全部有机物的比例，但可大体评估可生物降解有机物占全部有机物的比例，如表4-6所示。因此工程实际中常通过该比值评定生物处理的可行性。

表 4-6　生物处理可行性的评定参考值　　　　　　　　　　单位：%

B/C 值	>45	>30	<30	<25
可生化性	较好	可以	较难	不宜

该方法较粗糙，但比较简单实用，再进一步配合生物处理可行性实验，更为准确。

(2) 微生物耗氧速率

当底物与微生物接触后，微生物对底物进行代谢，同时消耗氧。耗氧过程随底物性质和时间而异，可反映底物被氧化分解的规律。

微生物耗氧过程线如图 4-4 所示，底物以可生物降解的有机物为主，则微生物的耗氧（以累计值计）过程为一条犹如 BOD 测定的耗氧呼吸速率线（a 线）。起始，反应器内有机物浓度高，微生物的呼吸耗氧速率快，随着反应器中有机物浓度减少，耗氧速率亦随之下降，直至最后等于内源呼吸速率（b 线）。耗氧呼吸速率与内源呼吸速率这两条线之间的间距愈大，说明该底物的可生物处理性愈好；反之则愈差。

获得了 B/C 和耗氧速率等可生化性数据后，若固体废物可生化性能较好，就可通过不同生物

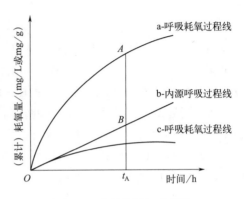

图 4-4　微生物耗氧过程线

处理达到生物转化，以实现固体废物的无害化，消除对环境的有害影响。此外，还可通过生物转化及其他化学转化方法，将固体废物的某些组分转化为有用物质，这是将固体废物回收综合利用的重要途径。常见转化途径有：①化学转化，如热解、水解、加氢等；②生物化学转化，如好氧堆肥、厌氧发酵、废纤维素糖化、蛋白化等微生物处理技术。

4.4.4　渗滤液特性分析

当对渗滤液进行分析时，可以参考废水处理工程相关分析方法和技术规范，对色度、总固体、总溶解性固体、总悬浮性固体、硫酸盐、氨氮、凯氏氮、总氮、总磷、氯化物、BOD、COD、细菌总数、大肠菌群等指标进行分析检测。

第 5 章
固体废物的处理

固体废物的处理处置虽起源于20世纪60年代，但最初主要是以环境保护为目的，即以无害化为主。20世纪80年代中期，我国提出以"减量化、资源化、无害化"为原则的固体废物污染控制技术政策，并确定在较长一段时间内以"无害化"为主。但如今，随着全球化资源短缺问题加剧，在实现无害化的基础上，固体废物的处理处置已逐渐转向以"资源化"为主的方向，回收利用可再生资源已成为我国国家发展的重要战略决策。

目前，基于物理、化学、生物等多学科领域相关理论，固体废物的处理、处置技术已逐渐形成了一系列行之有效的方法，如：脱水、压实、破碎、分选、浸出、固化等物理化学处理法，好氧堆肥、厌氧发酵等生物处置法，焚烧、热解等热处置法，卫生填埋等末端处置方法，以及自成体系的危险废物管理体系等等，并且单一的处理处置技术也逐渐进化为多种处理处置技术灵活组合和优化适配的工艺系统，从而极大程度上实现了对固体废物的恰当处理处置和综合回收利用，既保护了环境又回收了资源。

但不论是简单组分的固体废物还是复杂组分的固体废物，一般都需要对其进行适当的前处理，才方便后续的处置技术发挥出更好的效能，最终高效实现"三化"。因此，固体废物的处理过程，一般又可称为预处理。可以说，固体废物的处理是实现"减量化、资源化、无害化"的重要前提。

常见的处理技术有：脱水和干燥、压实、破碎、分选、浸出等。

一般来说，脱水和干燥可以降低含水率，从而减少体积、提高热值、减少渗滤液，从而方便减少运输量和填埋量，提高焚烧和热解潜力等。压实则可以降低废物体积，从而减少占地，方便运输和填埋等。破碎则有利于提高颗粒物的比表面积，从而提高热化学或生化方法处理技术（焚烧、热解、堆肥等）的效率，甚至通过降低粒径不均匀性（均化）可以为分选回收减少障碍。分选则可以提高可用组分纯度，方便废物的资源化利用以及焚烧、热解、堆肥等处理。浸出则能够将废物中特定的某些有回收价值或有害组分进行针对性提取，从而提高资源化利用价值或降低废物的危害性。

需明确的是，预处理或者处理仅仅是一个相对概念，有些时候脱水和干燥、压实、破碎、分选、浸出等技术也可能是某具体工艺的核心。

5.1 脱水和干燥

不同固体废物的含水率一般差异较大，而含水率的大小会直接影响固体废物的质量、体积、生物可利用性、热值、机械可操作性等，从而对后续的运输、生物处置、焚烧处置、热解处置甚至填埋处置等产生较大的影响。因此，根据实际需要，可在固体废物处理与处置过程中的某些环节，对固体废物的含水率进行适当调节，以便提高后续处理与处置效率。

调节固体废物含水率的常用方法主要有脱水与干燥、加水与稀释等。

① 脱水与干燥。一般常用于高含水率的固体废物（如生活污水污泥、工业废水污泥、给水污泥、疏浚淤泥、工程泥浆、酒糟、酸渣、碱渣等）的处理。一般地，含水率超过90%的固体废物，需先脱水减容，再进行后续包装、运输和处理处置等操作。

② 加水与稀释。一般常用于低含水率的固体废物（如含纸办公废物的湿式分选、矿业固体废物的浮选或浸出等）的处理。该操作一般需确定合适的加水量、注水方式、搅拌混匀方式等，该部分内容将具体在后续湿式分选、浮选与溶剂浸出等部分进行论述。

本节主要讲述脱水与干燥的相关原理与方法。

5.1.1 水的存在形式

高含水率固体废物中水分的去除，是影响甚至决定其后续处理处置工艺能否可行的重要因素。以污泥为例，虽然其来源多样，但都有一个重要的共同特征，即初始含水率很高，一般为95%~99.9%。污泥中水所占的体积巨大，而且水的比热容很高，这对其运输、焚烧、堆肥、填埋等处理处置产生很大的限制，因此，必须进行脱水或干燥才能进一步操作。

一般认为，固体废物中所含水分大致可分为间隙水、毛细管结合水、表面吸附水和内部水四种，如图5-1所示。污泥中间隙水，指存在于污泥颗粒较大的间隙中的自由水，占污泥总水分的70%左右，相对较易去除。常用的去除方法为浓缩法，分离过程可借助重力沉淀或离心力进行。毛细管结合水，指存在于污泥颗粒间的一些小毛细管中的水分（毛细管力），占污泥总水分的20%左右，去除难度较大。通常需要施加外力，采用真空、离心等机械脱水方法去除。表面吸附水，指通过物理吸附（范德华力）和化学吸附（化学键）等方式吸附在污泥颗粒表面的水，占污泥总水分的7%左右，去除难度很大。一般方法无法直接去除该类型的水分，但通常可用加热法脱除。内部水，指存在于污泥颗粒内部或微生物细胞内的水，占污泥总水分的3%左右，去除难度最大。通常只能先采用高温加热法、冻融法、微波、化学药剂等物理化学方法，或用生物化学法将污泥颗粒或微生物细胞膜破坏，然后再行去除。

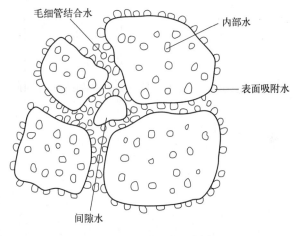

图 5-1　污泥水分示意图

常见的脱水与干燥方法有自然干化、浓缩脱水、过滤脱水、造粒脱水、干燥等。

5.1.2 自然干化

自然干化，一般是指将物料摊铺晾晒于具有自然滤层或人工滤层的干化场地中，借助自然力和介质（如太阳能、风能和空气等），使得物料中的水分因周边物料-空气间蒸气压的不同而形成从内向外的迁移扩散（自然蒸发），或同时利用底部土壤或滤料进行渗透过滤脱水的一类方法。

以污泥自然干化为例，其设施一般称污泥干化场，其剖面布局如图 5-2 所示。

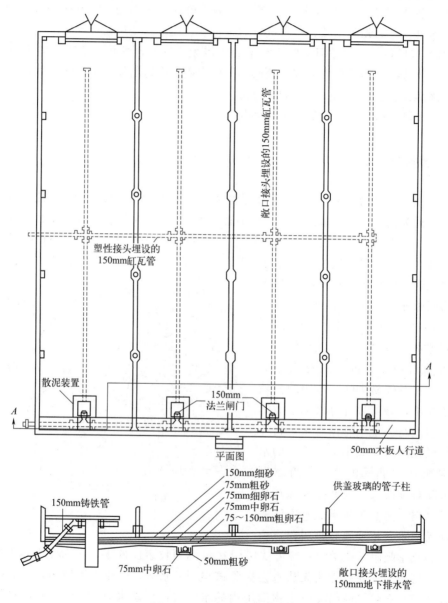

图 5-2　污泥干化场剖面图

干化场四周建有挡土或板体围堤，场内根据实际使用面积可利用土堤或隔板分隔成若干区，各区表面铺设一片平坦、滤水性能良好的自然滤层或人工滤层。进泥口处设置散泥板，作为污泥分配装置，可使污泥均匀分布于各区表面，并防止冲刷滤层。滤层底部设置排水管，收集渗滤水后排出。干化周期内，可采用机械搅拌和翻堆工艺来强化自然干化以缩短干化周期。

干化场运行时，放泥厚度一般为 30cm 左右。干化周期随季节而异，条件良好时，停留时间为 10~15d，经自然干化后污泥含水率可降低到 60% 左右。

自然干化是一种古老而简便的脱水方法，设备简单，干化后污泥含水率低，但其干化周期长、占地面积大、臭气污染严重、环境卫生条件差，并受气候条件（降雨量、蒸发量、相对密度、风速、年冰冻期等）影响显著，因此仅适用于气候较干燥、占地不紧张以及环境卫生条件允许的地区，而不适合多雨潮湿的南方地区。

5.1.3 浓缩脱水

浓缩脱水，一般是通过重力或机械的方式去除物料中的一部分水分（主要是部分间隙水），从而减小体积，为下一步的输送和综合利用创造条件。

如剩余污泥的含水率一般为 99% 以上，在经过简单的浓缩脱水后，其含水率一般可降低至 94%~96%，而体积则减小到原来的 1/5 左右，减容效果明显。污泥浓缩方法主要有重力浓缩法和气浮浓缩法两种。

5.1.3.1 重力浓缩

重力浓缩是基于污泥颗粒与水的密度差，利用重力作用，使污泥中的颗粒物自然沉降到底部，从而分离出间隙水的方法，是最常用的一种污泥浓缩方法。

重力浓缩法适用于密度与水差异较大的污泥，优点是操作简便、运行管理费用低，缺点是占地面积较大、基建费用较高。

重力浓缩的构筑物称浓缩池，按运行方式可分为间歇式浓缩池和连续式浓缩池两类。

(1) 间歇式浓缩池

如图 5-3(a) 所示。浓缩池设置进泥管、上清液排出管、排泥管等结构。上清液排出管设置在浓缩池的不同高度上，用于排出浓缩池中的上清液，以保证池容。操作时，采用间歇性进泥、排上清液、排泥的方式进行操作。

间歇式浓缩池的体积一般比连续式浓缩池大，管理也较麻烦，一般用于小型污水处理厂或工业企业的废水处理厂。

(2) 连续式浓缩池

如图 5-3(b) 所示。其结构一般为圆形或矩形的钢筋混凝土构筑物，进泥口设在池中心，并设挡板用于泥水分配；池周有溢流堰，用于排上清液；池底为斜面，池内设有刮泥机和衔架桥用于除泥。

运行时，污泥采用中心进泥方式自进泥口进入，然后向池体的四周扩散，流速逐渐减缓。在缓慢流动过程中，固体粒子得到沉降分离，上清液则越过溢流堰流出，浓缩沉降到池底的污泥，经过安装在中心旋转轴上的刮泥机缓慢旋转刮动，沿池底汇集到排泥口，再用污泥泵排出。

连续式浓缩池，自动化程度高，一般可用于大中型污水处理厂。

5.1.3.2 气浮浓缩

气浮浓缩是人为地向污泥内鼓入大量微小气泡，使气泡附着在污泥颗粒上，形成污泥颗粒-气泡结合体，借助气泡浮力把污泥颗粒带到水面，然后用刮泥机将泥水分离，达到浓缩的目的。与重力浓缩相反，气浮浓缩时，污泥不是下沉而是上浮，清水则从底部流出。

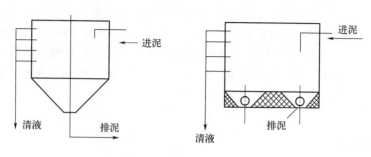

(a) 不带中心传动的间歇式浓缩池

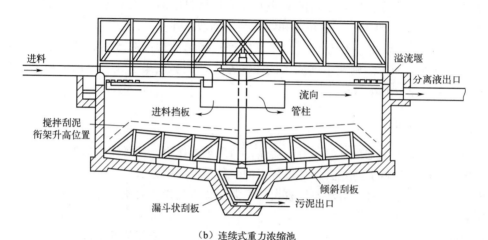

(b) 连续式重力浓缩池

图 5-3　重力浓缩池示意图

气浮浓缩最常用的方法是加压溶气气浮法，其原理如图 5-4 所示。加压溶气气浮浓缩时，由循环泵抽取部分排水罐中的水进入循环，经过压力溶气罐向循环液加压充气，充气后的液流与污泥在溶气区进行混合，然后进入气浮浓缩池，此时混合液因减压而释放出大量微小气泡，气泡会附着在污泥颗粒上，使之上浮，并于水面形成浓缩污泥层，再利用顶部的刮泥机循环刮出污泥。

气浮浓缩法适用于相对密度接近于 1 的污泥，如好氧消化污泥、接触稳定污泥、不经初次沉淀的延时曝气污泥，以及一些工业废油脂及油等。

与重力浓缩法相比，气浮浓缩法具有较多优点：操作管理简单；污泥浓缩程度

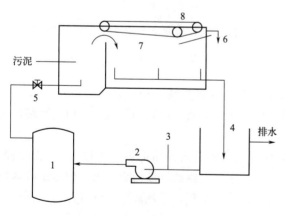

图 5-4　气浮浓缩工艺流程

1—溶气罐；2—加压泵；3—压缩空气；4—出流；5—减压阀；6—浓缩污泥；7—气浮浓缩池；8—刮泥机械

高，污泥中固体含量可浓缩到 5%～7%；固体物质回收率高（达 99% 以上）；浓缩速度快，停留时间短（一般处理时间为重力浓缩法的 1/3 左右）；操作弹性大，对污泥负荷变化和气候变化等均能适时调节、稳定运行；由于污泥中混入空气，不易发臭。缺点是基建费用和运

行费用偏高。

5.1.3.3 离心浓缩

离心浓缩是利用水分和固体颗粒在高速旋转时的离心力差异，对其进行分离浓缩的一种方法。离心浓缩的常见设备是离心沉降脱水机。

离心沉降脱水机的工作原理如图 5-5 所示。其结构主要由螺旋输送器、转筒、空心转轴、罩盖及驱动装置组成。污泥由空心转轴的分配孔进入离心机，依靠转筒高速旋转产生的离心力，分离固体和水。螺旋输送器与转筒由驱动装置传动，两者旋转方向相同，但转速不同，螺旋输送器转速稍慢于转筒，依靠这两者间速度差的作用，螺旋输送器能够较慢地输出泥饼，而分离液则从另一端排出。

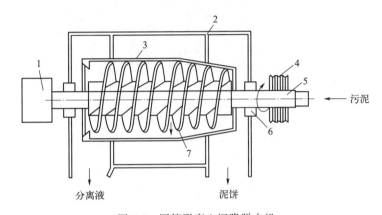

图 5-5　圆筒形离心沉降脱水机
1—变速箱；2—罩盖；3—转筒；4—驱动轮；5—空心转轴；6—轴承；7—输送器

5.1.4　过滤脱水

过滤脱水，一般是通过对过滤介质某一侧施加外力的方式，使过滤介质的两侧产生的压力差作为驱动力，使水分强制通过过滤介质成为滤液，而固体颗粒被截留成为滤饼，从而达到脱水的目的。该法的脱水程度较浓缩法更高，但该法对能耗和设备要求也更高。

仍以剩余污泥为例，其初始含水率为 99% 以上，经过过滤脱水，其含水率一般可降低至 80%~60%，而体积则缩小至原来的 1/20 到 1/40 左右，体积变化可谓巨大。

根据施加外力的方式不同，过滤脱水可分为真空过滤脱水、压榨过滤脱水、离心过滤脱水等。

5.1.4.1　真空过滤脱水

真空过滤脱水，是在过滤介质的一侧抽吸形成负压，使水分穿过过滤介质。

真空过滤脱水的常见设备是转鼓真空过滤机。其优点是连续操作、运行平稳、可自动控制、处理量较大、滤饼含水率较高（达 60%~80%）；缺点是其附属设备较多，工序复杂，运行费用较高，其过滤介质紧包在转鼓上，清洗不充分，易堵塞，影响生产效率。主要用于初沉污泥及消化污泥的脱水。

转鼓真空过滤脱水机的结构如图 5-6 所示。

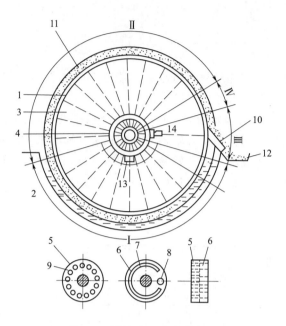

图 5-6 转鼓真空过滤脱水机

Ⅰ—滤饼形成区;Ⅱ—吸干区;Ⅲ—反吹区;Ⅳ—休止区;1—空心转筒;2—污泥槽;
3—扇形格;4—分配头;5—转动部件;6—固定部件;7—与真空泵相通的缝;
8—与空压机相通的孔;9—与各扇形间格相通的孔;10—刮刀;11—泥饼;
12—皮带输送器;13—真空管路;14—压缩空气管路

该设备由空心转筒、分配头、污泥槽、真空系统和压缩空气系统等组成。空心转鼓上覆盖有过滤介质,并浸入泥槽内,浸深一般为1/3转鼓直径。转鼓用径向隔板分隔成许多扇形格,每格有单独的连通管与分配头相接,分配头由两片紧靠在一起的转动部件和固定部件组成。固定部件有缝与真空管路相连通,孔8与压缩空气管路相通。转动部件有许多小孔,每孔通过连通管与各扇形间隔相通。

其工作过程包括滤饼形成、吸干、反吹、休止共四个过程。转鼓旋转时,真空作用会将污泥吸附在过滤介质上,液体通过过滤介质沿真空管路流到气水分离罐。吸附在转鼓上的滤饼转出污泥槽后,若扇形间隔的连通管在固定部件的缝范围内,则处于滤饼形成区Ⅰ及吸干区Ⅱ内继续脱水;当管孔与固体部件的孔8相通时,便进入反吹区Ⅲ与压缩空气相通,滤饼被反吹松动,然后由刮刀剥落,剥落的滤饼用皮带输送器运走,再转过休止区Ⅳ进入滤饼形成区Ⅰ,周而复始。

转鼓真空过滤脱水机的一般工艺流程如图5-7所示。

5.1.4.2 压榨过滤脱水

压榨过滤脱水,又称压滤脱水,是通过在过滤介质的一侧加压,将水分挤过过滤介质。常见的有板框压滤脱水、带式压滤脱水和叠螺压滤脱水三种。

(1) 板框压滤脱水

板框压滤脱水一般采用板框压滤机。其优点是制造方便、适应性强,进料、卸料均可自动操作,自动程度较高,滤饼含水率低(45%~80%)。其缺点是间歇操作、处理量较低。一般可适用于各种污泥的脱水。

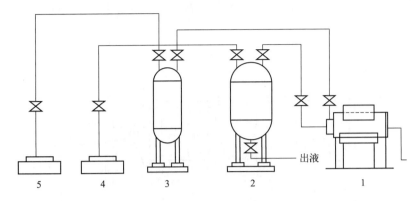

图 5-7　转鼓真空过滤脱水机的工艺流程
1—真空过滤机；2—气水分离筒；3—空气平衡筒；4—真空泵；5—鼓风机

板框压滤机的结构如图 5-8 所示。其滤板与滤框间隔排列，滤布覆在滤板两侧，滤板、滤框间的缝隙构成压滤室，依靠压紧装置进行压紧。在滤板与滤框的上端中间相同部位开有小孔，压紧后成为一条通道，供加压到 0.2～0.4MPa 的污泥进入压滤室，滤板的表面刻有沟槽，下端钻有供滤液排出的孔道，滤液在压力下通过滤布，沿沟槽与孔道排出压滤机，从而使污泥脱水。

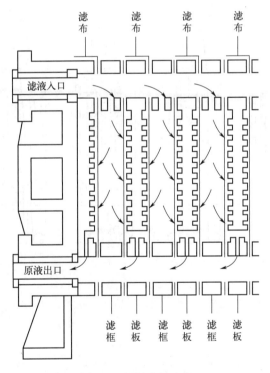

图 5-8　板框式压滤机

目前常用的板框压滤机主要是自动板框压滤机。其结构如图 5-9 所示，由主梁、滤布、固定压板、滤板、滤框、活动压板、压紧机构、洗刷槽等组成。两根主梁把固定压板与压紧机构连在一起构成机架。压紧机构驱使活动板带动滤板和滤框在主梁上行走，用以压紧和拉开板框。滤板和滤框四周均有耳孔，板框压紧后形成暗通道，分别为进泥口、高压水进口、滤液出口,以及压干、正吹、反吹和压缩空气通道。滤布在驱动装置下行走,通过洗刷槽进行清洗,使滤布得以再生。

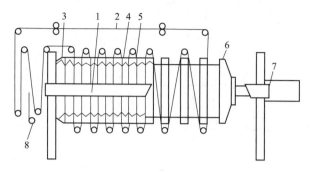

图 5-9　自动板框压滤机
1—主梁；2—滤布；3—固定压板；4—滤板；5—滤框；6—活动压板；7—压紧机构；8—洗刷槽

自动板框压滤机的工作过程如图 5-10 所示。滤布夹在滤框和滤板之间,用以排出滤液和支承压干滤饼。压滤机工作时,先启动压紧机构,压紧板框,污泥通过进料口均匀进入框两侧,形成两块滤饼。然后用压缩空气通过滤框内腔,吹鼓橡胶膜,挤出污泥水分,压干滤饼,然后使压紧电动板反转,自动拉开板框,此时橡胶膜恢复原状,使滤饼弹出滤腔,实现滤饼自动卸料。

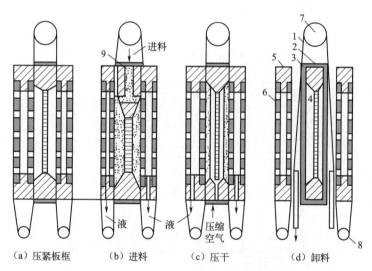

图 5-10　自动板框压滤机工作过程
1—滤布；2—滤框；3—橡胶膜；4—隔板；5—滤板；6—多孔网板；
7—上滚筒；8—下滚筒；9—进料口

(2) 带式压滤脱水

带式压滤脱水常采用滚压带式过滤机。其优点是设备构造简单、动力消耗少、能连续操作。其缺点是处理量较低、滤饼含水率较高(达 78%～86%),不适于黏性较大的污泥。

滚压带式压滤机的结构主要由滚压轴和滤布组成。其工作原理是先将污泥进行化学调理,再送入污泥浓缩段,依靠重力作用初步浓缩脱水,使污泥失去流动性,以免压榨时被挤出滤布,此浓缩段停留时间一般为 10～20s,然后进入压榨段,通过挤压滤布进一步脱水,压榨时间为 1～5min。

压榨段的滚压方式，一般有对置滚压和水平滚压两种。

① 对置滚压式［图 5-11(a)］的滚压轴处于上下垂直的相对位置，压榨时接触时间短，但压力大。

② 水平滚压式［图 5-11(b)］的滚压轴上下错开，依靠滚压轴施于滤布的力压榨污泥，压榨力受张力限制，压力较小，压榨时间较长。

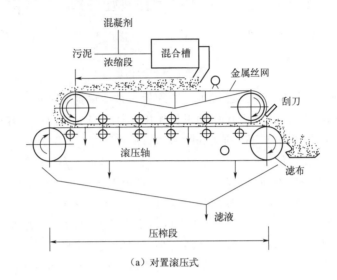

(a) 对置滚压式

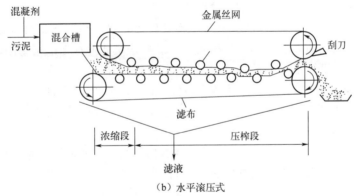

(b) 水平滚压式

图 5-11　滚压带式压滤机

滚压时上下两层滤布的旋转半径不同，线速度不同，从而在滚压过程中对污泥产生一种剪切力的作用，能促使滤饼脱水。

(3) 叠螺压滤脱水

叠螺压滤脱水，属于螺旋压榨过滤脱水。一般采用叠片螺旋式污泥脱水机，又称螺旋挤压脱水机或叠螺脱水机。该法最早应用在榨油、鱼肉压榨脱水和鱼、虾废料过滤中，近些年在污泥脱水及其他工业脱水等领域得到了广泛应用。其优点是可减少沉淀池及污泥浓缩池，节约污水站建设成本。

叠螺脱水机的构造与工作原理如图 5-12 所示，其中，叠螺是由固定环和游动环相互层叠，螺旋轴贯穿其中形成的过滤装置，其前段为浓缩部，后段为脱水部。固定环和游动环之间形成的滤缝以及螺旋轴的螺距从浓缩部到脱水部逐渐变小。螺旋轴的旋转在推动污泥从浓缩部输送到脱水部的同时，也不断带动游动环清扫滤缝，防止堵塞。

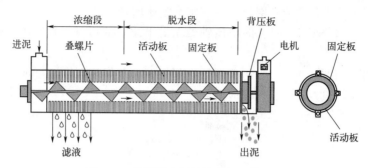

图 5-12 叠螺脱水机的构造与工作原理

其工作原理是物料在浓缩部经过重力浓缩后,被运输到脱水部,在前进的过程中,随着滤缝及螺距的逐渐变小,以及背压板的阻挡作用,产生极大的内压,容积不断缩小,液体透过滤网与固体实现分离,从而达到充分脱水的目的。

其工作流程可简化为三步:

① 浓缩。当螺旋推动轴转动时,设在推动轴外围的多重固定、活动叠片相对移动,在重力作用下,水从相对移动的叠片间隙中滤出,实现快速浓缩。

② 脱水。经浓缩的污泥随着螺旋轴的转动不断往前移动。沿泥饼出口方向,螺旋轴的螺距逐渐变小,环与环之间的间隙也逐渐变小,螺旋腔的体积不断收缩。在出口处背压板的作用下,内压逐渐增强,在螺旋推动轴依次连续运转推动下,污泥中的水分受挤压排出,滤饼含固量不断升高,最终实现污泥的连续脱水。

③ 自清洗。螺旋轴的旋转,推动游动环不断转动,设备依靠固定环和游动环之间的移动实现连续的自清洗过程,从而巧妙地避免了传统脱水机普遍存在的堵塞问题。

叠螺脱水法适用于处理市政污水、食品、饮料、化工、皮革、焊材、造纸、印染、制药等行业的污泥,适用于高、低浓度污泥的脱水,并擅长含油污泥的脱水。低浓度(<2000mg/L)污泥脱水时,无须建设浓缩池、贮存池,可降低建设成本,还可减少磷的释放和厌氧臭气的产生。

叠螺脱水机设计紧凑,占地空间小,便于维修及更换;重量小,便于搬运;不易堵塞;具有自我清洗功能;操作简单,可连续无人运行。

5.1.4.3 离心过滤脱水

离心过滤脱水,是通过高速旋转产生的离心力作用,使水穿过过滤介质而将其除去。

离心过滤脱水常采用离心过滤机。离心过滤脱水机的优点是可连续生产、可自动化控制、占地面积小、卫生条件好。其缺点是对污泥预处理要求较高、电消耗较大、机械部件易磨损、分离液浑浊、滤饼含水率较高(达80%~85%)。

离心过滤脱水不适于含砂粒量高的污泥脱水。

按分离因数 r 的大小,可分为高速离心机(r>3000)、中速离心机(r 为 1500~3000)和低速离心机(r 为 1000~1500)三种级别。

按离心脱水原理,可分为离心过滤机和沉降过滤式离心机等类型。沉降过滤式离心机如图 5-13 所示,它是将沉降与过滤相结合的一种新型脱水设备,兼两者优点。进入离心机的污泥,先经离心沉降段,使污泥颗粒沉降于转筒壁上,并挤出其中大部分液体,此部分的工作原理类似离心沉降脱水机,随后螺旋输送器将浓缩污泥推入离心过滤段,进一步脱水,最后排出。

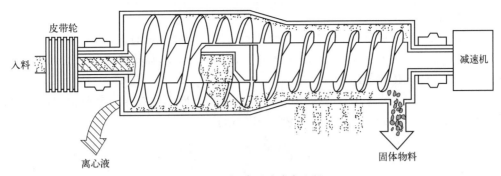

图 5-13　沉降过滤式离心机

5.1.5　造粒脱水

造粒脱水，是将污泥先通过化学调理后造粒（如加入高分子混凝剂），再进行脱水，使泥渣直接形成含水量较低的致密泥丸的一种方法。

常见设备有造粒脱水机。其优点是设备简单、电耗低、管理方便、处理量大。其缺点是钢材消耗量大、混凝剂消耗量较高、污泥泥丸紧密性较差。一般适用于含油污泥的脱水。

湿式造粒机的工作原理如图 5-14 所示，其结构是由圆筒和圆锥组成，设备水平放置，按先后分为造粒段、脱水段和压密段。其工作过程原理是：①经化学调理后的污泥首先进入造粒段，造粒段的圆筒内壁上设有螺旋板形成螺旋输送器，随输送器的旋转，污泥滚动着向前推进，并在混凝剂的作用下，逐渐絮凝成泥丸。②造粒段末端有一隔板，隔板的中心位置设有溢流管。造粒段形成的泥粒从孔口进入脱水段脱水，水分从泄流缝排出。③泥丸在螺旋板提升作用下进入压密段。在这里，泥丸失去浮力，在重力作用下进一步压密脱水，形成粒大体重的泥丸，最后经提升螺旋板由筒体末端送出筒外。溢流管正常情况下不出水，只有超载时，多余的水才由溢流管溢出。

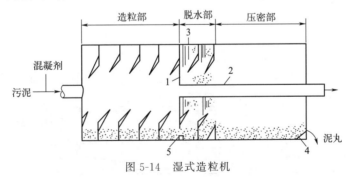

图 5-14　湿式造粒机

1—隔板；2—溢流管；3—泄流缝；4—提升螺旋板；5—孔口

5.1.6　干燥

浓缩或过滤脱水后，固体废物的含水率一般仍很高，其物理性状为黏胶状或膏状，热值仍较低，可进一步通过调节含水率进行堆肥或填埋操作，但多不宜直接焚烧。此时若有必要继续降低含水率，则可进行干燥处理。

干燥，一般是利用外加热源对物料进行加热，使物料中的水分蒸发，从而使水分与固体物料分离的方法。

为提高干燥速度,可采取以下措施：将物料破碎以增大蒸发面积,提高蒸发速度；使用热源温度尽可能高,或通过减压增加物料和热源间温度差,增加传热推动力；通过搅拌增大传热传质系数,强化传热传质过程。

干燥处理后污泥含水率可降至 20%～40%。污泥干燥方法较多,目前常用的是回转筒式干燥器（图 5-15）和带式流化床干燥器（图 5-16）。

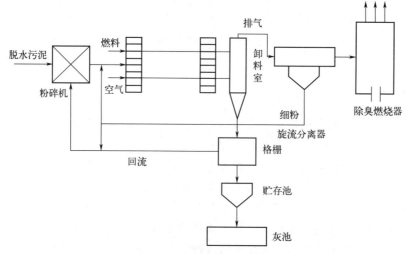

图 5-15　回转筒式干燥器

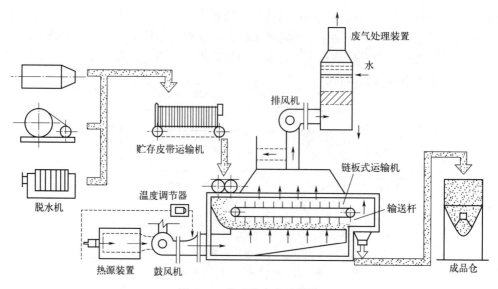

图 5-16　带式流化床干燥器

5.2　压实

5.2.1　压实原理

压实,又称压缩,是利用机械方法减少固体废物的孔隙率,增加其密度。

压实的前提是固体废物内部存在空隙，此时，当废物受到外界压力，各颗粒间相互挤压、变形或破碎，空隙率降低，达到重新组合、减小体积的效果。因此，压实不适于刚性材料，如大块的木材、金属、玻璃以及塑料等不应压实。此外，含易燃、易爆成分的材料以及含水废物（如污泥等），也不适合压实。

5.2.2 压实目的

压实不仅可以减小废物容积，便于装卸和运输，还可用于制取高密度建筑材料或惰性块料，便于再次利用、贮存和处理处置。

固体废物压缩前后的体积比称为压缩比。一般固体废物压实后的压缩比为 3～5；若破碎后再压实，其压缩比可达 5～10。

5.2.3 压实设备

固体废物的压实设备称为压实器。压实器有移动、固定两种形式。

移动式压实器一般安装在垃圾收集车上，边收纳废物边压缩，装满车后送往处理处置场；垃圾填埋场可以使用垃圾运输车、履带式压实机、滚轮式压实机、夯实机等，进行移动压实操作。

固定式压实器一般由容器单元和压实单元构成。容器单元负责容纳废物，压实单元则在液压或气压驱动下利用压头将废物压实。固定式压实器一般设在转运站、高层住宅垃圾管道底部，以及其他需要压实废物的场合。

固定式压实器按工作原理也可分为单向式、回转式、三向联合式等类型。

(1) 单向式压实器

单向式压实器多为水平压实或垂直压实。

如水平式压实器（图 5-17），其操作是靠做水平往复运动的压头将废物压到矩形或方形的钢制容器中，随着容器中废物的增多，压头的行程逐渐变短。容器装满后，可将铰接连接的压实容器进行更换，将空容器装好再继续进行后续的压实操作。

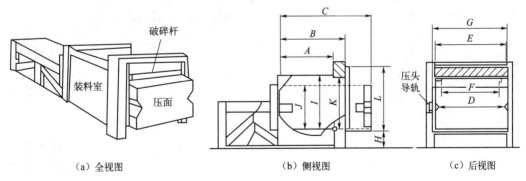

(a) 全视图　　　　　　(b) 侧视图　　　　　　(c) 后视图

图 5-17　水平压实器

A—有效开口长度；B—装料室长度；C—压头行程；D—压头导轨宽度；E—装料室宽度；
F—有效开口宽度；G—出料口宽度；H—压面高度；I—装料室高度；
J—压头高度；K—破碎杆高度；L—出料口高度

单向式压实器多用于生活垃圾转运站内的压实操作。此外，高层住宅垃圾压实器（图 5-18），一般也多采用单向式压实器。

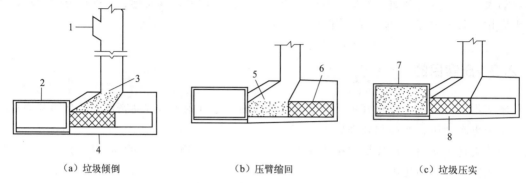

（a）垃圾倾倒　　　　　　　　（b）压臂缩回　　　　　　　　（c）垃圾压实

图 5-18　高层住宅垃圾压实器

1—垃圾投入口；2—容器；3—垃圾；4—压臂；5—垃圾；6—压臂全部缩回；7—压实的垃圾；8—压臂

(2) 三向联合式压实器

三向联合式压实器，结构如图 5-19 所示，装有 3 个相互垂直的压头。废物置于料斗后，三向压头依次实施压缩，将废物压实成密实的块体。

三向联合式压实器多用于松散的金属类废物、生活垃圾的压实。

(3) 回转式压实器

回转式压实器，结构如图 5-20 所示，也装有 3 个相互垂直的压头，借助液压驱动依次进行压缩，其中废物的行程与三向联合式压实器略有不同。

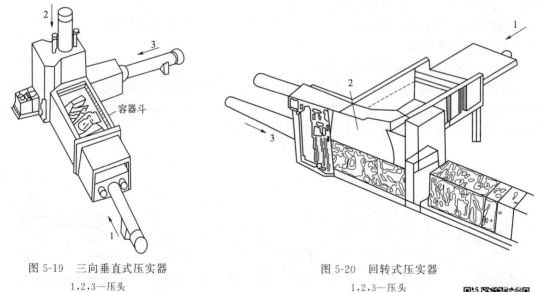

图 5-19　三向垂直式压实器　　　　　　图 5-20　回转式压实器
　　1,2,3—压头　　　　　　　　　　　　　1,2,3—压头

回转式压实器适于压实体积小、质量轻的固体废物。

5.2.4　压实工艺

压实工艺的制定，首先需要预估固体废物的可压实程度和需压实程度，

垃圾压缩固化处理工艺流程演示

考虑后续处理对压实的要求，进而选择合适的压缩比、压力等参数。其次，针对不同废物，采用不同压实方式，选用不同的压实设备。此外，还需注意压实过程中的特殊情况，如垃圾压缩时会出现水分，塑料热压时会黏附压头；生活垃圾中一般含有大量的腐败有机物及水分，为防止对压实器的腐蚀，通常需在表面涂覆沥青作为保护。是否采用压实处理，还要考虑后续的处理技术要求，压实会对分选产生一定的影响，如压实生活垃圾产生的水分会严重影响纸张类废物的分选效果。

国外部分地区采用如图 5-21 所示的压实固化填埋工艺处理生活垃圾。在四周垫铁丝网的容器中装入垃圾，然后压缩。压块由向上的推动活塞推出压缩腔，送入高温沥青浸渍池涂浸沥青防漏，取出冷却固化后，经输送带装入汽车运往填埋场。压缩污水经油水分离、活性污泥处理、沉淀处理、消毒后达标排放。

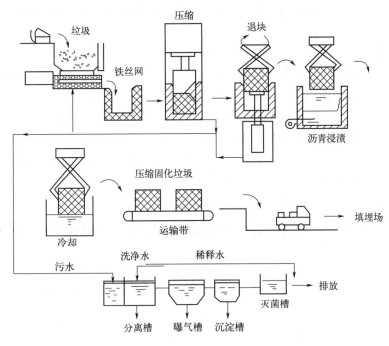

图 5-21 垃圾压缩固化填埋处理工艺流程

5.3 破碎

5.3.1 破碎原理

破碎，一般是破碎和磨碎的总称，又称破磨，通常是在外力作用下（或非机械能作用下）破坏固体废物质点间的内聚力，使大块的固体废物分裂为小块（破碎），小块的固体废物分裂为细粉（磨碎）的过程。

5.3.2 破碎目的

破碎处理后，固体废物可变成适合进一步加工或能经济地继续处理的形状或大小。

固体废物破碎的目的主要有：
① 使组成不一的废物混合均匀，提高燃烧、热解等的效率及稳定性；
② 防止粗大、锋利的废物损坏设备；
③ 减小容积，降低运费；
④ 更易分选，如通过磁选等方法回收小块的金属；
⑤ 破碎后进行填埋处置时，压实密度更高、更均匀，可加快复土还原。

5.3.3　破碎方法

固体废物破碎方法，按原理可分为机械能法和非机械能法。

固体废物的破碎多采用机械方法，破碎设备通常也是采用两种或两种以上的破碎方法联合对废物进行破碎。

(1) 机械能法

机械法主要包括剪切、冲击、锤击、挤压、磨碎等类型。常用的设备有剪切式破碎机、锤式破碎机、颚式破碎机、球磨机等，一般均在常温下进行破碎。

剪切破碎，是指在剪切作用下使废物破碎，剪切作用有劈、撕和折等。剪切破碎需刃口，适合破碎机械强度较小的废物，如生活垃圾、秸秆、塑料等。如剪切破碎机。

冲击破碎，有重力冲击和动冲击两种。重力冲击是使废物落到一个硬表面上，使其破碎；动冲击是使废物碰到一个比它更硬的快速旋转表面而产生冲击作用。冲击过程中废物是无支撑的，依靠冲击力加速破碎。如锤式破碎机。

挤压破碎，废物在两个相对运动的硬面之间的挤压作用下破碎，这两个表面或都移动，或一动一静。如颚式破碎机。

磨剥破碎，是在两个坚硬的物体表面的中间碾碎。如球磨机。

破碎方法的选择，要视固体废物的机械强度及硬度而定。脆硬性废物宜采用挤压、劈裂、弯曲、冲击和磨剥破碎，柔韧性废物（废钢铁、废汽车和废塑料等）多宜采用冲击和剪切破碎，含大量废纸的垃圾则宜采用湿式破碎。

(2) 非机械能法

主要包括低温冷冻破碎、湿式破碎、超声破碎、低压破碎等方法。

低温冷冻破碎是利用塑料、橡胶类废物在低温下的冷脆特性进行破碎。

湿式破碎利用湿法使纸类、纤维类废物调制成浆状，然后加以分离利用。

5.3.3.1　剪切破碎

剪切破碎机是利用剪切作用将固体废物破碎，一般通过活动刀刃（包括往复刀和回转刀）与固定刀刃之间的啮合作用，将固体废物剪切成适宜的形状和尺寸。

双轴剪切式破碎机动画演示

根据刀刃的运动方式，可分为往复式与回转式。

(1) Von Roll 型往复剪切破碎机

如图 5-22 所示，固定刀与活动刀由下端的活动铰轴连接成 V 式钢架，液压装置提供动力，固体废物在两刀合拢时被剪碎。

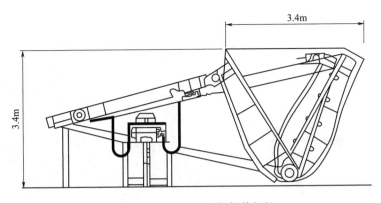

图 5-22　Von Roll 型往复剪切机

（2）Lindemann 型剪切破碎机

如图 5-23 所示，由预压机和剪切机两部分组成。固体物先进入预压机，通过一对钳形压块将废物压缩后进入剪切机。剪切机由送料器、压紧器和剪切刀组成。固体废物由送料器推到刀口下方，压紧器压紧后由剪切刀将其剪断。

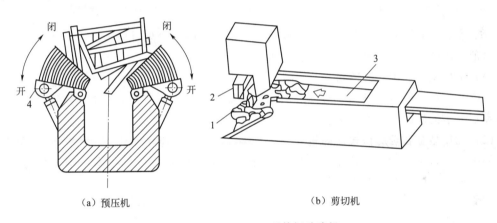

（a）预压机　　　　　　　　　　（b）剪切机

图 5-23　Lindemann 型剪切破碎机
1—夯锤；2—刀具；3—推料杆；4—压块

（3）旋转剪切破碎机

如图 5-24 所示，废物投入剪切装置后，在旋转刀与固定刀的间隙内被剪切破碎。该破碎机不适于对硬度大的废物进行破碎。

5.3.3.2　锤式破碎

锤式破碎机是利用冲击和剪切作用将固体废物破碎。

如图 5-25 所示，其主要部件有电动机驱动的大转子、铰接在转子上的重锤（重锤以铰链为轴转动，并随大转子一起转动）及内侧的破碎板。其工作原理是：废物进入破碎机即受到高速旋转的转子的猛烈撞击被第一次破碎，同时从转子上获得能量后，飞向坚硬的破碎板进行再次破碎，再加上颗粒间的碰撞摩擦作用和锤头引起的剪切作用，最后废物被破碎。

锤式破碎机主要用于破碎大体积、中等硬度且腐蚀性弱的固体废物，如矿业废物、硬质塑料、干燥木质废物以及废弃的金属家用器物等，亦可用于对汽车等大型固体废物的破碎。

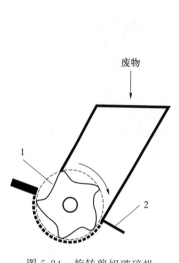
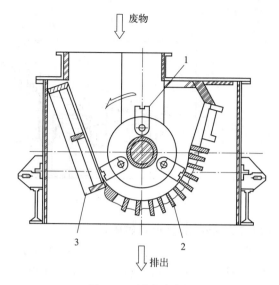

图 5-24 旋转剪切破碎机
1—旋转刀；2—固定口

图 5-25 锤式破碎机
1—锤头；2—筛板；3—破碎板

其优点是破碎颗粒较均匀，缺点是噪声大，需采取防震、隔音措施。

目前常用的锤式破碎机有以下几种类型。

(1) BJD 型普通锤式破碎机

如图 5-26(a) 所示，可用于破碎废旧家具、厨房用具、床垫、电视机、冰箱、洗衣机等大型废物，不能破碎的废物从旁路排除。

(2) BJD 型金属切屑锤式破碎机

如图 5-26(b) 所示，其锤子呈钩形，加强了对金属切屑的剪切拉撕作用，金属废物经破碎后的体积可减少至原体积的 1/3～1/8。

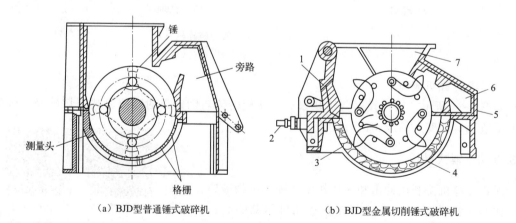

(a) BJD 型普通锤式破碎机　　(b) BJD 型金属切削锤式破碎机

图 5-26 BJD 型普通锤式破碎机
1—衬板；2—弹簧；3—锤子；4—筛条；5—小门；6—非破碎物收集区；7—给料口

(3) HammerMills 型锤式破碎机

如图 5-27 所示，其构造由压缩机和锤碎机两部分组成。破碎需先经压缩机压缩后进行。转子由大小两种锤子组成，锤子铰接悬挂在绕中心旋转的转子上，转子半周下方装有筛板，筛板两端装有固定反击板，起二次破碎和剪切作用。

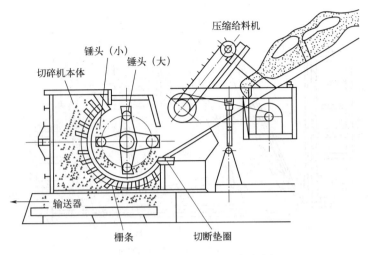

图 5-27　HammerMills 型锤式破碎机

（4）Novorotor 型双转子锤式破碎机

如图 5-28 所示，其转子下方均有研磨板。物料经右方给料口送入，经磨碎后排至左方破碎腔，再经左方研磨板运动 3/4 圆周后借风力排至上部旋转式风力分级机。分级后的细粒产品自上方排出机外。粗粒产品则返回破碎机再度破碎。

5.3.3.3　颚式破碎

颚式破碎机属于挤压型破碎机，有简单摆动式和复杂摆动式两种类型。

（1）简单摆动颚式破碎机

简单摆动颚式破碎机主要由机架、传动机构、工作机构、保险装置等部分组成，如图 5-29（a）所示。工作机构由动颚和固定颚组成。皮带轮带动偏心轴旋转时，偏心顶点牵动连杆上下运动，

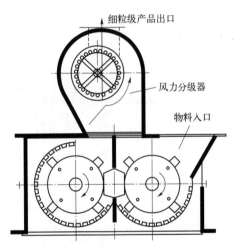

图 5-28　Novorotor 型双转子锤式破碎机

也就牵动前后推力板做舒张及收缩运动，从而使动颚时而靠近固定颚，时而离开固定颚，动颚靠近固定颚时即对破碎腔内的物料进行压碎、劈碎及折断。破碎后的物料在动颚后退时靠自重从破碎腔内落下。

（2）复杂摆动颚式破碎机

复杂摆动颚式破碎机，如图 5-29（b）所示，与简单摆动颚式破碎机相比，从构造上少了一根动悬挂的偏心轴，动颚与连杆合为一个部件，没有垂直连杆，肘板也只有一块。复杂摆动颚式破碎机构造简单，但动颚的运动方式却比简摆颚式破碎机更复杂，动颚在水平方向上有摆动，同时在垂直方向也有运动，是一种复杂运动。

复杂摆动颚式破碎机的优点是破碎产品较细，破碎比更大（复摆一般可达 4～8，简摆只有 3～6），规格相同时，复摆型比简摆型破碎能力高 20%～30%。

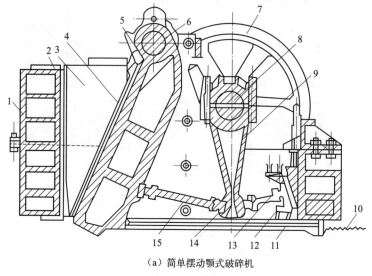

（a）简单摆动颚式破碎机

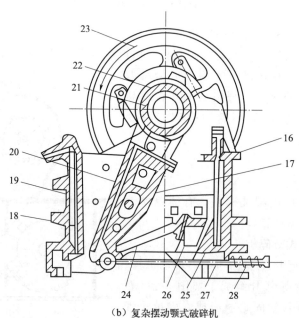

（b）复杂摆动颚式破碎机

图 5-29　颚式破碎机

1—机架；2—破碎齿板；3—侧面衬板；4—破碎齿板；5—可动颚板；6—心轴；7—飞轮；8—偏心轴；
9—连杆；10—弹簧；11—拉杆；12—楔块；13—后推力板；14—肘板支座；15—前推力板；
16—机架；17—可动颚板；18—固定颚板；19,20—破碎齿板；21—偏心转动轴；
22—轴孔；23—飞轮；24—轴板；25—调节楔；26—楔块；27—水平拉杆；28—弹簧

颚式破碎机具有结构简单、坚固、维护方便、工作可靠等优点，主要用于破碎强度高、韧性高、腐蚀性强的废物，如矿业废物、建筑垃圾等。

5.3.3.4　磨碎

磨碎，分为自磨和球磨两种类型，是使小块固体废物进一步磨碎为细粉的主要手段。

自磨机，又称无介质磨机，分干磨、湿磨等形式。

球磨机，需要添加硬度较高的球磨珠来辅助磨碎，以提高效率。用煤矸石废物再生生产水泥、砖瓦、化肥和提取化工原料等过程，用钢渣生产水泥、砖瓦、化肥、溶剂等过程，都离不开球磨机对固体废物的磨碎。

球磨机的构造如图 5-30 所示，主要由圆柱筒体、端盖、中空轴颈、轴承和传动大齿圈等部件组成。筒体内装有直径为 25～150mm 的钢球，其装入量是筒体有效容积的 25%～50%。筒体内壁设衬板，除防止筒体磨损外，兼有提升钢球的作用。筒体两端的中空轴颈有两个作用：一是支撑作用，使球磨机全部重量经轴颈传给轴承和机座；二是给料和排料的漏斗作用。电动机通过联轴器和小齿轮带动大齿圈和筒体缓缓转动。

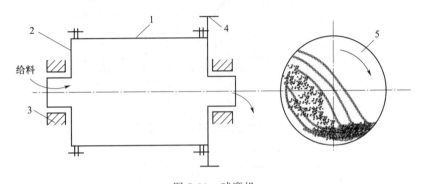

图 5-30 球磨机

1—筒体；2—端盖；3—轴承；4—大齿轮；5—转动大齿圈

其工作原理是：当筒体转动时，在摩擦力、离心力和衬板共同作用下，钢球和物料被衬板提升，当提升到一定程度后，在钢球和物料本身重力作用下，钢球和物料产生自由泻落和抛落，从而对筒体内底角区内的物料产生冲击和研磨作用，使物料粉碎。物料达到磨碎细度要求后，由风机抽出。其中物料的三种不同运动状态如图 5-31 所示，通常抛落状态的磨碎效率最高。

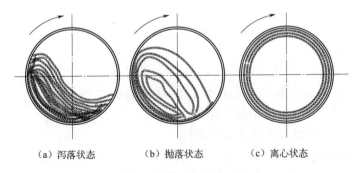

(a) 泻落状态　　(b) 抛落状态　　(c) 离心状态

图 5-31 物料的运动状态

5.3.3.5 低温破碎

低温破碎技术，是对常温下难以破碎的固体废物，如汽车轮胎、包覆电线等，利用其低温变脆的性能进行破碎，或利用不同物质低温下脆化温度的差异进行选择性破碎。塑料类或金属类废物，是典型的具有冷脆性的物质，且具有回收再利用价值，可见，低温破碎兼具分选作用。

低温破碎工艺流程如图 5-32 所示。将固体废物投入预冷装置中的液氮中，固体废物因受冷而迅速脆化，预冷后再送入高速冲击破碎机破碎，使易脆物质粉碎。低温破碎技术常以液氮为制冷剂，其优点是制冷温度低，无毒，无爆炸危险。

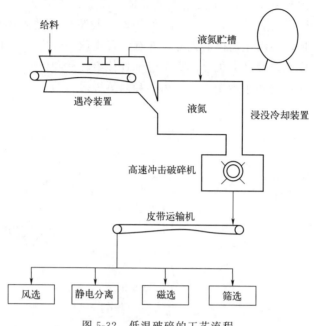

图 5-32　低温破碎的工艺流程

常见低温破碎技术的应用有以下几方面。

(1) 利用低温破碎法从有色金属混合物等废物中回收铜、锌、铝

对有色金属混合物、废轮胎、包覆电线电缆等废物进行液氮低温选择破碎（-72℃，1min），从 2.5cm 以上产物中可回收 97% 的铜、100% 的铝（不含锌），从 2.5cm 以下产物中可回收 2.8% 的铜、100% 的锌（不含铝），这说明能进行选择性分离破碎。若进行常温破碎，由于锌延迟破碎，在 2.5cm 以上物料中残留 82.7% 的锌，这说明常温下不能进行选择性破碎。

(2) 低温破碎塑料

常见塑料的脆化点：聚氯乙烯-5～-30℃；聚乙烯-50～-140℃；聚丙烯-20～-40℃。将塑料放在皮带运输机上，在装有隔热板的冷却槽内移动，从槽顶喷入液氮，4min 后温度降为-75℃，62min 后温度降为-167℃。以冲击破碎为主，配合张力和剪切力破碎，是最适合塑料类的低温选择性破碎方案。

(3) 低温破碎汽车轮胎

汽车轮胎的低温破碎装置及流程如图 5-33 所示，废旧汽车轮胎 T 经皮带运输机 1 送来，采用穿孔机 2 穿孔后，经喷洒式冷却装置 3 预冷，再送至浸没式冷却装置 4 冷却。通过辊式破碎机 5 破碎分离成"橡胶和夹丝布"与"车轮圆缘"两部分。车轮圆缘被送至安装有磁选机的皮带运输机 6 进行磁选。橡胶和夹丝布经锤式破碎机 7 二次破碎后送筛选机 8，按大小分离。

5.3.3.6　湿式破碎

湿式破碎技术，是利用特制的破碎机将投入的含纸垃圾和大量水流一起剧烈搅拌和破碎

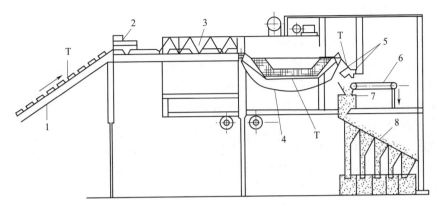

图 5-33 汽车轮胎低温破碎装置及破碎流程

T—废旧轮胎;1—皮带运输机;2—穿孔机;3—喷洒式冷却装置;4—浸没式冷却装置;
5—辊式破碎机;6—带磁选机的皮带运输机;7—锤式破碎机;8—筛选机

成为浆液,回收垃圾中的纸纤维的过程。垃圾的湿式破碎技术一般只适用于纸类含量高的垃圾,或已经过初步分离分选的回收废纸。

湿式破碎机的结构和工作原理如图 5-34 所示,其圆形槽底设有多孔筛,筛上装有带刀片的旋转破碎辊。垃圾由传送带输送进入,随着辊的旋转,垃圾随水流一同在水槽中急速旋转,废纸破碎成浆状。破碎后的浆液,通过底部筛孔排出,经固液分离器分离其中的残渣,纸浆部分则送到纤维回收工序。破碎机内难破碎的筛上物(金属等),可从破碎机侧口排出,再用斗式提升机送至装有磁选器的皮带运输机,以分离其中的铁和非铁物质。

湿式破碎机工作原理演示

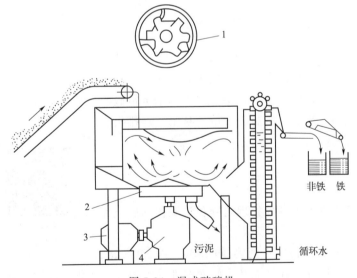

图 5-34 湿式破碎机

1—叶轮;2—筛;3—电动机;4—减速机

湿式破碎的特点为:含纸垃圾变成均质浆状物,可按流体处理;废物在液相中处理,不滋生蚊蝇,不挥发恶臭,卫生条件好;操作过程不产生噪声,无爆炸危险;脱水有机残渣质量、粒度大小和水分等变化小;适合回收垃圾中的纸类、玻璃以及金属材料。

5.3.3.7 半湿式破碎

半湿式破碎技术，是根据不同物质在一定均匀湿度下，其强度、脆性（耐冲击性、耐压缩性、耐剪切力）不同，从而被破碎成不同的粒度，可达到破碎和分选同时进行的目的，故又称半湿式选择性破碎分选。其特点是垃圾在同一台设备中可同时进行破碎和分选，有效地回收垃圾中的有用物质，对进料适应性好，易碎废物破碎后能及时排出，避免了过度粉碎，且能耗低，处理费用低。

半湿式破碎机的结构如图 5-35 所示，它是一种将破碎机和分选机合为一体的机械装置。它分为三段，第一、二段由两种具有不同孔眼筛网的回转滚筒组成，滚筒与第一筛网和第二筛网内分别安装有不同转速的刮板，第三段不设筛网。

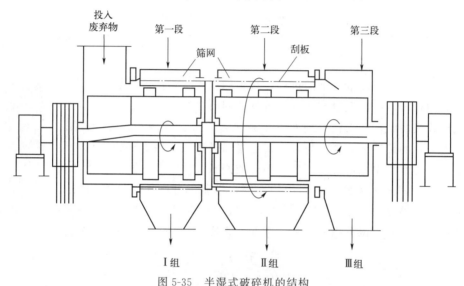

图 5-35 半湿式破碎机的结构

其工作原理是：垃圾进入圆筒筛后即随筛壁上升，然后在重力作用下抛落，同时被反向旋转的破碎板撞击，垃圾中的玻璃、陶瓷等脆性物质被破碎，通过第一段筛网排出；剩余垃圾进入第二段筒筛，该段喷射水分，中等强度的纸类被破碎，从第二段筛孔排出；最后剩余的垃圾如金属、塑料、橡胶、木材、皮革等从第三段排出。

5.4 分选

分选，是固体废物实现高效处理处置和资源化回收利用的重要前置工序。

垃圾分选 工艺演示　　垃圾分拣 中心演示

所谓分选，是根据物料中不同物质的粒度、密度、磁性、电性、光反射性、摩擦性、弹性以及表面润湿性等物理性质或化学性质差异，采用相应的技术手段，如筛分、重力分选、磁力分选、电力分选、光电分选、摩擦分选、弹性分选和浮选等，将其按需分离的过程。

经过分选，固体废物可分门别类，回用于不同的生产过程，提高资源化利用价值，亦可大大降低有害组分的危害性。分选可达到以下目的：

① 回收有价值物质，如塑料、金属等有用物质；

② 去除不可堆肥物质，提高堆肥效率和肥效；

③ 去除不可燃烧物质，提高固体废物的焚烧热值，保证燃烧顺利进行；

④ 回收有用物质和去除可能对填埋场造成危害的物质，如废旧电池等，有效延长填埋场的使用期限，提高其安全性。

分选操作可以通过人工或机械实现，即所谓的人工拣选和机械分选。

人工拣选，是传统、相对低效、识别率较高的分选方法，一般可在传送带上或垃圾收集点进行人工拣选。该法效率低，不适合大规模的垃圾资源化再生利用系统。与之相比，机械分选虽然速度快，却很难达到理想的分离精度和效果。因此，人工拣选虽然工作强度大、卫生质量差，但始终没有被完全淘汰，要求较高的情况下，可以人工与机械组合使用，如采用人工拣选-机械分选-人工复拣等复杂流程。

5.4.1 筛分

5.4.1.1 筛分原理

筛分，是利用筛子将物料中小于筛孔的细粒物料透过筛面，而大于筛孔的粗粒物料截留在筛面上，完成粗、细粒物料分离的过程。

筛分过程一般可分为物料分层和细粒透筛两个阶段。物料分层是分离的条件，细粒透筛是分离的目的。

为使粗、细物料通过筛面分离，必须使物料和筛面之间有适当的相对运动。相对运动可使筛面上的物料层处于松散状态，即按颗粒大小分层，形成粗粒在上、细粒在下的规则排列，有助于细粒到达筛面并透过筛孔。此外，相对运动还可使堵在筛孔上的颗粒脱离，以利于细粒透过筛孔。

5.4.1.2 筛分效率

理论上，固体废物中凡是粒度小于筛孔尺寸的细粒都能透过筛孔成为筛下产品，而大于筛孔尺寸的粗粒都应全部留在筛上成为筛上产品。但实际上，由于筛分过程中受各种因素的影响，小于筛孔尺寸的细粒，并不是都能顺利穿过筛孔，总会有一些小于筛孔的细粒留在筛上，随粗粒一起成为筛上产品，筛上产品中未透过筛孔的细粒越多，说明筛分效果越差。

为区分颗粒物透筛的难易程度，一般认为，粒度小于筛孔尺寸 3/4 的颗粒，容易到达筛面而透筛，称为易筛粒；而粒度大于筛孔尺寸 3/4 的颗粒，较难到达筛面而透筛，称难筛粒。

为评定筛分效果，引入筛分效率作为指标。

筛分效率，是指实际得到的筛下产品所含小于筛孔尺寸的细粒物料质量与入筛废物所含小于筛孔尺寸的细粒物料质量之比，用百分数表示。

影响筛分效率的因素很多，主要有颗粒尺寸分布、含水率和含泥量、颗粒形状、筛分设备构造、筛子运动方式等。

① 颗粒尺寸分布。易筛粒含量越多，筛分效率越高；而粒度接近筛孔尺寸的难筛粒越多，筛分效率则越低。

② 含水率和含泥量。废物外表水分会使细粒结团或附着在粗粒上而不易透筛。但筛孔较大、废物含水率较高时，反而造成颗粒活动性的提高，此时水分有促进细粒透筛作用，属于湿式筛分法，即湿式筛分法的筛分效率较高。此外，当废物中含泥量高时，稍有水分也能引起细粒结团。

③ 颗粒形状。一般地，球形、立方形、多边形颗粒筛分效率较高；扁平状或长方块颗粒，筛分效率较低，适合用方形或圆形筛孔的筛子筛分；线状物料，如废电线、管状物质等，更适合棒条筛，须以一端朝下的"穿针引线"方式缓慢透筛，而且，物料越长，透筛越难；平面状的物料，如塑料膜、纸、纸板类等，会大片覆在筛面上，形成盲区而堵塞筛分面积，筛分效率甚低。

④ 筛分设备构造。常见筛面有棒条筛面、钢板冲孔筛面及钢丝编织筛网等。其中，棒条筛面有效面积小，筛分效率低；编织筛网则相反，有效面积大，筛分效率高；冲孔筛面介于两者之间。筛板的开孔率一般控制在 65%～80% 较适宜。此外，筛面宽度主要影响筛子处理能力，长度则影响筛分效率。当负荷相等时，过窄的筛面使废物层增厚而不利于细粒接近筛面；过宽的筛面则又使废物筛分时间太短。筛面倾角是为了便于筛上产品的排出，倾角过小，起不到此作用；倾角过大时，废物排出速度过快，筛分时间短，筛分效率低。一般筛分倾角以 15°～25° 较适宜。

⑤ 筛子运动方式。同一种固体废物采用不同类型的筛子进行筛分时，其筛分效率大致趋势是：固定筛＜转筒筛＜摇动筛＜振动筛。筛分效率也受运动强度的影响而有差别，筛子运动强度不足时，筛面上物料不易松散和分层，细粒不易透筛，筛分效率就不高，但运动强度过大，又使废物来不及透筛就很快通过筛上排出，筛分效率也不高。

不同类型筛子的筛分效率如表 5-1 所示。

表 5-1　不同类型筛子的筛分效率

筛子类型	固定筛	转筒筛	摇动筛	振动筛
筛分效率/%	50～60	60	70～80	＞90

5.4.1.3　筛分设备

根据筛面形状和运动方式，筛分设备包括固定筛、滚筒筛和振动筛等。

筛分设备演示

选择筛分设备时需要考虑多种因素，如：颗粒大小、形状、密度、含水率、黏结或缠绕可能；筛分器的构造材料、筛孔尺寸、形状、筛孔所占筛面比例；转筒筛的转速、筛长度、筛直径；振动筛的振动频率、长与宽；筛分效率与总体效果要求；运行特征，如能耗、日常维护、运行难易度、可靠性、噪声、非正常振动与堵塞可能等。

以滚筒筛为例，其筛面一般为编织网或打孔薄板，筒形筛体的孔径沿轴向分级逐渐变大，可将固体废物按粒度进行分级。

滚筒筛工作时，筒形筛体倾斜安装，进入滚筒筛内的固体废物随筛体的转动做螺旋状翻动，并向出料口方向移动，在重力作用下，粒度小于筛孔的固体废物透过筛孔而被筛下，大于筛孔的固体废物滚入下一级继续过筛，直到完全无法透筛的则在筛体底端排出。

物料在滚筒筛内的运动可以分解为两种：沿筛体轴线方向的运动和垂直于筛体轴线平面内的运动。物料沿筛体轴线方向的直线运动，是由筛体的倾斜安装而产生的，其速度即为物料通过筛体的速度，即滚筒筛的安装倾斜角会影响垃圾物料在筛筒内的滞留时间。在城市生活垃圾处理系统中，滚筒筛安装倾斜角通常为 $2°\sim5°$。

物料垂直于筛体轴线平面内的运动，与筛体的转速密切相关，其中物料运动状态与磨碎过程类似，可存在三种状态，见图 5-31。

① 泻落状态。筛子的转速很低，物料颗粒由于筛子的圆周运动而被带起，然后滚落到向上运动的颗粒上面，物料混合很不充分，不易使中间的细料移向边缘而触及筛孔，因而筛分效率极低。

② 抛落状态。当转速足够高但又低于临界速度时，物料颗粒克服重力作用沿筒壁上升，直至到达转筒最高点之前，重力超过了离心力，颗粒沿抛物线落回筛底，物料颗粒的翻滚程度最剧烈，很少发生堆积现象，筛分效率最高。

③ 离心状态。筛子转速继续增大到某一临界速度后，物料由于离心作用附着在筒壁上而无法下落、翻滚，筛分效率相当低。

可见，当筒体以低于临界速度转动时，垃圾被带至一定高度后抛物线下落，这种运动有利于筛分，即处于抛落状态时筛分效率较高。

5.4.2 重力分选

重力分选，即重选，是指根据不同物质间的密度差异，固体废物的颗粒群在运动介质中受到重力、介质动力和机械力的共同作用，产生松散分层和迁移分离，从而得到不同密度的产品的分选过程。

按介质不同，重选可分为风力分选、重介质分选、跳汰分选和摇床分选等。

重力分选前，一般都需要对固体废物进行适当破碎，将不同物质的颗粒直径限定在合适的范围内（窄分级），以方便按照颗粒的密度差异进行分选。

5.4.2.1 风力分选

(1) 风力分选原理

风力分选，又称风选或气流分选，是一种重力分选技术，是以空气为分选介质，在气流作用下使固体废物颗粒按密度进行分选的方法，分选介质为运动气流。

风力分选的基本原理是竖向气流能将较轻的物料向上带走或水平气流能将较轻的物料带向距离较远的地方，而重密度物料则向下沉降或在水平方向抛出较短距离。

根据气流方向，有竖向气流分选和水平气流分选。一般情况下，竖向气流分选精度高于水平气流分选。

通过调节风力大小、物料初速度等参数的组合，可实现多次分级分选。

(2) 风力分选设备

按气流吹入方向的不同，风力分选设备可分为水平气流风选机（又称卧式风力分选机）和上升气流分选机（又称立式风力分选机）。

① 水平气流风选机。如图 5-36 所示，空气流从侧面进入，当废物经破碎机破碎和圆筒筛筛分使其粒度均匀后，定量给入机内，从给料口落下后，被水平气流吹散，废物中各组分沿各自的运动轨迹分别落入重质组分、中重质组分和轻质组分收集槽中。水平气流分选机的

最佳经验风速为 20m/s。常见水平气流风选机分离系统如图 5-37 所示。

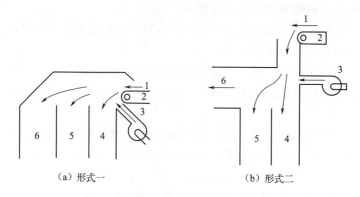

图 5-36　水平气流分选机

1—给料；2—给料机；3—空气；4—重质组分；5—中重质组分；6—轻质组分

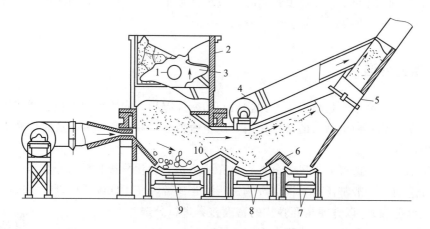

图 5-37　水平气流风选机分离系统

1—轴；2—粉碎机；3—破碎转子；4—风机；5—传送管；6—导料板；7,8,9—输送带；10—导料板

② 立式风力分选机。如图 5-38 所示，根据风机安装位置的不同，分鼓风（从底部通入上升气流）和引风（从顶部抽吸）两种形态，三种不同的结构形式，但其工作原理大同小异。当废物经破碎机破碎和圆筒筛筛分使其粒度均匀后，定量从中部给入风力分选机内，在上升气流的作用下，按密度大小进行分离，重质组分从底部排出，轻质组分从顶部排出，再

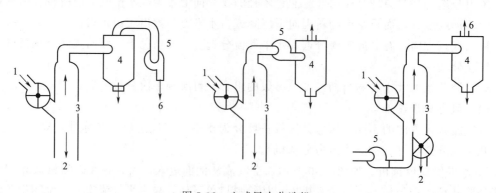

图 5-38　立式风力分选机

1—给料；2—排出物；3—提取物；4—旋流器；5—风机；6—空气

经旋风分离器进行气固分离。

与卧式风力分选机相比,立式风力分选机的分选精度较高。当采用多段式组合的立式曲折形风力分选机和立式多段垃圾风力分选机时,分选系统将具有更高的分离精度和分离效率,如图5-39和图5-40所示。

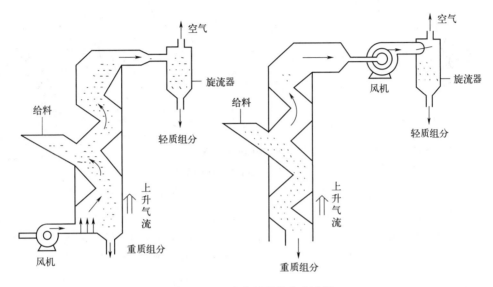

图5-39 立式曲折形风力分选机

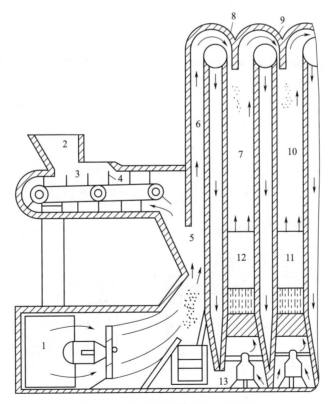

图5-40 立式多段垃圾风力分选机

1—风机;2—料斗;3—输送机;4—叶片;5—分离室;6—减缩通道;7—第一分离柱;
8—窄颈部;9—缩颈部;10—第二分离柱;11,12—格栅;13—风机

③ 其他形式风选机。要达到较好的风力分选效果，可使气流在分选筒内产生湍流和剪切力，从而分散物料团块，据此可将分选筒改造为锯齿形、振动式、回转式等，变成振动式气流分选机、回转式气流分选机等形态，如图5-41所示。

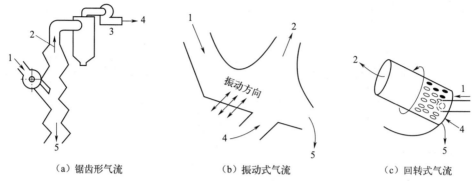

图5-41　气流分选机的不同内部造型
1—给料；2—提取物；3—风机；4—空气；5—排出物

为了取得更好的分选效果，可将其他分选手段与风力分选在一个设备中结合起来。如振动式气流分选机兼有振动和气流分选作用，给料沿着一个斜面振动，较轻的物料逐渐集中于表面层，随后由气流带走。又如，回转式气流分选机兼有圆筒筛的筛分作用和风力分选作用，当圆筒旋转时，较轻颗粒悬浮在气流中而被带往轻物料区；较重和较小的颗粒则透过圆筒壁上的筛孔落下，为筛下物；较重的大颗粒则顺着圆筒滚落到下端排出，为筛上物。

(3) 风力分选工艺

利用风力分选处理垃圾，精度相对较低，一般可作为粗分手段，把密度相差较大的有机组分和无机组分分开。

生活垃圾的典型两级风力分选工艺流程如图5-42所示，先把垃圾破碎到一定粒度，经自然干燥使其含水量低于45%，再分批输入卧式风选机中，气流作用下，垃圾粗分为重质组分、中重质组分和轻质组分。重质组分一般为金属、陶瓷、玻璃等；中重质组分一般为木质、硬塑料类；轻质组分一般为纸类、纤维类。然后再把分离后的垃圾分别送入立式曲折形分选机中，在高速上升气流作用下，轻质纸类等有机物从分选器上方排出，重质的金属、玻璃、陶瓷等无机物从分选器底部排出，提高分离精

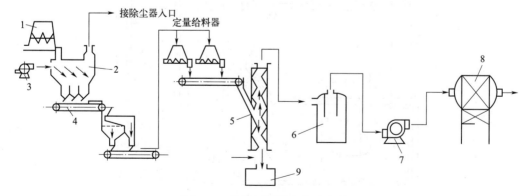

图5-42　垃圾两级风力分选流程
1—料斗；2—卧式风选机；3—鼓风机；4—振动筛；5—立式风选机；
6—有机物贮槽；7—抽风机；8—除尘器；9—无机物贮槽

度。经过逐级分选,轻质有机物的纯度可达 96.7%,回收率为 95.6%;重质组分中的无机物纯度为 87.4%,回收率为 57.8%。

5.4.2.2 重介质分选

(1) 基本原理

重介质分选,也是一种重力分选技术,是在重介质中使固体废物中的不同颗粒群按其密度大小分开的方法,分选介质为重介质。

当固体废物浸于重介质环境中时,密度大于重介质的重物料下沉,集中于分选设备的底部,即重产物;密度小于重介质的轻物料则上浮,集中于分选设备的上部,即轻产物。轻、重产物分别排出,从而完成分选操作。重介质分选适用于分离密度相差较大的固体颗粒。

(2) 重介质介绍

通常将密度大于水的介质称为重介质。

重介质通常是由高密度固体微粒与水混合构成的固液两相分散体系,其特点为:一是密度比水大;二是重介质体系是非均匀介质。重介质体系虽然是非均匀介质,但能在一定时间内保持稳定,而不产生固液分层导致失效。其中的高密度固体微粒,起着增大介质密度的作用,称为加重质。最常用的加重质有硅铁、磁铁矿等,使用后一般可利用磁选等法进行回收。

硅铁,密度为 $6.8g/cm^3$,配成重介质时密度介于 $3.2 \sim 3.5g/cm^3$。硅铁具有耐氧化、硬度大、强磁化性等特点,分选效果好,且可经筛分或磁选加以回收。

纯磁铁矿,密度为 $5.0g/cm^3$,用含铁 60% 以上的铁精矿粉所配成的重介质密度可达 $2.5g/cm^3$。磁铁矿在水中不易氧化,可用弱磁选法回收再生。

为达到良好分选效果,重介质的选择非常关键。其基本要求是,重介质的密度应介于固体废物中轻物料密度和重物料密度之间,且重介质不能与物料发生溶解和反应等变化。

选择加重质时,需要考虑密度、价格、可回收性等因素:密度足够大,使用时不易泥化和氧化,来源丰富,价格低廉,便于制备与再生。对加重质的要求是:应有 60%~90% 的颗粒粒度小于 200 目,且能均匀地分散于水中,容积浓度一般为 10%~15%,另外重介质还要黏度低、稳定性好且无腐蚀性。

(3) 重介质分选设备

常用的重介质分选设备是重介质分选机,如图 5-43 所示,其设备为一圆筒转鼓,由四

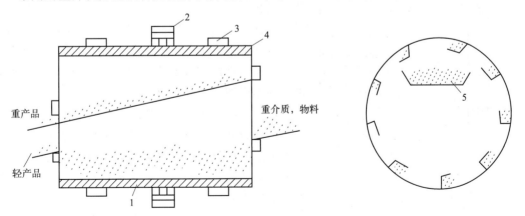

图 5-43 重介质分选机

1—圆筒形转鼓;2—大齿轮;3—滚轮;4—扬板;5—溜槽

个辊轮支撑，重介质和物料由圆筒一端一起给入，电机转动时齿轮通过圆筒外壁腰间的齿轮槽，使圆筒慢速旋转，圆筒内壁焊有多个扬板，当扬板转到最低处时，将重产品刮走，扬板旋转到最高处时，将重产品倒在溜槽内，重产品顺槽排出，轻产品则随重介质沿溢流口排出。

5.4.2.3 跳汰分选

(1) 基本原理

跳汰分选也是一种重力分选技术，是在垂直变速介质的作用下，按密度分选不同种颗粒的方法，分选介质一般为运动的水或空气。

跳汰分选的原理是：在垂直脉动运动介质中，磨细的废物中的不同密度粒子群，按密度大小进行分层，大密度颗粒群（重质组分）位于下层，小密度颗粒群位于上层，从而达到物料分离效果。其原理如图5-44所示。

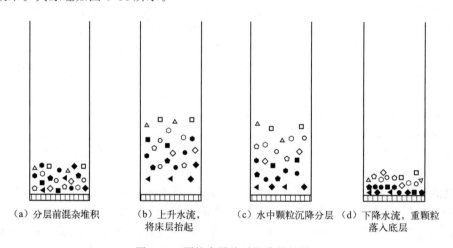

图 5-44 颗粒在跳汰时的分层过程

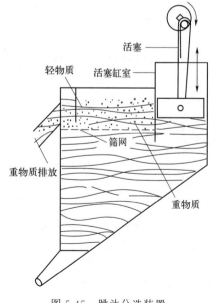

图 5-45 跳汰分选装置

(2) 跳汰分选设备

跳汰分选操作中，原料不断地送进跳汰装置，轻、重组分连续分离并被淘汰掉，即形成了不间断的跳汰过程。

跳汰分选装置的结构如图5-45所示，分为两部分：活塞室和跳汰室。活塞室由偏心轮带动活塞上下运动，提供垂向交变振荡水流。跳汰室下部装有筛网，固体废物由给料口加入。

当活塞向下运动时，跳汰室形成向上水流，物料受水的浮力被向上拖起，轻细颗粒的加速度大，率先浮至上层，粗重颗粒的加速度小，仍处于下层。随着上升水流的减弱，粗重颗粒率先开始下沉，而轻细颗粒还可能上升。

当活塞向上运动时，水流也开始下降，物料开始做沉降运动，粗重颗粒沉降快，轻细颗粒沉降慢，下降水流结束后,就完成了一次跳汰,粗重粒在下,轻细粒在上。

经多次循环后,粗重物料沉于筛底,由侧口随水流出,轻细颗粒浮于表面,经溢流分离。重而很小的颗粒,则透过筛孔由底部排出。

5.4.2.4 摇床分选

(1) 基本原理

摇床分选是在一个倾斜床面上,借助于床面的不对称往复运动和薄层水流冲刷的综合作用,使细粒固体废物按密度差异在床面上呈扇形分布,而进行分选的方法。分选介质一般为运动的水。

摇床分选的原理如图 5-46 所示,给水槽给入的冲洗水,横向布满倾斜的床面,形成均匀的薄层水流,当固体废物由给料口进入往复摇动的床面时,颗粒群在重力、水流冲力、床层摇动的惯性力以及摩擦力等综合作用下,按密度差产生松散分层,不同密度的颗粒以不同的速度沿床面的横向或纵向运动,不同密度颗粒的合速度角度不同,形成扇形分布,密度大的重产物分布在床面前段,密度小的轻产物分布在后段,最后达到分选目的。

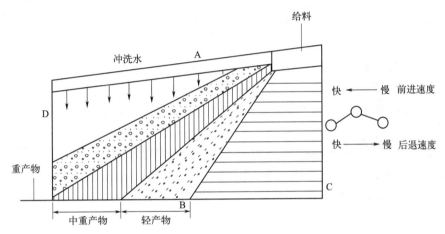

图 5-46 摇床分选的颗粒分段示意图
A—给料端；B—轻产物端；C—传动端；D—重产物端

摇床分选适用于分选微细粒物料,可用于从含硫铁矿较多的煤矸石中回收硫铁矿,以及选矿等分选精度很高的操作。

(2) 摇床分选设备

常用摇床分选设备有平面摇床,由床面、床头和传动机构组成,如图 5-47 所示。梯形床面向轻产物排出端有 1.5°～5°的倾斜。床面上铺有耐磨层,其上方设置有给水槽和给料槽。沿纵向布置有床条,床条高度从传动端向对侧逐渐降低,并逐渐趋向于零。整个床面由机架支承,床面横向坡度借机架上的调坡装置调节。在传动装置带动下,床面做往复不对称运动。

5.4.3 电力分选

电力分选,简称电选,是利用不同物料组分的导电性差异在电场中实现分选的一种方法。

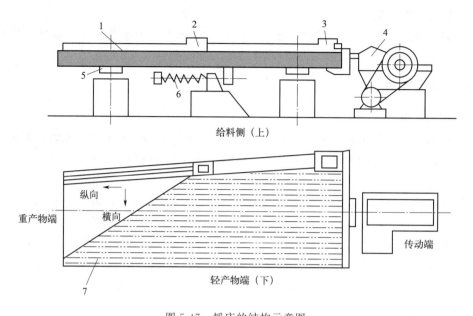

图 5-47 摇床的结构示意图
1—床面；2—给水槽；3—给料槽；4—床头；5—滑动支撑；6—弹簧；7—床条

按导电性，物质大致可分为导体、半导体和非导体。不同导电性的物质在高压电场中有着不同的运动轨迹，再加上机械力的共同作用，即可将它们互相分开。

电力分选可简便有效地实现对塑料、橡胶、纤维、废纸、合成皮革、树脂等物料的分离。

5.4.3.1 电力分选原理

电力分选过程的原理是：利用直接传导带电（静电分选）或高压电场的电子雪崩现象使颗粒物带电（高压复合电场分选），然后让带电颗粒自由下落时与带相反电荷的滚筒接触，此时，导电颗粒迅速发生电中和而失去原有电荷并带上与滚筒同性的电荷而发生排斥，半导体颗粒则电性中和较慢，非导体颗粒不但电性中和慢还会极化产生束缚电荷而被滚筒吸引。如此，三种不同导电性的颗粒便产生不同的运动方式，从而得以分离。

(1) 复合电场电选

分离过程中，废物由给料斗均匀地给到滚筒上，随着滚筒的旋转，废物颗粒进入高压电场形成的电晕区，由于空间带有电荷，导体和非导体都获得负电荷（与电晕电极电性相同），导体颗粒导电速度快，一面带电，一面又把电荷传给滚筒（接地电极）。

当废物颗粒随滚筒旋转离开电晕电场区而进入静电场区时，导体颗粒的剩余电荷少，而非导体颗粒则因放电速度慢，剩余电荷多。

导体颗粒进入静电场后不再继续获得负电荷，但仍继续放电，直至放完全部负电荷，并从滚筒上得到正电荷而被滚筒排斥，在电力、离心力和重力分力的综合作用下，其运动轨迹偏离滚筒，而在滚筒前方落下。偏向电极的静电引力作用更增大了导体颗粒的偏离程度。

非导体颗粒由于有较多的剩余负电荷，将与滚筒相吸产生极化，被吸附在滚筒上，带到滚筒后方，被毛刷强制刷下。

半导体颗粒的运动轨迹则介于导体与非导体颗粒之间，成为半导体产品落下，从而完成电选分离过程。

(2) 静电分选

静电分选的分离过程与复合电场分选基本类似，主要区别在于静电分选的颗粒物带电方式不同，是由接触电极直接传导带电。

5.4.3.2 电力分选设备

(1) 高压电选机

高压电选机属于复合电场分选机，其特点是具有较宽的电晕电场区、特殊的下料装置和防积灰漏电措施，整机密封性能好，结构合理、紧凑，处理能力大，效率高。

高压电选机可作为粉煤灰专用分选设备。常见的 YD-4 型高压电选机如图 5-48(a) 所示。粉煤灰均匀给到旋转接地滚筒上，带入电晕电场后，炭粒由于导电性良好，很快失去电荷，进入静电场后，从滚筒电极获得相同符号的电荷而被排斥，在离心力、重力、静电斥力的综合作用下，落入积炭槽成为精煤。灰粒则由于导电性较差，能保持电荷，与带相反符号电荷的滚筒相吸，并牢固地吸附在滚筒上，最后被毛刷强制刷入集灰槽，从而实现炭灰分离。

(2) 静电分选机

滚筒式静电分选机分选过程示意图如图 5-48(b) 所示，它可将含有铝和玻璃的废物，通过电振给料器均匀地给到带电滚筒上。铝为良导体，从滚筒电极获得相同符号的大量电荷，因而被滚筒电极排斥落入铝收集槽内。玻璃为非导体，与带电滚筒接触被极化，在靠近滚筒一端产生相反的束缚电荷，被滚筒吸住，随滚筒带至后面，被毛刷强制刷落进入玻璃收集槽，从而实现铝与玻璃的分离。

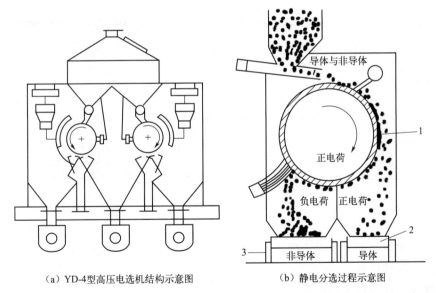

(a) YD-4型高压电选机结构示意图　　(b) 静电分选过程示意图

图 5-48　电选设备及其工作原理示意图

1—转鼓；2—导体产品收集槽；3—非导体产品收集槽

5.4.4　磁力分选

磁力分选，即磁选，是利用固体废物中各种物质的磁性差异，在不均匀磁场中进行分选的一种处理方法。磁力分选的介质可以是空气、水等流体。

5.4.4.1 磁力分选原理

按磁性大小，固体废物可分为强磁性、弱磁性、非磁性等不同类型。

磁力分选过程中，所有穿过磁力分选装置的颗粒，都受到重力、流动阻力、摩擦力、静电力和惯性力等机械力的共同作用，其中，磁性颗粒会在不均匀磁场作用下磁化，受到额外的磁场力的作用。这样，磁性颗粒与非磁性颗粒受到的磁力和机械力的合力方向不同，从而导致它们的运动轨迹发生偏离，最终实现分离分选。

5.4.4.2 磁力分选设备

磁力分选机中使用的磁场来源一般有两种，即电磁和永磁。前者是用通电方式磁化或极化铁磁材料；后者是利用永磁材料形成磁区。其中，永磁较为常用。

常见的磁力分选机有磁力滚筒、湿式永磁圆筒式磁选机、悬吊除铁器等类型。

(1) 磁力滚筒

磁力滚筒又称磁滑轮，有永磁和电磁两种。CT型永磁磁力滚筒如图5-49所示，其设备的主要组成部分是一个回转的多极磁系和套在磁系外面的用不锈钢或铜、铝等非导磁材料制成的圆筒。磁系与圆筒固定在同一个轴上，安装在皮带运输机头部。固体废物均匀地输入皮带运输机上，经过磁力滚筒时，非磁性或磁性很弱的物质在离心力和重力作用下脱离皮带；磁性较强的物质受磁力作用被吸在皮带上，并由皮带带到磁力滚筒下部，当皮带离开磁力滚筒时，由于磁场强度减弱而落入磁性物质收集槽中。

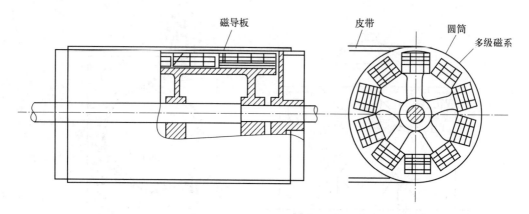

图 5-49 CT 型永磁磁力滚筒

磁力滚筒主要用于工业固体废物或生活垃圾的破碎设备或焚烧炉前，以除去废物中的铁器，防止损坏破碎设备或焚烧炉。

(2) 湿式永磁圆筒式磁选机

湿式永磁圆筒式磁选机，是在液体介质（一般为水）中进行磁选。该机的构造类型为逆流型，即给料方向和圆筒旋转方向或磁性物质的移动方向相反。物料由给料口进入圆筒的磁系下方，非磁性物质由磁系左边下方底板上的排料口排出，磁性物质则在磁场力作用下随圆筒旋转方向移到磁性物质排料端，排入磁性物质收集槽中。CTN型永磁圆筒式磁选机如图5-50所示。

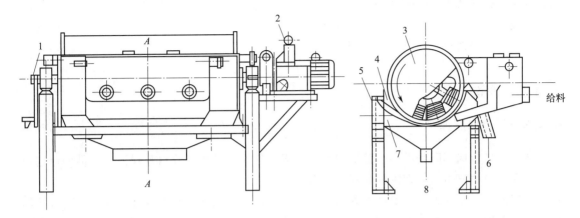

图 5-50 CTN 型永磁圆筒式磁选机

1—磁偏角调整部分;2—传动部分;3—圆筒;4—槽体;5—机架;6—磁性物质;7—溢流堰;8—非磁性物质

湿式永磁圆筒式磁选机适于回收粒度小于等于 0.6mm 的强磁性颗粒,回收钢铁冶炼的含铁尘泥和氧化铁皮中的铁,以及回收重介质分选产品中的加重质。

(3) 悬吊除铁器

悬吊除铁器主要用来去除生活垃圾中的铁物,保护破碎设备等机械免受损坏。悬吊除铁器有一般式除铁器和带式除铁器两种,如图 5-51 所示。

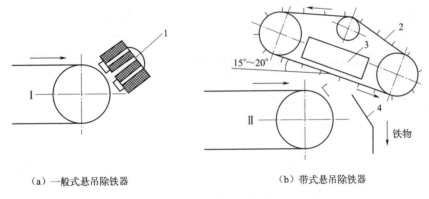

(a) 一般式悬吊除铁器　　　(b) 带式悬吊除铁器

图 5-51　悬吊除铁器

1—电磁铁;2—胶带装置;3—吸铁箱;4—热铁箱

一般悬吊除铁器可用于铁物数量少时,可直接通过接通、切断电磁铁的电流来实现吸引和排除铁物的功能。

带式悬吊除铁器可用于铁物数量多时,以便连续操作,它通过胶带装置排除铁物。通常情况下,带式悬吊除铁器被布置在输送物料的皮带机上方,作业时,物料经输送皮带传送到悬吊分选机下方,非磁性物料不受影响继续前行,磁性物料则被吸附在磁选机下方,然后被吸附的铁磁性物质被分选机上的输送皮带带到上部,当铁磁性物料脱离磁场时,即可落下被收集起来。

5.4.4.3　磁力分选工艺

对于生活垃圾的磁力分选,其主要目的是去除罐头盒、电池等含铁类物质。其工艺一般为：首先，去除大块的铁磁性物质，可采用人工分拣；然后，一级粗磁选，主要是去除大块的磁性较强的物质，可采用悬挂带式永磁磁选机；最后，进行破碎和二级磁选，从破碎的垃圾中进一步去除铁磁性物质，可采用滚筒式磁选机。

5.4.5 浮选

5.4.5.1 浮选原理

浮选，是依据不同物质的表面润湿性的差异，在调配适当的物料悬浮液中，借助浮选剂的作用和气泡的浮力，实现不同物质分离分选的过程。

不同的物质，其表面润湿性存在差异，有些物质呈疏水性，易黏附在气泡上，而有些物质则呈亲水性，不易黏附在气泡上。

浮选法就是基于这一特点，再通过人为强化，使不同物质的表面润湿性差异增大，来实现分选目的。先在一定浓度的料浆中加入各种浮选药剂，在充分搅拌下通入空气，于是在悬浮的料浆内部就产生了大量的弥散性气泡，疏水性的物料颗粒易黏附于气泡上，并随气泡上浮聚集在液面上，把液面上泡沫刮出，形成泡沫产物；亲水性的物料颗粒则不会随气泡上浮仍留在料液中，由此，便实现了根据物料表面润湿性差异将物料分离的目的。

固体废物中若有两种或两种以上的有用或待选物质，则其浮选方法有两种方式：优先浮选和混合浮选。优先浮选是将固体废物中有用或欲选物质依次选出，每次浮选只选出一种，每次浮选产品均为单组分产品。混合浮选则是将固体废物中有用或待选物质一次性地共同选出，成为混合物，然后再把该混合物中不同的组分逐一进行分离。

需明确的是，浮选法能否实现目标物质的分离与它们的密度无关，而主要取决于物质的表面润湿性质，换言之，即使是密度大于溶剂水的疏水性物质，通过人为强化其可浮性，也可通过气泡浮出水面进行选择性分离。

通常，能浮出液面的物质对空气的表面亲和力比对水的表面亲和力大，更容易被气泡捕获。而颗粒能否附着在气泡上，关键在于能否最大限度地提高被浮颗粒的表面疏水性。提高被浮颗粒的表面疏水性，也就是人工可浮性，最关键的是浮选药剂的选择。因此，首先就要考虑加入合适的浮选药剂，增加物质的可浮性。

5.4.5.2 浮选药剂

浮选药剂根据其功能大致可分为捕收剂、起泡剂、调节剂三大类。

(1) 捕收剂

捕收剂是能选择性地作用于固体废物颗粒表面，使颗粒表面疏水性增强（或亲水性降低）的有机物质。常用捕收剂有异极性捕收剂和非极性油类捕收剂。

典型的异极性捕收剂有黄药、油酸等，黄药常用作从煤矸石中回收黄铁矿的捕收剂。

非极性油类捕收剂的主要成分是脂肪烷烃和环烷烃，如煤油常用作从粉煤灰中回收炭的捕收剂。

(2) 起泡剂

起泡剂是为了在料浆中产生浮选所必需的大量而稳定的气泡的药剂。其一般为表面活性物质，当其作用于水-气界面上时，可使界面张力降低，使小气泡趋于稳定，防止相互兼并，以保证有较大的分选界面，提高分选效率。

常用的起泡剂有松油、松醇油、脂肪醇等。

(3) 调节剂

调节剂是为了使浆料的工作状态更适合浮选而添加的药剂，一般需根据浆料的具体情况选择性添加，通常有抑制剂、活化剂、介质调整剂等类型。

抑制剂的作用是削弱捕收剂与某些颗粒的表面作用，抑制这些颗粒的可浮性，以提高捕收剂对待选物质的吸附性。常用的抑制剂有石灰、氯化钾、硫酸锌、硫化钠等。

活化剂的作用是促进捕收剂与待选物质颗粒的作用，从而提高待选物质颗粒可浮性。常用的活化剂有无机盐、酸类、硫化钠等。

介质调整剂的作用是调整料浆的pH值、料浆的离子组成、可溶性盐的浓度，以加强捕收剂的选择性吸附，提高浮选效率。常用的调整剂有石灰、苛性钠、硫化钠、硫酸等。

5.4.5.3 浮选流程

(1) 调浆

调浆主要是废物的破碎、磨碎、调节浓度等。

破碎后的颗粒细度必须做到使有用的固体废物基本上解离成单体，粗粒单体颗粒粒度必须小于浮选粒度上限，且避免泥化。

进入浮选池的料浆浓度必须适合浮选工艺的要求。选择料浆浓度时应考虑回收率、纯度、浮选机的充气量、浮选药剂的消耗、处理能力及浮选时间等影响因素。

(2) 调药

调药主要是确定欲加入浮选的浮选药剂种类和数量、加药位置和加药方式，调药的具体过程一般必须由实验确定。

三类浮选药剂的添加顺序，一般为调节剂、捕收剂、起泡剂。

(3) 调泡

调泡主要是调节浮选机内气泡的大小和浓度，提高浮选效率。

将调制好的料浆引入浮选机内，由于浮选机的充气和搅拌作用，形成大量的弥散气泡，颗粒与气泡碰撞接触。可浮性好的颗粒附于气泡上而上浮，形成泡沫层，经刮出收集、过滤脱水即为浮选产品；不能黏附在气泡上的颗粒，仍留在料浆内，再进行其他适当处理。

5.4.5.4 浮选设备

浮选的主要设备是浮选机。浮选机结构上应具有充气、搅拌、调节料浆液面、调节料浆循环量及调节充气量等作用。

机械搅拌式浮选机的结构与工作原理如图5-52所示。料浆由进浆管进入，给到盖板与中心叶轮处，叶轮高速旋转产生负压，因此空气经进气管和套管被吸入，与料浆混合后一起被甩出，并在强烈搅拌下呈无数的细小气泡分散在浆液中，经浮选剂作用的被浮颗粒附着于气泡上浮至浆液表面，形成泡沫层，经刮出成泡沫产品，再经消泡脱水后即可回收。

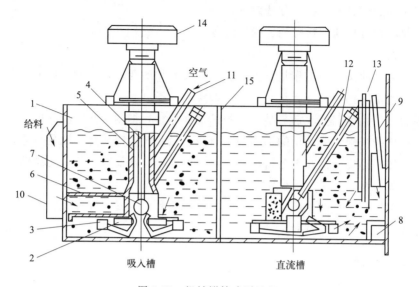

图 5-52 机械搅拌式浮选机

1—槽子；2—叶轮；3—盖板；4—轴；5—管套；6—进浆管；7—循环孔；8—稳流板；
9—闸门；10—受浆箱；11—进气管；12—调节循环量的阀门；
13—闸门；14—皮带轮；15—槽间隔板

5.4.5.5 浮选应用实例

实际应用中，很难仅通过一次分选就实现目标物质的分离回收，分选的实现往往是两种或两种以上的不同分选单元有机组合形成一个分选系统，即分选回收工艺流程。

例如，粉煤灰分选、煤矸石中分选回收硫铁矿等都是多种分选的组合。

(1) 粉煤灰分选

除含有可回用的炭粒外，粉煤灰还含有空心玻璃微珠、磁珠和密实玻璃体等有用物质。这些物质既可单独回收，也可综合回收，具体回收系统见图 5-53。

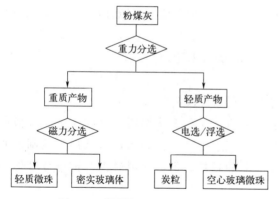

图 5-53 粉煤灰分选回收系统图

(2) 煤矸石中分选回收硫铁矿

煤矸石中回收硫铁矿时，首先需将煤矸石破碎，使硫铁矿与煤矸石单体分离，然后进行分选回收，如图 5-54 所示。分选回收时通常采用分段破碎、分段分选的回收策略。如，大于 13mm 的大块颗粒，常采用跳汰分选或重介质分选回收硫铁矿；13mm 以下的中小块颗粒可采用摇床分选回收；小于 6.5mm 的细粒，则采用磁选或浮选回收。

(3) 铜矿浮选

某选矿工艺采用两段磨矿、一次浮选的工艺流程对铜矿进行浮选，如图 5-55 所示。在原矿磨矿、粗选矿后，再经过两次精选可得到铜品位为 25%、26% 的铜精矿，最后再经三次扫选即排出固体废物（尾矿）。

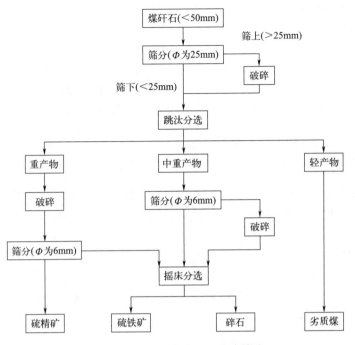

图 5-54　煤矸石中分选回收硫铁矿

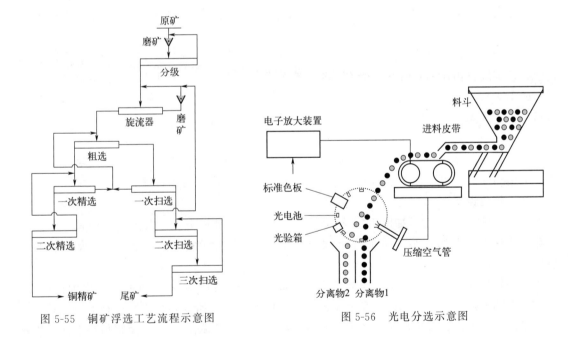

图 5-55　铜矿浮选工艺流程示意图　　　　图 5-56　光电分选示意图

5.4.6　其他分选

5.4.6.1　光电分选

光电分选是依据不同物质的光电反射性不同,而进行分选的过程。其工作原理如图 5-56 所示。

固体废物经预先窄分级后进入料斗，由振动溜槽均匀地逐个落入高速沟槽进料皮带上，在皮带上拉开一定距离并排队前进，从皮带首端抛入光检箱受检。当颗粒通过光检测区时，受光源照射，背景板显示颗粒的颜色或色调，当待选颗粒的颜色与背景颜色不同时，反射光经光电倍增管转换为电信号（此信号随反射光的强度变化），电子电路分析该信号后，产生控制信号驱动高频气阀，喷射出压缩空气，将电子电路分析出的异色颗粒（即待选颗粒）吹离原来下落轨道，加以收集。颜色符合要求的颗粒仍按原来的轨道自由下落加以收集，从而实现分离。

5.4.6.2 摩擦与弹跳分选

摩擦与弹跳分选，是根据固体废物中各组分的摩擦系数和碰撞系数的差异，在斜面上运动或与斜面碰撞发生弹跳时，产生不同的运动速度和弹跳轨迹，而实现彼此分离的一种处理方法。

(1) 分选原理

固体废物从斜面顶端给入，并沿着斜面向下运动时，其运动方式随颗粒的形状或密度不同而不同。其中，纤维状废物或片状废物几乎全靠滑动，球形颗粒有滑动、滚动和弹跳三种运动方式。

当颗粒单体（不受干扰）在斜面上向下运动时，纤维体或片状体的滑动运动加速度较小，运动速度不快，所以它脱离斜面抛出的初速度较小，而球形颗粒由于是滑动、滚动和弹跳相结合的运动，其加速度较大，运动速度较快，因此，它脱离斜面抛出的初速度也较大。

当废物离开斜面抛出时，又因受空气阻力的影响，抛射轨迹并不严格沿着抛物线前进。其中，纤维废物由于形状特殊，受空气阻力影响较大，在空气中减速很快，抛射轨迹表现为严重的不对称（抛射开始接近抛物线，其后接近垂直落下），因而抛射不远；废物颗粒接近球形，受空气阻力影响较小，在空气中运动减速较慢，抛射轨迹表现为对称，因而抛射较远。

因此，在固体废物中，纤维状废物与颗粒废物、片状废物与颗粒废物，因形状不同，在斜面上运动或弹跳时，产生不同的运动速度和运动轨迹，因而可以彼此分离。

(2) 相关设备

① 带式筛。带式筛，如图 5-57 所示，是一种倾斜安装带有振打装置的运输带，其带面由筛网或刻沟的胶带制成。带面安装倾角大于颗粒废物的摩擦角，但小于纤维废物的摩擦角。

废物从带面的下半部由上方给入，由于带面的振动，颗粒废物在带面上发生弹性碰撞，向带的下部弹跳，又因带面的倾角大于颗粒废物的摩擦角，所以颗粒废物还有下滑运动，最后从带的下端排出。纤维废物与带面为塑性碰撞，不产生弹跳，并且带面倾角小于纤维废物的摩擦角，所以，纤维废物不沿带面下滑，而随带面一起向上运动，从带的上端排出。在向上运动过程中，带面的振动使一些细粒灰土透过筛孔从筛下排出，从而使颗粒状废物与纤维状废物分离。

② 斜板运输分选机。斜板运输分选机，如图 5-58 所示，工作时，废物由给料皮带运输机从斜板运输分选机下半部分的上方给入，其中砖瓦、铁块、玻璃等与斜板板面产生弹性碰撞，向板面下部弹跳，从斜板分选机下端排入重的弹性产物收集仓。而纤维织物、木屑等与

斜板板面为塑性碰撞，不产生弹跳，因而随斜板运输板向上运动，从斜板上端排入轻的非弹性产物收集仓，从而实现分离。

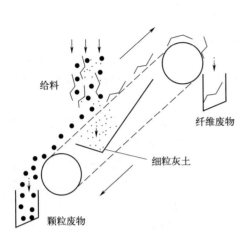

图 5-57 带式筛示意图

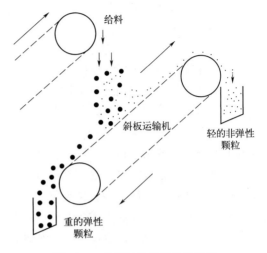

图 5-58 斜板运输分选机示意图

③ 反弹滚筒分选机。反弹滚筒分选机，如图 5-59 所示，由抛物皮带运输机、回弹板、分料滚筒和产品收集仓组成，其工作过程是将废物由倾斜抛物皮带运输机抛出，与回弹板碰撞，其中铁块、砖瓦、玻璃等与回弹板、分料滚筒产生弹性碰撞，被抛入重的弹性产品收集仓。而纤维废物、木屑等与回弹板为塑性碰撞，不产生弹跳，被分料滚筒抛入轻的非弹性产品收集仓，从而实现分离。

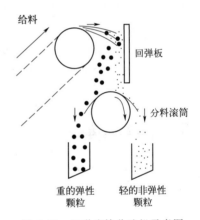

图 5-59 反弹滚筒分选机示意图

5.5 浸出

浸出，也称溶剂浸出，是用化学溶剂从固体废物中提取可溶性的目标物质的过程，即选择适当溶剂与固体废物作用，使目标组分选择性溶解的物理化学过程。

浸出的目的是使物料中有用或有害成分能选择性地、最大限度地从固相转入液相。

浸出过程中所用的药剂，即为浸出剂。溶剂浸出之后的产物，一部分为残渣，另一部分则是浸出后含目的组分的溶液，即浸出液。因此，浸出完成后还需要进行其他后续操作，如浸出液的净化（化学沉淀法、置换法、有机溶剂萃取法、离子交换法等）、残渣的处理处置等，才能实现固体废物的目标物提取和无害化等目的。

溶剂浸出是主要用于目的组分提取与分离，如处理成分复杂、嵌布粒度微细、有价成分含量低的矿业、化工、冶金等废弃物。

5.5.1 浸出原理

浸出反应的进行，很大程度上取决于其动力学过程，即溶剂向反应区的迁移、界面上的化学反应。一般地，浸出过程大致可分成四个阶段：

① 外扩散。溶剂分子向颗粒表面和孔隙扩散。浸出的物料颗粒一般较细或疏松多孔，一般，外扩散可使溶剂扩散到表面或孔隙内部反应带。

② 化学反应。溶剂到达反应带后与颗粒中某些组分反应，生成可溶性化合物。

③ 解吸。可溶性化合物在颗粒表面（包括颗粒内部孔隙）解吸。

④ 反扩散。可溶性化合物解吸后向液相扩散。搅拌等外界因素以及表面上可溶性化合物浓度降低，使颗粒的内外形成浓度差，产生一种使孔隙内部可溶性化合物向表面扩散的推动力。

由于上述过程的持续进行，物料中目的组分源源不断地进入液相，最终可使目的组分全部或大部分转入液相，再进行固液分离，即可从液相中回收利用（或净化）目的组分。

浸出过程，是极为复杂的溶解过程，根据物料（溶液）和溶剂的互相作用特性，可能发生物理溶解和化学溶解，多数情况下可能同时发生物理、化学溶解。其中，化学溶解过程中目的组分会发生化学反应生成可溶性化合物进入液相，属于不可逆过程，涉及的化学反应主要有交换、氧化还原、络合反应等。如残渣中铜的浸出过程就可以通过三类不同反应实现：

交换反应 $\quad CuO+H_2SO_4 \longrightarrow CuSO_4(aq)+H_2O$

氧化还原反应 $\quad 2Cu+2H_2SO_4+O_2 \longrightarrow 2CuSO_4(aq)+2H_2O$

络合反应 $\quad 2Cu+O_2+nNH_3 \longrightarrow 2CuO \cdot nNH_3$

$$2Cu+2CuO \cdot nNH_3 \longrightarrow 2Cu_2O \cdot nNH_3$$

$$CuO+2NH_3 \cdot H_2O+(NH_4)_2CO_3 \longrightarrow Cu(NH_3)_4CO_3+3H_2O$$

$$Cu+Cu(NH_3)_4CO_3 \longrightarrow Cu_2(NH_3)_4CO_3$$

5.5.2 浸出方法

浸出方法，一般可按浸出剂来分类，常见的有中性浸出、酸浸和碱浸等。

(1) 中性浸出

包括水浸、盐浸，一般是利用水或者盐溶液（如氯化钠、高价铁盐、氯化铜、次氯酸钠等）为浸出剂。

如，含金废渣用 NaCN 溶液浸出（典型的氰化物浸出工艺）

$$2Au+4NaCN+H_2O+1/2O_2 \longrightarrow 2NaAu(CN)_2+2NaOH$$

又如，硫化铜矿经硫酸化焙烧后，得到可溶性 $CuSO_4$，可直接用 H_2O 浸出

$$CuSO_4(s) \xrightarrow{H_2O} Cu^{2+}+SO_4^{2-}$$

(2) 酸浸

包括简单酸浸、氧化酸浸、还原酸浸，常见酸性浸出剂有稀硫酸、浓硫酸、盐酸、硝酸、王水、氢氟酸、亚硫酸、Fe^{3+}、Cl_2、O_2、HNO_3、MnO_2、H_2O_2、Fe^{2+}、SO_2 等。

如，赤铜矿、辉铜矿中铜的氧化酸浸

$$2Cu_2O(赤铜矿)+8H^++O_2 \longrightarrow 4Cu^{2+}+4H_2O$$

$$2Cu_2S(辉铜矿)+8H^++O_2 \longrightarrow 4Cu^{2+}+2H_2S+2H_2O$$

(3) 碱浸

包括氨浸、碳酸钠溶液浸出、苛性钠溶液浸出、硫化钠溶液浸出等，常用的碱性浸出剂有碳酸铵、氨水、碳酸钠、苛性钠、硫化钠等。碱浸的优势是对设备防腐小，选择性高，其

中使用的 NH_3 还易回收循环利用。

如，利用 $NH_3 \cdot H_2O$ 和 $(NH_4)_2CO_3$ 混合液回收 Cu，浸出液经固液分离得到含铜的氨浸液，蒸馏后，氧化铜沉淀析出，NH_3 和 CO_2 经冷凝吸收得 $NH_3 \cdot H_2O$ 和 $(NH_4)_2CO_3$，可以返回浸出作业再循环利用。

$$CuO + 2NH_3 \cdot H_2O + (NH_4)_2CO_3 \longrightarrow Cu(NH_3)_4CO_3 + 3H_2O$$
$$Cu(NH_3)_4CO_3 + Cu \longrightarrow Cu_2(NH_3)_4CO_3$$

总之，浸出过程中浸出剂的选择至关重要。为此，一般要求浸出剂应具有以下性质：选择性好；浸出率高、浸出速度快；成本低、易制取，便于回收和循环使用；设备腐蚀性小等。

5.5.3 浸出工艺

浸出工艺可以依浸出剂与废料的相对运动方式进行区分，如：
① 顺流浸出，其中，浸出剂与被浸废料的流动方向相同。
② 错流浸出，其中，浸出剂与被浸废料的流动方向相错。
③ 逆流浸出，其中，浸出剂与被浸废料的运动方向相反。

浸出工艺也可以依废料的运动方式进行区分，如：
① 渗滤。渗滤浸出，使浸出剂通过物料层的浸出方法，多用于大规模矿业废物，如尾矿浸出。渗滤按溶液流向又分上升流浸出、下降流浸出等类型；或按照是否需要重选场地分为就地浸出、堆浸、槽浸等类型。就地浸出，是指对已堆存多年的废物堆，可以原地不动进行浸出；堆浸或槽浸，是指若原堆积场底部易发生渗漏，则需重选不易渗漏场地，设计自然或人工防渗系统或浸出槽，再进行浸出。
② 搅拌浸出。搅拌浸出，是指物料和浸出剂同时在机械、空气或机械-空气联合搅拌下进行浸出的操作，搅拌浸出前一般需先将物料磨细，配成料浆。其优点是浸出速度快、浸出率高、生产能力大、连续方便等，但仅适用于量较少的工业废物，如各种冶金、化工废渣等。

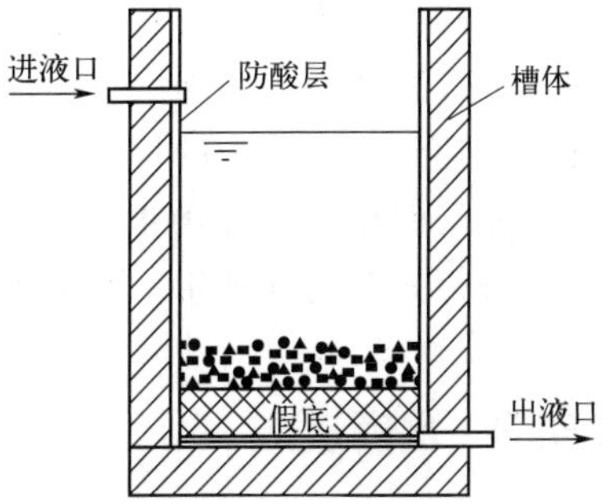

5.5.4 浸出设备

常用的浸出设备有渗滤浸出槽（池）、机械搅拌浸出槽、空气搅拌浸出槽、流态化逆流浸出塔、高压釜等。

渗滤浸出槽（池）如图 5-60 所示，其工作流程可简化为：装假底→装料耙平→加浸出液浸泡数小时或数天→出口放液→清水洗涤→排渣。

图 5-60 渗滤浸出槽示意图

5.6 其他处理技术

除较为常用的脱水与干燥、压实、破碎、分选、浸出外，固体废物的处理还会借鉴其他一些化工、机械、物理等学科知识，包括但不限于氧化还原、化学中和、水解、蒸馏、沉淀等技术方法。

不同处理技术的适用对象不同，可实现的效果不同，具体选择时要视废物的成分、性质和要实现的处理目标而采取相应的处理方法，即同一废物可根据预期处理效果、经济投入、技术可行性等而选择不同的处理技术，灵活多变。

5.6.1 氧化还原

氧化还原法，属于化学转化，是通过氧化或还原化学反应，将固体废物中容易发生价态变化的某些有毒、有害成分转化为无毒或低毒，且具有化学稳定性的成分，以便无害化处置或资源回收。

如含氰化物的固体废物可通过加入次氯酸钠、漂白粉等氧化剂药剂，而将氰化物转化为毒性仅为几百分之一的氰酸盐，或完全氧化成氮气和二氧化碳，从而达到无害化目的。又如利用还原法可将铬渣中的六价铬还原为毒性较小的低价铬，而达到无害化处理的目的。

化学转化的共同特点是，反应条件复杂且受多种因素影响，一般仅限于对废物中某一成分或性质相近的混合成分进行处理，而成分复杂的废物处理，则不宜采用。

此外，化学处理投入费用较高，需要综合权衡利弊。

5.6.2 化学中和

中和法，亦属于化学转化。中和法的处理对象，主要是化工、冶金、电镀等工业中产生的酸、碱性泥渣，也可用于油乳化液破乳和控制化学反应速率等。

中和处理原则是根据废物的酸碱性质、含量及废物的量，选择适宜的中和剂并确定中和剂的加入量和投加方式，再设计处理的工艺及设备。中和法的选定必须充分考虑危险废物的特性、后续处理步骤、用途等。

常用的中和剂中，石灰、氢氧化物或碳酸钠等碱性中和剂，可用以处理酸性泥渣，而硫酸、盐酸等酸性中和剂则用于处理碱性泥渣。从经济角度，多数情形下可使酸、碱性泥渣相互混合，达到以废治废的目的。

中和法的设备有罐式和池式，搅拌方式有机械搅拌和人工搅拌，机械搅拌用于大规模的中和处理；人工搅拌则用于少量泥渣处理。

5.6.3 水解反应

水解，也属于化学转化，是利用某些化学物质的水解作用将其转化为低毒或无毒、化学成分稳定的物质的处理方法。

水解法主要适用于含农药（包括有机磷、脲类化合物等）的固体废物及硫脲类杀菌剂的无害化处理，也适用含氰废物的处理。

5.6.4 蒸馏

蒸馏法，属于化工过程。蒸馏过程包括液体混合物的加热、混合物蒸发、冷凝，其中冷凝的蒸气（馏分）中常含有较多的强挥发性成分，而为了得到组分丰富的馏分，可通过多步蒸馏实现。

蒸馏法对废物的物理形态和化学性质有一定要求，如进入蒸馏塔的蒸馏物必须能够自由流动，废液中固体或高黏度液体需经预处理等。

该技术不仅可实现某种物质在固液混合物中的分离，且在一定条件下，还可从固体中分离出某些物质。

5.6.5 物理沉降（澄清）

物理沉降过程主要依靠重力实现，主要去除混合液中密度较大的悬浮颗粒。其主要设备包括：混合液提升或导入装置、液体沉降池、沉降颗粒去除装置，有时还需要配备撇油器，以去除浮油和脂类物质。

5.6.6 絮凝沉淀（混凝）

絮凝沉淀是一种通过加药絮凝实现加速沉淀的物理化学过程，能够将液态介质中的微小、不易沉降的微粒凝聚成较大、更易沉降的颗粒。

典型絮凝剂有明矾、石灰、三氯化铁和硫酸亚铁等铁盐以及有机絮凝剂PAM等。其中，有机絮凝剂可分为阳离子型、阴离子型、两性型或非离子型，并可与无机絮凝剂（如明矾）混合使用。此外，通常可使用氢氧化物、硫化物等实现金属离子去除的目的。

5.6.7 油水分离

含油废物（如废油、含油污泥）中含有的大部分有机质可通过焚烧处置，并回收热能，是可资源化利用的资源，直接倾倒或填埋反而会造成二次污染和资源浪费。条件允许时，可通过生物法或化学法将油分进行分离回收，并通过焚烧等手段进行资源化利用。

第三篇

生活垃圾

第6章 生活垃圾概述

6.1 生活垃圾及其危害

生活垃圾来源于居民的日常生活以及服务于日常生活的其他活动中产生的固体废物，包括居民家庭、商业、餐饮业、旅游业、服务业、市政环卫、交通运输、文教卫生等企事业单位产生的固体废物，这里所指的居民既包括城市居民，又包括农村居民。

生活垃圾的组成与居民的生活水平、生活质量、生活习惯以及季节、气候等因素有关，不同地区不同季节的生活垃圾成分会发生变化。

一般地，根据《生活垃圾分类标志》（GB/T 19095—2019），生活垃圾的主要组成可划分为四大类：果皮、菜叶、骨头、剩饭等厨余垃圾；废纸、废塑料、废织物、废金属、废旧家具、家用电器等可回收物；含有有毒元素的废电池、废荧光管、废旧家电、废油漆桶等有害垃圾；牙膏、各类刷子、化妆用品、一次性用品、陶瓷制品、贝壳、榴莲壳等其他垃圾。

需要注意的是，根据2024年生态环境部《固体废物分类与代码目录》的公告，依据《固废法》将固体废物分为工业固体废物、生活垃圾、建筑垃圾、农业固体废物和危险废物五大类，其中明确城镇污水处理厂污泥（未接纳工业废水的城镇污水处理厂产生的污泥）属于其他固废类别中的SW90城镇污水污泥，至此，城镇污水处理厂污泥与工业污泥（代码SW07）彻底区分开。因此，城镇污水污泥不属于生活垃圾范畴。

垃圾是人类活动不可避免的产物，人们在享受衣食住行的同时产生了生活垃圾，这些垃圾中常常伴有对人体有害的成分和有害的微生物。如汞、镉、铅、砷、铬等无机污染成分，一些有挥发性的有机恶臭气体成分，还有一些放射性污染以及寄生虫、害虫、致病菌、病毒菌等生物污染成分。这些污染物通过直接接触或间接通过土壤、空气与水体等多种渠道危害人体健康。

(1) 直接危害

垃圾随意弃置，会严重破坏城市景观，造成人们心情上的不快。生活垃圾中有136种以上的挥发性恶臭气体，成分复杂。表6-1列出部分恶臭物质及特性，其中，最为常见且毒性大的有NH_3、H_2S、SO_2和甲硫醇等。这些未经处理的垃圾腐烂时产生的恶臭和毒性气体都会直接危害人体健康。此外，生活垃圾容易腐败，产生的细菌会直接被人体呼吸吸入，影响健康。

表 6-1 生活垃圾中部分恶臭物质成分及特性

物质名称	化学式	气体特征	物质名称	化学式	气体特征
氨	NH_3	非常刺激	乙胺	$C_2H_5NH_2$	氨性
硫化氢	H_2S	臭鸡蛋味	乙硫醇	C_2H_5SH	腐烂的卷心菜味
二氧化硫	SO_2	刺激性	吲哚	$C_2H_6NH_2$	让人恶心
甲硫醇	CH_3SH	腐烂味	甲胺	CH_3NH_2	腥臭
乙醛	CH_3CHO	刺激性	丙基硫醇	$(CH_3)_2CHSH$	恶臭
烯丙基硫醇	CH_2CHCH_2SH	大蒜咖啡味	腐胺	$NH_2(CH_2)_4NH_2$	腐臭
戊硫醇	$CH_3(CH_2)_3CH_2SH$	令人不悦的腐烂味	喹啶	C_6H_5N	刺激
正丁基胺	$C_2H_5CH_2CH_2NH_2$	酸性	粪臭素	C_9H_9N	恶心的排泄物
尸胺	$H_2N(CH_2)_5NH_2$	腐肉味	丁基硫酚	$C_4H_9C_6H_4SH$	腐臭
氯酚	ClC_6H_5O	医药石炭酸味	硫甲酚	$CH_3C_6H_4SH$	腐臭
丁硫醇	$CH_3(CH_2)_3SH$	臭鼬味	苯硫酚	C_6H_5SH	大蒜头味
二丁基胺	$(C_4H_9)_2NH$	腥臭	三乙胺	$(C_2H_5)_3N$	腥臭
二异丙基胺	$(C_3H_7)_2NH$	腥臭	二甲基化硫	$(CH_3)_2S$	腐烂的蔬菜味
二甲胺	$(CH_3)_2NH$	腥臭	硫化苯	$(C_6H_5)_2S$	令人不愉快味

（2）间接危害

垃圾会滋生传播疾病的害虫和昆虫，垃圾堆是蚊、蝇、鼠、虫滋生的场所。垃圾渗滤液与潮湿地是成蚊产卵、幼虫滋生与成蚊栖息地。这些害虫均可通过传播疾病危害人类。

（3）附着危害

垃圾中的危害物污染空气、土壤与水体，又以空气、土壤、水体、食物为媒体或载体将附着的危害物侵入人体，使人受害。垃圾中的干物质或轻物质随风飘扬，会对大气造成污染。垃圾随风飞扬时，所挟带的危害物，就通过呼吸道进入人体。垃圾中含有汞（来自废电池、朱红印泥等）、镉（来自印刷品、墨水、纤维、搪瓷、玻璃等）、铅（来自黄色聚乙烯、铅制自来水管、防锈涂料等）等，可能污染水体，在水里富集，被水生动植物摄入，再通过食

6.2 ……和清运量

6.2.1 生活……量

生活垃圾产生量是指一个城市或地区居民生活产生的垃圾总量。对生活垃圾产量进行计算和预测，有助于制订有效的环境管理和垃圾处理方案。由于生活垃圾产生量受该地区的人口数量、经济发展水平、居民收入以及生活习惯、消费结构、燃料结构、管理水平、地理位置等多种因素影响，不仅一年四季不同，甚至每天都有波动，这给产生量的统计和预测带来难度。通常生活垃圾的产生量是根据人口数量和垃圾日产量计算求得的。具体人口数量和垃圾日产量的计算方法在《生活垃圾产生量计算及预测方法》（CJ/T 106—2016）中有明确说明。垃圾产量的预测，是在计算出近几年垃圾产量的基础上预测今后年度的垃圾产量，必须以预测年相邻年度开始向上追溯 6~8 年的垃圾产量为基数。具体的预测方法有：

① 回归分析法。回归分析法是一种基于垃圾产量与影响因素之间的关系来预测未来的方法。例如，可以尝试将垃圾产量与城市人口数量、经济发展水平等因素进行回归分析，找到它们之间的关系，然后根据这些影响因素的未来趋势来预测垃圾产量的变化。

② 时间序列分析法。这是一种基于历史垃圾产量数据来预测未来的方法。通过分析历史数据的趋势、季节性变化和随机干扰因素，来预测未来一段时间内的垃圾产量。

③ 基于深度学习模型的预测法。近年来，随着人工智能技术的发展，深度学习模型在垃圾产量预测中得到了应用。例如，灰色系统模型、使用长短期记忆（LSTM）等循环神经网络模型等，结合历史数据和环境因素，对未来一段时间的垃圾产量进行预测。

6.2.2 生活垃圾的清运量

生活垃圾的清运量是指在生活垃圾产量中能够被清运至垃圾消纳场所或转运场所的量，影响因素为生活垃圾产生量、垃圾回收比率、清运率等。依据住房城乡建设部发布的2021年城乡统计年鉴的数据可知，2021年全国城市清运生活垃圾24869万吨，县城清运生活垃圾6791万吨。表6-2为近年生活垃圾清运量的统计结果。

表6-2 生活垃圾清运量统计表　　　　　　　　　　　　单位：万 t

年度	城市清运量	县城清运量	合计
2016	20362.00	6666.00	27028.00
2017	21521.00	6747.00	28268.00
2018	22802.00	6660.00	29462.00
2019	24206.00	6871.00	31077.00
2020	23512.00	6810.00	30322.00
2021	24869.00	6791.00	31660.00

目前，住房城乡建设部还没有农村生活垃圾的清运数据，但随着农村社会经济的快速发展，农村垃圾已经从传统意义上的菜叶瓜皮发展为由建筑垃圾、生活垃圾、农业生产垃圾、乡镇工业垃圾等组成的混合体，成分复杂，其中许多东西无回收价值，不可降解。随着生态文明建设和乡村振兴战略的推进，农村环境治理成为重要一环，尤其是与人民群众生活密切相关的生活垃圾治理，直接关系到农民的生活质量和生活水平。

6.3 生活垃圾的特点及分类

6.3.1 生活垃圾的特点

生活垃圾具有以下的特点：

① 多样性。生活垃圾的来源非常广泛，既包括城市家庭、商业、学校、公共场所日常生活产生的垃圾，也包括农村家庭产生的垃圾，有食品、纸张、塑料、金属、电子设备等，也有农药化肥包装瓶和包装袋，种类繁多，成分复杂。

② 变化性。生活垃圾的数量和组成受季节、地域、文化、经济等因素影响变化明显，例如，夏天蔬菜果皮增多，节假日礼品包装盒及食品垃圾会增多。

③ 危害性。虽然大多数的生活垃圾是我们日常生活中的边角余料，但如果不进行合理的处理处置，生活垃圾也会直接或间接地危害环境及人类健康。如垃圾腐败散发的恶臭，含有害物质的废旧电子产品，有毒有害的化学品等。

④ 可回收性。生活垃圾中包含了很多可以回收利用的资源，例如纸张、塑料、金属等，这些物品可以通过分类、回收和处理等手段进行再利用，减少对自然资源的浪费。

⑤ 管理必要性。生活垃圾的管理需要采取一系列的措施，包括源头减量、分类回收、无害化处理、资源化利用等，以确保生活垃圾得到有效的处理和处置，减少对环境的污染和危害。

6.3.2 生活垃圾的分类

垃圾分类是指按一定规定或标准将垃圾分类储存、分类投放和分类搬运，从而转变成公共资源的一系列活动的总称。垃圾分类的目的是提高垃圾的资源价值和经济价值，减少垃圾处理量和处理设备的使用，降低处理成本，减少土地资源的消耗，具有社会、经济、生态等几方面的效益。

2000 年，建设部下发《关于公布生活垃圾分类收集试点城市的通知》，确定将北京、上海、广州、深圳、杭州、南京、厦门、桂林 8 个城市作为生活垃圾分类收集试点城市，正式拉开了我国垃圾分类收集试点工作的序幕。为了进一步促进城市生活垃圾的分类收集和资源化利用，使城市生活垃圾分类规范、收集有序、处理得当，2004 年建设部批准《城市生活垃圾分类及其评价标准》（CJJ/T 102—2004）作为行业标准，标准明确提出垃圾分类应根据城市环境卫生专业规划要求，结合本地区垃圾的特性和处理方式选择垃圾分类方法。采用焚烧处理垃圾的区域，宜按可回收物、可燃垃圾、有害垃圾、大件垃圾和其他垃圾进行分类；采用卫生填埋处理垃圾的区域，宜按可回收物、有害垃圾、大件垃圾和其他垃圾进行分类；采用堆肥处理垃圾的区域，宜按可回收物、可堆肥垃圾、有害垃圾、大件垃圾和其他垃圾进行分类。同时强调，应根据已确定的分类方法制定本地区的垃圾分类指南，首次提出已分类的垃圾，应分类投放、分类收集、分类运输、分类处理，完整地表述了垃圾分类的全过程。城市生活垃圾分类标准如表 6-3 所示。

表 6-3 城市生活垃圾分类标准

分类	分类类别	内容
1	可回收物	包括下列适宜回收循环使用和资源利用的废物：①纸类，未被严重沾污的文字用纸、包装用纸和其他纸制品等；②塑料，废容器塑料、包装塑料等塑料制品；③金属，各种类别的废金属物品；④玻璃，有色和无色废玻璃制品；⑤织物，旧纺织衣物和纺织制品
2	大件垃圾	体积较大、整体性强、需要拆分再处理的废弃物品。包括废家用电器和家具等
3	可堆肥垃圾	垃圾中适宜利用微生物发酵处理并制成肥料的物质。包括剩余饭菜等易腐食物类厨余垃圾，树枝花草等可堆沤植物类垃圾等
4	可燃垃圾	可以燃烧的垃圾。包括植物类垃圾，不适宜回收的废纸类、废塑料橡胶、旧织物用品、废木等
5	有害垃圾	垃圾中对人体健康或自然环境造成直接或潜在危害的物质。包括废日用小电子产品、废油漆、废灯管、废日用化学品和过期药品等
6	其他垃圾	在垃圾分类中，按要求进行分类以外的所有垃圾

2017年3月,国务院办公厅批准并转发了国家发展改革委、住房城乡建设部发布的《生活垃圾分类制度实施方案》,方案明确了切实推动生活垃圾分类的原则和目标,提出了强制分类要求。方案明确要求必须将有害垃圾作为强制分类的类别之一,同时参照生活垃圾分类及其评价标准,再选择确定易腐垃圾、可回收物等强制分类的类别。

2019年12月,《生活垃圾分类标志》(GB/T 19095—2019)代替2008版本正式实施,标准的适用范围进一步扩大,生活垃圾类别调整为可回收物、有害垃圾、厨余垃圾(湿垃圾)及其他垃圾(干垃圾)4个大类,以及纸类、塑料、金属等11个小类(见表1-2),至此,我国生活垃圾分类标准基本确定。2020年4月,《中华人民共和国固体废物污染环境防治法》第5次修订通过,明确了国家推行生活垃圾分类制度,标志着我国生活垃圾分类制度有了法律保障。

生活垃圾具体分为以下四类:

① 可回收物。可回收物是指适宜循环利用的废弃物,包括纸类、金属、塑料、玻璃等,通过综合处理回收利用,既可减少污染,又能节约资源。废品回收站是回收这些垃圾的最主要场所。表6-4总结了一些最常见的可回收垃圾的类别及名录。

表6-4 可回收垃圾类别名录

类别	主要固体废物
废纸类	未被污染的报纸、传单(广告单)、书本杂志、纸箱;利乐包装、烟盒、信封、快递包装盒等
废塑料	塑料收纳箱(盒)、塑料容器(饮料瓶、矿泉水瓶、洗发沐浴露瓶等)、塑料盒(杯)、塑料碗、塑料玩具、塑料花架、塑料文件夹(文件盒、文件套)、画板相框、塑料泡沫填充物等
废玻璃	平板玻璃、玻璃容器(化妆品、清洁用品、食品等容器)、玻璃花瓶、玻璃餐具、门窗玻璃、茶几玻璃、玻璃工艺品等
废金属	金属容器(化妆洗护用品、食品饮料等容器)、金属盆、金属饭盒、保温杯(壶)、金属餐饮炊具、杠铃、哑铃、金属衣架、晾衣杆、毛巾架、五金工具(螺丝、钻头、卷尺、锁头、钥匙、铰链、合页)、废旧电线等金属制品
废织物	衣物、箱包、床上用品、窗帘等
废弃电器电子产品	手机、电脑、电饭煲、打印机、电视、冰箱、洗衣机等

② 有害垃圾。有害垃圾是指生活垃圾中对人体健康、自然环境造成直接或者潜在危害的废弃物。如废电池、废灯管、废药品、废油漆及其容器等。表6-5总结了一些常见的有害垃圾类别及名录。

表6-5 有害垃圾类别名录

类别	主要固体废物
废电池类	充电电池、纽扣电池、锡镍电池、氧化汞电池、铅蓄电池等
废荧光灯管类	废日光灯管、荧光灯管、节能灯等
废温度计类	废水银温度计、水银血压计
废药品类	过期药物、药物胶囊、药片、药品内包装
废油漆类	废油漆桶、染发剂壳、指甲油、洗甲水
废杀虫剂类	废杀虫喷雾罐、消毒剂、老鼠药、农药及其包装物
废相纸类	废X射线片、CT片等感光胶片、废相纸底片等

③ 厨余垃圾。厨余垃圾包含家庭厨余垃圾、餐厨垃圾和其他厨余垃圾等。表6-6总结

了常见的一些厨余垃圾类别及名录。

表 6-6 厨余垃圾类别名录

类别	主要固体废物
食品废料类	谷物及其加工食品(米、米饭、面、面包、豆类),肉蛋及其加工食品(鸡肉、鸭肉、猪肉、牛肉、羊肉、蛋、动物内脏、腊肉、午餐肉),水产及其加工食品(鱼、虾、蟹、鱿鱼),蔬菜(绿叶菜、根茎蔬菜、菌菇)、废弃食用油脂等
剩饭剩菜类	剩饭剩菜、鱼骨、碎骨、蟹壳、虾壳、茶叶渣、中药渣、咖啡渣等
零食及调料类	糕饼、糖果、坚果等零食,各式罐头食品内容物,奶粉、面粉、面包粉、糖、香料等各式粉末状可食用品,果酱、番茄酱等各式调味品,宠物饲料等
瓜皮果核类	水果果肉、水果果皮(西瓜皮、橘子皮、苹果皮)、水果茎枝(葡萄枝)、果实果核(杨梅核、龙眼核、荔枝核)等

厨余垃圾含有大量有机物,易腐败发臭,是垃圾清运和处置过程中可能发生各种环境问题的重要原因。厨余垃圾的运输必须全封闭,防止滴洒、遗漏,车身要有明显标识,具有政府主管部门核发的准运证件,方可从事运输。对厨余垃圾单独收集,可以减少进入填埋场的有机物的量,减少臭气和垃圾渗滤液的产生,也可以避免水分过多对垃圾焚烧处理造成的不利影响,降低了对设备的腐蚀。同时,厨余垃圾具有较大的资源价值,高有机物含量的特点使其经过严格处理后可作为肥料、饲料,也可产生沼气用作燃料或用于发电,油脂部分则可用于制备生物燃料。生物处理是厨余垃圾的主要处理方式。

④ 其他垃圾。除有害垃圾、厨余垃圾、可回收物以外的都属于其他垃圾。一些其他垃圾类别及名录见表 6-7。

表 6-7 常见其他垃圾的类别名录

类别	主要固体废物
受污染与不宜再生利用的纸张	卫生纸、湿纸巾、厨房用纸和其他受污染的纸类
其他不宜再生利用的生活用品	保鲜膜、保鲜袋、软胶管、塑料吸管、胶带、被污染的包装、污损塑料袋、废弃化妆品及其包装容器、一次性干电池、LED灯、猪牛羊等动物大块骨头、榴莲壳、椰子壳、蛤蜊壳、海虹壳、海蛎子壳、海螺壳、扇贝壳、口香糖、陶瓷餐具/杯具、隐形眼镜、烟头烟灰、印泥(油)、干燥剂、面膜、粉扑、棉签、试纸、保暖贴、纸尿裤、隔热垫、隔尿垫、狗尿垫、猫砂、口罩、毛发、少量尘土等

6.4 生活垃圾的处理处置方式

目前生活垃圾处理处置的方式主要有三种:填埋法、焚烧法、生物化处理法。

(1) 填埋法

生活垃圾的填埋采用的是卫生填埋的方式,即预先在垃圾填埋场做好防渗工程,然后将垃圾分单元用覆盖土科学合理地集中进行掩埋的方式。这种处置方式因成本低、工艺简单、处理量大,并较好地实现了地表的无害化而在国内被广泛应用。但它也存在一定缺陷,填埋的垃圾本身并没有进行无害化处理,残留着大量的细菌、病毒,同时还存在有沼气外逸、垃圾渗漏液污染地下水资源的潜在危害。专家普遍认为这种方法不仅没有实现垃圾的资源化处理,而且周期长、占用大量土地,是把污染源留存给子孙后代的危险做法。

1988年以前我国的生活垃圾几乎全部采用填埋方式处置。直至2019年，还有超过50%的生活垃圾采用填埋的方式处理。目前国家优先推荐的是垃圾焚烧处理方式。

(2) 焚烧法

垃圾焚烧是一种较古老而传统的处理垃圾的方法，一直被外国广泛采用。由于减量化效果显著，节省用地，可消灭各种病原体，而且焚烧产生的余热可被利用进行发电，目前垃圾焚烧法已成为城市垃圾处理的最主要方法之一。现代的垃圾焚烧设备技术先进，智能化程度高，配有良好的烟尘净化装置，减轻了对大气的污染。

我国最初的垃圾焚烧设备始建于1985年，由深圳清水河垃圾焚烧发电厂引进日本三菱技术，投资建设了第一台垃圾焚烧炉，并于1988年10月正式投产使用。至此，我国开启了垃圾焚烧发电处理。目前垃圾焚烧已成为循环经济的重要组成部分。截止到2020年底，全国城镇生活垃圾焚烧处理设施能占无害化处理总能力的50%以上，其中东部地区达到60%以上。国家发展改革委、住房城乡建设部发布的《"十四五"城镇生活垃圾分类和处理设施发展规划》提出，到2025年底，全国城市生活垃圾资源化利用率达到60%左右。到2025年底，全国生活垃圾分类收运能力达到70万吨/日左右，基本满足地级及以上城市生活垃圾分类收集、分类转运、分类处理需求；鼓励有条件的县城推进生活垃圾分类和处理设施建设。到2025年底，全国城镇生活垃圾焚烧处理能力达到80万吨/日左右，城市生活垃圾焚烧处理能力占比65%左右。

(3) 生物化处理法

生物化处理法是利用自然界中的生物，主要是微生物，将固体废物中的可降解有机物转化为稳定的产物、能源和其他有用物质的一类处理技术。生物处理技术一般适合处理厨余垃圾（剩饭、剩菜、果皮等）、树皮、木屑、农作物秸秆、动物粪便、污泥等生物质废物。

主要的生物处理技术包括好氧技术和厌氧技术。好氧生物处理技术以堆肥为代表，最终获得有机肥料；厌氧生物处理技术以厌氧消化为代表，可获得沼气等高值产品。

① 好氧堆肥。好氧堆肥是凭借好氧微生物的生化作用，通过人工控制，将生活垃圾中有机质分解、腐熟、转换成稳定的腐殖质成分的方法。其本质是好氧条件下的发酵过程。

虽然生活中可以进行堆肥的物质很多，但考虑到成分的复杂性、易污染性、养分含量以及肥效等各种因素，生态环境部发布的国家生态环境标准《生物质废物堆肥污染控制技术规范》（HJ 1266—2022）指出，生活垃圾中的厨余垃圾、园林废物和不可回收的纸类，农业固体废物中的畜禽粪便、秸秆和其他作物残余，城镇污水处理厂污泥，厨余垃圾厌氧消化沼渣及食品加工废物适用于堆肥处理，此类固体废物统称为生物质废物。相对于生活垃圾，好氧堆肥在农业固体废物中的应用更广泛且实用。

② 厌氧消化。厌氧消化是指有机质在无氧条件下，由兼性细菌和厌氧细菌将可生物降解的有机物分解为CH_4、CO_2的消化技术。厌氧消化是最重要的生物质能利用技术之一，它使固体有机物变为溶解性有机物，再将蕴藏在废弃物中的能量转化为沼气用来燃烧或发电，以实现资源和能源的回收。

厌氧消化被广泛地应用于污水、畜禽粪便和城市有机废弃物处理等方面，是目前生活垃圾中餐厨垃圾的主要处理方式。依据《生活垃圾分类标志》（GB/T 19095—2019）给出的定义，餐厨垃圾是指餐馆、饭店、单位食堂等的饮食剩余物以及后厨的果蔬、肉食、油脂、面点等的加工过程废弃物。餐饮垃圾的产生者应对产生的餐饮垃圾进行单独存放和收集，餐饮垃圾的收运者应对餐饮垃圾实施单独收运，收运中不得混入有害垃圾和其他垃圾。

餐厨垃圾以有机成分为主，含油、含盐、含水率高，不适合焚烧也不适合填埋。通过厌氧消化法可将其分解利用，产生的甲烷可供热或发电，消化后的藻渣藻液可作有机肥，消化之前还可将废油脂提取出来作轻油的原材料。

（4）生活垃圾处理处置现状

表6-8是依据国家统计局《中国统计年鉴》中的数据总结出来的2018—2021年生活垃圾清运量及处理情况。

表6-8 2018—2021年生活垃圾清运及处理概况

年份	地区	清运量/万t	处理量/万t	无害化处理量		处理方式					
						卫生填埋		焚烧		其他	
				处理量/万t	占比/%	处理量/万t	占比/%	处理量/万t	占比/%	处理量/万t	占比/%
2018	城市	22801.75	22684.75	22565.36	99.0	11706.02	51.9	10184.92	45.1	674.42	3.0
	县城	6659.52	6470.68	6212.38	93.3	4994.19	80.4	1041.33	16.8	162.62	2.6
2019	城市	24206.19	24108.33	24012.82	99.2	10948.03	45.6	12174.17	50.7	890.62	3.7
	县城	6871.49	6789.16	6609.78	96.2	5145.26	77.8	1317.53	19.9	138.57	2.1
2020	城市	23511.71	23492.68	23452.33	99.7	7771.54	33.1	14607.64	62.3	1073.15	4.6
	县城	6809.76	6762.64	6691.32	98.3	4852.96	72.5	1714.90	25.6	123.45	1.8
2021	城市	24869.21	24861.91	24839.32	99.9	5208.51	21.0	18019.67	72.5	1611.14	6.5
	县城	6791.35	6769.74	6687.44	98.5	3784.44	56.6	2772.59	41.5	130.41	2.0

由表6-8中数据可以看出，2021年城市生活垃圾的无害化处理量已达99.9%，而县城不到99%。《中国统计年鉴》暂没有统计关于乡村的详细数据。关于处理方式，卫生填埋处理的量逐年下降，而以焚烧方式处理的占比逐年增加，到2021年，城市生活垃圾焚烧量已达73%，县城则为41%，以其他形式处理的城市生活垃圾占比近两年提升明显（县城没有明显变化），其主因是城市餐厨垃圾厌氧发酵处理量增加。

目前，我国基本形成了以垃圾焚烧为主体，以资源化为优先，以卫生填埋为兜底的固体废物末端处理大格局。卫生填埋作为生活垃圾处置的兜底保障性处置设施，将永久存在。除此之外，《"十四五"城镇生活垃圾分类和处理设施发展规划》还提出了十项主要任务，分别是加快完善垃圾分类设施体系，全面推进生活垃圾焚烧设施建设，有序开展厨余垃圾处理设施建设，规范垃圾填埋处理设施建设，健全可回收物资源化利用设施，加强有害垃圾分类和处理，强化设施二次环境污染防治能力建设，开展关键技术研发攻关和试点示范，鼓励生活垃圾协同处置，完善全过程监测监管能力建设。

第7章 生活垃圾的收运

生活垃圾收运,是指生活垃圾的收集、转运、运输等一系列过程的总和,是生活垃圾管理系统的首要环节,在城市垃圾管理系统中占有重要地位。近年来,垃圾收运系统高昂的运行成本使其统筹优化的重要性日趋明显,合理设计并优化生活垃圾收运系统对搞好城市环境卫生具有重要意义。

7.1 生活垃圾收运的管理及收运方式

7.1.1 生活垃圾的收运管理规范

《固废法》第四章第四十三～五十九条,针对生活垃圾收运的管理架构及操作规则做了全面而清晰的阐述。任何相关垃圾收运工作均需在此基础上开展,具体内容如表7-1所示。

表7-1 《固废法》关于生活垃圾收运的规定

条款	内容
第四十三条	县级以上地方人民政府应当加快建立分类投放、分类收集、分类运输、分类处理的生活垃圾管理系统,实现生活垃圾分类制度有效覆盖。县级以上地方人民政府应当建立生活垃圾分类工作协调机制,加强和统筹生活垃圾分类管理能力建设。各级人民政府及其有关部门应当组织开展生活垃圾分类宣传,教育引导公众养成生活垃圾分类习惯,督促和指导生活垃圾分类工作
第四十四条	县级以上地方人民政府应当有计划地改进燃料结构,发展清洁能源,减少燃料废渣等固体废物的产生量。县级以上地方人民政府有关部门应当加强产品生产和流通过程管理,避免过度包装,组织净菜上市,减少生活垃圾的产生量
第四十五条	县级以上人民政府应当统筹安排建设城乡生活垃圾收集、运输、处理设施,确定设施厂址,提高生活垃圾的综合利用和无害化处置水平,促进生活垃圾收集、处理的产业化发展,逐步建立和完善生活垃圾污染环境防治的社会服务体系。县级以上地方人民政府有关部门应当统筹规划,合理安排回收、分拣、打包网点,促进生活垃圾的回收利用工作
第四十六条	地方各级人民政府应当加强农村生活垃圾污染环境的防治,保护和改善农村人居环境。国家鼓励农村生活垃圾源头减量。城乡结合部[①]、人口密集的农村地区和其他有条件的地方,应当建立城乡一体的生活垃圾管理系统;其他农村地区应当积极探索生活垃圾管理模式,因地制宜,就近就地利用或者妥善处理生活垃圾
第四十七条	设区的市级以上人民政府环境卫生主管部门应当制定生活垃圾清扫、收集、贮存、运输和处理设施、场所建设运行规范,发布生活垃圾分类指导目录,加强监督管理
第四十八条	县级以上地方人民政府环境卫生等主管部门应当组织对城乡生活垃圾进行清扫、收集、运输和处理,可以通过招标等方式选择具备条件的单位从事生活垃圾的清扫、收集、运输和处理

续表

条款	内容
第四十九条	产生生活垃圾的单位、家庭和个人应当依法履行生活垃圾源头减量和分类投放义务,承担生活垃圾产生者责任。任何单位和个人都应当依法在指定的地点分类投放生活垃圾。禁止随意倾倒、抛撒、堆放或者焚烧生活垃圾。机关、事业单位等应当在生活垃圾分类工作中起示范带头作用。已经分类投放的生活垃圾,应当按照规定分类收集、分类运输、分类处理
第五十条	清扫、收集、运输、处理城乡生活垃圾,应当遵守国家有关环境保护和环境卫生管理的规定,防止污染环境。从生活垃圾中分类并集中收集的有害垃圾,属于危险废物的,应当按照危险废物管理
第五十一条	从事公共交通运输的经营单位,应当及时清扫、收集运输过程中产生的生活垃圾
第五十二条	农贸市场、农产品批发市场等应当加强环境卫生管理,保持环境卫生清洁,对所产生的垃圾及时清扫、分类收集、妥善处理
第五十三条	从事城市新区开发、旧区改建和住宅小区开发建设、村镇建设的单位,以及机场、码头、车站、公园、商场、体育场馆等公共设施、场所的经营管理单位,应当按照国家有关环境卫生的规定,配套建设生活垃圾收集设施。县级以上地方人民政府应当统筹生活垃圾公共转运、处理设施与前款规定的收集设施的有效衔接,并加强生活垃圾分类收运体系和再生资源回收体系在规划、建设、运营等方面的融合
第五十四条	从生活垃圾中回收的物质应当按照国家规定的用途、标准使用,不得用于生产可能危害人体健康的产品
第五十五条	建设生活垃圾处理设施、场所,应当符合国务院生态环境主管部门和国务院住房城乡建设主管部门规定的环境保护和环境卫生标准。鼓励相邻地区统筹生活垃圾处理设施建设,促进生活垃圾处理设施跨行政区域共建共享。禁止擅自关闭、闲置或者拆除生活垃圾处理设施、场所;确有必要关闭、闲置或者拆除的,应当经所在地的市、县级人民政府环境卫生主管部门商所在地生态环境主管部门同意后核准,并采取防止污染环境的措施
第五十六条	生活垃圾处理单位应当按照国家有关规定,安装使用监测设备,实时监测污染物的排放情况,将污染排放数据实时公开。监测设备应当与所在地生态环境主管部门的监控设备联网
第五十七条	县级以上地方人民政府环境卫生主管部门负责组织开展厨余垃圾资源化、无害化处理工作。产生、收集厨余垃圾的单位和其他生产经营者,应当将厨余垃圾交由具备相应资质条件的单位进行无害化处理。禁止畜禽养殖场、养殖小区利用未经无害化处理的厨余垃圾饲喂畜禽
第五十八条	县级以上地方人民政府应当按照产生者付费原则,建立生活垃圾处理收费制度。县级以上地方人民政府制定生活垃圾处理收费标准,应当根据本地实际,结合生活垃圾分类情况,体现分类计价、计量收费等差别化管理,并充分征求公众意见。生活垃圾处理收费标准应当向社会公布。生活垃圾处理费应当专项用于生活垃圾的收集、运输和处理等,不得挪作他用
第五十九条	省、自治区、直辖市和设区的市、自治州可以结合实际,制定本地方生活垃圾具体管理办法

① 本书正文中均为"城乡接合部"。

7.1.2 生活垃圾的收运方式

《固废法》第六条规定:国家推行生活垃圾分类制度。生活垃圾分类坚持政府推动、全民参与、城乡统筹、因地制宜、简便易行的原则。

因此,生活垃圾的收运也应推行生活垃圾分类制度,即分类收集、分类运输、分类贮存。但目前,生活垃圾收运方式仍存在混合收集和分类收集两种方法并行实施的情况。

(1) 混合收集

混合收集是指未经任何处理的原生固体废物混杂在一起进行收集的方式。该法历史悠久,应用广泛。优点是简单易行,运行费用低;但缺点是这种将全部生活垃圾混合在一起进行收运的方式，增大了其后续资源化、无害化的难度。

首先，混合收集容易混入危险废物，如废电池、日光灯管和废油等，不利于对危险废物的特殊管理，并增大了无害化处理的难度。

其次，混合收集造成极大的资源浪费和能源浪费，各种废物相互混杂、黏结，降低了废物中有用物质的纯度和再利用价值，降低了可用于生化处理和焚烧的有机物资源化和能源化价值。

最后，混合收集后再分选利用，提高了回收成本和难度，浪费人力、财力、物力。

综上所述，混合收集被分类收集所取代是提高资源化的必由之路。

(2) 分类收集

分类收集是根据垃圾的不同成分及可处理方式，在源头上进行有针对性的分类收集。该法可以提高回收物资的纯度和数量，减少垃圾处理量，有利于生活垃圾的资源化和减量化，还可减少垃圾运输车辆、优化运输线路，从而提高生活垃圾的收运效率，有效降低管理成本及处理费用。

传统的垃圾分类主要是在中转站或处理厂进行，目前我国正在大力推行源头垃圾分类。这种分类收集，首先需要有一定的经济实力，因地制宜提供必要的分类收集条件；其次还需要增强政策扶持和升级配套措施，完善垃圾处理系统；此外还需要依靠有效的立法、宣传教育，积极鼓励城市居民主动、认真地将垃圾进行分类，提高市民的垃圾分类意识和积极性等。

垃圾分类的原则之一是因地制宜，这是因为生活垃圾存在空间和时间上的不均匀性。经济差异、城乡差异、燃料结构差异等各种因素都会导致不同地区的垃圾组成和产量存在差异，因此分类标准并不需要全国统一。

7.2 生活垃圾收运过程

生活垃圾的收运，是生活垃圾收集、运输和贮存等一系列操作的总称，是垃圾处理系统中的重要环节，其费用在整个垃圾处理系统总成本中占比最高。

一般地，生活垃圾的收运可分三个阶段：

第一阶段，运贮（搬运与贮存），指从垃圾发生源到垃圾贮存容器的过程。

第二阶段，清运，指清运车辆沿预设路线收集服务区内所有的贮存容器中的垃圾，并集中送往转运站的过程，或就近直接送至距离不远的垃圾处理处置场的过程。此过程中，垃圾的运输距离较近。

第三阶段，转运，指大容量运输工具将转运站中的垃圾转载运往更远处的垃圾处理处置场。此过程中，垃圾的运输距离较远。

城市垃圾收运的第一阶段一般人力即可完成，后两个阶段则需要人力与机械进行配合，且更加依赖机械。

垃圾收运的基本原则是：在满足环境卫生要求的前提下，尽量降低成本，并有助于降低后续处理阶段的费用。因此，生活垃圾的收运需尽量做到封闭化、无污水渗漏运输、低噪声作业，外形清洁、美观，提高车辆的装载量，以实现满载、清洁、无污染的垃圾收集运输。还必须科学地制订合理的收运计划来提高收运效率，其中如何优化协调垃圾收运系统的人力、物力、财力和路线分配等问题，对整个系统的降本增效至关重要。

7.3 生活垃圾的运贮

生活垃圾的运贮是垃圾收运的第一阶段，垃圾的产生者必须将各自所产生的垃圾进行短距离搬运和暂时贮存，以便后续进行统一清运。为了使垃圾从垃圾发生源转移到垃圾贮存容器，一般需在居民区、办公楼、街道等人口密集或流动区域设置垃圾投放点，并配备垃圾贮存容器，用于日常生活垃圾的投弃。

7.3.1 源头搬运

(1) 低层住宅的垃圾

一是容器式收集或运输车收集，由居民自行负责将产生的垃圾利用自备贮存容器搬运至公共贮存容器、垃圾集装点或垃圾收集车内。容器式收集对居民较方便，可随时进行投弃，但若管理不善或收集不及时则会影响周边公共卫生。运输车收集有利于环境卫生与市容管理，但常有固定收集时间的限制。

二是上门收集，由收集工人负责从家门口或后院搬运垃圾至集装点或收集车。此方式于居民方便，但需支付一笔额外的费用，且环卫部门要耗费大量的劳动力和作业时间。该方法一般在单户住宅区使用较多，如别墅区。

(2) 中高层住宅的垃圾

中高层住宅中，常用一种垃圾通道投弃垃圾。垃圾通道，是可以让垃圾轻松快捷地垂直输送到楼底的通道。垃圾通道中垃圾可以依靠重力自由落下，亦可依靠真空抽吸进行输运。

对于有垃圾通道的中高层住宅，居民只需将垃圾搬运至通道投入口内，垃圾即可落入通道底层的垃圾间。该方式要避免通道内发生堵塞，因此粗大垃圾需由居民自行送入底层垃圾间或附近的垃圾集装点。此外，还应防范火灾隐患和卫生问题等。

对于无垃圾通道的中高层住宅，其垃圾搬运方式类似于低层住宅。

此外，无论是低层住宅还是中高层住宅，针对生活垃圾中的厨房垃圾（主要是脆而易裂解的物品），还可采用小型家用垃圾磨碎机，专门将其磨碎后随污水排入下水道系统，减少家庭垃圾的搬运量和臭味。该法对污水处理厂的抗冲击负荷要求较高。

(3) 商业区与企业单位的垃圾

商业区与企业单位的垃圾，主要包括商业垃圾、建筑垃圾等。一般由产生者自行负责，环境卫生管理部门进行监督管理，也可委托环卫部门进行收运。

(4) 公共区域的垃圾

公共场所包括街道、公共广场以及其他为广大居民服务的地方。产生的垃圾主要包括落叶、纸屑、料袋、果皮和灰尘等。通常由环卫部门负责制定管理方式，可以设置垃圾桶（箱）等垃圾临时收集容器，配备专门的环卫工人分区域的定点、定时地清扫、收集垃圾，必要时可配置清扫车等机械设备提高工作效率。

7.3.2 分类贮存

垃圾的产生量具有时空的不均匀性及随意性，同时环境卫生等部门收集垃圾具有阶段性和装备相容性等问题，因此在生活垃圾收运的间隙，均需要进行贮存管理。

按照垃圾分类原则，生活垃圾的贮存也需要进行分类贮存、分类管理。

分类贮存，是指垃圾产生者和管理者应根据垃圾后续的回收利用或处理处置工艺要求，自行将垃圾分为不同种类进行贮存。垃圾的分类贮存，也遵循因地制宜、简便易行的原则。一般原则是根据垃圾的组分特性、可回用价值和危害性，分为不同类别：

① 二类贮存。按可燃垃圾（如纸类）和不可燃垃圾分开贮存。其中，塑料通常作为不可燃垃圾，有时也作为可燃垃圾贮存。

② 三类贮存。按塑料、塑料除外的可燃物、不燃物（如玻璃、陶瓷、金属等）三类分开贮存。

③ 四类贮存。按塑料除外的可燃物、金属类、玻璃类、其他不燃物（如塑料、陶瓷等）四类分开贮存。其中，金属和玻璃类作为有用物质分别加以回收。

④ 五类贮存。在四分类基础上，再挑出危险废物（如含重金属的干电池、日光灯管、水银温度计等）作为第五类单独贮存。

根据以上分类贮存法可知，适于分类贮存的垃圾成分主要是纸、玻璃、金属、塑料、纤维材料、危险废物等，均为回收利用价值较高或危害性较大的物质。因此，与分类收集一样，开展生活垃圾的分类贮存，是提高回收物料纯度、减少处理处置成本的好方法。

传统的废品回收公司及其下设的废品收购站，是回收垃圾中有用物质的重要场所。

对于农贸市场废物和医院垃圾等特种垃圾，通常都不进行分类，前者可直接送到堆肥厂进行堆肥化处理，后者则必须送焚烧炉焚化。

要做到分类贮存，需设置不同容器以便存放不同废物。相应地，其收集运输车辆也应有不同分类。

7.3.3 贮存容器

按临时存放位置，垃圾的贮存管理大致分为家庭贮存、公共贮存、单位贮存和街道贮存等类型。不同位置的贮存对垃圾容器的要求也不尽相同。因此，需要事先规划，在合理位置配备合理的垃圾贮存容器种类和数量。

垃圾产生者或收集者应根据垃圾的数量、特性及环卫主管部门要求，确定贮存方式，选择合适的垃圾贮存容器，规划容器的放置地点和足够的数目。

(1) 容器种类

垃圾贮存容器类型繁多，可按操作方式、容量大小、容器形状及材质等不同进行分类。

对于家庭贮存，容器多为塑料或钢质垃圾桶、塑料袋和纸袋等。塑料或钢质垃圾桶应用耐腐和不易燃材料制造。塑料袋和纸袋可以减少垃圾桶脏污和清洗工作，其中，一次性塑料垃圾袋卫生清洁、搬运轻便；而一次性纸袋可利用回收废纸来制造。塑料袋和纸袋的缺点是比较易燃，累计使用成本高。提倡使用可降解塑料袋或纸袋。

对于公共贮存，常见的有固定式砖砌垃圾箱、活动式带轮垃圾桶、铁质活底卫生箱、车厢式集装箱等。

对于街道贮存，除使用公共贮存容器外，还配置大量供行人丢弃废纸、果壳、烟蒂等物的各类废物箱。

对于单位贮存，一般由产生者根据垃圾量、收集者的要求选择容器类型。

(2) 容器要求

除要求大小适当外，贮存容器还必须满足各种卫生要求，并操作方便、美观耐用、造价适宜、便于机械化装车。

此外，容器的设置位置也有要求，如住宅区内贮存生活垃圾的垃圾箱或大型容器应设置在固定位置，既应靠近住宅、方便居民，又要靠近马路，便于分类收集和机械化装车，同时还要注意隐蔽，不妨碍交通路线和影响市容。

(3) 容器数量

容器数量的设置主要应考虑服务范围内居民人数、垃圾人均产量、垃圾容重、容器大小和收集次数等因素。一般容器设置数量按以下方法计算。

① 估算服务范围内的垃圾日产生量 W（t/d）：

$$W=RCYP \tag{7-1}$$

式中，R 为居住人口，人；C 为实测每人每天垃圾量，t/(d·人)；Y 为垃圾量不均匀系数，1.1～1.15；P 为居住人口变动系数，1.02～1.05。

② 折合垃圾日产生峰体积 V_{max}（m³/d）：

$$V_{max}=KW/(QD_{ave}) \tag{7-2}$$

式中，K 为峰值体积变动系数，1.5～1.8；Q 为容重系数，0.7～0.9；D_{ave} 为平均容重（密度），kg/m³。

③ 计算收集点所需设置的垃圾容器峰数量 N_{max}（个）：

$$N_{max}=AV_{max}/(EF) \tag{7-3}$$

式中，A 为垃圾收集周期（几天一次）；E 为单个垃圾容器的容积，m³/个；F 为垃圾容器填充系数，0.75～0.9。

当 N_{max} 已知时，即可确定服务范围内应设置垃圾贮存容器的数量，然后再适当地配置在各收集点。

容器位置设置时，一般要求收集点的服务半径不应超过 70m。在规划新住宅区，未设垃圾通道的多层住宅时，一般每四幢应设置一个收集点，用于放置垃圾容器。

7.4 生活垃圾的清运

生活垃圾的清运，是收运的第二阶段，一般运输距离较短。

垃圾清运阶段的操作，不仅包括对各收集点的贮存垃圾进行集中、集装，还包括清运车辆自收集点至终点的往返过程、在终点的卸料过程等。垃圾清运的效率和费用，主要取决于下列因素：清运操作方式，清运车辆数量、装载量、机械化装卸程度、清运次数、时间及劳动定员，清运路线等。

7.4.1 清运方法

生活垃圾的清运有多种操作方式，典型的有移动容器操作法、固定容器操作法，其中前者又分为一般操作法和改进工作法。

(1) 移动容器操作法

移动容器操作法，即拖曳容器法，又称拖曳法，是指清运车将某集装点装满的垃圾连同容器一起运往转运站或处理处置场，容器倒空后，再将空容器送回原处或下一个集装点进行轮换。其中，空容器送回原处的，又称为一般操作法或搬运容器法；空容器送往下一个集装点进行轮换的，又称为改进工作法或交换容器法。如图7-1所示。

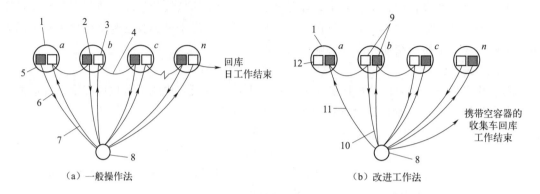

图7-1　移动容器操作法原理

1—容器点；2—容器装车；3—空容器放还原处；4—驶向下个容器；5—车库来的车行程开始；6—满容器运往转运台；7—空容器放还原处；8—转运站、加工站或处置场；9—a点容器放在b点，b点容器运往转运站；10—空容器放在b点；11—满容器运往转运站；12—携带空容器的收集车自车库来，行程开始

（2）固定容器操作法

固定容器操作法，又称倾倒容器法，是指清运车到各容器集装点装载垃圾时，将容器倒空垃圾后直接放回原地，清运车只装满垃圾，然后运往转运站或处理处置场。如图7-2所示。

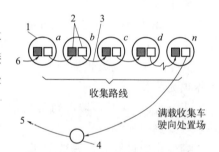

图7-2　固定容器操作法操作原理

1—垃圾集装点；2—将容器内的垃圾装入收集车；3—驶向下一个集装点；4—中转站或处置场；5—卸空的收集车进行新的行程或回库；6—车库来的空车行程开始

7.4.2　清运时间

垃圾清运成本的高低，主要取决于清运时间长短，因此对清运操作过程的不同单元时间进行分析测算，可以估算出某区域垃圾清运所需耗费的人力和物力，从而计算出清运成本。

清运操作过程一般可划分为四个基本用时，即集装时间、运输时间、卸车时间和非收集时间（其他用时）。

对于上述不同的操作方法，除集装时间的界定有所不同外，其他时间的界定基本相同。以移动容器法为例，简要介绍清运时间的计算方法。

（1）集装时间

一次行程的集装时间t_{hcs}（h/次），包括垃圾容器装车时间（t_{pc}）、容器间行驶时间（t_{dbc}）、卸空容器放回集装点时间（t_{uc}）三部分。

$$t_{hcs}=t_{pc}+t_{uc}+t_{dbc} \tag{7-4}$$

（2）运输时间

运输时间t（h/次），指清运车从集装点行驶至终点所需时间，加上离开终点驶回原处或下一个集装点的时间，不包括停在终点逗留的时间，即只在路上行驶的时间。运输时间主要取决于运输距离和速度。可近似表示为：
$$t = a + bx \tag{7-5}$$
式中，t 为运输时间；a、b 为经验常数；x 为往返运输距离。

(3) 卸车时间

卸车时间 s（h/次），指垃圾清运车在终点（转运站或处理处置场）的逗留时间，主要包括等待卸车及卸车时间。
$$s = 等待卸车时间 + 卸车时间 \tag{7-6}$$

(4) 非收集时间

非收集时间，指在清运操作全过程中非生产性活动所花费的时间，如交通堵塞、车辆故障、人员临时更换等所导致的延误等。

非收集时间因子 w（%），常用来表示非清运时间占总清运时间的比例，w 一般为 10%~25%。

(5) 一次清运操作行程所需时间（T_{hcs}）

可用下式表示：
$$T_{hcs} = (t_{hcs} + t + s)/(1 - w) \tag{7-7}$$

(6) 每辆清运车每日的最多行程次数

可用下式求出：
$$N_d = H/T_{hcs} \tag{7-8}$$
式中，N_d 为每天行程次数，次/d；H 为每天工作时间，h/d。

(7) 某服务区每周所需最少清运行程次数（N_w，次/周，若计算值带小数时，需修约到整数值）

可根据清运范围的垃圾量和清运车平均容量计算：
$$N_w = V_w/(cf) \tag{7-9}$$
式中，V_w 为每周清运垃圾产量，m^3/周；c 为容器平均容量，m^3/次；f 为容器平均充填系数。

(8) 每周所需的实际作业时间 D_w（d/周）
$$D_w = N_w T_{hcs} \tag{7-10}$$

通过上述公式，可估算出移动容器法操作的工作时间和清运次数，并合理编制作业计划。

对于固定容器操作法，清运时间的计算原理与移动法类似，但因其集装时间主要取决于装车的技术水平，而人工装车和机械装车存在较大的差异，因此计算过程也存在较大差异。

7.4.3 清运车辆

各地区可以根据当地经济、交通、垃圾组成特点、垃圾收运系统的构成等实际情况，开发使用与其相适应的垃圾清运车辆。尽管各类清运车辆构造形式有所不同（主要是装车装置和位置），但它们的工作原理具有共同点，即均配置专用设备用以实现垃圾装卸车的机械化和自动化。

(1) 清运车种类

清运车辆按其装车形式，大致可分为前装式、侧装式、后装式、顶装式、集装箱直接上车等形式。此外，还可按车身大小、载重量、容积等进行划分；还有数量甚多的手推车、三轮车和小型机动车作为辅助清运工具,可作为清运窄巷内垃圾的必要工具。

选择清运车辆,一般应根据整个清运区内不同建筑密度、交通便利程度和经济实力等因素综合考量。

① 简易自卸车。简易自卸车常见有两种形式:一是罩盖式自卸车,为了防止运输途中垃圾飞散,可在原敞口的货车上加装防水帆布盖或框架式玻璃钢罩盖,框架式玻璃钢罩盖可通过液压装置在装入垃圾前启动罩盖,密封程度较高;二是密封式自卸车,即车厢为带盖的整体容器,顶部开有数个垃圾投入口。

简易自卸式垃圾车一般配以叉车或铲车,便于在车厢上方机械装车,适宜于固定容器操作法作业。

② 活动斗式收集车。活动斗式收集车的车厢可作为一个活动的敞开式贮存容器,平时可放置在收集点,因其容量大,适宜贮存装载大件垃圾,亦称多功能车,可用于移动容器操作法作业。

③ 后装式压缩车。后装式压缩车是在车厢后部设投入口,装配有压缩推板装置。由于有压缩推板的挤压,能适应体积大、密度小的垃圾清运,可以大大提高工效、减轻环卫工人的劳动强度、缩短工作时间、减少二次污染,因而目前应用较多。

④ 侧装式密封车。侧装式密封车装有液压驱动提升机构,便于提升配套的垃圾桶,可将地面上垃圾桶直接提升至车厢顶部,由倒入口倾翻,空桶复位至地面。倒入口有顶盖,随桶倾倒动作而启闭。该车机械化程度高,工作效率较高,另外提升架悬臂长、旋转角度大,可在相当大的作业区内抓取垃圾桶,故车辆不必对准垃圾桶停放即可操作。

(2) 清运车数量

清运车的数量是否配备合理,会直接影响到收集效率和收集成本。

车辆配备时,应考虑车辆种类、满载量、单台车垃圾输送量、输送距离、装卸自动化程度及人员配备情况等因素。

一般地,垃圾清运车的配备数量可根据下式来确定:

$$N=\frac{W}{VFCP} \tag{7-11}$$

式中,N 为垃圾车配备数量,辆;V 为单车额定容量,t/m^3;W 为该车收集范围内垃圾日均产量,t/m^3;F 为容积利用率,不同车型不一样,一般按 50%～70%计;C 为日单班收集次数定额,不同车型不一样,具体可按环卫部门"劳动定额"计算,可参考表 7-2;P 为完好率,不同车型不一样,如简易自卸车可按 85%计,多功能车、侧装式密封车可按 80%计。

表 7-2 人工后装压缩式垃圾车劳动定额

车吨位/t	单程运距							编号
	3km 以内	6km 以内	9km 以内	12km 以内	15km 以内	20km 以内	30km 以上	
	每班工作定额/(车次/班次)							
2	8	7	6	5	5	4	3～4	44
3	7	6	5	5	4	4	3～4	45
5	6	5	4	4	4	3	2～3	46
8 以上	5	5	4	4	3	3	2～3	47
序号	一	二	三	四	五	六	七	—

资料来源:节选自中华人民共和国住房和城乡建设部《城镇市容环境卫生劳动定额》(HLD47-101—2008),其他运输方式劳动定额同理可查。垃圾车的人员数量配置,同样可按照该文件的劳动定员来确定。

此外需注意，具有压缩功能的车辆还应在计算时考虑垃圾压缩率。

其他清运车辆的数量配备计算方法类似可得。

7.4.4 清运次数

垃圾清运次数与时间，一般应视当地实际，如气候、垃圾产量与性质、清运方法、道路交通、居民生活习俗等确定，不能照搬，也不宜一成不变，以便能卫生、快捷、经济地达到垃圾清运的目的。

对于垃圾清运时间，大致可分为昼间、晚间及黎明三种。住宅区最好在昼间或早晚高峰以后清运，深夜可能骚扰住户；商业区则宜在晚间清运，此时人员稀少，利于加快清运速度；黎明清运，可兼有白昼及晚间之利，还能避开交通高峰。

对于清运次数，我国各住宅区、商业区基本上要求日产日清。国外有些地区垃圾分类较为细致的情况下，对具体垃圾种类的清运次数划分也较细，如：对于住宅区厨房垃圾，冬季每周两三次，夏季至少三次；对旅馆、酒家、食品工厂、商业区等，不论冬夏每日至少一次；煤灰，夏季每月两次，冬季每周一次；如厨房垃圾与一般垃圾混合，其清运次数可采取二者的折中或酌情而定；对废旧家用电器、家具等大件垃圾则为每月两次；对分类贮存的废纸、玻璃等亦有规定的周期，以利于居民配合。

7.4.5 清运路线

确定垃圾清运操作方法、清运车辆类型、清运劳力、清运次数和作业时间后，就可着手设计清运路线，以便有效使用车辆和劳力。合理的清运路线关乎清运工作的科学性、经济性。

为提高垃圾清运水平，一般需要制定清运线路图。如，德国城市垃圾收运系统中，各清扫局都有垃圾车清运路线图和道路清扫图，把全市分成若干收集区，明确规定扫路机的清扫路线及各地区的垃圾清运日、容器的数量及车辆行驶路线等；收集区的容器数量和安放位置等在图上有明确标记，司机只需按路线图标志，在规定的清运日按规定收运路线去清运垃圾或进行清扫作业。

完整的清运路线图大致由"实际路线"和"区域路线"组成。前者指垃圾车在指定的清运区域内所需行驶经过的实际路线和收集点，又可称为微观路线；后者指装满垃圾后，垃圾车开往转运站或处理处置场需走过的路线。

设计清运路线的一般步骤包括：准备适当比例的地域地形图，图上标明垃圾清运区域边界、道口、车库和各个垃圾集装点的位置、容器数、清运次数等，如果使用固定容器操作法，还应标注各集装点垃圾量；资料分析，将工作量数据概要列为表格；初步设计清运路线；对初步清运路线进行比较，通过反复试算进一步均衡清运路线，使每周各个工作日清运的垃圾量、行驶路程、清运时间等大致相等；将确定的清运路线画在清运区域图上。垃圾清运路线的设计需经过反复试算和实际验证。

设计清运路线的原则是尽可能使空载行程最短，具体内容包括但不限于：

① 路线紧凑、避免重复或断续；

② 工作量能平衡，各作业阶段、各路线工作量大致相等；

③ 避免道路高峰期清运；
④ 首先清运地势较高地区；
⑤ 清运起始点最好位于停车场或车库附近；
⑥ 单行车道清运时，起点尽可能靠近街道入口，环形清运。

7.5 生活垃圾的转运

生活垃圾的转运是垃圾收运的第三阶段，一般指垃圾的远距离运输，具体是指利用转运站，将小型清运车从各个收集点清运来的垃圾，转运到大型运输工具上，并将其远距离运输至垃圾处理处置场的过程。

转运站是连接垃圾产生源头和末端处理处置系统的中间枢纽。

7.5.1 经济性分析

如果垃圾收集点距处理处置场距离不远，用垃圾清运车直接运送垃圾，而不设置转运站，无论是固定容器操作法还是移动容器操作法，都是常用且较经济的方法。但随着城市的扩展和环境卫生要求的提高，在市区附近找到合适场地来设立垃圾处理处置场已不再现实。因此，垃圾的运输距离越来越远将是必然趋势。但清运车并不是为长途运输而设计的，清运车是专用车辆，装卸装备先进、成本高但容量不大，且常需2~3人共同操作，如果用于长途运输垃圾，清运车的附属设备会徒增运输成本，还会造成操作工的空载行程。

因此，当垃圾运输距离较远时，设立中转站、采用大载重的转运工具进行垃圾转运就值得考虑。

是否设置转运站，最终要取决于垃圾收运系统的经济性分析：

① 是否有助于降低垃圾收运总费用，一般长距离、大吨位的转运比短距离、小吨位的清运的单位成本要低，此外，取消长距离运输的清运车还能够有更多时间更有效地清运垃圾。

② 是否会提高收运系统的整体费用，必须考虑设置转运站、购买大型运输工具或其他必需的专用设备所需要的大额投资。

通常，当运输距离长时，设置转运站会更经济合算。此时，转运的优点便得以凸显：可以更有效地利用人力和物力，使垃圾清运车更好地发挥其效益；也能使大载重量转运工具经济而有效地进行长距离运输。《环境卫生设施设置标准（修订征求意见稿）》中提出，服务范围内生活垃圾运输平均距离超过10km，宜设置转运站；平均距离超过20km时，宜设置大、中型转运站。

经济性分析的方法简要介绍如下。常见的三种垃圾运输方式（方式1：移动容器式运输；方式2：固定容器式运输；方式3：中转站转运）中，总成本经验公式为：

$$C_1 = A_1 S + B_1 \tag{7-12a}$$

$$C_2 = A_2 S + B_2 \tag{7-12b}$$

$$C_3 = A_3 S + B_3 \tag{7-12c}$$

式中，S 为运输距离，km；A_1、A_2、A_3 为各运输方式的单位运费，元/km；B_1、

B_2、B_3 为各运输方式设置转运站后,增添的基建投资分期偿还费和操作管理费,元。

根据经验,一般情况下,$A_1 > A_2 > A_3$,$B_3 > B_2$,$B_1 = 0$。据此可作图 7-3。比较上述公式可知,常见的情形有以下三种:

① $S < S_1$ 时,用方式 1 合理,不需设置转运站,采用移动容器式运输。

② $S > S_3$ 时,用方式 3 合理,即需设置转运站,进行转运。

③ $S_1 < S < S_3$ 时,用方式 2 合理,不需设置转运站,而是采用固定容器式运输。

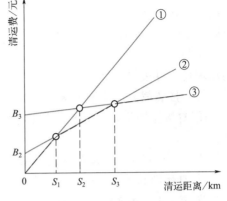

图 7-3 不同清运操作费用示意图(经济化原则)

7.5.2 转运站类型

生活垃圾的转运站,常有两类形式:一是分布在城市居民区附近的小型垃圾转运站,其数量较多,但转运站规模较小、转运量较小;二是设置于城郊交通干道附近的大型垃圾转运站,其数量一般较少,但转运量巨大、工作方式复杂;一般情况下,大中城市可能仅有一个或多个大型垃圾转运站。

转运站的形式多样,可以根据其转运量、转运方式、装卸方式、有无压实等进行分类,常见的分类方式如下。

(1) 按转运能力分类

① 小型中转站,日转运量 150t 以下。

② 中型中转站,日转运量 150~450t。

③ 大型中转站,日转运量 450t 以上。

(2) 按转运方式分类

① 公路转运。公路转运依托公路和车辆进行转运,使用较多的转运车辆有半拖挂转运车、卷臂式转运车和液压式集装箱转运车。

集装箱转运垃圾由于密封好、不散发臭气与流溢污水,是较理想的方法。

公路转运站的设置数量和规模取决于清运车的类型、清运范围和垃圾转运量,一般每 10~15km² 设置一座小型转运站,且一般在居住区或城市的工业、市政用地中设置,其用地面积需要根据日转运量计算确定。

② 铁路转运。铁路转运是解决远距离运输大量垃圾的有效而低价的解决方案。

当地处偏远地区,公路运输困难,却有铁路线穿越,且铁路附近有可供处理处置或填埋的场地时,铁路转运就比较实用。当垃圾处理场距离市区路程大于 50km 时,可考虑设置铁路转运站。

铁路转运站必须设置装卸垃圾的专用站台以及能与铁路系统衔接的调度、通信、信号等系统。除火车以外,仍需配备专用车辆辅助操作,如设有专用卸车设备的普通卡车、大容量专用车辆等。

③ 水路转运。水路转运是相对廉价的一种运输大量垃圾的方式,一般仅在水路交通发达地区考虑。其优点是可把垃圾处理处置点设在远处,取消了公路运输,减轻了停车场负担;大容积驳船可保证垃圾清运与处理间隙的暂时贮存。

水路转运站需设在河流、运河、湖泊边，垃圾清运车可将垃圾直接卸入停靠在码头的驳船里，因此，需要设计良好的装载和卸船的专用码头，并设置供卸料、停泊、调挡等作用的岸线。岸线长度应根据装卸量、装卸生产率、船只吨位、河道允许船只停泊挡数确定。还应有陆上空地作为作业区，用以贮存、管理等项目用地。

例如，上海环卫在黄浦江边上设置专用装载驳船码头，装满垃圾后，沿江送达海边的老港填埋场，可接纳上海市大部分生活垃圾，取得了很好的效益。

(3) 按装载方式及压实与否分类

① 直接倾卸装车。清运车直接将垃圾倒进转运站内大型清运车或集装箱内（不带压实装置）。

优点：投资较低，装载方法简单，设备事故少；缺点：装载密度较低，运费较高。

② 直接倾卸压实装车。清运车直接将垃圾倒进压实机，压实后直接推入大型清运工具。

优点：装载密度较大，有效降低运输费，降低能耗。

③ 贮存待装。清运车的垃圾先卸到贮槽内或平台上，再用辅助工具装到大型运输工具上。

优点：操作弹性好，即对垃圾转运量的变化特别是高峰期适应性好。

缺点：需建较大的平台贮存垃圾，投资费用较高，且易受装载机械设备事故影响。

④ 复合型装车。综合了直接装车和贮存待装式转运站的特点，比单用途转运站更灵活，更便于垃圾转运。

(4) 按装卸料方法分类

① 高低货位方式。清运车和大型运输工具不在一个平面上，利用地形高度差来装卸料，也可用专门的液压台将卸料台升高或将大型运输工具降落。

② 平面传送方式。清运车和大型运输工具停在一个平面上，利用传送带、抓斗天车等辅助工具进行清运车的卸料和大型运输工具的装料。

7.5.3 转运站选址

转运站选址应符合城市总体规划和环境卫生行业规划的要求，宜选在服务区域的中心或垃圾产量集中的地方，应设置在市政设施完善、交通便利、至后续处理设施的运输距离和行驶路线合理的地方。

垃圾转运站的选址和卫生要求，可参考《生活垃圾转运站技术规范》（CJJ/T 47—2016）等要求。

(1) 选址要求

垃圾转运站布局应符合城乡总体规划和环境卫生专项规划的要求；应根据垃圾产生量分布、处理处置设施布局、垃圾收运模式等综合确定。

垃圾转运设施应根据服务区域、服务人口、转运能力、转运模式、运输距离、污染控制、配套条件等因素，设在交通便利且易于安排清运线路的区域，并应具备保障垃圾转运站正常运行的供水、供电、污水排放、通信等条件；不宜设在公共设施集中区域或靠近人流和车流集中区段，不宜设在大型商场、影剧院出入口等繁华地段；不宜设在邻近学校、商场、餐饮店等群众日常生活聚集场所及其他人流密集区域；也可利用原垃圾转运站用地或工位新建或改建转运站。垃圾转运设施总体布置应满足作业要求并与周边环境相协调，便于垃圾分类收运、回收利用。

(2) 环境卫生要求

垃圾转运站需要采取环保措施、封闭化、规范化作业，以免因操作管理不善，常给环境带来不利影响，引起附近居民的不满。针对飘尘、噪声、臭气、污水等潜在污染扩散问题，可采取的一系列环境和卫生措施，包括：

① 转运途中，需盖篷布或带小网眼网罩以防止垃圾的散落；

② 转运场地应整洁，作业中散落的固体废物要及时收回，无洒落垃圾和堆积杂物，无积留污水；

③ 进入站内的垃圾应当日转运，有贮存设施的，应加盖封闭，定时转运，装运容器应整洁，无积垢，无吊挂垃圾；

④ 室内通风应良好，无恶臭，墙壁、窗户应无积尘、蛛网；

⑤ 蚊蝇滋生季节，应每天喷药灭蚊蝇；

⑥ 需设置防风网罩、其他栅栏和降尘措施，防止碎纸、布、碎屑、飞尘等到处飞扬；

⑦ 垃圾暂存待装时，要经常对贮存的废物喷水以免飘尘及臭气污染周围环境，工人操作要戴防尘面罩；

⑧ 中转站一般均设有防火设施；

⑨ 多种措施防止噪声扰民；

⑩ 设置污水排放渠道、防渗设施，防止污水泄漏；

⑪ 中转站要有卫生设施，并注意绿化，绿化面积应达到10%～20%；

⑫ 严格按环境安全规程管理，严格垃圾、人员的进出管理，场地应有专人管理，工具、物品置放应有序整洁；

⑬ 有条件的地区应建设密闭转运站，不宜长期采用露天临时转运点转运垃圾。

(3) 站内设施

转运站内设施包括称重计量系统、除尘除臭系统、监控系统、生产生活辅助设施、通信设施等，各转运站根据规模大小和当地需求进行相应配置。铁路及水路运输转运站，应设置与铁路系统及航道系统相衔接的调度通信、信号系统。

7.5.4 集装化转运

垃圾转运过程中，为便于不同垃圾在不同运输工具间的转移，保证高效装卸，垃圾转运时一般采用国际标准尺寸集装箱作为转运容器，或使用专用集装式转运车，即为集装化转运。

一般长距离运输时，水路转运费用远小于公路转运，而铁路运输则介于二者之间。而实际上，受限于路网建设情况，公路转运系统最为常用，只有极少数城市采用水陆联运系统（水路＋公路转运），铁路转运更少见。但无论哪种联运系统，都离不开集装化转运。

采用"牵引车＋拖挂车＋垃圾集装箱"的方式转运垃圾，可以把垃圾集装箱拖到目的地后，再将另一个空箱的拖挂车拖回转运站，这种形式能灵活地调配拖挂车或牵引车，两者使用率更高，特别适合短距离转运以及码头、铁路、仓库等地点使用。

由于集装箱的不同，相应地，转运站内的垃圾压缩方式也应根据集装箱的形式进行设计安装。垃圾压缩方式有水平压缩和竖直压缩两种。

水平压缩工艺，易于与标准集装箱运输系统兼容，且占地面积小，建筑物高度低。包括预压缩式、直接压入式、预压打包式、传送带式、开顶直接装载式等多种工艺，其中，常用预压缩式和直接压入式。

竖直压缩工艺，一般需要建设高低平台，对建筑物的高度要求较高。竖直压缩可以采用直接压入方式操作，即楼上平台用于清运车倾卸垃圾，按直接倾卸方式倒入楼下平台的集装化转运车的垃圾集装箱内，楼上平台另设置竖直压缩设备，压缩机的压头将垃圾边装边压实。其工艺成熟，操作简单，方便快捷，占地面积较小。

例如，青岛市生活垃圾集装化转运采用的便是直接倾卸＋竖直压缩工艺的公路转运系统，主要由垃圾收集站、垃圾清运车、垃圾转运站、垃圾压缩机、集装化运输车、公路运输道路等组成。

实例-青岛市垃圾中转站

又如，上海市生活垃圾集装化水陆联运系统由收集站、清运车、转运站、压缩机、集装箱转运码头、码头吊机、垃圾集装箱、集装化运输船、集装箱运输航道等组成。有三个码头为主要大型垃圾转运点，利用专用航道，建设两个转运站，选用符合国际通用集装箱规格的垃圾专用集装箱、大型垃圾集运船，将上海市区内的生活垃圾压缩后进行集装化装箱，转运至老港固体废物综合利用基地后，进行最终处置。

第8章 生活垃圾的焚烧

8.1 概述

垃圾焚烧处理是目前世界各发达国家普遍采用的一种垃圾处理技术，也是目前我国城市垃圾处理的主要方式之一。

垃圾焚烧是通过适当的热分解、燃烧、熔融等反应，使垃圾减容，成为残渣或者熔融固体的过程。现代的垃圾焚烧厂都带有发电系统，并配有良好的烟尘净化装置。垃圾经焚烧后有机部分变成烟气，无机部分化为炉渣，既实现减量化，又消灭了病原体。焚烧过程产生的热用于发电，实现了废物资源化，还增加了能源供给，优化了国家的能源结构，真正实现了垃圾处理的减量化、资源化、无害化。截止到2021年，73%的城市生活垃圾，41%的县城生活垃圾都是采用焚烧法进行处理的。

垃圾焚烧炉可处理的对象非常广泛。例如：混合生活垃圾，包括环境卫生机构收集或生活垃圾产生单位自行收集的；与生活垃圾性质相近的一般工业固体废物，例如服装加工、食品加工等城市生活服务行业产生的废物；生活垃圾堆肥过程中产生的筛上物以及其他生化处理过程中产生的固态残余组分；符合《医疗废物分类目录》中感染性废物的要求，经过破碎毁形和消毒处理并满足消毒效果检验指标的废物。在确保生活垃圾焚烧炉排放达标和正常运行的情况下，生活污水处理设施产生的污泥和一般工业固体废物也可送入焚烧炉进行处理。

8.1.1 垃圾焚烧技术的发展历程

最早的焚烧出现在19世纪中后期。随着第二次工业技术革命的兴起，英国城市人口急剧增加，导致市区人口密度急剧增大，生活垃圾、污水和粪便的污染给城市的土地、水源和空气带来了严重威胁。为了维护公共卫生和安全，各地建立了公共卫生局，并开始集中处理垃圾。最初，垃圾只是被送到远离居住区的地方堆放或填埋，但随着垃圾无害化处理的缺失，霍乱、伤寒、疟疾等疾病随垃圾传播，迫使人们开始对疫区的垃圾采取新的对策——焚烧。那时焚烧的目的只在于阻断垃圾带有的传染性病毒和病菌的扩散和传播，确保公共卫生的安全。

首座垃圾焚烧炉1874年出现在英国。随后，美国纽约（1885年）、德国汉堡（1896年）以及法国巴黎（1898年）也相继建立了世界上较早的生活垃圾焚烧炉和焚烧厂。汉堡的垃圾焚烧厂被誉为全球首座城市生活垃圾焚烧厂，但由于技术落后和垃圾中可燃物含量低，焚烧过程中产生的浓烟和恶臭对环境又造成了二次污染。直到 20 世纪 60 年代，垃圾焚烧仍未成为主要的垃圾处理方式。然而，在此期间，垃圾焚烧技术得到了显著改进，炉排和炉膛等逐渐演变为现在的形态。随着燃烧技术的发展，从固定炉排到机械炉排，从自然通风到机械通风，人们陆续研发并开始应用阶梯式炉排、倾斜炉排、链条炉排以及回转式等各类垃圾焚烧炉。

在 20 世纪 70 年代，随着烟气处理技术和焚烧设备高新技术的不断开发，垃圾焚烧技术逐渐从起步阶段迈入了成熟阶段。这一时期垃圾焚烧技术主要以炉排炉、流化床和旋转窑式焚烧炉为代表。到了 20 世纪 90 年代，焚烧处置率基本稳定，新加坡（100％）、日本（80％）、瑞士（65％）等国因国土面积有限，垃圾焚烧率较高，而美国地域辽阔，焚烧处置率维持在 10％左右。

近年来，随着能源危机的不断加剧，人们开始关注垃圾所蕴含的潜在能源。由于人们生活水平的提升，生活垃圾的能量价值也逐渐攀升，为垃圾焚烧发电技术的发展提供了重要支撑。焚烧设备正朝着大型化、自动化的方向不断发展。集焚烧、发电、供热和环境美化等多重功能于一体的自动控制焚烧技术正在逐步实现，旨在实现垃圾焚烧的减量化、资源化、无害化目标。

我国的垃圾焚烧技术虽然起步较晚，但却呈现出了快速发展的势头。不仅在规模上有了明显增长，在焚烧技术、烟气净化系统和市场竞争方面也发生了深刻变化。垃圾焚烧发电具有众多优点，已成为我国解决垃圾围城问题的重要举措之一。国家相关部门不仅对垃圾焚烧技术提出了规范性要求，还制定了明确的政策和规划。例如，在《关于进一步加强城市生活垃圾焚烧处理工作的意见》（2016 年 10 月）中提出了全国城市垃圾焚烧处理能力占总处理能力 50％以上的目标。《"十四五"城镇生活垃圾分类和处理设施发展规划》中明确提出：到 2025 年底，全国城镇生活垃圾焚烧处理能力达到 80 万吨/日左右，城市生活垃圾焚烧处理能力占比 65％左右。在政策和市场的双重推动下，我国的垃圾焚烧发电行业取得了突飞猛进的进展，形成了"焚烧为主，填埋为辅"的垃圾终端处理格局。

8.1.2　垃圾焚烧处理技术的种类

目前，国内外应用较为成熟且投入运行较多的焚烧技术有四种：机械炉排炉技术、循环流化床技术、回转窑焚烧技术和热解焚烧技术。

机械式炉排炉技术是最古老的一种焚烧技术，经过多年的发展和完善，如今已成为应用最广泛的焚烧技术之一。其独特之处在于历史悠久且技术成熟。这种技术无须预处理，运行过程中故障率低，可持续运行时间长，且处理能力强大。

循环流化床焚烧技术是近 30 年来迅速发展的一项新技术，继承了传统流化床的优势，并具有燃料适应性强、焚烧速度快的特点。通过增加物料循环回路，提高了焚烧效率，针对我国混合收集的一般原生垃圾含水率高的特点，展现出较高的适应性。循环流化床焚烧技术比较显著的缺点是：焚烧前必须进行分选和破碎处理，这不仅增加了能耗和费用，还增加了污水及臭味外泄，造成二次污染的风险。此外，焚烧过程中需要使用煤作为辅助燃料，并对煤的颗粒大小有严格要求，这些都限制了该技术的应用和发展前景。

回转窑焚烧炉，又被称为旋窑焚烧炉，源自水泥回转窑的演变，在危险废物处理领域被广泛应用。其特点是焚烧温度高，焚烧彻底，可同时焚烧固体废物、液体废物及气体废物，缺点是余热不好利用。

热解焚烧炉是利用热解原理，在缺氧或非氧化气氛中以一定的温度（500～600℃）分解废弃物中的有机物成分产生烟气，然后再将这些烟气引入燃烧室内燃烧，从而分解有机污染物，余热可用于发电、供热。热解技术使用范围广，可用来处理多种垃圾，由于受到垃圾特性的影响，后续热解气的特性（热值、成分等）也不稳定，所以燃烧控制难，灰渣难以燃尽，且环保不易达标。目前热解焚烧在加拿大和美国部分小城市得到少量应用，在我国农村正在推广使用。

国内外大量的垃圾焚烧经验表明：机械炉排型焚烧炉和流化床焚烧炉在处理生活垃圾方面表现出良好的适应性，而回转窑焚烧炉则更适合处理危险废物。

8.1.3 垃圾焚烧的特点

随着我国垃圾焚烧技术的不断进步和适应国情的焚烧设备的不断完善，生活垃圾焚烧处理的比例正逐年攀升。垃圾焚烧发电已经成为一种明显的趋势，许多相关项目已经启动。随着焚烧处理在垃圾管理中的占比增加，环保标准也随之提高。先进的烟尘净化装置作为现代垃圾焚烧炉的标配，可有效控制焚烧烟气对环境的危害。

8.1.3.1 焚烧法的优点

(1) 减容效果明显

焚烧是目前被广泛采用的生活垃圾处理方式之一。经过焚烧处理，垃圾的残留物仅占原体积的10%～30%，有机成分被转化成烟气排出，减容效果明显。尤其适合土地资源紧缺、人口密集的大中城市。

(2) 处理速度快且无害化彻底

生活垃圾经过850℃以上的高温焚烧，能有效杀灭病原菌和细菌。而医疗垃圾等危险废物则要在超过1150℃的高温下进行焚烧。焚烧是目前处理可燃性致癌物、病毒性污染物和剧毒有机物的唯一有效方法。尽管焚烧过程会释放一些有毒气体，但经过适当的净化处理后，可达到排放标准。

(3) 资源化利用率高

焚烧的资源化主要体现在焚烧热量的回收。经过几十年的发展，现代垃圾焚烧厂对余热的回收和利用已具备成熟的技术，余热利用以供热和发电为主。此外，在焚烧后的飞灰中若含有一定量的重金属，也可分离出来实现资源的再利用。

(4) 应用广泛

焚烧法不仅可以处理生活垃圾，还可以处理一般工业固体废物、危险废物，以及液体废物和气体废物。

(5) 节约土地

与填埋和堆肥相比，垃圾焚烧更节约土地，而且不存在污染地表水和地下水的潜在风险。

8.1.3.2 焚烧法缺点

(1) 对设备要求高、投资大

普通垃圾焚烧要求温度达到850℃以上，焚烧设备需要具备耐高温和耐氧化的特性。在焚烧过程中，产生的烟气含有大量水分和高浓度氯化氢，容易腐蚀设备。为确保焚烧顺利进行，设备还需要密闭和保温。因此，焚烧设备的标准和投资相对较高。目前，国外引进的技术和设备，日处理1吨垃圾的投资为60万～70万元。例如，日焚烧1000吨的上海浦东垃圾焚烧发电厂项目总投资约为6.98亿元，日处理垃圾1500吨的上海江桥垃圾焚烧发电厂的投资也近7亿元。

(2) 运行成本高、个别炉发电效率低

目前我国的垃圾分类回收制度执行并不全面，这使得生活垃圾的热值低且波动大，有时无法满足发电炉所需的最低热值标准。根据《生活垃圾焚烧炉及余热锅炉》（GB/T 18750—2022）规定，低位热值不应低于4180kJ/kg。因此，运行中需要额外投入助燃燃料，增加了运行成本。另外，一些高温部件的寿命较短，也导致了维修费用的增加。

垃圾发电效率低的原因有两个方面。一是垃圾的热值较低，二是蒸气温度受限，直接影响发电效率。我国垃圾中含有较高的盐分，导致焚烧烟气中含有大量HCl。当用于发电换热的金属管壁温度超过350℃时，腐蚀情况会加剧。因此，为了防止腐蚀，早期建设的垃圾发电厂通常会控制发电蒸汽的温度在300℃以下，这直接导致发电效率较低，多数维持在14%以下，这对经济效益造成了不利影响。

(3) 运行操作复杂，存在潜在的环境危害

我国的垃圾焚烧行业起步较晚，目前在技术工艺、运营和排放控制方面尚面临一些挑战。具体来说，垃圾的热值较低，导致焚烧炉处理不够稳定；垃圾焚烧过程中会释放少量的二噁英，这种有害物质在环境中具有极高的残留性。目前，烟气处理技术复杂，缺乏可靠且经济可行的二噁英末端净化工艺，因此只能通过焚烧过程中的工艺控制来尽量减少其排放量。

(4) 存在避邻问题

过去的失败案例使垃圾焚烧项目的选址和环保问题受到人们的质疑。大众对于垃圾焚烧发电技术以及相关的污染物处理技术缺乏了解，从而滋生出对垃圾发电的怀疑，导致排斥此类技术。

随着政策的不断完善和垃圾分类回收力度的增加，以及处理、运输、综合利用等技术的不断发展，上述问题必将得到有效解决。未来的工艺将更加科学先进，垃圾发电有望成为最经济的发电技术之一。从长远和综合指标的角度来看，垃圾发电将比传统的电力生产更有优势。

8.2 焚烧原理

8.2.1 焚烧方式和过程

8.2.1.1 焚烧方式

焚烧的本质是燃烧。固体可燃物燃烧的过程通常由热分解、熔融、蒸发和化学反应等传热、传质过程所组成。可燃物质因种类不同存在三种不同的燃烧方式。

① 蒸发燃烧。可燃固体受热熔化成液体，继而化成蒸气，与空气扩散混合而燃烧。

② 分解燃烧。可燃固体受热后首先发生分解，轻质的碳氢化合物被释放挥发，残留下

固定碳和惰性物质。这些挥发物与空气混合后再燃烧，同时固定碳表面也会与空气接触并进行表面燃烧。

③ 表面燃烧。如木炭、焦炭等可燃固体受热后不发生熔化、蒸发和分解等过程，而是在固体表面直接与空气反应进行燃烧。

8.2.1.2 焚烧过程

垃圾的焚烧是在焚烧炉内完成的，根据实际焚烧过程，依次可划分为干燥、热分解、燃烧三个过程。

① 干燥。干燥是垃圾中的附着水和固有水在燃烧室的热能作用下，汽化生成水蒸气的过程。有传导干燥、对流干燥和辐射干燥三种方式。生活垃圾的含水率越大，干燥阶段就越长，消耗的热能也越高，从而导致炉内温度下降。所以，含水率的高低对整个焚烧过程影响巨大。

② 热分解。干燥后的废物在高温条件下，可燃组分发生分解、挥发，生成各种烃类挥发分和固定碳等产物的过程。热分解过程包括多种反应，有吸热的，也有放热的。热分解速度与可燃组分的组成、传热传质速度、物料的粒度等因素有关。

③ 燃烧。高温条件下，干燥和热分解产生的气态及固态可燃物，与焚烧炉中的空气充分接触，达到着火所需的必要条件时就会发生燃烧。因此，生活垃圾的焚烧是气相燃烧和非均相燃烧的混合过程，它比气态燃料和液态燃料的燃烧过程更复杂。

由于燃烧存在以上复杂的过程，焚烧炉内一般会划分为几个燃烧区。以炉排炉为例，炉排设计成长形，分成干燥、燃烧、燃尽三个阶段，如图 8-1 所示。为了给垃圾充分的燃烧时间，炉排上方烟气道设立二次燃烧区域，简称二燃室，用于烟气中未燃尽成分的进一步彻底燃烧。

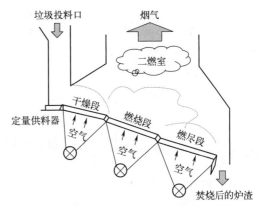

图 8-1 垃圾在焚烧炉内的燃烧过程

8.2.2 焚烧的影响因素

8.2.2.1 影响焚烧过程的因素

生活垃圾焚烧过程受多种因素影响，包括垃圾的性质、停留时间、温度、湍流度和过量空气系数等。其中，停留时间、温度、湍流度和过量空气系数是影响焚烧炉设计和运行的关键控制参数，简称为"3T+1E"，即温度（temperature）、时间（time）、湍流度（turbulence）和过剩氧（excess-oxygen）。

(1) 垃圾的性质

固体废物的性质对于确定是否适合进行焚烧处理以及处理效果起着决定性作用。生活垃圾中的可燃成分比例、颗粒度以及含水量都会直接影响焚烧过程中所产生的热值。高热值的焚烧过程更为顺利，传热和传质效果也更佳，燃烧更加彻底。然而，如果垃圾中水分含量过高，将会严重影响燃烧速度，难以实现完全燃烧。

(2) 停留时间

在垃圾焚烧过程中，停留时间有着双重含义。一方面是指废物在炉床上焚烧所需的时间，另一方面则是指烟气在第二燃烧室内停留的时间。生活垃圾的焚烧是气相燃烧和非均相燃烧的综合过程。因此，为了确保充分燃烧，垃圾在炉中的停留时间应该超过固体废物干燥、热分解以及完全燃烧所需的总时间。同时，挥发性成分需要足够的时间在燃烧室内完全燃烧。尽管延长停留时间会提高焚烧效果，但过长的停留时间也会降低炉子的效率，增加焚烧成本。一般来说，生活垃圾焚烧要求废物停留时间在 1.5～2h 以上，而烟气的停留时间则需要达到 2s 以上。

(3) 温度

焚烧温度是指焚烧炉内设定的焚烧废物的温度。设定温度的基准是满足废物中有害组分氧化、分解直至破坏所需达到的温度条件，它比废物的着火温度高得多。一般来说，提高焚烧温度有利于废物中有机毒物的分解和破坏，并可抑制黑烟的产生，但过高的焚烧温度不仅会增加辅助燃料的消耗量，还会增加废物中金属的挥发量和氮氧化物的生成量，容易引起二次污染。合适的焚烧温度是在一定的停留时间下由实验确定的。目前，生活垃圾要求焚烧温度在 850～950℃；医疗垃圾、危险固体废物的焚烧温度要达到 1150 以上；对于危险废物中的某些较难氧化分解的物质，需要更高的温度和催化剂的作用。

(4) 湍流度

湍流度是指炉膛内气流的扰动程度，它是衡量生活垃圾与空气混合效果的重要指标。湍流度直接影响垃圾在炉膛内的分布和燃烧情况。如果湍流度不足，燃烧可能不够均匀，导致燃烧不充分。因此，增强炉膛内的湍流度是提高焚烧效率的关键之一。合理设计炉膛、控制适当的过剩空气量以及采用恰当的燃烧调整技术是提升湍流度的有效措施。

(5) 过量空气系数

焚烧过程中需要的氧气是由空气提供的，空气不仅助燃，还能冷却炉排，搅动炉气，控制焚烧炉气氛。过量空气系数是实际空气量与理论空气量之比。在焚烧室中，固体废物颗粒难与空气充分混合，因此需要增加实际空气供给量以确保垃圾完全燃烧。虽然额外空气有助于提高氧气浓度、炉排冷却和烟气湍流混合，但过多空气会导致炉温降低、烟气量增加，影响净化处理并增加运行成本。

可根据废物组分的氧化反应方程式计算求得理论空气量，依据经验或实验来确定适当的过剩空气系数。通常情况下，焚烧固体废物的过量空气系数一般在 1.3～1.9 之间，但也有超过 2 的时候。

8.2.2.2 "3T+ 1E" 参数的关系

焚烧温度、搅拌混合程度、停留时间和过量空气系数相互依赖、相互制约，不可单独考量。

燃烧温度和废物在炉内停留的时间相互影响密切。若停留时间较短，就需要提高焚烧温度；而停留时间较长，则可降低焚烧温度。在设计阶段，应当综合考虑技术和经济因素来确定最佳的焚烧温度，避免简单地提高温度以缩短停留时间。因为提高焚烧温度会增加对炉体材料的要求。同样，仅通过延长停留时间来降低焚烧温度是不可取的，因为这可能导致炉体结构过大，增加建造费用，且可能导致废物燃烧不完全，从而影响日处理量。

气体的停留时间由燃烧室几何形状、供应助燃空气速率及废气产率决定。过量空气系数由进料速率及助燃空气供应速率决定。而助燃空气供应量也将直接影响燃烧室中的温度和流场混合（湍流）程度，燃烧温度则影响垃圾焚烧的效率。四个焚烧控制参数的互动关系如表 8-1 所示。

表 8-1　四个焚烧控制参数的互动关系

参数变化	搅拌混合程度	气体停留时间	燃烧室温度	燃烧室负荷
燃烧温度上升	可减少	可减少		会增加
过量空气系数增加	会增加	会减少	会降低	会增加
气体停留时间增加	可减少		会降低	会降低

8.2.3　焚烧的产物

8.2.3.1　完全燃烧的产物

完全燃烧是指燃料中所含有的全部可燃物质（碳、氢、硫等）在与氧化合后，只生成二氧化碳、水和二氧化硫的燃烧。这一过程包括物质分子的化学转化和各种传递为主的物理过程。由于废物和辅助燃料的成分通常复杂多样，因此通常只选取几种主要元素来代表反应结果。在此，将固体废物中的可燃组分表示为 $C_xH_yO_zN_uS_vCl_w$，则其完全燃烧的氧化反应为：

$$C_xH_yO_zN_uS_vCl_w + \left(x+v+\frac{y}{4}-\frac{w}{4}-\frac{z}{2}\right)O_2 \longrightarrow$$

$$xCO_2 + wHCl + \frac{u}{2}N_2 + vSO_2 + \frac{(y-w)}{2}H_2O$$

由以上反应方程式可以看出，可燃组分完全燃烧的产物是氧化态气体，这些气体构成了焚烧烟气的主要成分；而对于那些不可燃的惰性物则成为焚烧灰烬。

理论上，可燃废物是可以完全燃烧的，然而在实际的焚烧过程中，由于各种因素的影响，燃烧往往无法彻底进行。这些未能完全燃烧的产物，如碳烟、CO、NO_x、二噁英等，也随 CO_2、H_2O 等一起进入烟气，成为烟气中的污染物。

8.2.3.2　燃烧过程产生的污染物

垃圾成分复杂，且不固定，除了有大量的有机成分，还有很多无机成分，包括重金属等。为了便于理解，将焚烧产物按物理状态划分为气态产物（烟气）和固态产物（炉渣）。图 8-2 为垃圾焚烧的过程及产物。

(1) 烟气中的污染物

烟气中的污染物可分为酸性气体、颗粒物（粉尘）、重金属和有机污染物四大类。

① 酸性气体。包括 HCl、HX（氟、溴、碘等）、硫氧化物（SO_2、SO_3）、NO_x、CO、P_2O_5 等。

② 有机污染物。主要有二噁英、呋喃及其他有机物。

③ 粉尘。废物中的惰性金属盐类、金属氧化物或不完全燃烧物质等颗粒物。其中颗粒小于 $3\mu m$ 的颗粒会含有一定量的重金属。

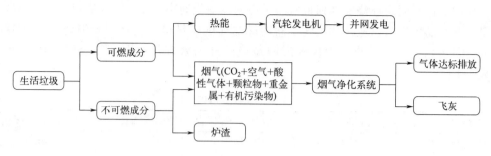

图 8-2 垃圾焚烧过程及产物

④ 重金属污染物。包括铅、汞、铬、镉、砷等元素态、氧化态、卤化物等，还包括一些沸点较低金属的气化物，如汞蒸气等。

(2) 炉渣中的污染物

炉渣主要来源于固体废物中的不可燃部分和少量未完全燃烧的可燃物。重金属是炉渣中污染物的主要成分，来自于生活垃圾和辅助燃料。垃圾中的重金属有一部分在储坑时渗入渗滤液，另一部分随垃圾进入焚烧炉，经焚烧进入飞灰、炉渣和烟气中。根据其物理化学性质及在焚烧过程的重新分配方式，生活垃圾中的重金属可以分为四类。

① 钴、铬、铜、锰和镍，难挥发，约 90% 留在炉渣中。

② 砷、铅、锌、锑和锡，40%～50% 进入飞灰，其余留在炉渣中。

③ 镉，在炉渣、飞灰和烟气中大概分别占 10%、85% 和 5%。

④ 汞，约 70% 进入烟气，5% 进入炉渣，25% 进入飞灰。

8.3 焚烧过程的平衡分析

8.3.1 物料平衡分析

生活垃圾焚烧过程中，输入系统的物料包括生活垃圾、空气、辅助燃料、烟气净化所需的化学物质及大量的水。生活垃圾组分复杂，可归纳为水分、可燃分（挥发分＋固定碳）与灰分，俗称固体废物的"三成分"。其中可燃分与空气中的氧气发生氧化反应产生碳氧化物、氮氧化物、硫氧化物等干烟气和水蒸气，构成焚烧烟气的组成部分；对于辅助燃料，根据焚烧设备的助燃系统不同有燃油和燃气两种，它的作用是维持焚烧炉内的焚烧温度。辅助燃料同样是与空气中的氧气发生氧化反应，生成的气体进入烟气流。垃圾中的灰分在焚烧过程中，除少部分细小的颗粒物进入烟气流，绝大部分以熔融态排出，经水冷处理后形成炉渣。进入焚烧系统内的空气经过燃烧反应后，其未参与反应的剩余部分和反应过程中生成的二氧化碳、水蒸气、气态污染物以及细小的固体颗粒物（粉尘）共同组成烟气，经换热系统降温后进入烟气净化系统。烟气净化系统中引入的化学物质与烟气中的污染物发生反应后，大部分变为飞灰排出系统，而净化后的烟气则从烟囱排入大气中。图 8-3 为生活垃圾焚烧系统的物料平衡示意图。

根据质量守恒定律，输入的物料质量应等于输出的物料质量，即：

$$M_{1入}+M_{2入}+M_{3入}+M_{4入}+M_{5入}=M_{1出}+M_{2出}+M_{3出}+M_{4出}+M_{5出} \quad (8-1)$$

式中，$M_{1入}$ 为进入焚烧系统的生活垃圾量，kg/d；$M_{2入}$ 为焚烧系统的实际供给空气量，

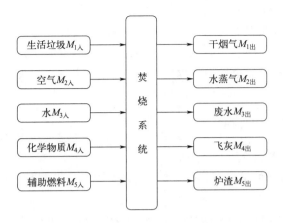

图 8-3　生活垃圾焚烧系统的物料平衡示意图

kg/d；$M_{3入}$ 为焚烧系统用水量，kg/d；$M_{4入}$ 为烟气净化系统所需的化学物质量，kg/d；$M_{5入}$ 为焚烧系统助燃燃料质量，kg/d；$M_{1出}$ 为排出焚烧系统的干烟气量，kg/d；$M_{2出}$ 为排出焚烧系统的水蒸气量，kg/d；$M_{3出}$ 为排出焚烧系统的废水量，kg/d；$M_{4出}$ 为排出焚烧系统的飞灰量，kg/d；$M_{5出}$ 为排出焚烧系统的炉渣量，kg/d。

通常，焚烧系统的物料输入量以生活垃圾、空气和水为主。输出量则以干烟气、水蒸气及炉渣为主。有时为了简化计算，常以这 6 种物料作为物料平衡计算参数，而不考虑其他因素，计算结果可以基本反映实际情况。

8.3.2　热平衡分析

8.3.2.1　热平衡

焚烧系统不仅存在物料平衡，还要考虑热量平衡。在这个过程中，垃圾和助燃燃料在燃烧时产生热量，这些热量被烟气吸收。随后，烟气通过辐射、对流和热传递等方式将热能传递给工质或散发到大气中，当然在这个转化过程中也会有热量损失。图 8-4 为焚烧过程的热平衡关系。

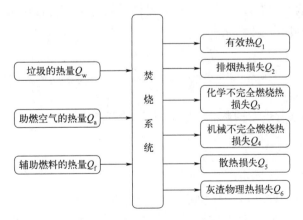

图 8-4　生活垃圾焚烧系统的热平衡示意图

在稳定工况条件下，焚烧系统输入、输出的热量应保持平衡，即：

$$Q_w + Q_a + Q_f = Q_1 + Q_2 + Q_3 + Q_4 + Q_5 + Q_6 \tag{8-2}$$

式中，Q_w 为生活垃圾的热量，kJ/h；Q_a 为助燃空气的热量，kJ/h；Q_f 为辅助燃料的热量，kJ/h；Q_1 为有效利用热，kJ/h；Q_2 为排烟热损失，kJ/h；Q_3 为化学不完全燃烧热损失，kJ/h；Q_4 为机械不完全燃烧热损失，kJ/h；Q_5 为散热损失，kJ/h；Q_6 为灰渣物理热损失，kJ/h。

8.3.2.2 输入热量

(1) 生活垃圾的热量（Q_w）

在不计垃圾物理显热的情况下，Q_w 等于送入炉内的垃圾量 W_w 与其热值 Qy_w 的乘积。

$$Q_w = W_w Qy_w \tag{8-3}$$

式中，W_w 为单位时间送入生活垃圾的量，kg/h；Qy_w 为生活垃圾的热值，kJ/kg。

(2) 辅助燃料的热量（Q_f）

若辅助燃料只是用于热炉，则辅助燃料的输入热量一般可不计入。只有在运行过程中需燃烧辅助燃料以维持炉内高温使垃圾能正常燃烧时，才计入这部分热量。

$$Q_f = W_f Qy_f \tag{8-4}$$

式中，W_f 为辅助燃料量，kg/h；Qy_f 为辅助燃料热值，kJ/kg。

(3) 助燃空气的热量 Q_a

按入炉垃圾量乘以送入空气量的热焓计算。

$$Q_a = W_a \beta (H_{a.H} - H_{a.S}) \tag{8-5}$$

式中，β 为入炉内空气的过量空气系数；$H_{a.H}$、$H_{a.S}$ 分别为随 1kg 垃圾入炉的理论空气量在热风和自然状态下的焓值，kJ/kg。

以上助燃空气热量只有用外部热源加热空气时才能计入。若助燃空气的加热是焚烧炉本身的烟气热量，则该热量实际上是焚烧炉内部的热量循环，不能作为入炉内的热量。对采用自然状态的空气助燃，此项为零。

8.3.2.3 输出热量

(1) 有效利用热 Q_1

Q_1 是指焚烧炉输出的有效热量，是能够提供给其他工质转移出去的热量。一般被加热的工质是水，它可变成蒸汽或热水。

$$Q_1 = D(h_2 - h_1) \tag{8-6}$$

式中，D 为工质输出流量，kg/h；h_1、h_2 分别为进出焚烧炉工质的热焓，kJ/kg。

(2) 排烟热损失 Q_2

被焚烧炉排出烟气所带走的热量，其值为排烟容积 $W_{r,w}V_{py}$ 与烟气单位容积的热容之积，即

$$Q_2 = W_{r,w} V_{py} (C_{py} - C_0) \times \frac{100\% - Q_4}{100\%} \tag{8-7}$$

式中，$W_{r,w}$ 为单位时间内入炉垃圾的质量，kg/h；V_{py} 为单位质量的垃圾在燃烧过程中烟气的产生量，m³/kg（标准状态下）；C_{py}、C_0 分别为排烟温度和环境温度下烟气单位容积的热容量，kJ/m³（标准状态下）；Q_4 为垃圾燃烧过程中因机械不完全燃烧引起的热损失，%。

(3) 化学不完全燃烧热损失 Q_3

由炉温低、送风量不足或混合不良等导致烟气成分中一些可燃气体（如 CO、H_2、CH_4 等）未燃烧所引起的热损失即为化学不完全燃烧热损失。

$$Q_3 = W_r(V_{CO}Q_{CO} + V_{H_2}Q_{H_2} + V_{CH_4}Q_{CH_4} + Q_4) \times \frac{100\% - Q_4}{100\%} \tag{8-8}$$

式中，V_{CO}、V_{H_2}、V_{CH_4} 分别为 1kg 垃圾所产生的烟气中含有的未彻底燃烧的气体体积，m^3/kg；Q_{CO}、Q_{H_2}、Q_{CH_4} 分别为对应气体的热容，kJ/m^3。

(4) 机械不完全燃烧热损失 Q_4

由垃圾中未燃或未完全燃烧的固定碳所引起的热损失。

(5) 散热损失 Q_5

散热损失为因焚烧炉表面向四周空间辐射和对流所引起的热量损失。其值与焚烧炉的保温性能和焚烧炉焚烧量及比表面积有关。焚烧量越小，比表面积越大，散热损失越大；反之，焚烧量越大，比表面积越小，散热损失越小。

(6) 灰渣物理热损失 Q_6

垃圾焚烧所产生炉渣的物理显热即为灰渣物理热损失。若垃圾为高灰分，排渣方式为液态排渣，焚烧炉为纯氧热解炉，则灰渣物理热损失不可忽略。

8.3.3 主要焚烧参数计算

8.3.3.1 空气量的计算

(1) 理论燃烧空气量

理论燃烧空气量是指废物（或燃料）完全燃烧时，所需要的最低空气量。假设 1kg 废物中的碳、氢、氧、硫的质量分别以 w_C、w_H、w_O、w_S 表示，则计算公式如下：

$$V_{O_2} = 1.867w_C + 5.56w_H - 0.7w_O + 0.7w_S \tag{8-9}$$

$$V_{空气} = \frac{V_{O_2}}{0.21} = 8.89w_C + 26.5w_H - 0.33w_O + 0.33w_S \tag{8-10}$$

式中，V_{O_2}、$V_{空气}$ 分别为理论氧气量和理论空气量，m^3/kg；W_C、W_H、W_O、W_S 分别为物料中 C、H、O、S 元素的质量分数。由于燃料中的氧以结合水的形式被利用了，燃烧中这部分氢不需要再消耗额外的氧，故需要减除。

(2) 实际燃烧空气量

为了使焚烧过程进行彻底，实际燃烧通入的空气量都是大于理论量的，将过量空气系数用 λ 表示，实际空气量用 $V'_{空气}$ 表示，则：

$$\lambda = \frac{V'_{空气}}{V_{空气}} \tag{8-11}$$

实际空气量：

$$V'_{空气} = \lambda V_{空气} \tag{8-12}$$

8.3.3.2 烟气量的计算

废物以理论空气量完全燃烧时产生的烟气量为理论烟气量。如果废物组成已知，以 w_C、w_H、w_O、w_S、w_N、w_{Cl}、w_{H_2O} 表示单位废物中碳、氢、氧、硫、氮、氯和水分的质量分数，则 1kg 废物焚烧产生的理论燃烧湿基烟气量 V_g 为：

$$V_g = V_{CO_2} + V_{SO_2} + V_{N_2} + V_{HCl} + V_{H_2O}$$
$$= 1.867w_C + 0.7w_S + (0.8w_N + 0.79V_{空气}) + 0.613w_{Cl} + (11.2w_H + 1.24w_{H_2O})$$
(8-13)

实际烟气量 V'_g 为:

$$V'_g = V_g + (\lambda - 1)V_{空气} \tag{8-14}$$

8.3.3.3 热值的计算

生活垃圾的热值指单位质量的生活垃圾燃烧释放出来的热量,以 kJ/kg 计。固体废物的燃烧性和能量回收潜力可以通过其热值大小来判断。一般来说,为了让废物燃烧,需要释放足够的热量来加热废物至燃烧温度并克服燃烧反应所需的活化能。如果热值不足,就需要添加辅助燃料来维持燃烧过程。

热值有高位热值和低位热值两种表示法。高位热值指化合物在一定温度下反应到达最终产物的焓的变化。低位热值与高位热值意义相同,只是产物的状态不同,前者水是液态,后者水是气态,二者之差就是水的汽化热。

(1) 测量法

用氧弹量热计测量出高位热值,通过下式可将高位热值转变成低位热值:

$$\text{LHV} = \text{HHV} - 2420\left[w_{H_2O} + 9\left(w_H - \frac{w_{Cl}}{35.5} - \frac{w_F}{19}\right)\right] \tag{8-15}$$

式中,LHV 为低位热值,kJ/kg;HHV 为高位热值,kJ/kg;w_{H_2O} 为焚烧产物中水的质量分数,%;w_H、w_{Cl}、w_F 分别为废物中氢、氯、氟含量的质量分数,%。

高位热值与低位热值之差就是水的汽化热,水的汽化热为 2420kJ/kg,烃基中的 H 原子,除掉与 Cl、F 结合的部分,剩余的生成 H_2O。

(2) 通过元素组成近似计算

若废物的元素组成已知,也可利用 Dulong 方程式近似计算出低位热值:

$$\text{LHV} = 2.32\left[14000w_C + 45000\left(w_H - \frac{w_O}{8}\right) - 760w_{Cl} + 4500w_S\right] \tag{8-16}$$

式中,w_C、w_H、w_O、w_{Cl}、w_S 分别代表碳、氢、氧、氯和硫的质量分数。H 的一部分将与空气中的 O_2 生成水而耗热,剩余部分产生热,称为有效氢。

(3) 通过比例求和法计算

若混合固体废物总量已知,废物中各组成的质量和热值已测定,则混合固体废物的热值可用下式计算:

$$固体废物总热值 = \frac{\sum(各组成物热值 \times 各组成物质量)}{固体废物总重}$$

$$焚烧后实际可利用热量 = 焚烧获得的总热量 - \sum 各种热损失$$

不同组成废物,其热值不同。城市垃圾典型组成及热值可查表获得。

8.3.3.4 废气停留时间的计算

废气停留时间是指燃烧所生成的废气在燃烧室内与空气接触的时间,通常可以表示如下:

$$\theta = \int_0^V dV/q \tag{8-17}$$

式中，θ 为气体平均停留时间，s；V 为燃烧室内容积，m^3；q 为气体的炉温状况下的风量，m^3/s。

按照化学动力学理论，假设焚烧反应为一级反应，则其反应动力学方程可用下式表示：

$$dC/dt = -kC \tag{8-18}$$

在时间从 $0 \to t$，浓度从 $C_{A_0} \to C_A$ 变化范围内积分，则停留时间 t 为：

$$t = -\frac{1}{k}\ln\frac{C_A}{C_{A_0}} \tag{8-19}$$

式中，C_{A_0}、C_A 分别表示 A 组分的初始浓度和经时间 t 后的浓度，g/mol；t 为反应时间，s；k 为反应速率常数，s^{-1}。k 是温度的函数，可用 Arrhenius 方程表示它与温度的关系：

$$k = A e^{-\frac{E}{RT}} \tag{8-20}$$

8.3.3.5 燃烧室容积热负荷的计算

正常运转条件下，燃烧室单位容积在单位时间内所承受的由垃圾及辅助燃料所产生的低位热值，称为燃烧室容积热负荷（Q_V），单位为 $kJ/(m^3 \cdot h)$。

$$Q_V = \frac{F_f \times LHV_f + F_w \times [LHV_w + Ac_{pa}(t_a - t_0)]}{V} \tag{8-21}$$

式中，F_f 为辅助燃料消耗量，kg/h；LHV_f 为辅助燃料的低位热值，kJ/kg；F_w 是单位时间的废物焚烧量，kg/h；LHV_w 为废物的低位热值，kJ/kg；A 为实际供给每单位辅助燃料与废物的平均助燃空气量，kg/kg；c_{pa} 为空气的平均质量定压比热容，$kJ/(kg \cdot K)$；t_a 为空气的预热温度，℃；t_0 为大气温度，℃；V 为燃烧室容积，m^3。

8.3.3.6 焚烧温度的计算

燃烧反应是由许多单个反应组成的复杂的化学过程。它包括氧化反应、气化反应、解离反应等，在这些单个反应中有放热反应，也有吸热反应。当燃烧系统处于绝热状态时，反应物燃烧所释放的热量全部用来提高系统的温度，此温度称为理论燃烧温度或绝热燃烧温度。这个温度与反应产物的成分有关，也与反应物的初温和压力有关。

由于固体废物的组成复杂，无法像单一物质那样，可根据化学反应式和精准参数求出平衡时的温度及浓度，故工程上多采用较简便的经验法或半经验法计算燃烧温度。

$$LHV = m_g c_p (T_2 - T_1) \tag{8-22}$$

例如，以 1kg 废物及辅助燃料混合物作为基准，固体废物的主要燃烧产物为 CO_2、H_2O、O_2、N_2，根据质量守恒定律，烟气质量为 m_g 为 $(1+A)$ kg，A 为实际供给空气量。则近似的绝热火焰温度 T（℃）可用下式计算：

$$LHV = (1+A)c_p(T-25) \tag{8-23}$$

烟气在 16～1100℃ 范围内的近似质量比热容 c_p 为 $1.254 kJ/(kg \cdot K)$，又：

$$A = (1+\beta)A_0 \tag{8-24}$$

$$A_0 = 1.5 \times 10^{-3} LHV/4.18 = 3.59 \times 10^{-4} LHV$$

将 A、A_0 代入式(8-23)可整理出计算温度的公式：

$$T = \left\{\frac{LHV}{1.254[1+3.59\times10^{-4}LHV(1+\beta)]} + 298\right\} K \tag{8-25}$$

A_0 的计算是考虑一般烃类化合物在 25℃ 条件下燃烧时，理论空气量为 $1.5×10^{-3}$ kg，可产生净热值 4.18kJ。

以上公式中，LHV 为废物及辅助燃料的低位热值，kJ/kg；β 为过量空气系数；A_0 为废物燃烧所需理论空气量，kg；c_p 为烟气的近似质量比热容。

8.4 机械炉排型焚烧炉的焚烧技术

炉排型焚烧炉是最早研发的炉型，也是目前处理生活垃圾最广泛使用的炉型。根据生态环境部全国垃圾焚烧厂自动监测数据公示平台的信息，截至 2024 年 6 月，我国正常运作的垃圾焚烧炉数量约为 2132 台，其中炉排炉占据了绝对优势，达到 2011 年，流化床炉则有 121 台，机械炉排炉的比例占到 94.3%。炉排炉的优势在于技术成熟、运行稳定可靠，适应性广泛，维护简便。大多数固体垃圾都可以直接投入燃烧，无须任何预处理，尤其适用于大规模垃圾集中处理。垃圾焚烧产生的热量可以用于发电或供热。

焚烧炉按规模可分为大、中、小型；按燃烧炉内设计的垃圾焚烧位置可分为单室、二室、多室焚烧炉。焚烧炉的炉排款式多样，有固定炉排（主要是小型焚烧炉）、链条炉排、滚动炉排、倾斜顺推往复炉排、倾斜逆推往复炉排等；按照炉排的段数，可分为一段式、三段式；炉排的布置方式有倾斜式、水平式。下面以常见的倾斜三段式为例进行说明。

8.4.1 炉体结构及工艺流程

8.4.1.1 焚烧炉结构

典型的机械炉排型焚烧炉结构如图 8-5 所示。

机械炉排型焚烧炉结构演示

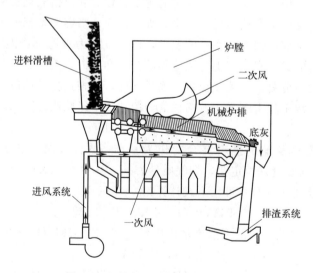

图 8-5 机械炉排型焚烧炉结构示意

从功能上划分，焚烧炉包括：进料滑槽、机械炉排、炉膛、送风系统、辅助燃油系统以及排渣系统几个部分。

(1) 进料滑槽

进料槽的作用是将废物有控制地送入炉内,且密封,防炉膛内火焰倒窜。进料槽一般由平滑钢板制成,废物经抓斗或螺旋挤压被送入滑槽,靠自身重力滑进炉排并填满,达到密封作用。滑槽末端设有定量供料器,以调节投料速度。

(2) 机械炉排

炉排的作用首先是为废物提供焚烧场所,炉排下面有空气通入,废物在炉排上进行充分焚烧;其次是扰动作用,炉排适当的搅动,利于空气进入内部,使废物内部也能充分燃烧;最后是传送作用,通过炉排的传送,固体废物从入炉到燃尽,最后转移到排渣系统。炉排是焚烧炉的心脏部分,其性能直接影响焚烧的效果。

炉排炉以层状燃烧方式为主。通常按其功能分为干燥段、燃烧段和燃尽段,各段由液压装置独立驱动。焚烧炉前方布置有给料机,给料机与干燥段之间有高度段差,干燥段与燃烧段之间也有高度段差。点火后,垃圾经由进料滑槽进入炉内,在炉排的往复运动下,向前移动。炉排下方送入的助燃空气对垃圾有一定的翻动作用,在向前运动的过程中水分不断蒸发,通常垃圾在被送落到水平燃烧炉排时被完全干燥并开始点燃。炉排运动速度的选择原则是确保垃圾在达到炉排尾端时完全燃尽成为灰渣。燃烧段的灰渣会落入灰斗。常见的炉排形式包括往复式、滚筒式、摇动式和逆动式。

为了保证固体废物在炉排炉中的正常燃烧,对不同形式的炉排有以下共同的要求:一是炉排间隙要合理,满足燃烧物的泄漏量小、布风均匀、流动阻力小的要求;二是炉排片内部的温度比较均匀,避免内部由温度场不均匀产生较大的热应力,保证炉排运行的可靠性;三是具有较好的机械负荷,使焚烧炉在固体废物热值低时所需要较大的物料量的运行工况下,保证炉排正常运转;四是要具有较强的耐腐蚀能力,保证炉排的使用寿命;五是具有良好的力学性能,能满足不同工况的运行要求,保证炉排不卡涩。

(3) 炉膛

也称燃烧室,为充分完全焚烧提供科学合理的场所和环境。典型的燃烧室设计为两侧钢构支柱,侧面设置横梁,以支持炉排和炉壁。炉壁为可耐高温的耐火砖墙,耐火砖墙的外部有外壳,为避免高温气体外泄,炉壁需保持良好的气密性。燃烧室内壁依吸热方式不同,分为耐火材料型和水冷式。耐火材料型燃烧室仅靠耐火材料隔热,又称全绝热炉膛。炉内所有的热量由设于对流区的锅炉传热面吸收,这种形式多用于较早期的焚烧炉。水冷式燃烧室的四周设计有水管墙,取代了旧式的耐火衬里,为近代大型焚烧炉所采用。水墙由垂直的连接锅炉的管组成,管内注水。水管吸收炉膛内的热量,降低炉内温度,管内水吸热后变成蒸汽,热量回收更简单。

炉膛按功能区可分为上下两个空间,即第一燃烧室和第二燃烧室。第一燃烧室是指废物在炉排上完成的干燥、挥发、点燃并进行初步燃烧的空间;第二燃烧室是位于炉排正上方的空间,是烟气进一步燃烧的场所,它可以设计成一个独立的燃烧室,也可以是第一燃烧室的附加空间,与第一燃烧室无明显可分的界限。垃圾在炉排上燃烧产生的废气流上升进入二燃室,与二燃室导入的二次助燃空气形成湍流,经充分混合并完全燃烧后,废气被导入废热回收锅炉进行热交换。为了保证炉排上的物料能够得到充分稳定的燃烧,炉膛的温度要求在850℃以上,烟气在后燃区的停留时间至少要达到2s,以使烟气中的有机物得到充分的降解,达到无害化的要求。

(4) 送风系统

送风系统的作用总的来说就是助燃，为垃圾的焚烧提供充足的氧气，还能冷却炉排，防止炉排过热变形。同时还有扰动作用，能充分扰动炉膛内烟气，使烟气燃烧更彻底。

焚烧过程所需的空气由送风机供给，分两次供给：一次助燃空气从炉排底部送入，二次助燃空气从第二燃烧室喷入。一次助燃空气系统服务的区域包括干燥段、燃烧段和燃尽段，可根据燃烧控制器与炉排运动速度、废气中氧气及一氧化碳含量、蒸汽流量及炉内温度进行精密联控，因此送往各区段的空气量是随着各区段的需求而进行设计调整的。二次助燃空气主要是为了扰动第二燃烧室的烟气，形成湍流，增加烟气在炉膛中的停留时间并调节炉膛的温度，促使未燃气体燃尽。预热后的二次助燃空气通过位于前方或后方炉壁上的一系列喷嘴送入炉内，其流量占整个助燃空气量的20%~40%。一次助燃空气和二次助燃空气主要抽自垃圾贮坑上方（是消除卸料大厅臭气的手段之一），有时也直接取自室内或炉渣贮坑。通常一次助燃空气和二次助燃空气的空气预热器需单独使用，以便满足不同的温度需求。

(5) 辅助燃油系统

辅助燃油系统的作用是为炉内提供辅助热量，控制炉内温度。当焚烧炉启动时，首先启动的是炉前点火装置，以确保焚烧炉按规定的启动曲线缓慢启动，达到垃圾初始燃烧的要求后方可进料燃烧。在垃圾焚烧正常运行阶段，当垃圾热值低、水分含量高、灰分多的情况下，依靠垃圾焚烧的热量不足以维持锅炉的炉温时，也需启动炉前辅助燃烧系统，补充热量维持炉温。系统主要由点火燃烧器、点火电控箱和电子点火器、辅助燃烧器、辅助燃烧电控箱和电子点火器、互连管路、信号等组成。通常点火燃烧器用于焚烧启动时加热炉膛，安装在焚烧炉后墙上；焚烧炉辅助燃烧器用于炉膛出口温度低于850℃时投入，作辅助燃烧用，安装在焚烧炉上部侧墙。

(6) 排渣系统

排渣系统的作用是将废物中不可燃成分集中收集，便于后续处置。焚烧炉内的排渣系统包括两部分：一部分是从炉床上炉条间的缝隙落下的细渣，其成分有玻璃碎片、熔融的铝锭和其他金属等，多采用集灰斗槽，靠自然滑落；另一部分是从炉排首段运行到炉床尾端未能烧掉的残余物，这部分一般称为焚烧底灰。焚烧底灰由炉床尾部排出时温度可高达400~500℃，多采用水冷后排出。冷却水槽设置在炉床尾端的排出口处，除了具有冷却作用外，还有阻断炉内废气及火焰的功能。

8.4.1.2 焚烧炉特点

① 机械炉排炉的优点是对垃圾的成分及固体质量要求较低，进料口宽，无须对垃圾分选和破碎，适合我国生活垃圾分类收集规范化程度较低的特点。

② 由于我国生活垃圾热值较低，焚烧炉启动时多数需要以油为辅助燃料进行点火。

③ 炉排炉的燃烧方式为层燃，烟气净化系统进口粉尘浓度低，降低了烟气净化系统和飞灰处理费用。

④ 不适于污泥等热值低含水率高的固体废物。

⑤ 依靠炉排的机械运动实现垃圾的搅动与混合，料层稳定，促进垃圾完全燃烧，运行时可视炉内垃圾焚烧状况调整，可调节炉排转速，控制垃圾在炉内的停留时间，使其燃尽。焚烧炉内垃圾为稳定燃烧，燃烧较为完全，飞灰量少，炉渣热灼减率低。不同的炉排厂商在

炉排的设计上各有特点。

⑥ 机械炉排炉的缺点是初始投资较高，维护要求较高，特别是焚化炉耐热要求较高，垃圾燃烧效率较低，设施体积较大。由于燃烧速度慢，炉床的负荷小，所以炉子的体积较大，厂房面积增大，同时炉体散热损失增加。垃圾需要连续焚烧，不宜经常起炉和停炉。

8.4.1.3 焚烧的工艺流程

采用炉排炉进行焚烧的工艺流程包括垃圾接收给料系统、焚烧系统、助燃（压缩）空气系统、余热利用系统及冷凝水系统、烟气净化系统、灰渣处理系统、自动控制系统以及可燃气体检测系统、工业电视监视系统等。其典型的工艺流程如图8-6所示。

实例-青岛生活垃圾焚烧工艺演示

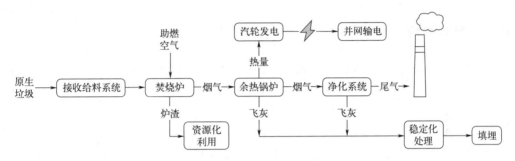

图 8-6 垃圾焚烧的工艺流程

清运来的垃圾，到达垃圾焚烧厂后，首先称重计量，统一卸入垃圾池内，然后按照计划由专门的传送设备送入焚烧炉进行焚烧；产生的高温烟气通过余热锅炉热交换，利用汽轮机的发电并网；降温后的烟气经过除尘、脱硫脱硝等净化处理后，排入大气。焚烧炉中产生的炉渣可资源化利用或填埋，余热锅炉和净化系统收集到的飞灰经稳定化处理后可填埋或以其他形式处理。

8.4.2 接收给料系统

垃圾接收给料系统包括称重、卸料、贮存、上料等环节。

8.4.2.1 称重、卸料、贮存

① 通常，垃圾焚烧厂的入口处就设有地磅，装有垃圾的收运车在进入垃圾焚烧厂的厂门时，就留下过磅记录，地磅输出信息与中央控制电脑数据库连接，记录时间、车辆编号、总重和净重等数据。

② 过磅后的垃圾车来到卸料大厅，将垃圾卸入坑内。卸料区进出口设置风幕机，以防止卸料区臭气外溢以及苍蝇飞虫进入。卸料区可根据实际需要设置多个卸料车位。

③ 垃圾储坑多为钢筋混凝土结构，上方设有抽气系统，保持负压，避免臭味和甲烷气外泄。通风口位于焚烧炉进料斗的上方，所抽出的空气作为焚烧炉的助燃空气被送入焚烧炉内。垃圾在贮存过程中会有渗滤液渗出，为此储坑底部设计为斜坡，便于收集渗滤液，由泵送至厂内污水处理中心。

8.4.2.2 给料输送

焚烧炉给料系统有间歇式和连续式两种。现代大型焚烧炉多采用连续进料方式，这种方式具有燃烧带温度高且易于控制的优点。连续进料过程为一台抓斗吊车将废物从贮料仓中提升，卸入炉前给料斗中。料斗常常处于充满状态，以确保燃烧室的密封。废物借助重力作用进入燃烧室，实现连续的物料流。操作人员在操作室内通过控制垃圾抓斗来进行操作，操作室内需要保持良好的通风条件，保持微正压密闭状态，并不断向室内注入新鲜空气。抓斗通常配备自动称量系统，可累计进入焚烧炉的垃圾量，以便掌握焚烧总量。料斗上方可设置电视监视器，操作人员可清晰地看到料斗中垃圾的料位，以便及时加料和保持必需的料位高度，防止逆燃现象的发生。

8.4.3 焚烧系统

焚烧系统是整个工艺流程的核心部分，是固体废物进行干燥、挥发、分解及燃烧的场所，其设备是焚烧炉。

8.4.3.1 给料

焚烧系统从给料开始。给料系统的作用是将垃圾溜槽下来的垃圾缓慢地推入炉排上进行干燥、燃烧，推料器底部设有渗滤液回收管道，可将推料过程中滤出的渗滤液输送到渗滤液池。推料器的速率和给料行程决定了进入炉膛的垃圾量，也直接影响焚烧炉的负荷水平。推料器系统的运动速率变化会直接影响炉排上垃圾料层的厚度，进而影响炉排上垃圾的点燃情况、炉膛温度以及炉子的负荷情况。

8.4.3.2 布料

合理调整垃圾焚烧炉中的料层厚度至关重要，只有这样才能确保垃圾的稳定燃烧。料层过厚可能会导致燃烧不完全和不稳定现象的发生；而料层过薄则会影响焚烧炉的处理效率。此外，不同热值的垃圾需要不同厚度的料层来保证最佳燃烧效果。对于热值较低的垃圾，应该增加料层厚度以确保充分燃烧；而对于热值较高的垃圾，可以适当减少料层厚度，并调整炉排运动速度和风压以提高燃烧效率。另外，料层应尽可能保持均匀，以确保垃圾在焚烧过程中得到充分的燃烧和处理。

合理调整料层厚度才能使垃圾稳定燃烧。料层厚度过大，会导致燃烧不完全、不稳定；料层厚度太小，影响焚烧炉的处理效率。不同热值的垃圾需要不同厚度的料层来保证最佳燃烧效果。当垃圾质量差且热值较低时，应布料厚些；若垃圾质量较好且热值较高时，料层可以薄些，炉排运动速度和风压也可适当提高。此外料层还应尽可能均匀。

8.4.3.3 炉排速度

炉排的速度控制要结合给料情况，尽量使着火部位在炉排的中上部。当着火部位下滑时，应减慢或停止炉排；当炉排下部没有火焰而中部火焰较好时，可以加快炉排，以便扩展火焰面积。炉排的速度主要取决于炉排上的火焰长度，如果火焰较长（靠炉后），要减慢炉排速度；如果火焰较短或没有火焰而且炉渣比较多，则应该加快炉排速度。

8.4.3.4 一次风的供给和分配

一次风不仅是为炉膛下部的燃料供氧，同时还起到冷却炉排和维持过量空气系数的作用。一次风通过一次风机供给，经过四位一体式风门分配，然后通过炉排下的各段风室进入炉膛。由于床料或物料的阻力较大，并且需要使床料达到稳定状态，因此一次风的量通常较大，一般占总风量的75%。当垃圾含水率较高或床料较厚时，应适当增加一次风量，以加快垃圾的干燥和引燃过程。

8.4.3.5 二次风的供给和分配

二次风的作用在于加强炉内的气流扰动，促进炉内未燃尽的可燃气体和可燃灰分完全燃烧，为垃圾的完全焚烧提供必要的氧气。经过空气预热器加热后的二次风温度可达到200℃以上，通过设置在前后拱（炉膛内部的两个弧形结构）上下层的喷嘴进入炉膛。二次风量必须根据负荷进行调整，同时必须监视焚烧炉出口温度以及CO、O_2和NO_x浓度，并严格控制耗氧量。

8.4.4 余热利用系统

垃圾焚烧的余热利用系统是实现垃圾焚烧资源化的关键路径。常见的利用方式如下：

① 蒸汽发电。通过利用垃圾焚烧过程中产生的高温高压蒸汽，驱动汽轮机发电，将垃圾焚烧产生的热能转化为电能。这种方式是目前市场上的主流方式。

② 热水供暖。将垃圾焚烧产生的热水或蒸汽输送到供暖系统中，为周围的居民或企业提供供暖服务，还可以外售热水给洗浴中心等场所。

③ 工业用热。将垃圾焚烧产生的热水或蒸汽输送到工业企业中，用于加热生产原料或设备，提升生产效率。

④ 空调制冷。利用垃圾焚烧产生的热量，通过热泵技术实现制冷，满足夏季空调降温需求。

⑤ 地源热泵。把垃圾焚烧产生的热量转化为地温能源，通过与地下水的热交换达到供暖或制冷的效果。

8.4.5 烟气净化系统

垃圾焚烧产生的烟气中含有各种污染物，包括颗粒物、酸性气体（如HCl、SO_x、HF、NO_x等）、重金属（如汞、镉、铅等）以及有机污染物（如二噁英类物质）。烟气净化系统的功能是清除这些污染物，确保烟气排放符合相关标准。烟气排放是否符合标准是评估垃圾焚烧工程是否合格的基本指标之一，也是至关重要的考量因素。

基于烟气排放指标的不断提高，焚烧工艺也得到不断发展。目前，较高级别的净化工艺是"非催化还原法（SNCR）+半干法（旋转喷雾反应塔）+活性炭喷射+消石灰干粉喷射+布袋除尘+选择性催化还原法（SCR）"的组合式工艺，如图8-7所示。烟气排放标准需满足《生活垃圾焚烧污染控制标准》（GB 18485—2014）及欧盟2010/75/EC标准。

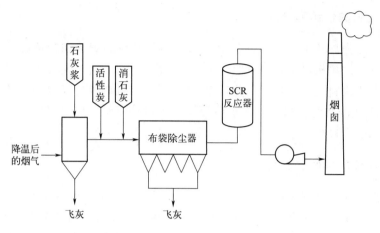

图 8-7　烟气净化系统

8.4.5.1　酸性气态污染物的净化技术

(1) 酸性气态污染物的产生

焚烧烟气中的酸性气体主要有 HCl、NO_x、SO_x 和 CO。

HCl 主要来源于垃圾中含氯化合物 [如聚氯乙烯（PVC）] 的焚烧，此外，厨余垃圾中的碱金属氯化物（如 NaCl）在烟气中与 SO_2、O_2、H_2O 反应也会生成 HCl 气体。

SO_x 由垃圾中的含硫化合物高温氧化燃烧生成，主要成分为 SO_2。还有一些垃圾焚烧厂，用煤作辅助燃料时，也会产生较多的 SO_2。

$$C_xH_yO_zS_p + O_2 \longrightarrow CO_2 + H_2O + SO_2 + 不完全燃烧物$$
$$2SO_2 + O_2 \Longrightarrow 2SO_3$$

NO_x 主要来源于垃圾中含氮化合物的分解转换和空气中氮气的高温氧化。主要成分为 NO，含少量 NO_2。

$$2N_2 + 3O_2 \Longrightarrow 2NO + 2NO_2$$
$$C_xH_yO_zN_w + O_2 \longrightarrow CO_2 + H_2O + NO + NO_2 + 不完全燃烧物$$

CO 是不完全燃烧的产物之一。有机可燃物中的 C 元素在焚烧过程中，绝大部分被氧化为 CO_2，但由于局部供氧不足及温度偏低等原因，会有极少部分被氧化成 CO。

(2) 酸性气态污染物的净化与控制

① HCl、SO_x、HF 的净化。SO_x、HCl 等酸性气体的去除相对来说比较容易，可以利用碱性吸收剂 [如 NaOH、CaO、$Ca(OH)_2$ 等] 进行吸收。有湿法、半干法和干法三种吸收方式，对应的吸收剂分别为液态、液-固态和固态三种形式。

② NO_x 的净化。烟气中的 NO_x 以 NO 为主，净化困难，且费用昂贵。由于 NO 惰性，且难溶于水，常规的化学吸收法难以有效去除。SNCR 与 SCR 联用是目前垃圾焚烧烟气净化技术中最高级的工艺。

SNCR 脱硝环节是在焚烧炉内部进行的，不需要另外设立反应器，利用的是高温下 NH_3 或尿素与 NO_x 易发生氧化还原反应的原理。

$$2NH_3 + 2NO + \frac{1}{2}O_2 \longrightarrow 2N_2 + 3H_2O$$

通过安装在焚烧炉墙壁上的喷嘴将还原剂（NH_3 或尿素）喷入烟气中，在炉内较高温度下反应掉 NO_x，以此可以消除 30%～70% 的 NO_x。

SCR 是一种炉外脱硝的方法。利用的是还原剂（NH_3、尿素）在金属催化剂作用下，选择性地将 NO_x 反应分解成 N_2 和 H_2O 的原理。

首先，氨气通过喷射系统被喷洒到烟气中，然后进入催化剂层，在催化剂的作用下，氨气与 NO_x 发生催化还原反应，生成氮气和水。由于催化剂的存在，SCR 脱硝技术可以在较低的温度（200～450℃）下进行。

③ 控制 NO_x 产生的工艺手段。降低焚烧温度，缩短烟气在高温区的停留时间，以减少空气中氮气被高温氧化，一般控制温度低于 1200℃；降低 O_2 的浓度，通过控制助燃空气过量比例，减少空气中氮气被高温氧化反应的进行；控制焚烧温度不低于 800℃，因为有研究表明，含氮化合物生成 NO_x 的最适温度区间为 600～800℃。

研究发现，减少 NO_x 的产生所采取的工艺措施与减少 CO、C_xH_y 及二噁英所采取的措施相互矛盾，所以在焚烧的实际运行中，应在保证垃圾中可燃组分充分燃烧的基础上，再兼顾 NO_x 的控制。

8.4.5.2 颗粒污染物的净化技术

(1) 颗粒污染物的产生

烟气中的颗粒物是焚烧过程中产生的微小无机颗粒状物质，也称作粉尘。产生途径有：①被燃烧空气和烟气吹起的小颗粒灰分；②未充分燃烧的炭等可燃物；③因高温而挥发的盐类和重金属等在冷却净化过程中又凝缩或发生化学反应而产生的物质。前两种可认为是物理原因产生的，第三种则是热化学原因产生的。表 8-2 列出了不同位置粉尘的产生原因。

表 8-2　粉尘产生的原因

产生位置	焚烧炉室	锅炉室、烟道	除尘器	烟囱
产生原因	①燃烧空气卷起的不燃物及可燃灰分；②高温燃烧区域中低沸点物质气化；③未彻底燃烧的碳分	①烟气冷却后部分盐分凝固；②为去除有害气体而投入的 $Ca(OH)_2$ 等吸附剂及反应生成物和未反应物等	再度飞散的粉灰	沉降下来的微小粉尘（<1μm）

(2) 颗粒物的控制与净化

① 工艺过程控制。由于颗粒细微，不易去除，最好的控制方法是在高温下使其氧化分解。例如，增加过量空气系数，延长焚烧时间，减少火焰与废气的温降速率等。相比于《生活垃圾焚烧污染控制标准》（GB 18485—2001），在 GB 18485—2014 中新增了工况控制指标，显示了污染控制从末端前移到过程控制的趋势，这样的标准更加科学，也更加符合现实要求。

② 末端治理。袋式除尘器、电除尘器、文丘里除尘器是工业上常用的三种高效除尘器，它们各有特点，但对于生活垃圾焚烧系统来说，袋式除尘器更被专业人士推荐。因为烟气中含有一定可燃性气体，用电除尘器有一定风险。同时烟尘里往往含有较多的碳粒，比电阻较低，不适合用电除尘器，且电除尘器运行费用较高。此外，烟气中还含有酸性气体，如 SO_2、NO_2 等，用文丘里除尘器等湿式除尘器要考虑设备腐蚀的问题，增加设备成本和处理工序的复杂性，而且文丘里除尘器动力损失较大。

袋式除尘器不仅可以使颗粒物的浓度控制在更低的水平,同时还具有净化其他污染物的能力,如重金属、二噁英等。由于袋式除尘器运行温度较低,烟气中的重金属及二噁英类物质凝结成细颗粒而被滤布吸附去除。此外,在除尘器前边的烟道中加入一定量的活性炭粉末,它对重金属离子和二噁英有很好的吸附作用,进一步脱除烟气中的重金属物质和二噁英。近年来国内外大规模现代化垃圾焚烧厂大都采用袋式除尘器。当然袋式除尘器也有它的缺点:对滤料的耐酸碱性能要求高,须使用特殊性材质;颗粒物湿度较大时,会引起堵塞;压降高,导致能耗也较高;滤袋要定期更换和检修等。

8.4.5.3 重金属的净化技术

(1) 重金属元素的来源

重金属类污染物主要来自废旧电池、废弃电子元件和各种含重金属的废物。这些废物在焚烧过程中释放出铅、汞、铬、镉、砷等重金属及其化合物。

垃圾中的重金属物质一部分残留在炉渣中,一部分进入烟气。进入烟气的途径有两个:一个是在高温下直接气化挥发进入烟气;另一个是在炉内发生反应,转化为金属氧化物或更易挥发的金属氯化物。这些氧化物和氯化物通过挥发、热解、氧化和还原等复杂化学反应进一步转化,最终形成包括重金属单质、氧化物、氯化物、硫酸盐、碳酸盐、磷酸盐和硅酸盐等物质。

(2) 控制净化技术

① 焚烧前控制。控制手段主要有垃圾的分类收集与分拣处理。分类回收是最优良也是最有效的一种控制手段。将垃圾中重金属含量高的物料(如电池、电器、矿物质等)等提前分拣出来,不仅可大大减少垃圾中相关重金属(铅、汞等)的含量,还可大大减少后期处理的工作量。

② 末端治理。与有机类污染物的净化相似,"高效的颗粒物捕集"和"低温控制"是重金属净化的两个主要方面。重金属以固态、液态和气态的形式进入除尘器,当烟气冷却时,气态部分转变为可捕集的固态或液态微粒。烟气净化系统的温度越低,重金属的净化效果越好。但这种方法对于挥发性极强的 Hg 来说无效。

针对汞的处理,目前主要采用的方法包括两种:一种是通过向烟气中喷入特殊试剂来处理,例如在 130~150℃ 时逆向喷入 Na_2S,形成不溶于水的 HgS,由于颗粒较大且易于捕获,因此可以达到 60%~90% 的汞去除率;另一种常用的控制技术是向烟气中喷入粉末状活性炭,其脱除汞效率可高达 90%。

8.4.5.4 有机污染物的净化技术

烟气中的有机污染物主要是二噁英类物质。二噁英是指具有相似结构和理化特性的一组多氯取代的平面芳烃类化合物,包括 75 种多氯代二苯并二噁英(缩写为 PCDDs)和 135 种多氯代二苯并呋喃(缩写为 PCDFs)。二噁英是一类毒性很强的三环芳香族有机化合物,现已被世界卫生组织列为一级致癌物质。特点是:结构稳定、毒性大、难去除,是目前发现的无意识合成的副产品中毒性最强的化合物,其毒性相当于氰化物的 130 倍、砒霜的 900 倍。

(1) 二噁英的产生途径

① 原始存在。生活垃圾中本身含有微量的二噁英,虽然高温焚烧会除掉大部分,但由

于二噁英良好的热稳定性，仍会有一部分残留在烟气中。

② 焚烧过程中形成。在生活垃圾干燥、燃烧、燃尽过程中，有机物通常是先分解成低沸点的烃类物质，然后进一步被氧化生成 CO_2 和 H_2O。如果在此过程中局部供氧不足，含氯有机物就会生成聚氯乙烯、氯代苯、五氯苯酚等二噁英类前驱物，这些前驱物在条件适宜时会通过分子重排、自由基缩合、脱氯等反应生成二噁英类物质。

③ 焚烧以后生成。因设备要求，焚烧后的高温烟气需要降温。当温度降至 250～450℃ 范围时，已经分解的二噁英会在适当的催化剂（主要是重金属，尤其是铜）作用下重新生成。

研究表明 250～350℃ 是最易生成二噁英的温度范围，也有研究认为生活垃圾焚烧处理过程中二噁英类主要产生于垃圾焚烧过程和烟气冷却过程。总之，生活垃圾在焚烧过程中，二噁英的生成机理相当复杂，目前还没有成熟的理论能确切描述其形成机理，需要进一步研究。

（2）控制净化技术

垃圾焚烧是二噁英排放的主要来源之一。二噁英的产生几乎发生在垃圾焚烧处理工艺的各个阶段：焚烧炉内、低温烟气段、除尘净化过程。因此，抑制二噁英的产生也贯穿焚烧的各个环节。

① 工艺过程控制

a. 控制来源：一方面使垃圾中可燃成分充分燃烧；另一方面避免含二噁英的物质及含氯成分高的物质（如 PVC 塑料等）进入焚烧炉，这是减少二噁英产生的最有效措施。

b. 减少炉内生成：目前国际上大型生活垃圾焚烧系统均采用"3T+E"技术和先进的焚烧自动控制系统，从工艺条件上避免二噁英的大量生成。另外，通过添加二噁英生成抑制剂来减少二噁英的生成。研究表明，含硫化合物、氮化物、碱性化合物均有抑制二噁英生成的作用。

c. 避免炉外低温再合成：二噁英炉外再合成主要发生在低温（250～450℃）和有催化剂存在的情况下。因此，一方面控制除尘器入口的烟气温度，以避开二噁英易合成的温度范围；另一方面，可通过提高烟气的流速和骤冷措施，缩短烟气在 250～450℃ 范围的停留时间，以减少二噁英再合成的机会。

② 末端治理

a. 通过干式/半干式喷淋塔结合袋式除尘器去除：二噁英类物质在常温下多以固体形态存在，因此控制除尘器入口处的烟气温度低于 200℃，并在进入袋式除尘器的烟道上设置活性炭等反应试剂的喷射装置，使二噁英类物质附着在颗粒物质上，再用袋式除尘器去除。工程实践证明，低温控制和高效的颗粒物捕获对二噁英污染物的去除效果明显。

b. 通过催化剂分解技术去除：首先利用活性炭或活性焦固定床层对二噁英进行吸附、浓集，然后利用催化化学反应破坏二噁英类物质的结构，使其彻底地被氧化生成 CO_2、H_2O、HF、HCl 等物质。

由于二噁英可以在飞灰上吸附或生成，所以应用专门容器收集飞灰后作为有毒有害物质送安全填埋场进行无害化处理，有条件时可以对飞灰进行低温（300～400℃）加热脱氯处理，或熔融固化处理后再送安全填埋场处置，以有效地减少飞灰中二噁英的排放。

8.4.5.5 垃圾焚烧烟气的排放标准

焚烧烟气净化后，仍会含有少量污染物。《生活垃圾焚烧污染控制标准》（GB 18485—

2014）提供了清洁处理生活垃圾、防止二次污染的技术准则，为环保管理部门提供了执法依据。这一标准详细规定了烟气出口温度、烟气停留时间、焚烧残渣热灼减率、出口烟气含氧量以及烟囱高度等关键要素。表 8-3 中列出了生活垃圾焚烧炉排放烟气中污染物的限值。

表 8-3　生活垃圾焚烧炉排放烟气中污染物限值

序号	污染物项目	限值	取值时间
1	颗粒物/(mg/m³)	30	1h 均值
		20	24h 均值
2	氮氧化物(NO_x)/(mg/m³)	300	1h 均值
		250	24h 均值
3	二氧化硫(SO_2)/(mg/m³)	100	1h 均值
		80	24h 均值
4	氯化氢(HCl)/(mg/m³)	60	1h 均值
		50	24h 均值
5	汞及其化合物(以 Hg 计)/(mg/m³)	0.05	测定均值
6	镉、铊及其化合物(以 Cd+Tl 计)/(mg/m³)	0.1	测定均值
7	锑、砷、铅、铬、钴、铜、锰、镍及其化合物(以 Sb+As+Pb+Cr+Co+Cu+Mn+Ni 计)/(mg/m³)	1	测定均值
8	二噁英类/(ngTEQ/m³)	0.1	测定均值
9	一氧化碳(CO)/(mg/m³)	100	1h 均值
		80	24h 均值

每台生活垃圾焚烧炉必须单独设置烟气净化系统并安装烟气在线监测装置，处理后的烟气应采用独立的排气筒排放，多台生活垃圾焚烧炉的排气筒可采用多筒集束式排放。

以上对焚烧烟气中粉尘、酸性气体、重金属和二噁英的控制技术分别进行了介绍，但实际运行中，这些方法往往是结合在一起的。一个完整的焚烧工艺系统应能使焚烧烟气中含有的各种污染成分都得到有效去除，使烟气最终达到理想的排放标准。

8.4.6　残渣处理系统

垃圾焚烧产生的残渣有炉渣和飞灰两种。生活垃圾焚烧后，从焚烧炉体排出的残渣称为炉渣；烟气净化系统捕集物及烟道和烟囱底部沉降的粉尘称为飞灰。生活垃圾焚烧产生的飞灰和炉渣是两种不同类型的固体废物，需分别收集、贮存、运输和处置。图 8-6 中标有炉渣和飞灰的产生位置。

（1）炉渣

炉渣为焚烧后炉床尾端排出的焚烧残余物，也称底灰。主要成分为可燃物焚烧后的灰分和金属、玻璃、陶瓷、水泥块等不燃物，通常还会有些未燃尽的有机物，一般经水冷却后送出。炉排炉的炉床上炉条间的细缝还会有一些细渣落下，如玻璃碎片、熔融的铝锭和其他金属氧化物等，这些也并入炉渣一起收集。

炉渣是焚烧残渣的主要成分，约占到残渣总重的80%以上。研究表明，炉渣的浸出液中重金属浓度非常低，远低于固体废物浸出毒性鉴别标准。因此，炉渣可视为一般固体废物，直接送至垃圾填埋场填埋，也可铺路、填坑等资源化利用。

(2) 飞灰

飞灰来自余热锅炉、烟气净化系统、烟囱（含烟道）三个位置。余热锅炉收集到的飞灰是烟气中的一些悬浮颗粒，因撞到锅炉管而掉落于集灰斗中，这部分也称为锅炉灰，可单独收集，也可并入飞灰一同收集；烟气净化系统收集的残余物，包括吸收塔飞灰和除尘器飞灰，由烟气中颗粒物和加入的化学药剂以及化学反应产物构成；烟道及烟囱的飞灰是小部分在除尘器中未被捕集的细小颗粒物，最后在烟道及烟囱的底部沉降下来。

垃圾焚烧飞灰占焚烧残渣的10%~20%，多以无定形态和多晶聚合体结构形式存在。不仅富集了大量的汞、铅和镉等有毒重金属，还富集了大量的二噁英类物质，是危险固体废物，需按危险废物进行管理和处置。

若进入生活垃圾填埋场处置，应满足《生活垃圾填埋场污染控制标准》（GB 16889—2008）的要求；若进入水泥窑处置，应满足《水泥窑协同处置固体废物污染控制标准》（GB 30485—2013）的要求。

8.4.7 自动控制系统

垃圾发电厂自动控制系统通常采用分散控制系统对垃圾焚烧流程、汽轮发电机过程以及热力系统进行集中监视，在中央控制室内主要以显示器、键盘、鼠标等人机交互设备，对焚烧炉、发电机等设备集中进行监控和管理。为了应对分散控制系统出现紧急故障情况，在中央控制室主控制台上设置有紧急按钮，以便随时实施紧急停炉、停机操作。在集中控制室采用工业电视监视系统，全方位监控运卸垃圾区、焚烧炉燃烧区以及锅炉汽包水位等关键区域。对于地衡系统、化学水处理系统、除尘等辅助系统，在操作区域直接设置独立的监控设备和人机操作接口，便于及时监控和操作设备的启动、调整以及异常情况。以下以某垃圾焚烧发电厂的机械炉排炉为例进行说明。

(1) 分散控制系统（DCS）

DCS是垃圾发电厂最重要的控制系统，以全厂集中监控与各设备操作区域及辅助公用系统的控制相结合的运行方式，通常控制系统由操作员站、工程师站、服务器、现场控制站、冗余通信网络、现场仪表（数据）等组成，其控制系统功能有数据采集、模拟量控制、顺序控制等系统功能。

① 数据采集系统（DAS）。具有图形显示、报警管理、制表记录、历史数据存储和查询等功能。DAS利用这些功能，连续采集和处理所有与系统有关的重要测点信号及设备状态信号，以便及时向操作人员提供有关的运行信息，实现系统安全稳定运行。一旦发生任何异常工况，及时报警，提高系统的可利用率。

② 模拟量控制系统（MCS）。MCS由焚烧线控制系统、烟气处理控制系统、汽轮发电机组及公用部分组成。系统具有完善的联锁保护功能，即在自动状态下，系统发生故障时，可以将自动方式切换为手动方式，保证被控参数在各种运行情况下均不超出允许值，对于在负荷变化的整个范围内都要求控制参数，实现全程控制，以减少运行人员的中间干预。具体包括以下子系统：a. 炉膛压力控制系统；b. 反应塔入口、出口烟气温度控制系统；

c. 过热蒸汽温度控制系统；d. 汽包水位控制系统；e. 烟气 SO_2 和 HCl 控制系统；f. 反应塔化学喷药控制；g. 滤沥液喷量控制系统；h. 旁路减温减压调节；i. 凝结水再循环控制系统；j. 除氧器水位控制系统；k. 除氧器压力控制系统；l. 低加水位控制系统；m. 给料溜槽闭式冷却水箱控制系统；n. 减温减压装置压力、温度控制系统。

③ 顺序控制系统（SCS）。以程序控制为基础，按照工艺系统及主要辅机的要求划分成若干功能子组进行控制。操作员能通过显示器/键盘对各个子功能组进行顺序启停，对其中的单个设备进行启停或开关操作。

(2) 焚烧炉自动燃烧控制系统（ACC）

ACC 主要通过调节燃烧空气（图 8-8）和炉排速度（图 8-9）实现自动燃烧的目的，根据垃圾焚烧量、垃圾发热量和垃圾层厚的演算结果判断，经综合运算给出各段炉排的动作周期，各段炉排根据演算给定周期进行动作，以实现炉内燃烧稳定进行。

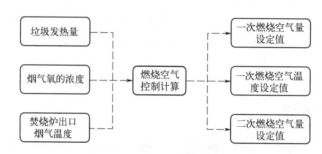

图 8-8　燃烧空气控制流程

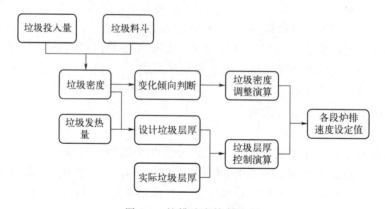

图 8-9　炉排速度控制流程

(3) 余热锅炉控制方式

以 DCS 为核心的监控系统，同时提供 MODBUS 和 PROFIBUS-DP 两种通信协议与控制子系统进行通信。焚烧炉自动燃烧控制系统与焚烧余热锅炉主控系统通信通过可编程逻辑控制器（PLC）实现炉排液压系统自动控制并接受 DCS 来的含氧量、炉膛温度和主气流量信号，可实现自动燃烧控制。

(4) 烟气净化处理系统

布袋除尘控制系统配一套 PLC，通过 RS485 接口与 DCS 系统通信，气力输灰系统直接进入 DCS 系统进行监视和操作。

(5) 烟气连续测量监视系统

在烟道直管段设置在线式烟气连续排放监测系统,监测以下指标:烟气的流量、温度、压力、湿度、氧浓度、烟尘、HCl、HF、SO_2、NO_x、CO 等,可以通过预留的通信接口与当地环保部门联网,方便政府在线监督管理。

(6) 辅助车间控制系统

① 垃圾抓斗控制系统。系统采用 PLC,并与 DCS 有通信接口。主数据被发送到 DCS。主控室可实现全自动模式。就地值班室设有就地控制和操作设备,操作人员可就地操作。

② 化学水处理控制系统。在化学水控制室设 DCS 远程控制站,在集控室的辅助操作员站上对化水系统进行监控。

③ 渗滤液处理系统。渗滤液系统采用 DCS 系统,就地设置控制室,设操作员站兼工程师站,与主控 DCS 通信,实现在集中控制室的集中监控。

④ 除灰控制系统。除灰控制系统采用 PLC,并与 DCS 有通信接口。主数据被发送到 DCS,主控室可实现全自动模式。

⑤ 工业电视监控系统。工业电视监控系统服务器置于电子间,在中控室设置监视器,工业电视系统设置一套服务器可通过网络实时查询监视。基本监视对象有:门卫室、地磅房、垃圾卸料平台、垃圾进料斗、炉膛火焰监视、汽包水位、出渣口、烟囱、厂区等重要的设备安全及保安管理点。

8.4.8 其他辅助系统

8.4.8.1 渗滤液的处理系统

(1) 渗滤液的来源及特性

生活垃圾焚烧厂的渗滤液主要来源于垃圾储坑,通常呈现为黑褐色,恶臭,质地黏稠。渗滤液中污染物的成分多变,尤其是水量随季节波动较大,水质复杂。有机污染物在渗滤液中的浓度极高,COD 一般在 40000~80000mg/L,BOD 在 38000mg/L,但这些污染物具有较好的生化降解性;氨氮的含量一般维持在 1000~1800mg/L 之间。此外,重金属离子和盐分的含量较高,导致渗滤液的电导率高达 30~40mS/cm。渗滤液呈酸性,pH 值通常在 4~6 之间。

(2) 处理及排放标准

生活垃圾填埋场应设置污水处理装置,生活垃圾渗滤液(含调节池废水)等污水经处理并符合《生活垃圾填埋场污染控制标准》(GB 16889—2008)规定的污染物排放标准后,可直接排放。若不能满足直排条件,可通过污水管网或采用密闭输送方式送至采用二级处理方式的城市污水处理厂处理,前提是需满足以下条件:

① 在生活垃圾焚烧厂内处理后,总汞、总镉、总铬、六价铬、总砷、总铅等污染物浓度达到《生活垃圾填埋场污染控制标准》(GB 16889—2008)规定的浓度限值要求。

② 城市二级污水处理厂每日处理生活垃圾渗滤液和车辆清洗废水总量不超过污水处理量的 0.5%。

③ 城市二级污水处理厂应设置生活垃圾渗滤液和车辆清洗废水专用调节池,将其均匀注入生化处理单元。

④ 不影响城市二级污水处理厂的污水处理效果。

8.4.8.2 除臭系统

(1) 恶臭来源

在垃圾处理过程中，恶臭主要来自垃圾贮坑的外泄。生活垃圾进入焚烧设备之前，一般需要在垃圾贮坑停留 3~5 天的时间，在众多厌氧微生物和兼氧微生物的作用下，垃圾在贮坑发酵降解，产生硫化氢、氨气、甲硫醇等恶臭气体。

(2) 臭气易泄漏的地点

贮坑隔墙，如垃圾吊车操作室、人员走道、参观窗口墙面等周边以及垃圾抓斗维修开孔。

(3) 控制措施

以隔离和抽气的方法为主。常见的措施有：①采用封闭式垃圾运输车，设置自动卸料门，使垃圾贮坑密闭化；②在垃圾卸料平台的进出口处设置风幕门；③在垃圾贮坑上方抽气作为助燃空气，使贮坑区域形成负压，以防止恶臭外溢；④定期清理贮坑中的陈旧垃圾。

8.5 流化床焚烧炉的焚烧技术

流化床就是流态化床，是一种利用气体或液体通过颗粒状固体层而使固体颗粒处于悬浮运动状态，并进行气固相反应过程或液固相反应过程的反应器。流化床燃烧技术是依靠炉膛内高温流化床料的高热容量、强烈掺混和传热的作用，使送入炉膛的垃圾快速升温着火，充满整个床层的均匀燃烧技术。

早期发展的流化床燃烧炉，属于鼓泡流化床燃烧模式，近几年已基本淘汰。循环式流化床是在鼓泡流化床的基础上发展起来的，以浙江大学、中国科学院工程热物理研究所及清华大学等单位为代表，开发的拥有自主知识产权，适合我国国情的一种焚烧技术。针对我国垃圾来源广泛、组成复杂、季节性和区域性差别大、垃圾不分类收集等一系列特殊性，循环型流化床展示了较好的适应性。对高灰分、高水分、低热值的生活垃圾表现出燃烧充分、污染物排放少、设备投资小等特征，在 2000 年前后被国内垃圾焚烧厂广泛采用。但由于流化床燃烧技术采用的是煤与垃圾混烧的技术方案，随着国家近年对燃煤发电的控制，外加垃圾开始分类回收，垃圾热值有所提高，生活垃圾焚烧烟气排放标准提高，新建垃圾焚烧厂更倾向于采用炉排炉的方案。目前，只有一些中小城市还在采用流化床焚烧炉焚烧垃圾。

循环流化床垃圾焚烧炉是在普通燃煤型循环流化床锅炉基础上改造演变而成的，保留了原有燃煤流化床锅炉的系统配置，增加了垃圾储存系统、垃圾搬运系统、垃圾破碎系统、垃圾循环、中大型冷渣系统、尾气处理系统、石灰活性炭添加系统、渗滤液处理系统等各类设备。

8.5.1 炉体结构

流化床焚烧炉是以热载体为介质进行均匀传热和蓄热进而达到焚烧目的。先将热载体（石英砂）加热到 600℃ 以上，并在炉底鼓入 200℃ 以上的热风，使热砂沸腾起来，然后开始投送垃圾。垃圾同热砂充分混合一起呈沸腾状，经过干

循环流化床焚烧炉结构演示

燥、升温，达到着火点进行燃烧。燃烧过程中，产生的烟气向上，进入排气口，燃尽后生成的灰烬，密度较大的，落到炉底排出；未燃尽的垃圾密度较小，继续悬起呈沸腾状持续燃烧。

焚烧炉结构主要由炉主体、布风装置、热载体、分离器、回料阀等组成，如图 8-10 所示。

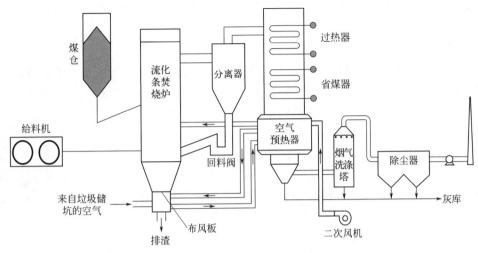

图 8-10　循环式流化床焚烧炉炉体结构

(1) 炉主体

炉主体为钢壳立式圆筒形，一般为 15～30m，内衬耐火砖和隔热砖，炉底部设有带孔的气流分布板，即布风板。布风板上铺着一定厚度的载体颗粒层（一般为硅砂）。板下面通入高压热空气吹起板上的载体，使悬浮在炉膛里呈沸腾状态。炉体本身结构简单，无机械传动部分，维修方便。但对工艺操作要求比一般机械要高些。

(2) 布风装置

布风装置位于炉主体的下部，由布风板、风帽、风室和排渣管组成，如图 8-11 所示。水平布置的布风板上均匀布有通孔，布风管透过通孔上端从布风板的顶部伸出，套有风帽，风帽的四周设有布风孔，起到对进入流化床的空气进行二次分配，均匀布风的作用。此外，布风板上还有出渣口，下端连接出渣管。

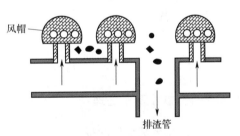

图 8-11　布风装置示意图

布风装置的作用：首先，支撑并稳定床料层，确保炉底的平稳运行；其次，有效地分散空气，使气流均匀，提供足够的动力，使床料和物料得以均匀流动，避免出现不良现象，如沟流、节涌、气泡过大、流化死区等；最后，及时将那些燃尽且流化性能较差、在风板上有沉积倾向的大颗粒排出，避免流化分层，保障正常流化状态。

(3) 热载体

热载体一般为硅砂，铺设在布风板上，当布风板下鼓入高压热空气时，热载体将被吹起并悬浮在炉膛里，呈沸腾状态。粉碎的垃圾经螺旋加料器加入，与沸腾的热载体充分混合接触进行燃烧。

(4) 分离器

分离器是循环流化床焚烧炉标志性的结构特征，也是核心部件之一，作用是将大量的颗粒物从炉膛出口的高温气流中分离出来。通过布置在分离器下面的返料装置再次送回炉膛，以维持燃烧室快速流态化状态，燃料和脱硫剂多次循环，反复燃烧和反应，提高焚烧效率。目前循环流化床焚烧炉使用的分离器主要有两大类，即旋风分离器和惯性分离器，一般来说，旋风分离器效率较高，体积大，而惯性类分离器效率稍为逊色，但尺寸小，锅炉结构较为紧凑。

(5) 回料阀

回料阀位于分离器的下方，作用有二：将旋风分离器分离下来的灰连续不断地送回炉膛进行循环燃烧实现返料平衡；在立管中建立一定的物料高度，形成炉膛与分离器的密封，防止烟气短路。

实例-长春市
垃圾焚烧
工艺流程

8.5.2 焚烧的工艺流程

循环流化床焚烧工艺主要包括预处理、焚烧系统、烟气净化、余热利用、灰渣回收及处理几个部分，如图 8-12 所示为清华大学 2001 年开发的处理量 150t/d 的循环流化床生活垃圾焚烧工艺流程。

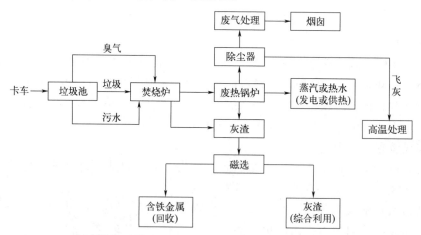

图 8-12 循环流化床垃圾焚烧的工艺流程

8.5.2.1 接收及预处理

流化床垃圾焚烧厂的接收预处理系统包括垃圾接收、预处理、贮存与输送四个环节。涉及的设备包括垃圾计量设施、垃圾卸料平台、垃圾卸料门、垃圾池、垃圾桥式行车及抓斗起重机和渗滤液导排收集系统等，并设置原生垃圾贮坑、垃圾预处理间、成品库三个区。

垃圾车由物流门进厂，经地磅称重后，依照指示驶入垃圾倾卸区，将垃圾倾倒入垃圾贮坑。卸料平台应有密闭及风幕系统，有充足的采光，有地面冲洗、废水导排设施和卫生防护措施。贮坑中垃圾通过垃圾吊机抓斗抓到受料斗，经螺旋给料机送到垃圾破碎机、除铁器后进入垃圾成品库。

设置垃圾破碎机的目的是控制入炉垃圾物料尺寸的均匀性。因为流化床的特殊燃烧方式要求燃料颗粒较小且均匀，介质之间无法接纳密度大或直径大的成分，所以废物在进炉前需充分破碎，同时有必要控制垃圾的含水率。设置除铁装置的目的是最大限度地将垃圾中可磁化金属分选出来，回收利用并避免其进入焚烧炉后在布风板上沉积，影响物料流化和排渣。

垃圾热值高、渗滤液量少的情况下，贮坑中垃圾堆放产生的渗滤液应采用回喷处理，即用水泵抽出，每隔一定时间喷入炉膛内烧掉。但如果渗滤液量过大，回喷焚烧会影响锅炉的运行经济性及安全，建议配置垃圾渗滤液处理设施进行处理。

成品库中的垃圾通过行车抓吊，经给料机送入炉膛进行焚烧。

8.5.2.2 焚烧系统

流化床垃圾焚烧系统包括垃圾焚烧锅炉、高温气固分离器、送风系统、过热器、对流管束、省煤器、空气预热器等。

(1) 焚烧锅炉

垃圾通过垃圾给料口以一定速率送入炉膛密相区，在高速气流作用下，迅速与沸腾的载体混合并进行燃烧，产生的炉渣由炉床底部排出，产生的烟气和未燃烧部分经密相区依次向上，在炉膛内与干燥风、二次风充分混合并发生进一步燃烧，炉膛内温度均匀，保持在850～950℃。经过炉膛高温依然没有燃尽的细颗粒和烟气一起经炉膛出口进入高温气固分离器。在分离器的作用下，颗粒物被分离出来，通过返料器送回炉膛密相区继续焚烧；高温烟气则依次通过高温过热器，低温过热器，省煤器，一、二次风空气预热器进行换热。这种流化态燃烧方式，增强了炉膛上下部之间的物料交换，使整个炉膛处于均匀的高温燃烧状态，确保烟气在高温区的有效停留时间，能保证垃圾各组分的充分燃尽，使有毒有害物质的分解破坏更为彻底；也防止了局部超温的出现，对常量污染物（SO_2、NO_x 等）的控制也更为有效。落入炉底部的残渣水冷后，进一步分选。粗渣和细渣被送到厂外处理，少量的中等炉渣和石英砂通过提升设备送回到炉中继续使用。

(2) 送风系统

空气系统由一次风系统、二次风系统和返料补砂风系统组成。一、二次风系统的空气应从垃圾池上方抽取，进风口处设置过滤装置。一次风经过预热器，被送入等压风室，再经由布风板引入流化床。一次风通过风帽底部通道流入形成气流，由风帽上的小孔迅速喷出。这种设计产生强烈的气流扰动，形成气流垫层，促使煤粒与空气充分混合，增强了气固传热过程，延长了煤粒在床内停留的时间，维持良好的流化状态。

由二次风机送入的空气在预热器内经过一个行程，在炉膛周围分两层送入炉膛，二次风不需要很高压头，它的作用是：补充一次风的不足；通过分段送风便于焦炭和CO对氮氧化物的还原；扰动烟气，消除局部高温。

(3) 过热器

过热器将饱和蒸汽或微过热蒸汽加热成为具有一定压力和温度的过热蒸汽，供汽轮发电机组发电。

(4) 省煤器

省煤器通常由一系列管道和散热器组成，这些散热器被安装在烟道中，烟气从散热器中经过时会被散热器吸收一部分热量，热量被传递给通过管道流动的进水。这样的热交换过程可以显著提高系统的热效率，达到节约燃料的目的。

(5) 空气预热器

利用烟气余热，将冷空气加热成为热空气，为燃烧炉提供具有一定温度的一、二次风。

8.5.2.3 烟气净化系统

相对于炉排炉来说，流化床特殊的焚烧方式，使得在焚烧垃圾的过程中产生更多的烟气。这些烟气中污染物仍可归纳为四类：①颗粒物及飘尘；②酸性气体，如 HCl、HF、SO_2、NO_x；③有毒重金属，如 Pb、Cd、Hg、As、Cr 等；④二噁英类等卤代化合物。四类污染物在比例上有所不同。原则上，流化床焚烧系统和炉排炉等其他焚烧系统在环境保护方面的排放标准要求是一致的。

已有的流化床焚烧工程多数采用的是"半干法脱酸＋活性炭喷射＋袋式除尘器除尘"的烟气组合处理工艺。此外，循环流化床锅炉可以设置石灰石投加系统（脱硫），在炉内进行脱硫。但为了将石灰石粉料投入炉内，每台锅炉需要一套传动和控制系统（根据煤质和负荷的变化来调整石灰石粉的投入量）。

8.5.3 流化床焚烧炉的特点

(1) 优点

① 对垃圾的热值要求低。采用流化技术，垃圾的燃烧依赖于炉内炽热的床料传递热量，这样的传质速率高、单位面积处理能力大，同时具备着火的极佳条件。垃圾进入焚烧炉后，与炽热的石英砂迅速混合，经过充分加热和干燥，垃圾燃尽率高。因此，流化床焚烧炉能够有效处理热值低、含杂质多、水分含量大的固体废物。这种技术非常适合中国的国情，曾经是我国城市生活垃圾处理的主要方式，如今，一些中小城市仍在采用这种技术。

② 启炉、停炉较灵活。因为载体热砂保持了很大的热容量，不仅启炉、停炉容易，垃圾热值波动对燃烧的影响也不大。

③ 炉内床层温度均衡。均匀的床层温度可避免炉内局部过热和结焦问题，炉渣的热灼减率较低，残渣干净。

④ 环保且节能。流化床焚烧炉可在炉内去除酸性气体。通过在炉膛内加入脱硫剂（如生石灰），流化床本身就变成了酸性气体洗涤塔，能够在炉膛内直接脱除 SO_2，对减少 HCl 和 NO 的排放也有一定效果。此外，流化床焚烧炉的燃烧温度均衡，基本控制在 850～900℃之间，有效控制了二噁英和氮氧化物的排放。因为当燃烧温度低于 800℃时，有些垃圾不完全燃烧会产生二噁英的前驱体。循环流化床垃圾焚烧炉燃烧温度稳定且均匀，在炉型设计上使烟气在炉内停留时间增加，因此破坏了有毒、有害气体的产生环境，从根本上降低了有毒气体产生量。

⑤ 投资费用少、运行稳定可靠。炉体积小，设厂用地小，炉床单位面积处理能力大。炉内结构简单，无机械转动部件，不易产生故障，能有效控制设备总投资，并降低系统运行维护费用。

(2) 缺点

① 对垃圾颗粒度要求很高。为了保证入炉后充分流化，要求垃圾在入炉前进行系列筛选及粉碎等处理，使其颗粒尺寸均一化。一般破碎粒度不大于 150mm，最好小于 50mm，同时要求进料均匀。

② 烟气中粉尘较多。焚烧炉内垃圾处于悬浮流化状态，为瞬时燃烧，飞灰量大，是炉排炉的 3～4 倍，后期处理负担加重。

③ 需要添加辅助燃料煤，面临经济和环境双重压力。鉴于我国生活垃圾湿度高、灰分大，要燃烧充分，需添加辅助燃料煤进行混燃。随着煤炭价格的持续攀升和环保政策的不断加强，垃圾焚烧厂面临着巨大的经济和环境双重压力。

8.6 回转窑式焚烧炉的焚烧技术

回转窑式焚烧炉又称旋窑焚烧炉，是从水泥回转窑演变而来的，是处理危废焚烧的主要设备，可同时焚烧固体废物、液体废物及气体废物，在危险废物焚烧领域被广泛使用，多用于污泥、油泥、医疗垃圾、化工废料及其他危险固体废物。

8.6.1 炉体结构

回转窑式焚烧炉由一个回转窑主体和一个二燃室组成，同时配有空气供给和辅助燃料装置，其结构如图 8-13 所示。回转窑主体为一个可旋转的倾斜钢制圆筒，其内壁多采用耐火砖砌筑。炉体倾斜向下，同样分为干燥、燃烧和燃尽三个阶段，前后两端由滚轮支撑，并由电机链轮驱动装置驱动。在窑尾部设置了二燃室，回转窑内垃圾产生可燃气体以及未燃尽的固体在二燃室内继续彻底燃烧。通常为了保持正常运行，需要在二燃室添加辅助燃料，这会增加运行成本。

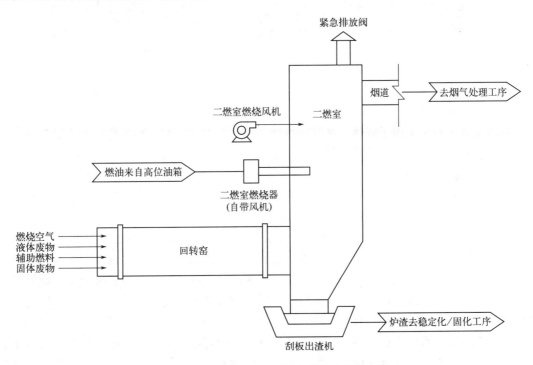

图 8-13 回转窑式焚烧炉结构示意图

回转窑式焚烧炉分为顺流炉和逆流炉、熔融炉和非熔融炉、带耐火材料炉和不带耐火材料炉。燃烧气流和废弃物流动方向一致的称为顺流炉，其炉头废弃物进口处烟气温度与废弃物温度有较大的差距，可使废弃物水分快速蒸发；逆流炉则是燃烧气流和废弃物流动方向相反。熔融炉是指在较高温度（1200~1300℃）下操作的焚烧炉，它可以同时处理一般有机物、无机物和高分子化合物等废弃物；炉内温度在 1100℃ 以下的正常燃烧温度域时为非熔融炉。

旋转窑转速及长径比控制垃圾停留时间，长径比大，停留时间长，成本高；长径比小，垃圾不能达到完全燃烧；转速高，垃圾易下滑，停留时间短。有些炉体内壁镶有抄板，当炉本体滚筒缓慢转动，抄板将垃圾由筒体下部带到筒体上部，然后靠垃圾自重落下，达到翻动垃圾、促进燃烧的作用。

8.6.2 焚烧工艺

回转窑式焚烧炉的工艺流程主要包括进料系统、燃烧系统、供风系统、排渣系统、烟气净化系统，如图8-14所示。

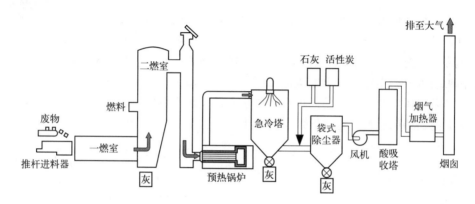

图8-14 回转窑式焚烧工艺流程

(1) 进料系统

回转窑式焚烧炉适用于固体、半固体废物，液体，因此，其进料系统设计相对复杂，分别配备了固体、半固体和废液的进料装置系统。

① 固体和半固体废物进料装置采用抓斗将料坑中的废物送至回转窑。进料形式有推杆进料、溜槽进料和螺旋输送进料等。工程实践证明，溜槽进料可以防止回火、堵塞，且能够防止废物在进料装置中产生黏结、结焦。

② 废液进料系统由废液过滤系统、废液输送系统、废液雾化喷入系统及相关控制和维护设备组成。在废液进入喷嘴之前，需要经过预处理，去除固体杂质，以确保泵的顺利输送和喷嘴的有效雾化。危险废物处理接受的废液来源广泛，种类复杂，主要包括废矿物油、有机溶剂和乳化液等。这些废液通常含有颗粒物质，因此必须经过过滤处理，去除杂质，将固体颗粒尺寸降低至适当水平。有些液体废物具有较高黏度，需要在罐区设置伴热保温措施，以防止废液在输送系统中造成堵塞。在设备调试过程中，必须确定适当的伴热温度，过高的温度会导致废液中沸点较低的成分挥发，形成气液两相流，对下游的焚烧设备和输送系统造成潜在危害。

③ 危险废物需用密闭货车运到焚烧厂储库，通过进料系统输送到回转窑进料斗，进料斗下设有推料装置及锁风设备，确保回转窑负压工作。

(2) 焚烧系统

① 主燃室。随着回转窑的缓慢转动，进入焚烧炉的废物在窑中翻转、滚落、滑移，在缺氧环境中完成预热、干燥、热解进程。废弃物在这一阶段进行的是不完全焚烧，产生很多可燃气体，还有一些未燃尽物料，它们共同进入二燃室。

② 二燃室。二燃室采用立式结构，与主体转窑的窑尾相连。从一燃室过来的可燃气以及未燃固体在二燃室得到进一步燃烧。通过喷入的辅助燃料，维持炉内高温。焚烧温度可达到1150℃，且烟气在高温区停留时间大于2s，以确保二噁英等有害物质充分分解。当温度低于1150℃时，二燃室的焚烧器调节阀门会打开，控制炉温稳定在1150℃。废物燃尽后产生的灰渣由二燃室底部的回转炉蓖排出。

二燃室的作用为：一方面使在主体窑内未燃尽的废物进一步燃尽；另一方面确保烟气在足够的温度下有足够的停留时间，有效地将烟气中的二噁英等物质彻底烧掉使烟气达标排放。国家规定焚烧危险废物时必须要有二燃室。

(3) 供风系统

一次风进风口可以设置在一燃室的前、中、后的任何位置，为了避免转窑漏风，窑头、窑尾均为密封结构。窑内含氧量通过进风量来控制，在回转窑尾部设置温度计，运行人员可根据窑内温度的变化对一次风机频率进行控制。

二次供风装置设置在二燃室。二次风不仅确保烟气在高温下有充分的氧气，还对烟气气流起到扰动作用，并能控制烟气的停留时间。此外，在二燃室底部还设有三次风机，强化了灰渣的燃尽程度。为利用余热，从二燃室出来的高温烟气进入热交换器，有些热空气可作一次风、二次风风源鼓入回转窑。

(4) 排渣系统

二燃室底部设有风冷排渣装置。由转窑主体过来的不燃物质经排渣装置及时排出，防止积灰。风冷排渣装置由上、下两部分组成，上部的一排齿辊将大块灰渣打碎，防止大块灰渣下落时对下部设备造成大的冲击，同时使灰渣均匀；下部布置有冷风管道，冷风持续吹入，对高温灰渣进行快速冷却，还有补充氧气的作用。此外，烟气中大粒径的粉尘也会落入二燃室底部排除，减少了后期除尘量。

(5) 烟气净化系统

回转窑法焚烧产生的烟气在组成上变化不大，烟气的组成依然是酸性气体、有机类污染物、颗粒物和重金属。但焚烧烟气的温度更高，且HCl浓度相对较高，SO_x和NO_x浓度相对较低。目前，回转窑焚烧系统中技术成熟，使用率较高的烟气处理工艺是余热锅炉+急冷塔+消石灰和活性炭粉喷射+袋式除尘+湿法脱酸的集成工艺。

急冷塔的设计旨在避开二噁英容易再生的温度区间（250～450℃）。从二燃室排出的高温烟气，经热交换器后，进入急冷塔，要求1s内冷却至180～200℃。喷入消石灰粉/石灰浆和活性炭的目的是处理烟气中的酸性气体和二噁英类物质。经袋式除尘器过滤后的烟气进入湿式洗涤塔，进一步去除酸性污染物。从洗涤塔排出的烟气温度通常在70℃以下，低于酸的露点温度，即硫酸蒸气开始凝结的临界温度。酸的露点温度受烟气中SO_3浓度和烟气温度的影响，通常在100～130℃之间。如果烟气温度低于酸露点温度，硫酸蒸气便会在设备表面凝结，腐蚀设备。因此，洗涤塔出口的烟气需要经过再热器加热至酸露点温度以上（120～140℃），再由烟囱排入大气。

(6) 其他辅助燃料装置

每座旋转窑通常配有1～2个燃烧器，可装在旋转窑的前端或后端。开机时，燃烧器负责把炉温升高到要求的温度后才开始进料，多采用批量进料，以螺旋推进器配合旋转式的空气锁；助燃使用的燃料可为燃料油、液化气或高热值的废液。

回转炉可同时焚烧固体和液体，遇到这种情况时，为强化窑内换热，在回转窑内设置链式蒸发热交换器,温度在400~500℃之间,废液直接喷射到链条上可加速蒸发进程,另外对固体废物也能起到传热、翻动及研磨作用。

8.6.3 回转窑式焚烧炉的特点

(1) 优点

① 适应性广。回转窑式焚烧炉可同时焚烧固体废物、液体、胶体、气体,适应性强,对焚烧物形状、含水率要求不高。

② 故障少。传动设备机构设置在窑外壳,机理简单,维修方便,故障少,便于连续运行。

③ 焚烧温度高。回转窑的结构特征决定了它能够承受更高的焚烧温度,对处理对象焚烧地更加彻底,炉渣品质也好。回转窑式焚烧炉的温度变化范围较大,为810~1650℃,温度的控制主要依靠窑端头的燃烧器来调节燃料的量,通常采用液体燃料或气体燃料,也可采用煤粉作为燃料或废油本身兼作燃料。

(2) 缺点

① 垃圾处理量不大,还存在窑身长、占地面积大、热效率低等缺点。

② 飞灰处理相对较难。

③ 燃烧过程不易实现细化控制,难以适应发电的需要,在当前的垃圾焚烧中应用较少。

第9章 生活垃圾的卫生填埋

9.1 概述

卫生填埋是填埋场采取防渗、雨污分流、压实、覆盖等工程措施，最大限度地对垃圾压实减容并对渗滤液、填埋气体及臭味等进行控制，防止其对水体和大气造成污染的生活垃圾处理方法。卫生填埋场示意图如图9-1所示。

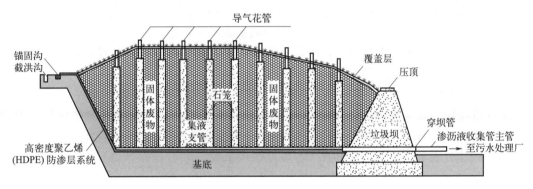

图9-1 生活垃圾卫生填埋场示意图

生活垃圾卫生填埋场接受并填埋包括居民、机关、学校、厂矿等单位的生活垃圾，以及商业垃圾、集市贸易市场垃圾、街道清扫垃圾和公共场所垃圾，严禁混入危险废物和放射性废物。生活垃圾填埋场的安全处置年限一般为几十年。

卫生填埋场根据地形特征可以分为平原型、山谷型、坡地型和滩涂型填埋场；根据填埋场中废物的降解机理可以分为好氧型、准好氧型和厌氧型填埋场；根据填埋场结构可分为自然衰减型、全封闭型和半封闭型填埋场。

卫生填埋技术成熟，作业相对简单，对处理对象要求较低，在不考虑土地成本和后期维护的前提下，建设投资和运行成本相对较低。对于拥有相应土地资源且具有较好污染控制条件的地区，可采用卫生填埋方式实现生活垃圾无害化处理。

9.1.1 填埋物入场要求

① 进入填埋场的填埋物包括居民家庭垃圾、园林绿化废弃物、商业服务网点垃圾、清扫保洁垃圾、交通物流场站垃圾、企事业单位的生活垃圾及其他具有生活垃圾属性的一般固

体废物。

② 城镇污水处理厂污泥经预处理后改善其高含水率、高黏度、易流变、高持水性和低渗透系数等特性，改性后的泥质符合《城镇污水处理厂污泥处置混合填埋用泥质》GB/T 23485—2009 的相关规定，可进入生活垃圾填埋场与生活垃圾混合填埋处置。

③ 生活垃圾焚烧炉渣（不包括焚烧飞灰）及生活垃圾堆肥处理产生的固态残余物。

④ 生活垃圾焚烧飞灰和医疗废物焚烧残渣经处理后满足《生活垃圾填埋场污染控制标准》GB 16889—2008 相关规定后，可进入生活垃圾填埋场填埋处置。处置时应设置与生活垃圾填埋库区有效分隔的独立填埋库区。

⑤ 填埋物中严禁混入危险废物和放射性废物。

9.1.2 填埋场垃圾的降解过程

生活垃圾的降解是由多种细菌参与的多阶段复杂的生物化学过程，主要可分为以下五个阶段。

(1) 初始调整阶段

此阶段为好氧分解阶段，持续时间较短，在该阶段内垃圾中复杂的有机物迅速与填埋过程中一起埋入的氧气发生好氧生物降解反应，生成简单有机物并进一步转化为小分子物质及 CO_2 和 H_2O，同时释放一定的热量。此阶段垃圾温度明显升高，可升高 10～15℃。在此阶段的初期，除了微生物生化反应外，还包括许多昆虫和无脊椎动物（如螨、倍足纲节肢动物、线虫）等对易降解组分的分解作用。

(2) 过渡阶段

随着填埋场内氧气被耗尽，填埋场内开始形成厌氧条件，垃圾由好氧降解过渡到兼性厌氧降解，此时起主要作用的微生物是兼性厌氧菌和真菌。垃圾中作为电子受体的硝酸盐和硫酸盐分别被还原为 N_2 和 H_2S，填埋场内氧化还原电位逐渐降低，渗滤液 pH 值开始下降。

(3) 酸化阶段

此时填埋场转变为纯的厌氧环境，起主要作用的微生物是兼性和专性厌氧菌。首先，垃圾中的复杂有机物，如核酸、淀粉、纤维素、蛋白质、脂肪等，在发酵性细菌产生的胞外酶的作用下水解产生简单溶解性有机物，并进入细胞内由胞内酶分解为丙酸、丁酸、乳酸、长链脂肪酸、醇类等各种小分子有机酸，并产生 CO_2、H_2 和 NH_3。随后，在产氢和产乙酸菌的作用下，小分子有机酸被转化为乙酸、CO_2 和 H_2。在此阶段重金属等无机组分溶解进入渗滤液，渗滤液中 COD、挥发性脂肪酸（VFA）和金属离子浓度继续上升并达到最大值，同时 pH 值继续下降直至达到最低值（5.0 甚至更低）。

(4) 甲烷发酵阶段

当填埋气中 H_2 含量下降到很低时，填埋场即进入甲烷发酵阶段，此时产甲烷菌将产酸阶段的产物如氢、乙酸以及甲醇、甲酸等碳类化合物转化为 CH_4 和 CO_2。此阶段专性厌氧细菌缓慢却有效地分解所有可降解垃圾至稳定的矿化物或简单的无机物。此阶段是填埋气体中甲烷产生的主要阶段，持续时间最长，可达数十年甚至上百年。

在此阶段前期，填埋气 CH_4 含量上升至 50% 左右，渗滤液 COD、BOD_5、金属离子浓度和电导率迅速下降，渗滤液 pH 值上升至 6.8～8.0，此后，渗滤液 COD、BOD_5、金属离子浓度和电导率缓慢下降。

(5) 成熟阶段

当垃圾中生物易降解组分基本被分解完时,填埋场稳定化即进入了成熟阶段。此阶段,大量的营养物质已随渗滤液排出或被微生物降解,只剩余少量难生物降解的有机物,如人工合成的高分子有机物塑料和橡胶等,覆土和垃圾中存在的某些真菌、细菌和放线菌中的某些种类可以通过细胞生长引起合成塑料和橡胶的机械损坏,或通过微生物代谢产物及微生物酶作用于聚合物而使其分解。此阶段填埋气体的产气率迅速下降,填埋气的主要组分依然是CH_4和CO_2,但由于各填埋场的封场措施不同,某些填埋场的填埋气体中也可能会存在少量的氮气和氧气。此阶段产生的渗沥液中常含有一定量的腐殖酸和富里酸。

9.1.3 填埋工艺及作业过程

9.1.3.1 填埋工艺

垃圾的填埋工艺服从"减量化、资源化、无害化"的要求。生活垃圾卫生填埋典型工艺流程如图9-2所示。

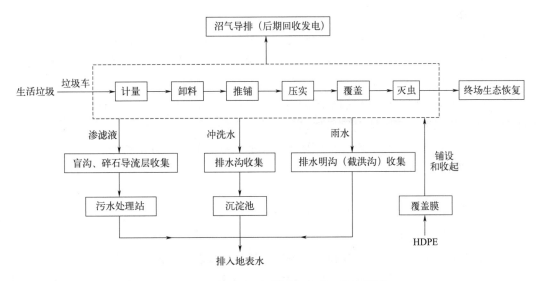

图9-2 生活垃圾卫生填埋场典型工艺流程图

城市生活垃圾经垃圾车送到填埋场,经地衡称重计量后,按规定的线路运至填埋场内并按指定单元作业点卸下,卸车后用推土机摊铺,再用压实机碾压。分层压实到需要高度后进行日覆盖,并重复上述的卸料、摊铺、压实和覆盖的过程。填埋结束后及时进行终场覆盖,以利于填埋场地的生态恢复和终场利用。此外,根据填埋场的具体情况,有时还需要对垃圾进行破碎和喷洒药液。在填埋过程中产生的渗滤液经收集处理后排放,填埋气体经收集导排后采取火炬燃烧或回收发电。

9.1.3.2 填埋单元

填埋库区为填埋场中用于填埋生活垃圾的区域。填埋库区的基本构成是填埋单元,填埋单元是按单位时间或单位作业区域划分的由生活垃圾和覆盖材料组成的填埋堆体。对于大型填埋场，垃圾通常要分成若干个填埋单元进行填埋。每一单元的大小，应按现场条件、设备条件和作业条件而定，一般以一日一层作业量为一个填埋单元，以便每日进行覆盖。昼夜连续作业的可以交接班为界，每班作业量为一单元。具有同样高度的一系列相互衔接的填埋单元构成一个填埋层，填埋库区由一个或多个填埋层所组成。卫生填埋场剖面图如图 9-3 所示。

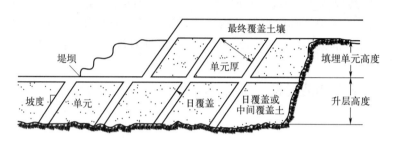

图 9-3　卫生填埋场剖面图

9.1.3.3　填埋作业过程

填埋作业可采用堆坡法和填坑法两种方式。采用堆坡法进行填埋作业时，使用装载机压实可取得更好的压实效果，摊铺作业更易控制，可有效避免垃圾散落现象。缺点是装载机工作量大，所有垃圾须自下向上堆起，作业负荷高。填坑法作业自上而下进行，装载机作业负荷较低，但对摊铺、压实作业控制要求较高，若摊铺作业控制不好，易造成垃圾散落。在填埋作业过程中，可根据实际情况灵活选择填埋作业方式。

填埋一般采用单元、分层作业，填埋单元作业工序为卸车、分层摊铺、压实，达到规定高度后应进行覆盖、再压实及杀虫。

(1) 卸车

采用堆坡法作业时可直接卸料；采用填坑作业法卸料时，可设置过渡平台和卸料平台。

(2) 分层摊铺及压实

由收集和运输车辆运来的废物按 45～60cm 厚为一层放置，然后压实。压实能有效增加填埋场的容量，延长填埋场的使用年限，提高土地资源的利用率。摊铺一般由推土机完成，压实设备主要有推土机和压实机。每层垃圾摊铺厚度应根据填埋作业设备的压实性能、压实次数及生活垃圾的可压缩性确定，厚度不宜超过 60cm，且宜从作业单元的边坡底部到顶部摊铺。生活垃圾压实密度应大于 $600kg/m^3$，每一单元的生活垃圾高度宜为 2～4m，最高不超过 6m。单元作业宽度按填埋作业设备的宽度及高峰期同时进行作业的车辆数确定，最小宽度不小于 6m。

(3) 覆盖

卫生填埋场的垃圾除了每日用一层土或其他覆盖材料覆盖以外，还要进行中间覆盖和终场覆盖。日覆盖、中间覆盖和终场覆盖的功能各异，对覆盖材料的要求也不相同。

日覆盖的作用有：避免操作期间大量降水进入填埋场内；改进景观；减少恶臭；减少风沙和碎片（如纸、塑料等）；减少疾病通过媒介（如鸟类、昆虫和鼠类等）传播的危险；减少火灾危险等。日覆盖要求确保填埋层稳定的同时不阻碍垃圾的生物分解，因而要求覆盖材料具有良好的通气性能。一般选用砂质土等进行日覆盖，覆盖厚度为20cm左右。由于日覆盖土用量大，占用填埋场容积较大，可采用可重复利用的土工织物或塑料膜代替土壤进行日覆盖，在填埋下一层垃圾时揭开覆盖材料，填埋后继续使用。

当填埋场每一作业区达到阶段性高度后，暂时不在其上继续进行填埋，且该区域需要长期维持开放（2年以上）时要进行中间覆盖，其作用主要包括：防止填埋气体的无序排放；防止雨水下渗；将层面上的降雨排出填埋场外等。中间覆盖要求覆盖材料的渗透性能较差，一般采用黏土或高密度聚乙烯膜进行覆盖。覆盖层厚度应根据覆盖材料确定，黏土覆盖层厚度宜大于30cm，膜厚度不宜小于0.75mm。

填埋作业达到设计标高后，应及时进行终场覆盖，这也是填埋作业的最后阶段。终场覆盖的功能包括：减少雨水和其他外来水渗入填埋场内；控制填埋场气体从填埋场上部释放；抑制病原菌的繁殖；避免地表径流水的污染，避免垃圾的扩散；避免垃圾与人和动物的直接接触；提供可以进行景观美化的表面；便于填埋土地的再利用等。

（4）杀虫

当填埋场温度条件适宜时，幼虫会在垃圾层被覆盖之前孵出，导致在倾倒区附近出现大量的苍蝇。填埋场的蝇密度以新鲜垃圾处为最多，应作为灭蝇的重点。蝇密度在季节变化中，以6月份最高，之后急剧下降，10月蝇密度有所增加，之后蝇密度随着温度降低而下降，1月份最低，2~5月份逐渐上升。灭蝇药物中混剂相对于单剂具有明显的增效作用，但药物的使用会给环境带来一定的污染，因此需掌握药物传播途径，正确使用药剂，控制药剂污染，尽可能减少药剂使用。

9.2 填埋场选址

9.2.1 选址原则

填埋场选址总原则是以合理的技术、经济方案，尽量少的投资，达到最理想的处理效果，实现保护环境的目的。具体需要遵循以下几条原则：

① 环境保护原则。垃圾填埋场选址的基本原则。应确保其周边生态环境、水环境、大气环境以及人类生存环境等的安全。防止垃圾渗滤液污染地下水和地表水是场址选择时需加以考虑的重点。

② 经济原则。要合理、科学地选择场地，并能够达到降低工程造价、提高资金使用效率的目的。但场地的经济问题是一项比较复杂的问题，它涉及场地的规模、征地费用、运输费等多种因素。

③ 法律及社会支持原则。场址的选择不能破坏和改变周围居民的生产、生活基本条件，需得到公众的大力支持。

④ 工程学及安全生产原则。必须综合考虑场址的地形、地貌、水文与工程地质条件、抗震防灾要求等安全生产各要素，以及交通运输、覆盖土土源、文物保护、国防设施保护等。

9.2.2 选址要求

(1) 应与当地城市总体规划和城市环境卫生专业规划协调一致

填埋场作为城市环卫基础设施的一个重要组成部分，填埋场的建设规模要求与城市建设规模和经济发展水平相一致，其场址的选择要服从当地城市总体规划的用地规划要求。

(2) 应与当地的大气防护、水土资源保护、自然保护及生态平衡要求相一致

填埋场在运行过程中可能对周围环境产生一定的不利影响，如恶臭、病原微生物、扬尘以及防渗系统破坏后的渗滤液扩散污染等。在选址过程中，应远离水源地、居民活动区、河流、湖泊、机场、保护区等重要的、与人类生存密切相关的区域，将不利影响的风险降至最低。

(3) 应交通方便，尽量缩短运输距离

为便于运输，填埋场应靠近交通主干道，同时填埋场与公路应保持合适的距离，以便于实施卫生防护并布置与填埋场的连通道路。缩短废物的运输距离可以降低其处置费用，而由于城市化进程的加快，废物运输距离越来越远，可以通过增设废物压缩转运站或使用压缩废物运输车以提高单位车辆的运输效率，降低运输成本。

(4) 人口密度、土地利用价值及征地费用均应合理

填埋场选址还应考虑填埋场工程建设投资和施工的难度问题。由于填埋场大多处于农村地区或城乡接合部，因此填埋场选址要求紧密结合农村社会经济状况、农业生态环境特征和农民风俗习惯与文化背景，宜考虑兼顾各社会群体的利益诉求。

(5) 填埋场应具有良好的自然条件

填埋场应位于地下水贫乏地区、环境保护目标区域的地下水流下游地区及夏季主导风向下风向。填埋场不应设在下列地区：①地下水集中供水水源地及补给区，水源保护区；②洪泛区和泄洪道；③填埋库区与敞开式渗滤液处理区边界距居民居住区或人畜供水点的卫生防护距离在500m以内的地区；④填埋库区与渗滤液处理区边界距河流和湖泊50m以内的地区；⑤填埋库区与渗滤液处理区边界距民用机场3km以内的地区；⑥尚未开采的地下蕴矿区；⑦珍贵动植物保护区和国家及地方自然保护区；⑧公园，风景游览区，文物古迹区，考古学、历史学及生物学研究考察区；⑨军事要地、军工基地和国家保密地区。

9.2.3 填埋场址确定

填埋场选址由建设项目所在地的建设、规划、环保、环卫、国土资源、水利、卫生监督等有关部门和专业设计单位的有关专业技术人员参与讨论，并由决策部门在专家论证的基础上确定。

(1) 场址预选

根据有效运输距离，在全面调查与分析的基础上初选3个或3个以上候选场址，通过对候选场址进行踏勘，对场地的地形、地貌、植被、地质、水文、气象、供电、给排水、覆盖土源、交通运输及场址周围人群居住情况等进行对比分析，推荐2个或2个以上备选场址。

(2) 场址确定

对备选场址方案进行技术、经济、社会及环境比较，推荐首选场址，然后对首选场址进行地形测量、选址勘察和初步工艺方案设计,完成选址报告或可行性研究报告,通过审查最终确定填埋场址。

9.3 填埋场总体设计

9.3.1 填埋年限与填埋库容

卫生填埋场按照日处理规模可以分为四类。

Ⅰ类填埋场:日平均填埋量为1200t及以上。

Ⅱ类填埋场:日平均填埋量为500~1200t(含500t)。

Ⅲ类填埋场:日平均填埋量为200~500t(含200t)。

Ⅳ类填埋场:日平均填埋量为200t以下。

填埋场的计划填埋年限受场址特性、服务区域的废物产量、组分及覆盖材料数量和性质的影响。由于填埋场选址非常困难,一般填埋场合理使用年限不少于10年,特殊情况下不少于8年,否则其单位库容的投资会增高。因此选择填埋库容量大的场址,可以增大单位库区面积填埋容量,减少单位库容投资。但填埋年限过长会导致一次性投资过高,设施维护和保养费用加大,一般情况下,填埋年限以10~20年为宜。

垃圾卫生填埋场的年填埋量可用下式计算:

$$V = 365WP/D + C \tag{9-1}$$

$$A = V/H \tag{9-2}$$

式中,V 为垃圾的年填埋体积,m^3;W 为垃圾的产率,$kg/(人·d)$;P 为城市人口数量,人;D 为填埋后垃圾的压实密度,kg/m^3;C 为覆土体积,m^3;A 为每年需要的填埋面积,m^2;H 为填埋高度,m。

[例9-1] 计算一个接纳5万城市居民生活垃圾的卫生填埋场所需的容量和占地面积。已知每人每天产生垃圾2.5kg,且垃圾以5%的年增长率递增。覆土与垃圾之比为1:4,填埋后废物的压实密度为650kg/m³,填埋高度为7.5m,填埋场设计运营20年。

解: 垃圾的年填埋体积为

$$V_a = 365WP/D + C$$
$$= 365 \times 2.5 \times 50000/650 + 365 \times 2.5 \times 50000 \times 0.25/650$$
$$= 87740 (m^3)$$

20年的总填埋容量:

$$V_{总} = V_a \times \sum_{i=0}^{19}(1+0.05)^i$$
$$= 87740 \times 33.066 = 2.9 \times 10^6 (m^3)$$

所需的垃圾填埋场面积:

$$A = V_{总}/H = 2.90 \times 10^6/7.5 = 3.87 \times 10^5 (m^2)$$

进行填埋场库容及面积的设计时,除考虑所需填埋容量及占地面积外,还应考虑废物的填埋方式、填埋高度、废物的压实密度、覆盖材料的比例等因素。如果以土壤为覆盖材料,则覆土材料与垃圾之比一般为10%~25%,但目前绝大部分填埋场采用膜覆盖,既可以节省大量填埋空间,又有利于控制蚊蝇和异味。压实后的垃圾容重为500~800kg/m³。

填埋场的理论填埋容量可通过加和各个填埋层的体积进行估算，各个填埋层的体积为每个填埋层的平均面积与该填埋层的高度之乘积。或采用方格网法计算，即将场地划分成若干个正方形方格网，计算每个四棱柱的体积，再将所有四棱柱的体积汇总为总的填埋场库容，方格网越小，精度越高。

在填埋过程中覆盖层、封场系统及防渗系统都会占用一定的填埋库容。因此填埋场的有效库容为有效库容系数与填埋库容的乘积，有效库容可以按下式计算：

$$V' = \zeta V \qquad (9\text{-}3)$$

式中，V' 为有效库容，m^3；V 为理论填埋库容，m^3；ζ 为有效库容系数。

$$\zeta = 1 - (I_1 + I_2 + I_3) \qquad (9\text{-}4)$$

式中，I_1 为防渗系统所占库容系数；I_2 为覆盖层所占库容系数；I_3 为封场系统所占库容系数。

9.3.2 填埋场工程

填埋场主体工程包括：计量设施，地基处理与防渗系统，防洪、雨污分流及地下水导排系统，场区道路，垃圾坝，渗滤液收集和处理系统，填埋气体导排和处理（含可利用）系统，封场工程及监测井等。

填埋场辅助工程包括：进场道路，备料场，供配电，给排水设施，生活和行政办公管理设施，设备维修，消防和安全卫生设施，车辆冲洗、通信、监控等附属设施或设备，应急设施（包括垃圾临时存放、紧急照明等设施）。Ⅲ类以上填埋场还包括环境监测室、停车场等设施。

9.3.3 填埋场平面布置

填埋场总平面按功能分区布置，主要功能区包括填埋库区、渗滤液处理区、辅助生产区、管理区等，根据工艺要求可设置填埋气体处理及利用区、生活垃圾机械区、生物预处理区等。填埋库区的占地面积一般为填埋场总面积的70%~90%，不小于60%。

填埋场根据处理规模和建设条件分期和分区建设。填埋库区按照分区进行布置，库区分区的大小主要考虑易于实施雨污分流，分区的顺序要有利于垃圾场内运输和填埋作业，并考虑与各库区进场道路的衔接。

采用分期和分区建设方式可以减少一次性投资；减少渗滤液处理投资和运行成本；减少运土或买土的费用，前期填埋库区的开挖土可以在未填埋区域堆放，逐渐地用作前期填埋库区作业时的覆土。

分区建设要考虑以下几个方面：每区的垃圾库容能够满足一段时间使用年限的需要；每个填埋库区在尽可能短的时间内得到封闭；分区的顺序有利于垃圾运输和填埋作业；实现雨污分流，使填埋作业面积尽可能小，减少渗滤液的产生量；分区能满足工程分期实施的需要。

9.3.4 填埋场设计思路

进行填埋场设计时，首先应进行填埋场地的初步布局，勾画出填埋场主体及配套设施的大致方位，然后根据基础资料确定填埋区容量、占地面积及填埋区构造，并做出填埋作业的年度计划表，再分项进行渗滤液控制、填埋气体控制、填埋区分区、防渗工程、防洪及地表水导排、地下水导排、土方平衡、进场道路、垃圾坝、环境监测设施、绿化以及生产和生活服务设施、配套设施的设计，提出设备的配置表，最终形成总平面布置图，并提出封场的规划设计。

垃圾填埋场由于处所的自然条件和垃圾性质的不同，如山谷型、平原型、滩涂型填埋场的堆高、运输、排水、防渗等各有差异，工艺上也会有一些变化，这些外部的条件对填埋场的投资和运营费用影响很大，需综合考虑。总体设计思路见图9-4。

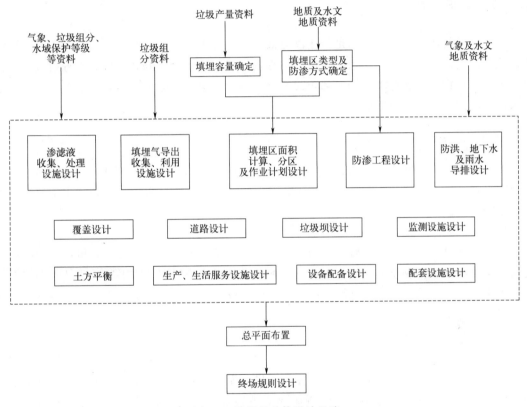

图 9-4　填埋场总体设计思路

9.4　场地处理及场底防渗系统

9.4.1　场地处理

为避免填埋场库区地基在垃圾堆积后产生不均匀沉降，保护防渗层中的防渗膜，在铺设防渗膜前必须对场地进行处理，具体包括地基处理、边坡处理和场地平整。

地基处理：填埋场建设前要对库区地基进行承载力、变形及稳定性计算，对不满足建设要求的地基要求进行相应的处理，以保证填埋堆体的稳定。

边坡处理：填埋库区边坡坡度宜取1∶2，局部陡坡要求不大于1∶1。削坡修整后的边坡要求光滑整齐，无凹凸不平，便于铺膜。基坑转弯处及边角采取圆角过渡。

场地平整：为减少库底的开挖深度，减少土方量，减少渗滤液、地下水收集系统及调节池的开挖深度，场地平整要尽量减少库底的平整设计标高。平整时要清除所有植被及表层耕植土，将所有软土、有机土和其他所有可能降低防渗性能和强度的异物去除，堵塞所有裂缝和坑洞，并配合场底渗滤液收集系统的布设，使场底形成一定的整体坡度，坡度控制在≥2%，同时，还要对场底进行压实，压实度不小于90%。

填埋场的场地平基（主要是山坡开挖与平整）不宜一次性完成，而是应与膜的分期铺设同步，采用分层实施的方式。

9.4.2 场底防渗

填埋场进行防渗处理的目的是阻止渗滤液进入环境中，避免污染地表水与地下水，同时防止地下水进入填埋场。地下水一旦进入填埋场不仅会增大渗滤液处理量和工程投资，而且地下水的顶托作用会破坏填埋场底部防渗系统。因此，填埋场必须进行防渗处理，并且在地下水位较高的场区还应设置地下水导排系统。

9.4.2.1 防渗材料

填埋场防渗材料的选择直接决定防渗层的防渗效果，目前使用较多的防渗材料有三类：天然防渗材料、人工改性防渗材料、土工合成材料［如土工膜材料、土工布和土工聚合黏土材料（GCL）］。

(1) 天然防渗材料

天然防渗材料是岩石风化后产生的次生矿物，颗粒极小，多由蒙脱石、伊利石和高岭石组成，主要有黏土、亚黏土、膨润土等。其渗透性低、造价低廉且施工简单，被许多填埋场广泛采用。但其单独作为防渗材料一般是在环境要求不太高或者水文地质条件比较好的情况下采用，且必须符合一定的标准。

(2) 人工改性防渗材料

人工改性防渗材料是当黏土、亚黏土等天然防渗材料无法达到防渗要求时，将其添加物质进行改性，以达到防渗要求。添加剂分为有机、无机两种。有机添加剂包括一些有机单体（如甲基脲等）聚合物；无机添加剂包括石灰、水泥、粉煤灰和膨润土等。无机添加剂费用相对较低，效果好。

常用的两种人工改性材料如下：

① 黏土-膨润土改良型材料。在天然黏土中添加适量（如3%~15%）膨润土矿物，使改良后的黏土达到防渗材料的要求。膨润土因其具有吸水膨胀特性和巨大的阳离子交换容量，添加在黏土中，不仅可以减少黏土的孔隙，降低其渗透性，而且能增强衬里吸附污染物的能力，同时还可以大幅度提高衬里的力学强度。

② 黏土-石灰、水泥改良型材料。在天然黏土中添加适量的石灰、水泥以改善黏土性质，提高黏土的吸附能力和酸碱缓冲能力。掺和添加剂再经压实，黏土的孔隙明显减小，抗渗能力增强。但是这种改性黏土也有其应用的局限性，如石灰为碱性物质，不一定适合所有种类的土壤，而且改性土比原状黏土更易产生裂隙。

(3) 土工合成材料

土工膜是一种相对较薄的柔性热塑性或者热固性聚合材料，通常是在厂内加工定型后运至使用地点。土工膜防渗材料通常具有极低的渗透性,其渗透系数均可达到 $10^{-11}\mathrm{cm/s}$。常见的土工膜有高密度聚乙烯、聚氯乙烯、氯化聚乙烯(CPE)、氯丁橡胶(CDR)、乙丙橡胶(EPDM)等,其中高密度聚乙烯防渗性能好,机械强度高,耐化学腐蚀能力强,气候适应性好,制造工艺成熟,易于现场焊接,工程施工经验比较成熟,广泛应用于填埋场的水平防渗中。

土工聚合黏土材料是将膨润土夹在土工织物中间或连接在土工膜上混合制成,又称为钠基膨润土。土工聚合黏土材料能利用轻型设备安装,减小对下层的损害,同时又易铺设在边坡上。与土工膜相比,GCL 具有柔韧性好、遇水厚度增加、不易被顶破或者刺破失效、施工简单、易于运输和安装等优点。

土工布是垃圾填埋场中经常使用的非织造土工织物,又称为无纺布。土工布在填埋场中的作用主要是保护土工膜,防止渗滤液收集沟被堵塞等,也应用于渗滤液收集管、沼气管或用于最终密封层的排水等。

各种防渗材料的物理、化学性质差别较大,适合于不同的防渗要求。天然黏土和人工改性黏土是填埋场防渗结构的理想材料。但是,黏土只能延缓渗滤液的渗漏,而不能制止渗滤液的渗漏,除非黏土的渗透性极低且有较大的厚度。为了更有效地密封渗滤液于填埋场中,现代填埋场尤其是危险垃圾填埋场经常将土工合成材料(土工膜)与黏土结合作为填埋场的防渗材料。

9.4.2.2 场底防渗结构

场底防渗是填埋场运行作业前的主体工程之一,根据防渗设施铺设方向的不同,可分为水平防渗和垂直防渗。

(1) 水平防渗

水平防渗是目前使用最广泛的一种防渗方式。水平防渗是在填埋场的场底及侧边铺设防渗材料,以防止填埋场渗滤液向周边渗透而污染土壤和地下水,防止填埋场气体无控释放,同时也阻止周围地下水流入填埋场内。根据所用防渗材料的不同可分为自然防渗和人工防渗两种。

自然防渗是采用黏土类天然防渗材料或人工改性防渗材料作为防渗层。其中黏土使用最多,可分自然黏土衬里和人工压实黏土衬里。天然防渗衬里的主要优点是造价低廉,施工简单。天然黏土通过压实,当其渗透系数小于 $10^{-7}\mathrm{cm/s}$ 时,便可以作为一个防渗层,和渗滤液收集系统、保护层、过滤层等一起构成一个完整的防渗系统。但这种防渗系统只适合于防渗要求低、抗损性低的条件。人工防渗是指采用人工合成有机材料(柔性膜)与黏土结合作防渗衬层的防渗方法。

根据填埋场渗滤液收集系统、防渗系统和保护层、过滤层的不同组合,水平防渗一般可分为单层衬层防渗系统、单复合衬层防渗系统、双层衬层防渗系统和双复合衬层防渗系统,如图 9-5~图 9-8 所示。

① 单层衬层防渗系统。此种防渗系统只有一层防渗层,可由黏土或人工合成膜构成,其上是渗滤液收集系统和保护层。该系统适用于抗损性低、场址区地质条件良好、渗透性差、地下水较贫乏的条件。对于场底低于地下水位的填埋场,为防止地下水流入造成渗滤液量过多及地下水的上升压力破坏衬垫系统,可在防渗层下设一个地下水收集系统和保护层。

② 单复合衬层防渗系统。此种防渗系统的防渗层由两种相同或不同的防渗材料相互紧

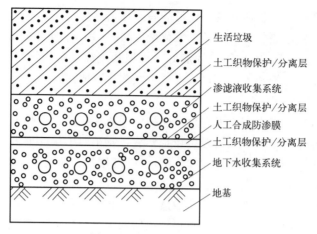

图 9-5 单层衬层防渗系统

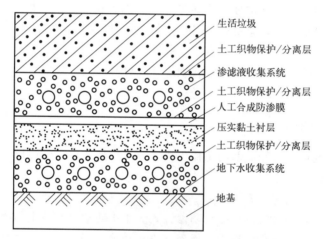

图 9-6 单复合衬层防渗系统

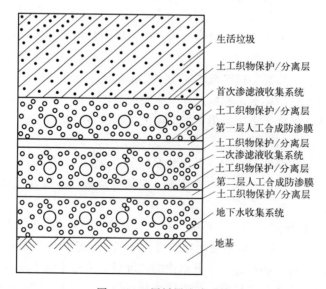

图 9-7 双层衬层防渗系统

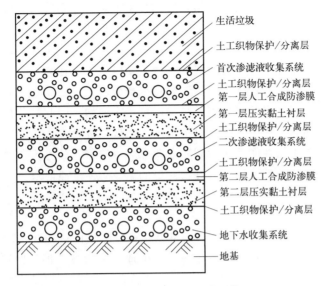

图 9-8 双复合衬层防渗系统

密贴合而成。较典型的单复合结构是上层为人工合成柔性膜，如 HDPE 膜，其下层为低渗透性的天然黏土矿物。防渗层上方为渗滤液收集系统，下方为地下水收集系统。单复合衬层系统综合了两种防渗材料的优点，具有很好的防渗效果。复合衬层的柔性膜出现局部破损渗漏时，由于膜与黏土表面紧密连接，具有一定的密封作用，渗滤液不会引起沿两者结合面的移动，适用于抗损性较高、地下水位高，水量较丰富的条件。

③ 双层衬层防渗系统。此种防渗系统有两层防渗衬层，上衬层之上为渗滤液收集系统，下衬层之下为地下水收集系统。两衬层之间是排水层（次要），以控制并收集通过上衬层渗漏下来的渗滤液或填埋气体。该系统与单复合衬层的主要区别是两层防渗层是分开的，而不是紧贴在一起的。其在防渗的可靠性上优于单衬层系统，但在施工和衬层的坚固性及防渗效果等方面不如单复合衬层系统。

双层衬层防渗系统主要在下列几种条件下使用：①基础天然土层很差（渗透系数大于 $10^{-5}\,cm/s$），地下水位又较高（距场地小于 2m）；②土方工程费用很高，而采用 HDPE 膜费用低于土方工程费用；③混合型填埋场的独立库区，如生活垃圾焚烧飞灰和医疗废物焚烧残渣经处理后的独立填埋库区。

④ 双复合衬层防渗系统。与双层衬层防渗系统的结构类似，不同之处是双复合衬里系统的上下衬里分别采用的是单复合衬里。该系统综合了单复合衬里系统和双层衬里系统的优点，具有抗损害能力强、坚固性好、防渗可靠性高等特点，但其造价很高。双复合衬里系统适用于废物危险性大，对环境质量要求很高的条件。

在填埋场衬层设计中，HDPE 等柔性膜通常用于单复合衬层防渗系统、双层衬层防渗系统和双复合衬层防渗系统的防渗层设计，由于柔性膜需要较好的基础铺垫，才能保证膜稳定、安全而可靠地工作，因此，除特殊情况外，柔性膜一般不单独使用。

填埋场场区水平防渗系统的选择应根据环境标准要求、水文地质与工程地质条件、衬层材料来源、填埋废物性质及其与衬层兼容性、施工条件、经济可行性等因素进行综合考虑。

如果场址区地下水贫乏，且底部高于地下水水位或虽低于地下水水位，但地下水的水头压力尚没有破坏衬层时，可采用单层衬层防渗系统；如果填埋场的水文地质和工程地质条件不理想，且对场区周边环境质量要求严格，应选择单复合衬层系统或双层衬层系统。双复合衬层系统则多用于填埋废物危害性更大、环境质量要求更严格的安全填埋场。目前，我国大部分地区的城市固体废物卫生填埋场多采用单层衬层防渗系统或单复合衬层防渗系统。

经济可行性是衬层系统选择中始终要考虑的基本因素。应在满足环境要求的条件下，选择更为经济的衬层系统。一般而言，天然防渗系统造价较人工防渗系统的低，单层衬层、单复合衬层、双层衬层、双复合衬层防渗系统的造价依次递增。因此，若在场区及其就近有符合要求的黏土，宜使用黏土作防渗层及保护层，以降低工程投资；当填埋场区及其附近没有合适的黏土资源或者黏土的性能无法达到防渗要求时可以将亚黏土、亚砂土等天然材料中加入添加剂进行人工改性，使其达到天然黏土衬里的等效防渗性能要求。若场址区不具备天然防渗的条件，则应采用柔性膜或天然与人工材料组合的人工防渗系统。

(2) 垂直防渗

垂直防渗指防渗层竖向布置，防止渗滤液及填埋气体横向渗透迁移，污染周围土壤和地下水。对于填埋区地下有不透水层的填埋场，在填埋区一边或四周建防渗工程（如防渗墙、防渗板、注浆帷幕等），深入不透水层，使填埋区内的地下水与填埋区外的地下水隔离开，防止渗滤液向周围渗透污染地下水和填埋气体无控释放，同时也可阻止周围地下水流入填埋场。

垂直防渗系统在山谷型填埋场中应用较多（如国内的杭州天子岭、南昌麦园、长沙、贵阳、合肥等老垃圾填埋场），由于山谷型填埋场周边山峰的地下不透水层较高，可以阻挡场内污水外流，因此垂直幕墙只需在山谷下游的谷口建设，幕墙与两边山峰相接，将整个山谷封闭，避免场内地下水外流。在平原区填埋场中也有应用。可以用于新建填埋场的防渗工程，也可以用于老填埋场的污染治理工程，尤其对不准备清除已填垃圾的老填埋场，其基底防渗是不可能的，此时周边垂直防渗就特别重要。

垂直防渗的优点是投资小（对山谷型填埋场而言），缺点是防渗幕墙的效果不能保证。防渗幕墙一般是采用灌浆的方式实现的，对地下岩层裂隙较多的地方，裂隙纵横交错，灌浆难以将其堵严。根据施工方法的不同，通常采用的垂直防渗工程有土层改性法防渗墙、打入法防渗墙和工程开挖法防渗墙等。

9.5 渗滤液收集导排

9.5.1 渗滤液的产生及其特征

渗滤液的来源
演示

渗滤液是指废物在填埋或堆放过程中因有机物分解产生的水分或废物中的游离水、降水、地表径流入渗而形成的成分复杂的高浓度有机废水。其中，降水、地表径流和垃圾中水分是渗滤液产生的主要原因。渗滤液的水质受废物组分、气候条件、水文地质、填埋时间及填埋方式等因素影响，浓度变化幅度较大。具有如下特征：

① 颜色呈淡茶色或暗褐色，色度在 2000~4000 之间，有较浓的腐化臭味。
② 填埋初期 pH 为 6~7，呈弱酸性，随时间推移，pH 为 7~8，呈弱碱性。
③ 随时间和微生物活动的增加，渗滤液中 BOD_5 也逐渐增加。一般填埋 6 个月至 2.5 年，达到最高峰值，此后 BOD_5 开始下降，填埋 6~15 年后趋于稳定。
④ 填埋初期，COD 略低于 BOD_5，随时间推移，BOD_5 快速下降，而 COD 下降缓慢，

使COD略高于BOD_5。

⑤ 溶解性固体含量较高，在填埋初期（0.5～2.5年）呈上升趋势，直至达到峰值，然后随时间增加逐年下降直至稳定。

⑥ 氨氮浓度较高。大部分填埋场为厌氧填埋，堆体内的厌氧环境造成渗滤中氨氮浓度极高，并且随着填埋年限的增加而不断升高，有时可高达1000～3000mg/L。

⑦ 生活垃圾单独填埋时，重金属含量较低，但与污泥混合填埋时，重金属含量增加，可能超标。

由上可知，随填埋年限的增加，渗滤液中各成分的浓度会发生较大的变化。通常，当填埋场处于初期阶段时，渗滤液的pH较低，而COD、BOD_5、总有机碳（TOC）、悬浮物（SS）、硬度、挥发性脂肪酸和金属的含量较高；当填埋场处于后期时，渗滤液的pH升高，而COD、BOD_5、硬度、挥发性脂肪酸和金属的含量则明显下降。中国生活垃圾填埋场渗滤液主要污染指标浓度范围见表9-1。

表9-1 中国生活垃圾填埋场渗滤液浓度变化范围

指标	数据（pH除外）/(mg/L)	指标	数据（pH除外）/(mg/L)
pH	5.53～8.29	Cu	0.15～0.66
F^-	6.82～17.42	Zn	1.19～5.02
Cl^-	31.68～44.77	Cr	0.10～0.58
SO_4^{2-}	17.86～2600	Ni	0～1.58
氨氮	116～2740	Fe	5.12～207.8
硝态氮	15.31～35.40	Mn	7.16～18.56
亚硝态氮	14.93～123.61	COD	1000～80000
有机氮	134.35～609.36	BOD_5	1996～2000
As	0.004～0.90	总磷（TP）	5.89～100
Pb^-	0.005～0.42	动植物油	0.31～100
Cd	0～0.04	SS	30～10000

9.5.2 渗滤液的产生量

填埋场渗滤液的产生量受区域降水及气候状况、场地地形地貌及水文地质条件、填埋垃圾性质与组分、填埋场构造、填埋操作条件等因素的影响。因此，对垃圾渗滤液产生量的估算比较困难，而且往往不准确。

在填埋场的实际设计与施工中，可采用由降雨量和地表径流量的关系式所推算的经验模型来简单计算渗滤液产生量，我国《生活垃圾卫生填埋处理技术规范》GB 50869—2013中推荐的渗滤液产生量计算办法如下：

$$Q = I \times (C_1 A_1 + C_2 A_2 + C_3 A_3 + C_4 A_4)/1000 \tag{9-5}$$

式中，Q为渗滤液产生量，m^3/d；C_1为正在填埋作业区浸出系数，0.4～1.0；C_2为已中间覆盖区浸出系数，采用膜覆盖时取（0.2～0.3）C_1，采用土覆盖取（0.4～0.6）C_1；C_3为已终场覆盖区浸出系数，0.1～0.2；C_4为调节池浸出系数，调节池设置有覆盖系统时取0，未设置覆盖系统时取1.0；I为降雨量，mm/d；A_1、A_2、A_3、A_4分别为正在填埋区、已中间覆盖区、已终场覆盖区及调节池汇水面积，m^2。

渗滤液产量计算包括最大日产生量、日平均产生量及逐月平均产生量。当设计计算渗滤液处理规模时应采用日平均产生量；当设计计算渗滤液导排系统时应采用最大日产生量；当计算调节池容量时应采用逐月平均产生量。

[**例 9-2**] 某填埋场总面积为 $10.0hm^2$，分四个区进行填埋。目前已有三个区填埋完毕，其面积 $A_3=7.5hm^2$，浸出系数 $C_3=0.25$。另有一个区正在进行填埋施工，填埋面积 $A_1=2.5hm^2$，浸出系数 $C_1=0.5$。当地的年平均降雨量为 $3.5mm/d$，最大月降雨量的日换算值为 $6.8mm/d$。求渗滤液产生量。

解：渗滤液产生量：$Q=Q_1+Q_3=(C_1A_1+C_2A_2)\times I/1000$

平均渗滤液量：$Q_{平均}=(0.5\times 2.5+0.25\times 7.5)\times 10000\times 3.5/1000$
$=109.4(m^3/d)$

最大渗滤液量：$Q_{最大}=(0.5\times 2.5\times 10000+0.25\times 7.5\times 10000)\times 6.8/1000$
$=212.5(m^3/d)$

9.5.3 渗滤液收集导排系统

9.5.3.1 收集导排系统的作用

渗滤液在填埋场衬层上蓄积会引起下列问题：
① 填埋场内的水位升高导致更强烈的浸出，从而使渗滤液的污染物浓度增大；
② 底部衬层之上的静水压增加，导致渗滤液更多地泄漏到地下水或土壤中；
③ 填埋场的稳定性受到影响；
④ 渗滤液有可能扩散到填埋场外。

渗滤液收排系统的主要作用是在填埋场预设寿命期限内将填埋场内产生的渗滤液收集并输送至渗滤液处理系统进行处理，避免渗滤液在填埋场底部蓄积。

9.5.3.2 收集导排系统的构造

渗滤液收集导排系统由收集系统和输送系统组成。

收集系统是位于填埋场底部防渗层上面的、由砂或砾石构成的排水层，即导流层。在排水层内设有穿孔管网，为防止阻塞，在排水层表面和穿孔管外铺设无纺布。多数情况下，渗滤液的输送系统由渗滤液收集池、提升多孔管、潜水泵、输送管道和调节池组成，如地形条件可以使渗滤液通过重力流形式自流到处理设施，此时可不设渗滤液收集池和提升系统。典型的渗滤液收排系统由以下几个部分组成。

(1) 导流层

为防止渗滤液在填埋库区场底积蓄，填埋场底部应形成一系列坡度的阶地，避免因设计不合理出现低洼反坡、场底下沉等现象，而使渗滤液滞留在水平衬层的低洼处，并逐渐渗出，对周围环境产生影响。导流层的目的是将填埋场全部渗滤液顺利地导入置于收集沟内的渗滤液收集管内（包括主管和支管）。

导流层通常由粒径为 20～60mm 的粗砂砾、卵石或碎石铺设构成，厚 30cm 以上。导流层覆盖整个填埋场底部衬层，其水平渗透系数应大于 $10^{-3}cm/s$，坡度不小于 2%。排水层和废物之间通常应设置天然或土工织物等人工过滤层，以免小颗粒土壤和其他物质堵塞排水层，从而使渗滤液快速流入导流管，降低衬层上的渗滤液深度。

（2）导流沟与导流管

导流盲沟设置在导流层的底部衬层之上，并贯穿整个填埋场场底，其断面常为等腰梯形或菱形。在盲沟中填充卵砾石或棱角光滑的碎石，粒径上大下小以形成反滤，通常颗粒粒径上部为40~60mm，下部为25~40mm。导流盲沟可以采用鱼刺状和网状形式布置，分为主沟和支沟，位于场底中轴线上的为主沟，在主沟上按间距30~50m设置支沟，两者的夹角一般采用15的倍数（通常采用60°）。盲沟坡度要保证渗滤液能快速通过干管进入调节池，纵横向坡度一般不小于2%。在导流沟下方的衬层应该有更大的深度，以保证在导流沟的底部衬层也能达到最小设计厚度。

渗滤液收集管一般安放在导流盲沟中，用砾石将其四周加以填塞，再衬以土工纤维织物，以减少细粒物进入沟内，渗滤液通过上述各层，最后进入收集管。埋设在导流盲沟的主沟和支沟中的导流管分别称为干管和支管。导流管的管径需根据收集面积的渗滤液最大日流量及设计坡度等条件计算确定，通常主管管径不小于315mm，支管管径不小于200mm。管材目前多采用高密度聚乙烯（HDPE）。导流管需预先制孔，孔径15~20mm，孔距50~100mm，保证其刚度和强度要求的前提下，导流管开孔率一般为2%~5%。同时在管道安装和初期填埋作业时，应注意避免管道受到挤压破坏。典型的渗滤液导流系统断面如图9-9所示。

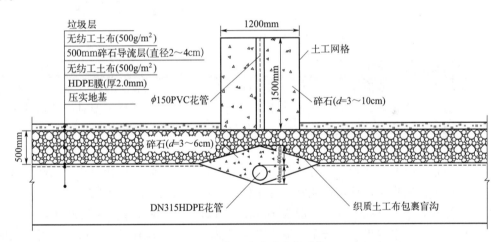

图9-9　典型渗滤液收集系统

渗滤液收集系统中的收集导流管不仅指场底水平铺设的管道，同时还包括填埋场中垂直设置的收集管。卫生填埋场一般采用分层填埋的方式，各层垃圾压实后，覆盖一定厚度的黏土层，起到减少垃圾污染及雨水下渗作用，但同时也造成上层垃圾产生的渗滤液不能流到填埋场底部的导流层，因此需要布置垂直渗滤液收集系统。即在填埋区按一定间距设立贯穿垃圾堆体的竖向收集井，在竖井中设垂直立管，管底部通入导流层或通过短横管与水平收集管相连接，以形成垂直-水平的立体收集系统，通常这种立管同时也用于导出填埋气体，称为排渗导气管。中间覆盖层的导流盲沟应与竖向收集井相连接，其坡度应能保证渗滤液快速进入竖向收集井。垂直收集的管材一般采用高密度聚乙烯穿孔花管，在其外围利用土工格网形成套管，并在套管与多孔管之间填入建筑垃圾、卵石或碎石滤料，随着垃圾层的升高，垂直收集系统也逐级加高,直至最终封场高度,底部的垂直多孔管与导流层中的渗滤液收集管网相通,这样垃圾堆体中的渗滤液可通过滤料和垂直多孔管流入底部的排渗管网,提高了整个填埋场的排污能力。排渗导气管的间距要考虑不影响填埋作业和有效导气半径的要求,一般按 50m 间距梅花形交错布置。典型的排渗导气管断面见图 9-10。

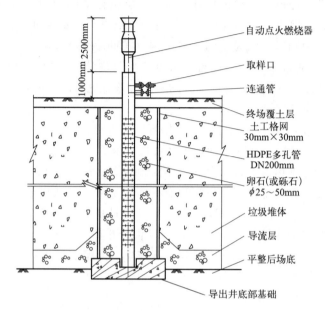

图 9-10 典型的排渗导气管断面图

(3) 集液池和提升系统

平原型填埋场因渗滤液无法借助重力从场内导出,需采用集液池和提升系统。集液池位于垃圾主坝前的最低洼处,一般设在填埋库区外侧,集液池(井)容积视对应的填埋单元面积而定,按库区分区情况可以设置一个或多个集液池。填埋场的垃圾渗滤液通过收集导流管汇集到集液池并通过提升系统越过垃圾主坝进入调节池。

提升系统包括提升多孔管和提升泵。提升管按安装形式可分为竖管和斜管,因斜管可以大大减小负摩擦力的作用,且可避免竖管带来的诸多操作问题,故采用较普遍。斜管常采用高密度聚乙烯管,半圆开孔,管径一般为 800mm,以便于将潜水泵放入集液池,在泵发生故障或维修时可以将泵取出。提升泵一般为自动可潜式,通过提升斜管安放于贴近池底的部位,其作用是将渗滤液抽送入调节池。典型斜管提升系统断面见图 9-11。

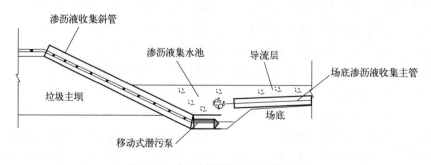

图 9-11 典型斜管提升系统断面图

山谷型填埋场可利用自然地形的坡降,采用渗滤液收集管直接穿过垃圾主坝的方式,可以省略集液池和提升系统。穿坝的收集管不开孔,采用与渗滤液收集管相同的管材,管径不小于渗滤液收集主管的管径。采取这种输送方式因省略了泵而没有能耗,且主坝前不会形成渗滤液的壅水,利于垃圾堆体的稳定化,便于填埋场的管理,但穿坝管与主坝上游水平衬垫层接口处因沉降速度的不同易发生衬垫层的撕裂,对水平防渗产生破坏性影响。

(4) 调节池

调节池可以作为渗滤液的初步处理设施,又起到调节渗滤液水质和水量的作用,从而保证渗滤液后续处理设施的稳定运行和减小暴雨期间渗滤液外泄污染环境的风险。调节池池底和池壁可采用 HDPE 等土工膜防渗结构或钢筋混凝土结构。钢筋混凝土结构调节池池壁应做防腐蚀处理。常采用地下式或半地下式,调节池容量应超过 3 个月的渗滤液处理量。

考虑到调节池渗滤液恶臭对环境的影响,在设计和施工时,要对调节池的表面进行覆盖。覆盖材料包括 HDPE 膜等,覆盖表面有气体出气口,出气可用矿化垃圾生物滤池或其他方法处理。同时还要考虑膜顶面的雨水导排及池底污泥的清理。

调节池容积可按表 9-2 进行计算。

表 9-2 调节池容量计算表

月份	多年平均逐月降雨量/mm	逐月渗滤液产生量/m^3	逐月渗滤液处理量/m^3	逐月渗滤液余量/m^3
1	M_1	A_1	B_1	$C_1 = A_1 - B_1$
2	M_2	A_2	B_2	$C_2 = A_2 - B_2$
3	M_3	A_3	B_3	$C_3 = A_3 - B_3$
4	M_4	A_4	B_4	$C_4 = A_4 - B_4$
5	M_5	A_5	B_5	$C_5 = A_5 - B_5$
6	M_6	A_6	B_6	$C_6 = A_6 - B_6$
7	M_7	A_7	B_7	$C_7 = A_7 - B_7$
8	M_8	A_8	B_8	$C_8 = A_8 - B_8$
9	M_9	A_9	B_9	$C_9 = A_9 - B_9$
10	M_{10}	A_{10}	B_{10}	$C_{10} = A_{10} - B_{10}$
11	M_{11}	A_{11}	B_{11}	$C_{11} = A_{11} - B_{11}$
12	M_{12}	A_{12}	B_{12}	$C_{12} = A_{12} - B_{12}$

逐月渗滤产生量可根据式(9-5) 计算,其中 I 取多年平均逐月降雨量 $M_1 \sim M_{12}$,经计算得出逐月渗滤液余量 $C_1 \sim C_{12}$。逐月渗滤液余量可按式(9-6) 计算。

$$C = A - B \tag{9-6}$$

式中,C 为逐月渗滤液余量;A 为逐月渗滤液产生量;B 为逐月渗滤液处理量。

将 1~12 月中 $C > 0$ 的月渗滤液余量累计相加,即为需要调节的总容量。

计算值按历史最大日降雨量或 20 年一遇连续七日最大降雨量进行校核,在当地没有上述历史数据时,可采用现有全年数据进行校核。将校核值与计算所得的调节池总容量进行比较,取其中较大者,在此基础上乘以安全系数 1.1~1.3 即为调节池容积。

9.5.4 渗滤液的处理

9.5.4.1 渗滤液回灌

渗滤液回灌，是用适当的方法将在填埋场底部收集到的渗滤液从其覆盖层表面或覆盖层下部重新灌入垃圾堆体的一种处理方法。通过渗滤液回灌可以向填埋场接种微生物，加快垃圾中有机物的分解、加速沉降、提高填埋气体产气速率，从而加快填埋场的稳定，并改善渗滤液水质。

渗滤液回灌技术主要通过泵输送渗滤液，设施简单，操作管理方便，便于实现自动化，基建投资小，运行费用低，甚至可以不设置专门的渗滤液处理设施。特别是我国西部部分小城镇干旱少雨，采用渗滤液表面回喷蒸发技术可有效地减少渗滤液产量，甚至做到渗滤液零外排，在干旱和半干旱地区有很强的适用性。但在渗滤液循环喷洒过程中应注意因渗滤液悬浮物过高造成覆盖层土壤堵塞，以及作业区产生臭味等问题，因此应考虑在喷洒前对渗滤液进行预处理。另外进行回灌处理的填埋场必须具有良好的气体、渗滤液收排系统和防渗层，防止造成地下水污染等环境问题。

此外，在填埋场运行的初期阶段，渗滤液中包含有相当量的总含盐量（TDS）、BOD_5、COD、氨和重金属等。通过循环，这些组分通过填埋场内的生物作用和其他物理化学反应被降解或稀释。渗滤液再循环虽然可以降低其有机成分的含量，但反复回灌会使氨、重金属及其他无机物等不断积累而保持较高浓度，因此回灌法不能完全消除渗滤液，对回灌法过剩的渗滤液，其处理工艺流程、技术参数需要进一步优化。通常回灌法只能作为预处理方式与其他处理方式相结合。

9.5.4.2 合并处理

合并处理就是将渗滤液引入附近的城市污水处理厂进行处理，包括在填埋场内进行必要的预处理。这种方式利用污水处理厂对渗滤液的缓冲、稀释和调节作用，减少填埋场投资和运行费用。当填埋场附近有城市污水处理厂时可以采用合并处理的方式，但如果该厂在设计时未考虑接收其附近填埋场的渗滤液，则其接收能力是非常有限的。通常认为加入渗滤液的体积不超过生活污水体积0.5%时是安全的，考虑到渗滤液的浓度有时不同，对于较稀的渗滤液接收比例可以提高到4%~10%，但污水处理厂的污泥负荷要控制在10%以内。

合并处理可以略微提高渗滤液的可生化性，但由于渗滤液的加入，重金属等污染物质在生物污泥中的积累会影响污泥后续的处理和应用，且大部分有毒有害难降解污染物质仅仅是通过稀释后重新转移到排放的水体中，并没有得到有效去除，仍然会对环境构成威胁。

9.5.4.3 单独处理

渗滤液单独处理方法包括生物法、土地法和物化法等。

生物法包括矿化垃圾生物反应床处理法、厌氧生物处理法、好氧生物处理法、膜生物反应器法等。其中好氧生物处理包括活性污泥法、稳定塘法、生物转盘法等，厌氧生物处理包括上流式厌氧污泥床、厌氧淹没式生物滤池、混合反应器等。

典型垃圾渗滤液处理工艺

土地法包括慢速渗滤系统（SR）、快速渗滤系统（RI）、表面漫流系统（OF）、湿地系统（WL）、地下渗滤处理系统（UG）及人工快渗处理系统（ARI）等多种土地处理系统，主要通过土壤颗粒的过滤、离子交换吸附、沉淀及生物降解等作用去除渗滤液中的悬浮固体和溶解成分。

物化法一般作为生物处理的预处理工艺，以减轻生物处理的负荷；或作为生物处理的后续保证工艺，以确保出水水质达到设计要求。主要方法有混凝沉淀法、气浮法、氨吹脱、吸附、膜分离技术以及化学氧化法等。

混凝沉淀及气浮法，主要用来去除废水中小的悬浮物和胶体。在渗滤液处理工艺中，主要用于渗滤液中悬浮物、不溶性 COD、重金属的去除以及脱色，对氨氮也有一定的去除效果。

氨吹脱是以曝气的物理方式使游离氨从水中逸出，以降低废水中氨氮浓度。当渗滤液中 $BOD_5/NH_3 < 100:3.6$ 时，生物反应达不到除氮的要求。同时，高浓度的氨氮还会抑制微生物的活性，因此常需要采用物化处理方法进行脱氮前处理。

膜技术是利用隔膜使溶剂与溶质或微粒分离的一种水处理方法。应用于垃圾渗滤液处理的膜分离技术主要有反渗透（RO）和超滤（UF）。渗滤液后处理中经常采用反渗透工艺，以去除中等分子量的溶解性有机物，虽然在运行过程中存在膜污染问题，但反渗透工艺作为后处理工艺设在生物预处理后或物化法之后，用于去除低分子量的有机物、胶体和悬浮物，可以提高处理效率和膜的使用寿命。

化学氧化法是利用氧化还原过程改变水中有毒、有害物质的化学状态，使之无害化。可用于脱色、去除重金属、酚和有机化合物，也可用于消毒、除藻等。化学氧化剂一般用氯气、次氯酸钙、高锰酸钾、臭氧等。

渗滤液的各种处理技术均有各自的特点及不足之处，生物法运行成本较低，工程投资也可以接受，但系统管理相对复杂，且无法去除渗滤液中难降解有机物，单纯采用生物处理很难达到排放标准，一般用于高浓度渗滤液的预处理；物化法不受水质水量影响，能有效去除难降解有机物，出水水质稳定，但存在工程投资极高（如膜分离的反渗透工艺）、处理成本较高（如化学氧化法）等问题，且化学污泥和膜分离浓液可能造成二次污染，因此常用作生物预处理后的渗滤液后处理。土地法投资小、运行管理简单、处理成本低，但因其出水难以达标，仍然需要与其他工艺组合应用。因此新建填埋场渗滤液处理厂一般采用几种工艺组合的形式。

渗滤液处理工艺按流程可分为预处理、生物处理、深度处理和后处理（污泥处理和浓缩液处理）。主要的组合方式有以下几种：

① 预处理＋生物处理＋深度处理＋后处理。
② 预处理＋深度处理＋后处理。
③ 生物处理＋深度处理＋后处理。

预处理包括生物法、物理法、化学法等，处理目的主要是去除氨氮和无机杂质，或改善渗滤液的可生化性。

生物处理包括厌氧法、好氧法等，处理对象主要是渗滤液中的有机污染物和氨氮等。

深度处理包括纳滤、反渗透、吸附过滤、高级化学氧化等，处理对象主要是渗滤液中的悬浮物、溶解物和胶体等。渗滤液处理中，深度处理是难点和重点，也是保证达标及运行管理的关键步骤，深度处理一般以膜处理工艺为主，具体工艺应根据处理要求选择。深度处理常见的工艺组合有纳滤+反渗透（NF+RO）、碟管式反渗透（DTRO）、臭氧-曝气生物滤池。臭氧-曝气生物滤池投资较低，但不能保证达标，没有工程运行经验，风险较大；DTRO处理效果良好，但投资较高，浓缩液较多；NF和RO分级处理，减少浓缩液产量，投资较低，运行经验较为丰富。

三种深度处理工艺方案比较如表9-3所示。

表9-3 深度处理工艺方案比较

项目	方案一 NF+RO	方案二 DTRO	方案三 臭氧+曝气生物滤池
处理原理	纳滤、反渗透结合	单纯反渗透	高级氧化和生化同步
出水水质	水质较好	水质较好	COD、SS难保证达标
难点问题	浓缩液难处理；RO浓缩液较少，进调节池循环处理，NF浓缩液回垃圾仓	浓缩液较多；含盐量较高，残留物中的盐分辅基对运行影响较大	渗滤液中大量难以生物降解物质COD难去除；臭氧加药量需根据水质动态变化，臭氧设备安全性要求较高，对运行人员要求较高
净水回收率	由于纳滤对盐分截留较少，净水回收率较高且稳定	DTRO对盐分的截留，回收率相对方案一有所降低，而且下降较快	回收率高
投资情况	较高	高	较低
工艺运行比较	耗能较低，有较多的工程及运行经验，运行管理简单	耗能较高，运行管理简单	工程及运行经验不足，运行管理较复杂
设备维护	设备维护简单，故障率低	设备维护要求较高，DTRO由于运行压力较高，障率相对较大	设备维护较复杂

后处理包括污泥的浓缩、脱水、干燥、焚烧以及浓缩液蒸发、焚烧等，处理对象是渗滤液处理过程产生的剩余污泥以及纳滤和反渗透产生的浓缩液。

应根据渗滤液的进水水质、水量及排放标准选择具体的处理工艺组合方式。各处理工艺中工艺单元的选择应综合考虑进水水质、水量、处理效率、排放标准、技术可靠性及经济合理性等因素后确定。

目前我国应用较多的垃圾渗滤液处理工艺为"厌氧+膜生物反应器（MBR）+纳滤（NF）+反渗透（RO）"，工艺流程见图9-12，其中MBR处理系统是生物脱氮的关键。反硝化与硝化作用以缺氧、好氧运行，在好氧情况下，微生物会产生硝化作用；在缺氧情况下，微生物会进行反硝化作用以去除氨氮。它将各种形态的氮最终转化为N_2，缓解了渗滤液中的氮污染问题。其特点如下：

① 渗滤液先进行厌氧预处理，后进行MBR生化处理，再进入纳滤及反渗滤系统进行深度处理。该工艺具有较强的适应性和操作上的灵活性，可以适应不同季节的处理需要，出水完全达到设计排放标准。

② 采用厌氧处理工艺，有机负荷高，抗冲击负荷能力强，进水水质对其影响较小，厌氧后出水有机物浓度大幅降低，对MBR系统中反硝化、硝化池的处理冲击较小，充氧设备的能耗较小。

③ 采用MBR能高效地去除渗滤液中的氨氮。与纳滤、反渗透相结合，处理后出水可以达到设计出水标准，具有良好的环境效益。

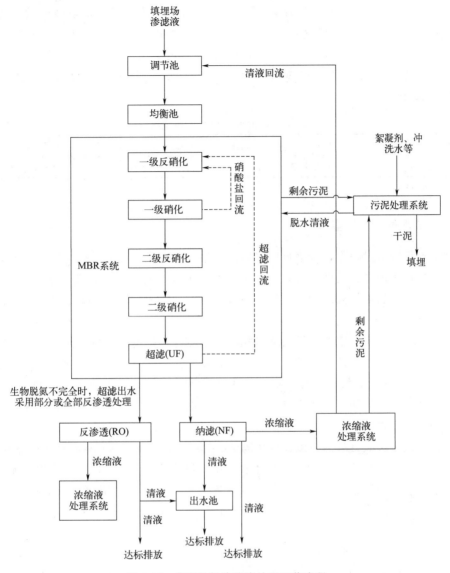

图 9-12 典型垃圾渗滤液处理工艺流程

④ 能耗低、效率高，能有效地提高渗滤液的可生化性。
⑤ 污泥量小。

9.6 填埋气体导排与利用

9.6.1 填埋气体的组成及产量

9.6.1.1 填埋气体的组成

垃圾在填埋场填埋一定时间后，在不断被降解和稳定化的过程中将产生气体。填埋场的气体主要是填埋废物中的有机组分通过生化分解所产生，其中主要含有甲烷、二氧化碳、氨、一氧化碳、氢、硫化氢、氮气和氧气及其他微量化合物组分。通常甲烷的体积分数为45%～50%，二氧化碳为40%～60%，填埋气体（LFG）是多种微生物代谢产生的，填埋场的构造、填埋废物的类型、填埋场的气候条件等因素都会影响填埋气体的组成。表9-4给出了城市垃圾卫生填埋场中存在气体的典型组分及含量分数。填埋气体的典型特征为：温度43～49℃，相对密度为1.02～1.06，为水蒸气所饱和，高位热值为15630～19537kJ/m³。

表9-4 城市垃圾 LFG 的典型组成

组分	甲烷	二氧化碳	氮	氧	硫化物	氨	氢	一氧化碳	微量组分
体积分数[①]/%	45～50	40～60	2～5	0.1～1.0	0～1.0	0.1～1.0	0～0.2	0～0.2	0.01～0.6

① 以干体积为基准。

9.6.1.2 填埋气体的产量

填埋场垃圾降解过程中，垃圾堆内进行着复杂的生物化学反应。填埋气体产量受很多因素的影响，如垃圾成分、填埋区容积、填埋深度、填埋场密封程度、集气设施、垃圾组成、密度、含水率、垃圾堆体温度和大气温度等都会影响到填埋气体的产量，因此很难精确估算出 LFG 的产生量。

一般来说，垃圾组分中的有机物含量越多、填埋区容积越大、填埋深度越深、填埋场密封程度越好、集气设施设计越合理，气体产量越高。在通常条件下，填埋气体产生速率在前2年达到高峰，然后开始缓慢下降，在多数情况下可以延续25年或更长的时间。

目前填埋产气量的确定方法主要有三种，即理论计算法、统计模型计算法和实测法。

(1) 理论计算法

有机城市垃圾厌氧分解的一般反应可写为：

有机物质(固体)+$H_2O \longrightarrow$ 可生物降解有机物质+CH_4+CO_2+其他气体

该方法假定在填埋废物中除废塑料外的所有有机组分可用一般化学分子式 $C_aH_bO_cN_d$ 来表示，且可生物降解有机废物完全生物降解转化为 CO_2 和 CH_4，则可用下式来计算理论气体产生总量：

$$C_aH_bO_cN_d + [(4a-b-2c+3d)/4]H_2O \longrightarrow$$
$$[(4a+b-2c-3d)/8]CH_4 + [(4a-b+2c+3d)/8]CO_2 + dNH_3 \tag{9-7}$$

(2) 统计模型计算法

联合国气候变化框架公约（UNF-CCC）方法学模型计算公式如下：

$$E_{CH_4} = \psi(1-OX) \cdot \frac{16}{12} \times F \times DOC_F \cdot MCF \cdot \sum_{x=1}^{y} \sum_{j} W_{j,x} \cdot DOC_j \cdot e^{-k_j(y-x)}(1-e^{-k_j}) \tag{9-8}$$

式中，E_{CH_4} 为 x 年内甲烷产生量，t；ψ 为模型校正因子，建议取值0.9；OX 为氧化因子，反映甲烷被土壤或其他覆盖材料氧化的情况，宜取0.1；16/12 为碳转化为甲烷的系数；F 为填埋气体中甲烷体积分数（默认值为0.5）；DOC_F 为生活垃圾中可降解有机碳的分解分数，缺省值为0.77；MCF 为甲烷修正因子（比例），见表9-5；$W_{j,x}$ 为 x 年内填埋的 j 类生活垃圾成分量，t；DOC_j 为 j 类生活垃圾成分中可降解有机碳的含量（质量分数），见表9-6；j 为生活垃圾种类；x 为填埋场投入运行的时间；y 为模型计算当年；K_j 为 j 类生活垃圾成分的产气速率常数，a^{-1}，见表9-7。

表 9-5 填埋场管理水平分类及 MCF 取值表

场址类型	MCF 缺省值	场址类型	MCF 缺省值
具有良好管理水平	1.0	管理水不符合要求,但填埋深度<5m	0.4
管理水不符合要求,但填埋深度≥5m	0.8	未分类的生活垃圾填埋场	0.6

表 9-6 不同生活垃圾成分的 DOC 值

生活垃圾类型	DOC/%(湿垃圾)	DOC/%(干垃圾)	生活垃圾类型	DOC/%(湿垃圾)	DOC/%(干垃圾)
木质	43	50	织物	24	30
纸类	40	44	园林类	20	49
厨余	15	38	玻璃、金属	0	0

表 9-7 不同生活垃圾成分的产气速率常数 k 取值表

生活垃圾类型		寒温带(年均温度<20℃)		热带(年均温度>20℃)	
		干燥 MAP/PET<1	潮湿 MAP/PET>1	干燥 MAP<1000mm	潮湿 MAP>1000mm
慢速降解	纸类、织物	0.04	0.06	0.045	0.07
	木质物、稻草	0.02	0.03	0.025	0.035
中速降解	园林类	0.05	0.10	0.065	0.17
快速降解	厨渣	0.06	0.185	0.085	0.40

注:MAP 为年降雨量,PET 为年均蒸发量。

运用该模型计算产气量方便快捷,只要知道生活垃圾的总量以及填埋率就可以估算出产气量,但统计模型无法给出在垃圾产气周期中甲烷排放量的分布。此外,由于没有考虑垃圾产气规律及其影响因素,计算往往过于粗略,仅适合估算较大规模的产气量。

(3) 实测法

实际上填埋垃圾中的有机物不可能全部进行生物分解,而且分解后的有机物也不可能全部转变为甲烷和二氧化碳,且填埋场收集气体的过程中,新旧垃圾层产生出来的混合气体,向水平或垂直方向扩散,再流向填埋场外,在此过程中有相当一部分气体可能透过覆盖层逸散到大气中去,实际可回收的气体量只有理论量的 1/4 左右。因此,由于实际填埋场存在着大量不可确定的因素,测定潜在的气体产生量及产生速率是非常困难的,故人们往往利用填埋模拟实验来测生活垃圾在厌氧填埋时的沼气产生量,从而推算出它今后在实际填埋时的可能产生量。

上海市老港四期的垃圾填埋高度为 42m,占地 5000 亩(1 亩=666.67m²),有效库容为 9000 多万 m³,是世界上最大的垃圾卫生填埋场之一。根据预测,在运行的前 20 年内,可填埋垃圾 2000 万 t,最大日产气量为 20 万 m³。

9.6.2 填埋气体对环境的影响

(1) 对大气环境的影响

随着填埋气体的不断产生,填埋场内将产生气体浓度梯度,填埋气体直接向上或是通过填埋场周围土壤的侧向和竖向迁移,扩散进入大气层,污染环境。填埋气体中的甲烷会增加全球温室效应,其温室效应的作用是二氧化碳的 22 倍。甲烷无色、无味、相对密度低,在氧存在条件下,其爆炸极限是5%~15%,在向大气逸散过程中,可能在低洼处或建筑物内聚集,达到一定浓度时会发生爆炸、火灾和对大气的污染。

(2) 对水环境的影响

填埋气体还会影响地下水水质,溶于水中的二氧化碳,造成地下水pH下降,可使周围岩层中更多的盐类溶于地下水。

(3) 对人体健康的影响

填埋气体中含有少量的有毒气体,如氯乙烯、硫化氢、硫醇氨等,对人畜和植物均有毒害作用。这些有毒气体会对人体的肾、肝、肺和中枢神经系统造成损害,而且狭小空间充满填埋气体会取代此处的氧气,使空气中氧气不足,引起窒息和中毒。

可见,填埋气体对周围环境的安全始终存在威胁,必须对填埋气体进行有效的控制。填埋气体的热值很高,具有很高的利用价值。国内外已经对填埋气体开展了广泛的回收利用,将其收集、贮存和净化后用于发电、提供燃气、供热等。

9.6.3 填埋气体的导排

9.6.3.1 填埋气体的导排方式

填埋气体导排系统的作用是通过对填埋气体进行人为收集,减少其向大气的排放量和在地下的横向迁移,以控制其对环境的不利影响,并回收利用甲烷气体。填埋气体的导排方式可分为两种,即被动导排和主动导排。

对于被动导排,填埋场中产生气体的压力是气体运动的动力,不需要泵等耗能设备将气体导排入大气或控制系统。当填埋气体大量产生时,被动导排系统通过高渗透性的通道,使气体沿设计的方向运动。例如,通过由透气性较好的砾石充填的导气沟可以引导填埋气体到大气、燃烧装置或气体利用设备。当填埋场顶部、周边、底部透气性能较好时,被动导排气体收集系统也有较高的收集效率。但总的来说,被动导排系统效率较低,主要作用是减少爆炸危险,防止气体无组织释放而损坏防渗层等,尚不能满足对气体进行充分回收利用的要求。

被动导排系统包括被动集气(排放)井、管道、水泥墙和截留管等。其特点是:①不使用机械抽气设备,无运行费用;②单纯依靠气体本身的压力排气,排气效率低,仍有一部分气体可能无序迁移;③排出的气体无法利用,也不利于火炬燃烧,只能直接排放,对环境的污染较大。被动导排系统一般适用于垃圾填埋量不大、填埋深度浅、产气量较低的小型城市垃圾填埋场。填埋场气体被动导排系统如图9-13所示。

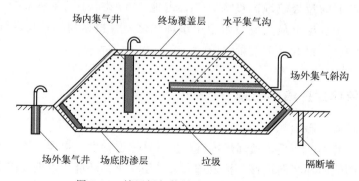

图9-13 填埋场气体被动导排系统示意图

对于填埋垃圾中可降解有机物的含量在50%以上、产气量大、产气速率稳定的填埋场，一般采用主动收集导排系统来收集填埋气体。主动导排是采用抽真空的方法来控制气体的运动。系统包括抽气集气井/输送管道、抽风机、冷凝液收集装置、气体净化设备及填埋气利用系统（如发电系统）。主动控制系统主要有以下特点：①气体导排效果好，抽气流量和负压可以随产气速率的变化进行调整，可以最大限度地将填埋气体导排出来；②能实现填埋气体的有效利用，抽出的气体可直接与气体利用系统连用，具有一定的经济效益；③运行成本较高。填埋场气体主动导排系统如图9-14所示。

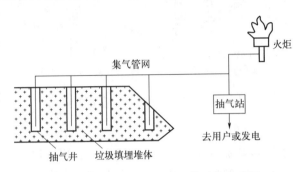

图 9-14 填埋场气体主动导排系统示意图

9.6.3.2 集气系统

集气系统是填埋气体控制系统的重要组成部分，主动导排和被动导排系统均需设置集气井。常用的集气系统有两种类型，即垂直集气系统和水平集气系统。

(1) 垂直集气系统

垂直集气井是填埋场最普遍采用的填埋气体收集器，可采用随填埋作业层升高分段设置和连接的石笼集气井，也可采用在填埋体中钻孔形成的集气井。其典型构造如图9-15所示。垂直集气回收系统如图9-16所示。

石笼集气井在导气管四周用碎石等材料填充，外部采用能伸缩连接的土工格或钢丝网等材料作为井筒，井底部铺设不破坏防渗层的基础。集气井直径应大于600mm，中心多孔管应采用高密度聚乙烯（HDPE）管材，管材开孔率不小于2%。

钻孔集气井钻孔应采用防爆施工设备，并应有保护场底防渗层的措施。

在设计钻孔集气井时，为避免渗滤液污染地下水，井孔不能穿透填埋场底部。一般井深为填埋场深度的50%~90%，对于用于能量回收的钻孔井，井深通常是填埋场填埋

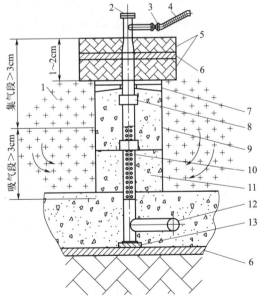

图 9-15 垂直集气井示意图

1—垃圾；2—接点火燃烧器；3—阀门；4—柔性管；
5—膨润土；6—HDPE薄膜；7—导向块；8—管接头；
9—外套管；10—多孔管；11—砾石；
12—渗滤液收集管；13—基座

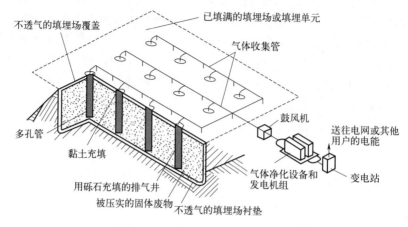

图 9-16 垂直集气回收系统示意图

垃圾深度的 80%。

集气井的间距选择直接影响着集气效率，一般要使其影响区相互交叠。影响半径是指气体能被抽吸到抽气井的距离。影响半径与填埋垃圾的类型、压实程度、填埋深度和覆盖层类型等因素有关，应通过现场实验确定。在缺少实验数据的情况下，影响半径可以取 45m，堆体中部的主动导排集气井间距不大于 50m，沿堆体边缘布置的集气井间距不大于 25m，被动导排集气井间距不大于 30m。

根据集气井的影响半径（R）按相互重叠原则设计，即其间隔要使其影响区相互交叠。等边三角形布局是最常用的布局形式，布局示意图如图 9-17 所示。

井间距离可用下面的公式计算：

$$D = 2R\cos 30° \qquad (9-9)$$

式中，D 为三角形布局的井间距离；R 为垂直集气井的影响半径。

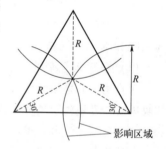

图 9-17 完全交叠的集气井示意图

(2) 水平集气系统

水平集气系统是将水平收集管沿着填埋场纵向逐层横向布置，直至两端设立的导气井将气体引出填埋场。

水平集气系统断面如图 9-18 所示。集气管一般设置在盲沟中，沟宽 0.6～0.9m，深 1.2m，沟壁铺设无纺布。水平集气管有穿孔管和套管两种。穿孔管直径一般不小于 15cm，长度不大于 100m。具体做法是先在所填垃圾上开挖水平盲沟，用砾石回填到一半高度后，

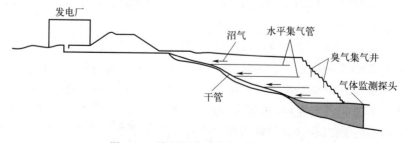

图 9-18 填埋场水平集气系统断面图

放入穿孔管，再回填砾石并用垃圾填满。其优点是，即使填埋场出现不均匀沉降，水平收集管仍能发挥其功效。套管由于采用不同管径的管道相互嵌套，对垃圾的不均匀沉降适应能力较强且不易脱落，因此应用较多。水平集气管施工示意参见图 9-19。

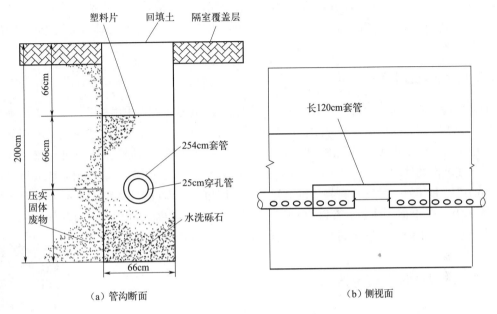

图 9-19 水平集气管施工示意图

水平集气管的水平和垂直方向间距随着填埋场设计、地形、覆盖层，以及现场其他具体因素而变。水平间距一般为 30～50m，垂直间距按 10～15m 设置。

水平集气系统适于新建的和正在运行的垃圾填埋场，其特点是填埋垃圾的同时收集沼气，收集方式简单易行，可以适应垃圾填埋作业，在垃圾填埋过程直至封顶时使用都方便。其集气速率是垂直集气井的 5～35 倍，由于采用边填埋边集气的方式，因而水平集气系统的收集效率较竖井的高，但垃圾腐熟造成的不均匀沉降对集气系统影响较大。

9.6.3.3 气体输送系统

填埋气体输送系统的作用是将集气井与引风机连接起来，并输送到气体净化设备或发电机组。通常包括气体输送管道、冷凝液收集装置及风机。

气体输送管道通常采用直径为 15～20cm 的 PVC 或 HDPE 管，将其埋设在填有砂子的管沟中。气体收集管（输送管）抽气需要的真空压力和气流均通过预埋管网输送至抽气井，主要的气体收集管应设计成环状网络，以调节气流的分配和降低整个系统的压差。

由于垃圾填埋场内部填埋气体的温度通常在 16～52℃ 变化，而集气管道内的填埋气温度则接近周围的环境温度。在输送过程中，填埋气会逐渐降温并产生含有多种有机和无机化学物质及具有腐蚀性的冷凝液，并聚集在气体收集系统的低洼处，它会切断抽气井中的真空，破坏系统正常运行。因此，为了排除冷凝液，气体输送管道的铺设要有一定的坡度，并在集气管道的最低处安装冷凝液收集排放装置，以便冷凝液在重力作用下被收集，并尽量避免因不均匀沉降而引起堵塞。冷凝液可以回排入填埋场或收集到收集池，每隔一段时间抽出处理后再排入下水系统。

为保证集气系统和输送系统压力的相对稳定和填埋气体流量的相对恒定，输送管道的末端需要安装风机。风机使集气系统形成真空并将填埋气体输送至气体处理设施。风机通常安装在稍高于集气管末端的建筑物内，以促使冷凝水下滴，可安装在填埋场废气发电厂或燃气站内。可根据系统总负压和需抽取气体的流量选择风机。目前填埋场中最常采用离心式引风机，在运行过程中要求风机具有良好的密封性能，以避免填埋气体泄漏到空气中产生异味，造成安全隐患。

9.6.3.4 气体监测设备

如果填埋场集气系统设计不合理，填埋气体就会向填埋场周边土壤扩散，且由于填埋气体中主要成分为甲烷，易引起爆炸，因此应在填埋场周边的土层内埋设气体监测设备，以避免污染周边土壤或大气或产生爆炸危险。常用空心钻杆钻孔用于埋设监测设备，钻孔深度可到地下水位以下或填埋场底部以下 1.5m 处，孔内放一根直径为 2.5m 的 PVC 套管用来取气样。钻孔用细小的碎石和任何一种密封材料（包括膨润土）回填，地面设置直径为 15cm 并带有栓塞的钢管套在 PVC 管上面，作为套管保护 PVC 管。通过监测每个抽气井中的压力和气体成分及场外气体，避免严重的集气管泄漏、堵塞或抽气井内阀门的失灵等。

9.6.4 填埋场气体利用技术

填埋气体中甲烷气体占 50%，甲烷气体是一种宝贵的清洁能源，具有很高的热值。填埋气体经净化处理后是一种较理想的气体燃料，其利用方式取决于净化程度，而且净化程度直接影响其应用的经济性。

填埋气体处理及利用工艺演示

填埋气体的利用与当地或周围地区对能源的需求及使用条件有关。常用的填埋气体利用方式有以下几种：发电、用作锅炉燃料、用于工业或民用燃气、用作汽车燃料。

(1) 发电

填埋气体中 CH_4 含量一般在 50% 以上，属中等热值燃气，经过脱水、脱硫等预处理后可进行发电。填埋气体发电技术比较成熟，可回收能源，所发电力可以并入电网。发电的成本略高于火电，但比油料发电便宜得多。一般来说，垃圾填埋量在 100×10^4 t 以上、占地面积 $10hm^2$ 以上、填埋高度 10m 以上的填埋场利用填埋气发电具有较好的投资回报率。填埋气体发电的简要流程为：填埋气体→净化装置→贮气罐→内燃发动机→发电机→供电。

用填埋气体发电常采用内燃机或汽轮机。内燃机是可靠、高效的发电机械。但是，由于填埋气体中含有杂质，内燃机可能被腐蚀。内燃机对于气体燃烧率的要求是相对不可变的，而气体的燃烧率会随填埋气体的质量不同而波动。内燃机的启动和停机容易，不仅适合有间歇的定点电力需求，也适合向电网送电。汽轮机可以使用中等质量的气体发电，所需的气流速度比内燃机的快，要求运行相对稳定，所以它一般用于较大的填埋场。

我国杭州天子岭、深圳玉龙等垃圾填埋场，都采用了填埋气体内燃机发电的方案。其中杭州天子岭占地 $1.6 \times 10^5 m^2$，设计填埋能力为 $6.0 \times 10^6 m^3$，装机容量为 1520kW，采取 24h 连续运行方式，运行时间占全年时间的 95%，年发电量可达 1270×10^4 kW·h。

(2) 用作锅炉燃料

填埋气体作为锅炉燃料燃烧产生蒸汽，用于生活或工业供热，是一种比较简单的利用方式，这种利用方式不需对填埋气体进行净化处理，设备简单，投资少，适用于垃圾填埋场附近有热使用的地方。

(3) 用于工业或民用燃气

城市燃气是由若干种气体组成的混合气体，主要组分是 CH_4、H_2、CO 及烃类等可燃气体，也含少量不可燃的气体组分，如 CO_2、N_2 和 O_2 等。填埋气经过适当的净化处理，如去除二氧化碳、少量有害气体、水蒸气以及颗粒物后，达到燃气相关技术要求后，可用管道输送到居民用户或工厂，作为生活或生产燃料。如将填埋气体净化到民用天然气标准，则需将 CH_4 含量由 50%提高到 98%以上，因此此种利用方式投资大，技术要求高，适合于规模大的填埋气体利用工程。

(4) 用作汽车燃料

填埋气体中含有较多的 CO_2，通过除湿、脱硫、去除微量物质等有害组分，并采用 CO_2 膜分离技术使填埋气体中二氧化碳含量降至 3%以下后，达到《车用压缩天然气》（GB 18047—2017）标准，装入贮罐即可以作为燃气汽车的气体燃料。将填埋气体用作汽车燃料具有生产成本低、热值高的优点，与燃油相比具有明显的竞争优势，在我国有广阔发展前景。

9.7 填埋场封场及土地利用

9.7.1 填埋场封场

填埋场封场指的是废物填埋作业完成、达到设计容量之后，对填埋场进行的最终覆盖。封场系统也称为最终覆盖层系统。固体废物填埋场的最终覆盖是填埋场运行的最后阶段，同时也是最关键的阶段。通过封场系统以减少雨水等地表水渗入废物层中，是减少或防止渗滤液产生的关键。封场系统的功能具体可以概括为以下几点：

① 减少雨水和融化雪水等渗入填埋场；
② 控制填埋场气体从填埋场上部的释放；
③ 抑制病原菌的繁殖；
④ 避免地表径流水的污染；
⑤ 避免危险废物的扩散，避免危险废物与人和动物的直接接触；
⑥ 提供一个可以进行景观美化的表面；
⑦ 便于填埋土地的再利用。

因此填埋场封场系统的设计应考虑堆体整形与边坡处理、封场覆盖结构类型、填埋场生态恢复、土地利用与水土保持、堆体的稳定性等因素。

填埋场的封场系统由多层组成，如表 9-8 所示，主要分为两部分，第一部分是土地恢复层，即为表土层，第二部分是密封工程系统，由保护层、排水层（可选）、防渗层（包括底土层）和排气层组成。其中表土层、保护层、防渗层是必需层，而排水层和排气层不是必需层，只有当通过保护层入渗的水量较多或者对防渗层的渗透压力较大时才需设置排水层。而排气层只有当填埋废物降解产生较大量填埋气体时才需要。各结构层的作用、材料和适用条件列于表 9-8 中。

表 9-8　填埋场封场系统

性质	层	主要功能	常用材料	备注
土地恢复层	表土层	取决于填埋场封场后的土地利用规划,能生长植物并保证植物根系不破坏下面的保护层和排水层,具有抗侵蚀等能力	可生长植物的土壤以及其他天然土壤	需要有地表水控制层
密封工程系统	保护层	可能需要地表排水管道等建筑防止上部植物根系以及挖洞动物对下层的破坏,保护防渗层不受干燥收缩、冻结解冻等的破坏,防止排水层的堵塞,维持稳定	天然土等	需要保护层,保护层和表层有时可以合并使用一种材料,取决于封场后的土地利用规划
密封工程系统	排水层	排泄入渗进来的地表水等,降低入渗水对下部防渗层的水压力,还可以有气体导排管道和渗滤液回管回收设施等	砂子、砾石、土工格栅、土工合成材料和土工布	此层并不是必需的,当通过保护层入渗的水量较多或者对防渗层的渗透压力较大时必须要有排水层
密封工程系统	防渗层	防止入渗水进入填埋废物中,防止填埋气体逃离填埋场	压实黏土、柔性膜、人工改性防渗材料和复合材料等	需要有防渗层,通常要有保护层、柔性膜和土工布来保护防渗层,常用复合防渗层
密封工程系统	排气层	控制填埋场气体,将其导入填埋气体收集设施进行处理或者利用	砂子、土工网格和土工布	具有当废物产生较大量的填埋气体时才是必需的

封场系统的表土层设计取决于填埋场封场后的土地利用规划,主要使用可生长植物的腐殖土等营养土以及其他自然土壤。土壤厚度要保证植物根系不造成下部密封工程系统的破坏,厚度不应小于50cm,其中营养土的厚度不小于15cm,且表土层应具有一定的倾斜度,一般不小于5%。在表层之上可以设置地表排水工程设施等。

保护层的功能是防止上部植物根系以及挖洞动物对下层的破坏,保护防渗层不受干燥收缩、冻结解冻等的破坏,防止排水层的堵塞等。一般使用天然土壤或者砾石等材料。保护层和表层有时可以合并使用一种材料,取决于封场后的土地利用规划。

排水层的功能是将通过保护层入渗进来的地表水等排出填埋场,降低入渗水对下部防渗层的压力。排水层不是必需层。当通过保护层入渗的水量很小,对防渗层的渗透压力很小时不必设置排水层。用作排水层的主要材料有砂子、砾石、土工网格、土工合成材料等粗粒或多孔材料。排水层中还可以设置排水管道系统等设施。排水层的最小渗透系数为 10^{-3} cm/s,坡度一般≥3%。

防渗层是封场系统中最关键的部分。其主要功能是防止入渗水进入填埋废物中,防止填埋场气体溢出填埋场。封场系统防渗材料与场底防渗系统中的防渗材料一致,可采用压实黏土、柔性膜、人工改性防渗材料和复合材料等。黏土作为防渗层防渗材料存在脱水干燥后容易破裂、冻结及填埋场的不均匀沉降破坏黏土层,且被破坏后不容易修复、对填埋场气体的防护能力较差等问题。因此,很少单独采用压实黏土作为防渗层,建议使用柔性膜(如HDPE膜)作为防渗层的主要防渗材料,或采用柔性膜与黏土相结合的复合防渗结构。对于复合防渗层,柔性膜与其下的黏土层必须紧密结合形成一个综合密封整体,黏土层的厚度一般不小于30cm,要求分层铺设,铺设坡度≥2%。

排气层用于控制填埋场气体,将其导入填埋气体收集设施进行处理或者利用,避免高压气体对防渗层的点载荷作用。排气层并不是封场系统的必备结构层,只有当废物产生较大量的填埋气体时才需要排气层,而且,如果填埋场已经安装了填埋气体的收集系统,则也不需要顶部的排气层。排气层的典型材料是砂子、砾石和土工网格等，其中还要铺设气体导排管道系统。

封场系统中的单层之间可以使用土工布作为隔层，以保证它们长期具有完好的功能。通常在保护层和排水层之间、排水层和防渗层之间、表层密封系统和固体废物之间需要使用土工布进行隔离。防渗层之下的土工布，其性质不应受来自填埋场气体成分的影响，具有稳定性。土工布的使用除起到分隔层的作用外，还可起到保护层的作用。

填埋场封场覆盖后，应及时采用植被逐步实施生态恢复，并应与周边环境相协调。生态恢复所用的植物类型宜选择浅根系的灌木和草本植物，以保证封场防渗膜不受损害。植物类型要适合填埋场环境并与填埋场周边的植物类型相似。填埋场封场后应继续进行填埋气体导排、渗滤液导排和处理、环境与安全监测等运行管理，直至填埋体达到稳定。

9.7.2 稳定化场地利用及矿化垃圾的开采与利用

9.7.2.1 稳定化场地利用

填埋场稳定化指填埋场封场后，垃圾中可生物降解成分基本降解，渗滤液和填埋气体产生量很少或几乎不产生，各项监测指标趋于稳定，垃圾层沉降符合场地稳定化利用判定要求的过程。当填埋场填埋物达到稳定状态后，可称为稳定化垃圾或矿化垃圾，此时土地可以重新利用。

(1) 场地利用

按照利用方式，土地利用可以分为低度利用、中度利用和高度利用。

低度利用指人与场地非长期接触，主要方式包括草地、林地、农地等。

中度利用指人与场地不定期接触，主要包括小公园、运动场、运动型公园、野生动物园、游乐场、高尔夫球场等。

高度利用指人与场地长期接触，主要包括学校办公区、工业区、住宅区等。

(2) 植被恢复

按稳定化程度，填埋场封场后植被的恢复可分为恢复初期、恢复中期、恢复后期。

恢复初期，生长的植物以草本植物生长为主。

恢复中期，生长的植物出现了乔灌木植物。

恢复后期，植物生长旺盛，包括各类草本花卉、乔木、灌木等。

(3) 判定要求

填埋场稳定性特征包括封场年限、填埋物有机质含量、地表水水质、填埋气体中气体浓度、大气环境、堆体沉降和植被恢复等。

填埋场稳定化场地利用判定要求见表9-9。

表9-9 填埋场场地稳定化利用的判定要求

利用方式	低度利用	中度利用	高度利用
利用范围	草地、农地、森林	公园	一般仓储或工业厂房
封场年限	较短,≥3a	稍长,≥5a	长,≥10a
填埋物有机质含量	稍高,<20%	较低,<16%	低,<9%

续表

地表水水质	满足 GB 3838—2002 相关要求		
堆体中填埋气	不影响植物生长，甲烷浓度≤5%	甲烷浓度为5%～1%	甲烷浓度<1% 二氧化碳浓度<1.5%
场地区域大气质量	—	达到 GB 3095—2012 三级标准	
恶臭指标	—	达到 GB 14554—1993 三级标准	
堆体沉降	大，>35cm/a	不均匀，10～30cm/a	小，1～5cm/a
植被恢复	恢复初期	恢复中期	恢复后期

注：封场年限从填埋场完全封场后开始计算。

9.7.2.2 矿化垃圾的开采与利用

卫生土地填埋技术具有投资低、适应性广、运行管理简单等优点，但也存在占地面积大、渗滤液处理难、资源被埋在地下、潜在污染时间长等缺点而限制其应用。如将填埋场中矿化垃圾开采利用，开采后的填埋单元可恢复大部分原有的填埋容量，即可实现填埋场的可持续利用，避免开发新的填埋场用地，从而解决了填埋法占地面积大、资源利用率低等问题。

填埋场内的城市生活垃圾经过多年（南方地区 8～10 年以上，北方地区 10 年以上）稳定化后即称为矿化垃圾。

矿化垃圾具有结构松散、比表面积大、渗透性能好、阳离子交换能力强等特点。同时，矿化垃圾中微生物数量庞大、种类繁多，这些微生物尤以多阶段降解性微生物为主，可降解诸如纤维素、半纤维素、多糖和木质素等难降解有机物，因此还是一种性能优越的生物介质，可作为生物反应器的填料或介质，用来降解废水中的有机物。

我国部分填埋场已使用多年，其中垃圾已成为矿化垃圾，完全可以开采利用，即把填埋场作为垃圾的中转处理场所，而不是最终的归宿。据研究报道，矿化垃圾经开采、筛分后，一般有 80% 左右的垃圾可被利用，矿化垃圾除了作为优越的生物介质用于处理有机废水外，还是一种肥料，可用于种植花草和树木。

9.8 垃圾填埋场典型案例

某生活垃圾填埋场一期占地面积 $26.88\times10^4 m^2$，设计库容 $710\times10^4 m^3$，设计日填埋生活垃圾 1700t，设计使用年限为 30 年，于 2002 年 5 月投入试运行，至 2017 年底填埋场（一期）满容，填埋垃圾 1400 余万 t。2018 年底完成终场封场，对垃圾堆体开展整形加固、封场覆盖、景观绿化、渗滤液导排、防洪排险、绿化及配套道路等系统工程。封场后对填埋场实施综合整治生态恢复，将其打造为具有环保科普教育、园区参观游览及休闲为一体的小型山顶公园，成为面向社会公众开放的公共空间。

9.8.1 填埋工艺

9.8.1.1 工艺流程

城市生活垃圾由垃圾运输车运至垃圾填埋场，经填埋场物流出入口处的地磅进行称重，记录后进入填埋作业区。在管理人员的指挥下从场底逐层倾倒、摊铺、压实。垃圾填埋场填埋作业分单元进行，不同时进行不同作业面的填埋，每天填埋作业结束后对作业面进行覆盖，特殊气象条件下加强对作业面的覆盖，同时喷洒除臭剂控制异味。具体垃圾卫生填埋工艺流程见图9-20。

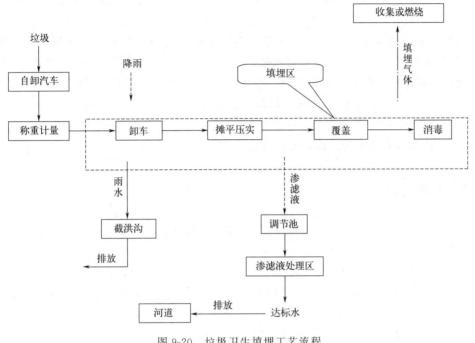

图 9-20 垃圾卫生填埋工艺流程

9.8.1.2 作业方法

① 填埋作业方式的选择。填埋作业方法采取堆坡法及填坑法两种方式，灵活选择。

② 垃圾卸料、摊铺与压实。垃圾通过车辆送至日填埋作业面卸料，采用推土机将垃圾摊铺成厚度为0.6~0.8m的层，并用推土机反复碾压3~5次将其压实。按此程序摊铺3~4层，使压实后的垃圾总层厚达到2.5~3.0m，在每日填埋作业结束时进行每日覆盖。

③ 库底初始填埋。各阶段开始准备垃圾填埋时，摊铺于防渗系统上的第一层垃圾，厚度至少为3m，且都由精选的不含长的钢材及木条等硬尖、刺类的松散垃圾构成，铺在水平防渗系统和边坡上的第一层垃圾仅使用推土机推平和适度压实。填埋时垃圾车和推土机等作业车辆轮缘靠库区边坡距离控制为2m，以保护边坡上的防渗结构。任何作业机械及车辆都不在填埋场防渗系统上直接作业。

④ 临时作业道路。从填埋库区作业干道到达填埋作业面，铺设临时作业道路。临时作业道路采用泥结碎石路面或钢板路基箱。

⑤ 在整个填埋作业过程中随时进行场区道路清扫及洒水、洒药及污水收集处理等工作，保持场区卫生，各项指标达环保要求。

⑥ 填埋场裸露外坡及终场顶面及时封场。

为有效地降低污水产出量，将每期填埋作业区划为8个小区，每小区面积为100m×200m，然后按顺序逐区以单元式覆土方式进行填埋作业，标准单元按每天工作量决定（约

820m²），以有利于渗滤液导排和雨污分流以及填埋作业为前提。

在垃圾填埋过程中，按顺序由下游向上游逐渐推进，每层填埋厚度为2.5m，经压实后厚度为2.2m，每日一个单元完成后立即用黏土进行覆盖，厚度为0.3m。以防止垃圾飞扬，保持作业清洁和防止蚊蝇滋生，覆盖后厚度约为2.5m，每层填满2排后，可向上升高一层，所有8个小区填埋厚度均达5m时再继续上升。每当完成2层垃圾填埋时，因覆盖面暴露很长时间，需进行中间覆盖，厚度为0.3m。待填埋作业达设计高度（20m）时，进行终期覆盖，以便于最终利用并减少雨水渗入量。终期覆盖层由两部分构成，下层为分层压实的0.5m厚的黏土防渗层，以减少雨水渗入量，上层为0.5m的回填营养土，以便进行绿化。

为确保填埋体稳定和不受雨水冲刷，在填埋场四周设置浆砌块石围堤，堤高1.5m，顶宽0.5m，边坡1:0.5，总长1600m。填埋体边坡坡度为1:2.5，每隔5m标高设一个2m宽的平台，隔10m标高设一个4m平台，垃圾堆体顶面由最高点坡向四周，坡度不小于2%，每个平台都设有排水沟，以利于雨水自然排除和填埋作业。

9.8.2 工程内容

工程主要设计和建设了基地、防渗衬层、渗滤液收排系统、雨水导排系统及填埋气体导排系统等。

施工时对库底进行修整，清除表层的杂土和极有可能损伤HDPE土工膜的杂物，如石块、树根等，进行平整、压实，然后用黏土铺平，再进行防渗层的铺设。为便于渗滤液的收集，在库区中间设有渗滤液收集盲沟，库区横向坡度为2%～3%，坡向库区中间，在库底整平需回填土时，回填土分层碾压密实，压实度≥93%。

9.8.3 防渗结构

为了防止渗滤液渗漏以影响地下水系统，填埋场采用了人工材料构筑衬层系统，填埋库区防渗采用单复合衬层防渗系统。从下到上依次为300g/m²无纺土工布＋500mm压实黏土保护层＋1.5mmHDPE土工膜＋300g/m²无纺土工布＋300mm碎石导流层的结构。

封场结构依次为垃圾堆体层＋土工复合排水网＋300mm厚黏土回填层＋二布一膜防渗层＋速排笼排水材料＋600mm覆盖土支撑层＋300mm营养土层。

9.8.4 渗滤液收集导排及处理系统

本填埋场的渗滤液收集系统由渗滤液导流层及其反滤层、渗滤液收集盲沟、渗滤液收集管路组成。渗到场底的渗滤液先通过渗滤液导流层横向汇集到盲沟内，盲沟内设纵向渗滤液导排花管，将渗滤液排到预埋渗滤液输送管内（无孔），然后通过渗滤液输送管输送到渗滤液调节池。

填埋区内的纵向渗滤液收集管埋设在盲沟内，管道外用较大粒径的卵石（粒径为40～60mm）包裹，以增加导流能力。本工程填埋区内的渗滤液收集管干管选用直径为315mm、承压能力为0.8MPa的HDPE管。渗漏液经收集管排至场外集液池。集液井直径1m，深3m，共八座。为便于排水，场底两侧及盲沟均有一定坡度，并在场底铺设0.3m的灰渣导流层。集水系统收集的渗滤液由收集管导入集液池后，用泵提升经管道运输至污水调节池。提升泵采用移动式潜污泵。各集液井之间设有连接管。

一期工程设置两个渗滤液调节池，两个调节池之间有管道相通，其容积分别为 $2.0\times10^4 m^3$ 和 $1.8\times10^4 m^3$（位于一期工程填埋区南侧）。调节池池底及边坡均铺设防渗系统（防渗层依次为：夯实池底基础、500mm 厚压实黏土保护层、$5000g/m^2$ 膨润土垫、2.0mmHDPE 土工膜），顶部均加浮盖，浮盖采用 2mm 厚的 HDPE 膜。

一期工程渗滤液产生量约为 $1200m^3/d$，由填埋场渗滤液处理站通过膜生物反应器（MBR）+碟管式反渗透（DTRO）工艺处理达到《城镇污水处理厂综合排放标准》（GB 18918—2002）一级 A 标准后，出水部分用于场区绿化，其余出水排至距离厂区 3.5km 处的河水下游。处理站处理能力为 $900m^3/d$，多余的渗滤液由罐车外运至城市污水处理厂处理。

9.8.5 雨水导排系统

地表水导排系统由截洪沟、表面排水沟组成，截洪沟设置在垃圾坝的外侧，可以把降到非填埋区的雨水向填埋区外排放，排至场外雨水边沟；表面排水沟主要功能为封场后将堆体表面径流迅速集中排出堆体外，减少渗透量，达到减少垃圾渗滤液流量的目的。

9.8.6 填埋气体导排系统

填埋气体产生后，一部分因可溶性有机物随渗滤液损失等情况造成自然散失，一部分集中收集输送至某环保公司综合利用，其余无组织排放。

为了使填埋场能安全、稳定地运行，填埋气体导排系统采用垂直导排系统，本填埋场共设置 47 个垂直导气石笼井。石笼纵横间距按 25～35m 布置，导气石笼直径为 1200mm，石笼结构由外向内分别是：$\phi 8$ 钢筋网（网孔 $50mm\times100mm$），粒径 40～100mm 的碎石，中心设置 DN200 内支撑型排水管材管，初期建设高度为 1.5m，随垃圾堆层的升高逐渐加高，直至终场高度，中心导气管顶端为负压状态，通过连接管将导出的填埋气输送至某环保公司用于沼气发电。

填埋气体收集率与填埋场覆盖率和收集系统效率有关，本填埋覆盖率达 90% 以上，系统收集效率达 80% 以上，因此填埋气体总的收集率约为 70%，其余无组织排放。

该填埋场封场后，山顶景观花园利用旧轮胎花坛、废旧预制板铺装、废弃建材填充座椅、枯木雕塑等废物再利用景观元素，打造了环保主题的广场。山顶公园绿化回填土采用厨余废弃物和枯枝落叶处理后产生的有机肥料混合而成，减少了传统种植土的使用，成为固体废物循环利用的成功案例。为节约宝贵的淡水资源，缓解园区自来水用水压力，一期堆体绿化浇灌系统采用中水系统浇灌，将园区渗滤液处理后的中水通过铺设管线，引至填埋场堆体上，用于山体绿化灌溉。

第10章 厨余垃圾的生物处理

10.1 概述

10.1.1 厨余垃圾的特征

10.1.1.1 厨余垃圾概述

厨余垃圾是一个涵盖范围广泛的概念。在没有全国统一标准之前,各地对于餐厨垃圾和厨余垃圾的分类标准存在一定差异。根据《餐厨垃圾处理技术规范》(CJJ 184—2012),餐饮垃圾指的是餐馆、饭店、单位食堂等场所产生的食物残余以及厨房的果蔬、肉类、油脂、面点等加工过程中产生的废弃物;厨余垃圾则是指家庭日常生活中产生的易腐有机垃圾,包括果蔬残余、剩菜剩饭、瓜果皮等。餐厨垃圾是餐饮垃圾和厨余垃圾的总称。然而,2019年住房城乡建设部发布的《生活垃圾分类标志》(GB/T 19095—2019)重新定义了厨余垃圾。厨余垃圾也称湿垃圾,指易腐烂、富含有机物质的生活垃圾,包括家庭厨余垃圾、餐厨垃圾以及其他厨余垃圾。家庭厨余垃圾包括居民家庭日常生活中产生的易腐性垃圾,如菜叶、果皮、剩菜剩饭和废弃食物;餐厨垃圾则是指相关企业和公共机构在食品加工、餐饮服务以及单位供餐等活动中产生的食物残渣、加工废料和废弃食用油脂等;其他厨余垃圾则包括农贸市场、农产品批发市场产生的蔬菜水果残余、腐肉、碎骨、水产以及畜禽内脏等。

10.1.1.2 厨余垃圾的特征

由于各地区饮食习惯和生活习惯不同,餐厨垃圾的组分和产生量会有一定的差异。从物理成分来看,主要包括水、肉类、骨类、米饭、壳类及动植物油脂等。居民区、饭店、各种企事业单位的食堂是厨余垃圾的集中排放场所。其特点可归纳为:

① 含水率高,可达70%~95%,不便于收集和运输,且热值低。

② 易腐烂变质、发霉发臭、滋生蚊蝇,处理不当会污染环境。

③ 厨余垃圾中蕴藏着大量病原菌和微生物,它们如果释放到环境中就会迅速传播,危害人体健康。

④ 含盐量高,不利于餐厨垃圾的生物法处理,也会增加渗滤液的处理成本。

⑤ 含油量高,餐厨垃圾中油脂主要以浮油、分散油、乳化油、溶解油、固相内部油脂等5种形式存在,提取出来可生产生物柴油。

⑥ 有机物含量高，主要有淀粉、纤维素、脂肪等。

10.1.1.3 厨余垃圾的危害与污染

厨余垃圾存在很多健康隐患，处理不当会造成严重污染。

① 滋生蚊虫，传播疾病。厨余垃圾中的许多致病微生物，往往是蚊、蝇、蟑螂的"美味佳肴"。蚊虫叮咬，苍蝇、蟑螂的携带，均可将致病菌传播给人类，引发疾病。

② 产生恶臭。厨余垃圾有机物含量高，水分含量大，特别容易发酵。不及时处理很快就产生恶臭，污染空气。

③ 含水量多，易形成大量垃圾渗滤液。厨余垃圾本身就含有大量的汤汤水水，在腐烂酸败过程中还会分解出更多的水分，形成难闻难处理的垃圾渗滤液。这些垃圾渗滤液具有腐蚀性，不仅影响运输车辆的使用寿命，还会增加处置成本。

④ 厨余垃圾中的油脂是"地沟油"的主要来源，管理不慎容易被不法分子利用。

10.1.2 厨余垃圾的管理原则

传统的厨余垃圾处理方式是混在生活垃圾中一起填埋或被养殖户收集起来直接作为饲料使用。但根据《中华人民共和国固体废物污染环境防治法》第五十七条规定，产生、收集厨余垃圾的单位和其他生产经营者，应当将厨余垃圾交由具备相应资质条件的单位进行无害化处理。法律明确禁止畜禽养殖场、养殖小区使用未经无害化处理的厨余垃圾饲喂畜禽。随着社会经济的发展，人民生活水平的提高，厨余垃圾的产生量越来越大，科学合理地对厨余垃圾进行管理，建立健全规范有序的管理措施是可持续发展的需要。为防止厨余垃圾对环境的污染，厨余垃圾的管理应遵循以下原则：

① 统一管理的原则。管理部门应依法制定规划、标准，进行协调、监督、管理。

② 市场运作的原则。按照"谁产生，谁处理"的环保原则，产生厨余垃圾的单位负有处置责任，具体可采用以下几种办法：一是大型餐饮业自设生化处理机处理；二是餐饮业联合自行处置；三是相关企业参与收集、运输和处理。

③ 单独处理的原则。厨余垃圾作为一种特殊的生活垃圾，应单独收集、运输、利用、处理，如通过加工，可制成饲料或有机肥料，尽可能变废为宝。

④ 依法监督的原则。政府部门对厨余垃圾，应从倾倒、收集、运输、利用、处理等各个环节依法实行全过程的监督。

10.1.3 厨余垃圾的处理处置方法

10.1.3.1 破碎直排处理

破碎直排处理是欧美国家处理少量家庭厨余垃圾的主要方法之一。在厨房安装一台破碎机，将厨余垃圾打碎，然后通过市政下水管网进入城市污水处理厂进行集中处理。我国居民虽然很少安装破碎机，但不影响剩饭剩菜倒入下水道。这种处理方式的优点是操作简单方便，不需要收集，降低了城市垃圾的含水率，有利于提高城市垃圾的热值品位。缺点是：①在污水管网中，易沉积腐烂，增加病菌蚊蝇的滋生和疾病的传播；②废物中的有机成分不仅没有得到资源化利用，还增加了污水处理负荷；③只限于家庭小规模使用，不适合大规模处理。

10.1.3.2 饲料化处置

由于餐厨垃圾中含有大量的有机营养成分，含有丰富的淀粉、纤维素、蛋白质、脂类及无机盐，因此餐厨垃圾饲料化被作为国内常用的一种资源化处理方式。主要的处置形式有以下三种：

餐厨垃圾饲料化处理工艺

① 高温消毒制饲料。原理是利用高温杀菌，然后粉碎造粒制成畜禽饲料。杀菌的方式有高温干化灭菌、高温压榨等。比较成熟的处理方法有综合利用造粒技术、挤压干燥技术等。其中，挤压饲料中的细菌浓度远低于其他样品，这是由于挤压干燥过程中，温度的升高降低了潜在致病菌的浓度。

② 生物处理制饲料。将培养好的菌种加入餐厨垃圾中密封储存。这些菌种会利用餐厨垃圾中的有机成分作为养料，快速繁殖，并有效地消灭病原菌，最终得到含水的湿饲料。将这些湿饲料与畜禽饲料的原材料混合搅拌，然后烘干蒸发掉多余水分，就得到了干净且便于贮存的畜禽饲料。由于厨余垃圾本身含水量较高，因此在混合过程中可以适量增加干物质，以保持最佳的混合比例。

③ 通过饲养特定生物转化为饲料。例如，利用厨余垃圾饲养蚯蚓、黑水虻等，然后提取动物蛋白。这种方法得到的动物蛋白进入食品循环，相对来说安全性更高一些。

用餐厨垃圾（泔水）喂猪是我国的一种传统习惯，但《中华人民共和国畜牧法》第四十三条规定，不得使用未经高温处理的餐馆、食堂的泔水饲喂家畜，不得在垃圾场或者使用垃圾场中的物质饲养畜禽。目前，在我国一些欠发达地区和农村、仍然存有生泔水喂猪的习惯，但其实这是不正确的。泔水直接喂猪的危害如下：

① 部分泔水中的废物受到铝、汞、镉等重金属以及苯类等有机物的污染，被猪食用后，将在猪的脂肪、肌肉等组织中蓄积，形成食物链，损害人体健康。

② 餐厨泔水若存放时间过长，会面临发酵、酸化、发霉甚至腐败等问题。随着时间推移，细菌大量繁殖，具有高度传染性和致病性。如果被猪摄入，影响猪的健康。

③ 泔水中混有大量的猪肉、猪油，被猪食用存在同源性问题。专家认为，同源性饲料中可能有部分顽固病毒未被灭绝，即便灭绝，只要其DNA没有被完全损坏，病毒依然能利用同源动物体内相似环境繁殖，许多国家对同源性饲料都加以严格限制和防范。

④ 有些泔水里掺有杂质和异物，如砂砾、铁丝、贝壳、骨头、牙签、塑料品等，直接作饲料喂养的话，容易伤害到畜禽的消化道。

总之，泔水直接饲喂畜禽会存在很多隐患和危害，多数国家已禁止直接用餐厨垃圾作动物饲料。但经过合理的加工处理后，餐厨垃圾依然可以做成饲料。

10.1.3.3 填埋

大多数家庭的厨余垃圾与其他生活垃圾一起被送到填埋场填埋。这种处理方式操作简便，成本较低，因此被广泛采用。厨余垃圾中含有大量可生物降解的成分，导致产气速度快、稳定时间短，有助于填埋场的快速恢复利用。然而，如果厨余垃圾中的含水率过高，会导致渗滤液增加，进而增加处理成本。厨余垃圾的厌氧分解是填埋场沼气和渗滤液的主要来源，这种处理方式不仅会丧失垃圾中几乎所有的营养价值，还可能导致二次污染。大部分厨余垃圾中的碳最终转化为沼气，即使是最精心设计的填埋场，也难以避免部分沼气进入大气层。

10.1.3.4 好氧生物处理

好氧堆肥技术是指有机物在有氧条件下，在好氧微生物（主要是菌类）的作用下，将高分子有机物降解成为无机物的过程。好氧堆肥的技术比较成熟，在国外的应用比较广泛。但事实上，厨余垃圾含水率高、堆肥升温慢、易腐、颗粒机械稳定性差，堆肥需要特殊的填充物提高空隙率，不适宜大规模操作。

10.1.3.5 厌氧发酵处理

厌氧发酵是指在厌氧条件下，利用厌氧微生物使固体废物中的有机物转化为沼气的过程。沼气的主要成分是 CH_4 和 CO_2，还含有少量的 N_2、H_2、NH_3、CO、H_2S 等。其中，CH_4、CO 和 H_2S 是可燃成分，可作为气体燃料回收，因此，厌氧发酵也被称为甲烷发酵或沼气发酵。不仅餐厨垃圾，污泥、秸秆、畜禽粪便等都可以通过厌氧发酵处理。

厌氧发酵技术的优势在于明显地减少废物量和有效资源利用。沼气可以通过热电联产发电机组转化为电能和热能，厌氧发酵产生的沼液经过脱氮、脱盐、脱硫处理后可用作液态有机肥料，而沼渣则可作为固体有机肥料。这种处理方式实现了废物的减少和资源的再利用。目前，许多大城市的餐厨垃圾都采用这种方式处理。

在规范化管理、单独清运的基础上，厌氧消化处理餐厨垃圾有以下优点：

① 杜绝地沟油流向餐桌。地沟油的源头主要为餐厨垃圾。通过单独收集单独清运，有效管理餐厨垃圾，可从源头上杜绝地沟油流向餐桌。

② 防止产生二次污染。餐厨垃圾含水和油脂量高，存放期间易酸败变质产生恶臭，传播细菌。通过专业车辆单独回收，防止二次污染。

③ 有利于清洁能源发展。通过对餐厨垃圾进行厌氧发酵处理，不仅可以生产出高品位能源，还符合国家鼓励发展可再生能源的战略目标。同时，沼气利用也是一项重要的碳减排项目，在各项碳减排活动和国内的温室气体减排行动中发挥着积极的作用。

④ 资源化效果明显。餐厨垃圾通过厌氧发酵产生沼气、沼液和沼渣。以"三沼"的综合利用为纽带，促进资源化利用，将成为高效处理利用餐厨垃圾的一个重要发展方向。

经过近几年的资源化处理实践，我国已基本形成以厌氧消化技术为主，好氧发酵技术为辅，昆虫法和饲料化等为补充的厨余垃圾处理技术路线。前两者主要为集中处理模式，后两者主要为分散处理模式。

10.2 厌氧发酵处理技术

10.2.1 厌氧发酵的原理

厌氧发酵的生物化学反应过程相当复杂，不仅发酵原料来源复杂，微生物种类繁多，中间反应及中间产物就有数百种，其发酵过程如图10-1所示。

在无氧条件下，发酵有机物与微生物进行合成自身细胞物质的生物学过程。这一过程不仅将有机物转化成甲烷和二氧化碳，同时也将大部分能量储存在含甲烷的沼气中。仅有少量

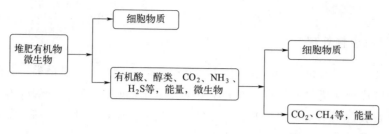

图 10-1 有机物的厌氧发酵分解过程

能量被释放，供微生物生长和繁殖所需。研究者们对沼气发酵过程中的物质代谢、转化以及各种菌群的作用进行了深入研究，并形成了一些理论，其中两段理论、三段理论和四段理论被广泛流传。

10.2.1.1 两段理论

两段理论将厌氧发酵的过程分为酸性发酵和碱性发酵两个阶段，是早期较为简单、清晰的理论。两段理论由 Thumm、Reichie(1914) 和 Imhoff(1916) 提出，经 Buswell、NeaVe 完善而成。该理论的核心是将代谢菌群分为不产甲烷菌（水解性细菌、产酸细菌）和产甲烷菌两类，这两类细菌对应的生化反应过程，一个是以产酸为主，处于酸性环境，一个是以产气为主，处于碱性环境，故两段论按酸性发酵和碱性发酵两个阶段进行划分。其过程如图 10-2 所示。

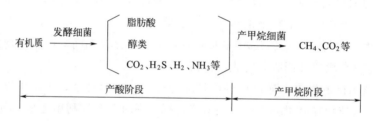

图 10-2 厌氧发酵的两个阶段

(1) 酸性发酵阶段

复杂的有机物首先在产酸菌的作用下，被分解成一些以低分子有机酸和醇类为主的中间产物，并伴有 H_2 等气体产生。由于有机酸的大量积累，发酵液 pH 值下降，处于酸性环境，这一阶段称为酸性发酵阶段，又称产酸阶段。

(2) 碱性发酵阶段

酸性发酵阶段产生的中间产物在产甲烷菌的作用下被进一步分解成 CH_4 和 CO_2 等。随着有机酸被逐渐分解转化，系统中的 NH_3 使发酵液的 pH 值升高，处于碱性环境，这一过程称为碱性发酵阶段，又称为产甲烷阶段。

两阶段理论是最早的厌氧消化理论，曾经占据了几十年的统治地位，常见于国内外厌氧消化的专著和教科书中。

10.2.1.2 三段理论

在两段理论的基础上，布赖恩（M.P.Bryant）于 1979 年进一步提出了三段理论。这一理论将厌氧发酵过程细化为水解（液化）、产酸、产甲烷阶段三个阶段（图 10-3），是目前厌氧消化理论研究相对透彻，并得到公认的一种理论。

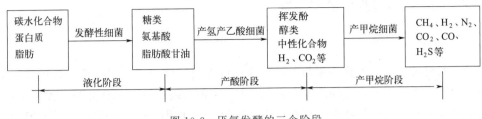

图 10-3　厌氧发酵的三个阶段

（1）水解（液化）阶段

是固体有机物质转化成可溶性物质的过程。纤维素、淀粉、蛋白质和脂肪等大分子有机物在微生物胞外酶的作用下，分解成水溶性的小分子有机物。例如多糖分解成单糖或二糖，蛋白质转化为肽和氨基酸，脂肪转化成甘油和脂肪酸。从发酵原料的物理性状变化来看，这一阶段水解的结果是悬浮的固态有机物溶解，称为液化。

（2）产酸阶段

经水解阶段转化后的液化产物被发酵细菌摄入细胞内，在胞内酶的作用下经过一系列生化反应转化为低分子化合物，如低级脂肪酸、醇、中性化合物等。由于发酵细菌种群不一，代谢途径各异，故代谢产物也各不相同。众多的代谢产物中，丙酸、丁酸、戊酸、乳酸等有机酸，以及乙醇、丙酮等有机物质不能直接被产甲烷细菌利用，它们必须经过产氢产乙酸细菌进一步转化为氢气和乙酸后，方能被产甲烷细菌吸收利用。所以，这一阶段的产物主要以挥发性酸（包括乙酸、丙酸和丁酸）尤以乙酸所占比例最大，约达80%。总之，发酵菌和产氢产乙酸菌依次将水解产物转化成低分子有机酸，使溶液显酸性，这一阶段称为酸化。水解和产氢产酸是两个连续的过程，不能截然分开。

（3）产甲烷阶段

上一阶段生成的低分子脂肪酸等有机化合物，在产甲烷菌的作用下转化为甲烷。产甲烷菌对脂肪酸的转化率可达到90%，其余的10%被产甲烷菌用作自身的繁殖。这一阶段，产甲烷菌将乙酸等转化为甲烷和二氧化碳等气体，称为气化。

10.2.1.3　四段理论

厌氧发酵的四阶段理论是1979年由Zeikus提出的。他认为厌氧发酵过程的每个阶段有独特的功能菌群，按此区分的话，应该分为四个阶段：水解发酵菌作用的液化阶段、发酵菌作用的发酵酸化阶段、产乙酸菌作用的产酸阶段、产甲烷菌作用的产甲烷阶段。如图10-4所示。所有细菌类群的有效代谢均相互连贯、相互制约、相互促进且不能单独分开。

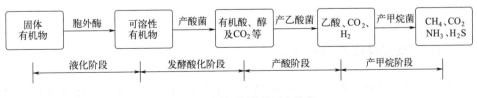

图 10-4　厌氧发酵的四个阶段

10.2.2 厌氧发酵过程中的微生物

10.2.2.1 不产甲烷菌

在厌氧发酵过程中，不直接参与甲烷形成的微生物统称为不产甲烷菌。其中数量最多，作用最大的微生物是细菌，已知的细菌有18属，51种。按照其作用将其分为发酵细菌和产氢产乙酸细菌两种。真菌虽然也有存在，但数量很少，作用尚不十分清楚；藻类和原生动物偶有发现，但在生活垃圾中几乎不存在。

(1) 发酵细菌

主要的发酵细菌包括梭菌属、拟杆菌属、丁酸弧菌属、双歧杆菌属等。如果按功能分则可分为纤维素分解菌、半纤维素分解菌、淀粉分解菌、蛋白质分解菌、脂肪分解菌等。它们大多数是厌氧菌，也有的是兼性厌氧菌。

它们的功能有：①水解，在胞外酶的作用下，将不溶性有机物水解成可溶性有机物；②酸化，将可溶性大分子有机物转化为脂肪酸、醇类等。

(2) 产氢产乙酸细菌

主要包括互营单胞菌属、互营杆菌属、梭菌属、暗杆菌属等。多为严格厌氧菌或兼性厌氧菌。其主要功能是将水解产生的可溶性脂肪酸和醇类继续氧化分解为乙酸和氢气，为产甲烷菌提供合适的基质。主要的反应有：

乙醇：$CH_3CH_2OH + H_2O \longrightarrow CH_3COOH + 2H_2$

丙酸：$CH_3CH_2COOH + 2H_2O \longrightarrow CH_3COOH + 3H_2 + CO_2$

丁酸：$CH_3CH_2CH_2COOH + 2H_2O \longrightarrow 2CH_3COOH + 2H_2$

从上述反应式可以看出，产生的乙酸和H_2被不断消耗减少，产乙酸反应才能顺利进行，所以产氢产乙酸细菌与产甲烷细菌处于共生互营关系。它们的作用有：①为产甲烷菌提供营养，将复杂的大分子有机物降解为简单的小分子有机化合物，为产甲烷菌提供营养基质；②为产甲烷菌创造适宜的氧化还原条件；③为产甲烷菌消除部分有毒物质；④和产甲烷菌一起，共同维持发酵的pH值。

10.2.2.2 产甲烷菌

产甲烷菌包含乙酸营养型和H_2营养型两类专性厌氧菌群，它们的功能分别是将乙酸脱羧转化成CH_4和CO_2以及将H_2和CO_2转化为CH_4。

产甲烷菌有以下几个特点：①严格厌氧，对氧和氧化剂非常敏感；②要求中性偏碱环境条件；③菌体倍增时间较长，有的需要4～5天才能繁殖一代，因此，一般情况下产甲烷反应是厌氧消化的限速步骤；④只能利用少数简单化合物作为营养物质；⑤代谢的主要终产物是CH_4和CO_2。

10.2.3 厌氧发酵过程的影响因素

影响厌氧发酵效率的因素很多，其中最重要的有厌氧环境、温度、原料配比、pH、添加物、搅拌等。

(1) 养分

提供充足的养分是维持微生物生命活动的必要因素,也是产生沼气的基础。厌氧发酵实质上是通过微生物的代谢过程将有机物转化为甲烷,而有机垃圾中提供了微生物生长所需的营养。在厌氧发酵中,需要特别关注不同有机物的碳、氮元素含量的比例,因为微生物的细胞体需要这些元素保持稳定生长。

一般厌氧发酵适宜的炭氮比(C/N)为(20~30):1。若C/N过高,氮源不足,不仅影响菌体的繁殖,还会破坏系统的缓冲能力,导致pH偏低,影响产甲烷菌的活性;若C/N过低,过剩的氮变成游离的NH_3,也会抑制产甲烷菌的活性,影响厌氧消化反应的进行。农作物的秸秆属于贫氮有机物,人畜粪尿、富含氮的污泥等为富氮有机物,可用来调配碳氮比。

厌氧发酵对磷(以磷酸盐的形式)的需求量大约为氮的1/5。如果原料中没有足够的磷来满足微生物的生长,可通过加入磷酸盐来保证代谢速度。

(2) 厌氧条件

产酸阶段微生物大多数是厌氧菌,需要在厌氧的条件下才能把复杂的有机质分解成简单的有机酸。产气阶段的细菌是专性厌氧菌,对氧特别敏感,即便是有微量的氧存在,也会影响抑制它们的生命活动,严重的会导致菌种的死亡。

判断厌氧程度可用氧化还原电位(E_h)表示。当厌氧消化正常进行时,E_h应维持在-300mV左右。

(3) 温度

温度是影响厌氧发酵效果的重要因素之一。它通过影响细菌的生长、新陈代谢和酶活性来发挥作用。在一定范围内,随着温度的升高,细菌活性增强,分解速度加快,产气量随之增加。产甲烷菌对温度的变化极为敏感,即便只下降2℃,也会引发产气量骤降,而当温度再次上升时,又会慢慢恢复其活性。但如果温度上升过快,导致出现很大温差时同样会对产气量产生不良影响。因此,不管哪种温度发酵工艺均要求温度相对稳定,一天内的变化范围一般控制在±2℃内为宜。

通常,发酵池内温度达到10℃以上就可以运行,35~38℃和50~65℃是厌氧发酵的两个代谢高峰。前者称为中温发酵,后者称为高温发酵,低于20℃的称为常温(自然)发酵。常温发酵能耗低、设备简单,但转化效率低,产气量不好控制,也没有杀菌的过程;高温发酵分解速度快,时间短产气量高,且能有效杀死寄生虫卵,缺点是能耗高,设备要求严格;中温发酵的各项指标介于二者之间。

(4) pH

厌氧发酵系统中产酸菌可以在pH为5.5~8.5范围内良好生长,以pH=7~8为最适(称为最适pH)。产甲烷菌对pH变化非常敏感,低于6.2就会受到抑制。因此,发酵体系的最佳pH值一般维持在6.8~7.5之间。

消化液的酸碱度主要受脂肪酸和氨氮的含量影响。在发酵的初期,产酸菌会产生大量乙酸、丙酸、丁酸等脂肪酸,导致pH值下降。随后,氨化作用产生的氨在水中形成氢氧化铵,能中和有机酸,维持消化液的pH值稳定。所以,在正常的厌氧发酵中,pH有一个自行调节体系,无须随时调节。

在正常的发酵过程中,体系本身可以维持正常的pH环境,但突然增加进料,或改变原料可能会冲破反应物的缓冲能力,使发酵系统过度酸化,导致甲烷菌受抑制,影响有机酸向甲烷和二氧化碳的转化。为了维持稳定的 pH 环境，可通过加入石灰乳等调节剂进行调节。

（5）添加物和抑制物

在厌氧发酵过程中，微生物的生长和繁殖除了需要碳、氮、磷、硫等主要营养元素外，微量元素也是不可或缺的。研究显示，在发酵液中添加少量的硫酸锌、磷矿粉、炼钢渣、碳酸钙、炉灰等均可不同程度地提高产气量，其中以添加磷矿粉的效果为最佳。这些有益物质提高产气率的原因在于：①促进沼气发酵菌的生长；②增加酶的活性。例如 Mg^{2+}、Zn^{2+}、Mn^{2+} 等元素是水解酶活性中心的组成成分，能提高酶的活性、加快酶的反应速率，有利于纤维素等大分子化合物的分解。

还有一些化学物质可以抑制微生物的生长，被称为有毒物质。有毒物质的种类繁多，低浓度时甲烷菌对它们有一定的抵抗能力，但一旦超过限值，就会导致发酵受阻。

（6）接种物

在厌氧发酵过程中，菌种的数量和活性对沼气产量起着至关重要的作用。同时，发酵环境也会影响菌种的种类。为了提高产气量，可以根据发酵控制条件适当添加接种物，加快有机物的分解速率。在高温发酵时，应使用高温发酵的发酵液作为接种物；而在中温发酵时，则需要使用中温发酵的发酵液作为接种物。不同来源的厌氧发酵接种物会对产气和气体组成产生不同影响，因此在选择时需谨慎。一些地方如酒厂、屠宰场和城市下水污泥等活性较强的物质通常可以直接作为接种物添加。此外，现有污水处理厂和工业厌氧发酵罐中的发酵液也可以用作"种"，以缩短菌体增殖的时间。通过合理选择和添加接种物，可以提高发酵效率，增加沼气产量。

（7）搅拌

搅拌可使消化原料分布均匀，增加微生物与消化基质之间的接触，并使消化产物得到及时分离，产生的气体及时排除，避免出现酸积累。一般情况下，厌氧发酵装置需要设置搅拌设备。

10.2.4 餐厨垃圾厌氧消化处理工艺及设备

随着我国餐饮业的蓬勃发展，餐厨垃圾产量逐年攀升。截至 2021 年，我国餐厨垃圾产量已升至年 1.2 亿吨以上。这些垃圾因含有大量有机物，具有极高的资源化利用潜力。国家高度重视餐厨垃圾处理工作，陆续出台了《关于组织开展城市餐厨废弃物资源化利用和无害化处理试点工作的通知》和《关于加强地沟油整治和餐厨垃圾废弃物管理的意见》。这些文件明确要求要加强对餐厨废弃物的管理和专项整治，不断推进其资源化利用和无害化处理的进程。

10.2.4.1 厌氧发酵工艺的特点

虽然餐厨废弃物处理的方法很多，工艺也较成熟，但处理技术各有优缺点。餐厨垃圾饲料化工艺虽然资源化效率高，对细菌、病毒的污染处理效果明显，但相关病原性试验表明，这种工艺方法不能完全消除餐厨垃圾中的病原性以及其他残存的微生物，例如引发牛海绵状脑病等的毒枝霉素就很难通过高温等常规手段消除。此外，餐厨垃圾存在许多微量的有毒有害物质，如作物的残留农药、食品添加剂等，它们中的一些成分具有较强的环境稳定性和生物累积效应。由此可见，饲料化处理方式存在较大的风险，不易大批量推广使用。好氧堆肥技术由于其占地面积过大、处理周期长、二次污染控制困难等原因在国内几乎没有成功应用的实例。

厌氧发酵技术作为一种成熟的技术，近年被广泛应用在餐厨垃圾的处理上。相对于其他的处理方式，厌氧发酵的优势主要体现在以下几个方面：

① 发酵产生的沼气可作为清洁能源，实现了垃圾的资源化利用，符合碳减排项目，并且在有机物质转变成甲烷的过程中实现了垃圾的无害化、减量化。

② 发酵过程采用密闭罐体设备，既可以有效控制臭味发散，又便于自动化控制发酵过程，环境效益好。

③ 适用于规模化的餐厨垃圾处理，符合"统一收运，集中处置"的原则，可有效降低处置成本。

④ 投资相对较高，但仍具有良好的发展前景。目前我国很多城市都已建成采用该技术的大型餐厨垃圾处理厂，技术成熟，是餐厨垃圾处理的主流技术，目前运行稳定。

10.2.4.2 厌氧发酵工艺的分类

厌氧发酵过程分为两个阶段，即水解酸化阶段和产甲烷阶段。厌氧发酵技术有多种分类方式。根据发酵原料中固含率的不同分为干法厌氧发酵和湿法厌氧发酵；根据反应级数可分为单相厌氧发酵和两相厌氧发酵；根据运行的连续性又可分为连续厌氧发酵和间歇厌氧发酵；根据温度还可分为常温厌氧发酵、中温厌氧发酵（30～40℃）和高温厌氧发酵（50～60℃）。关于各类厌氧发酵工艺的优缺点总结在表10-1中，在工程应用中根据不同的餐厨垃圾特点选择合适的厌氧发酵处理工艺。

表 10-1 厌氧发酵工艺分类

分类原则	工艺	优点	缺点
有机质浓度	湿法（固含率小于15%）	1. 技术成熟	1. 预处理复杂
		2. 处理设施便宜	2. 需要定期消除浮渣层，对冲击负荷敏感
			3. 水的耗量大，产生废水的量也大
	干法（固含率为20%～40%）	1. 预处理挥发性有机物损失少，很少用新水稀释；有机物负荷高，抗冲击负荷较强	1. 湿垃圾不能单独处理
		2. 预处理相对便宜，反应器小	2. 设备造价高
		3. 水的耗量和热耗较小，产生废水量较少，废水处理费用相对较低	3. 由于在高固体含量下进行，输送和搅拌困难，搅拌是技术难点
反应级数	单相	1. 投资少	反应器可能出现酸化现象，导致产甲烷菌受到抑制，厌氧发酵受到影响
		2. 易控制	
	两相	1. 系统运行稳定	1. 投资高
		2. 提高处理效率（如减少了停留时间）	2. 运行维护复杂，操作控制困难
		3. 加强了对进料的缓冲能力	
进料方式	连续进料	1. 应用广泛	1. 发酵不充分
		2. 占地面积小	2. 控制较为复杂
		3. 运行成本低	
	间歇进料	1. 产气效率高	1. 占地面积大
		2. 控制较为简单	2. 投资大

续表

分类原则	工艺	优点	缺点
反应温度	常温	1. 能耗低 2. 过程稳定	1. 应用较少 2. 不能杀灭病菌 3. 效率低
	中温 (30~40℃)	1. 应用广泛 2. 能耗低 3. 运行稳定 4. 后续水处理无须考虑降温措施	1. 消化时间长 2. 对寄生虫卵的杀灭率低 3. 油脂容易凝结成块，对系统管道及泵的正常运转带来不利影响
	高温 (50~60℃)	1. 消化时间短 2. 产气率高 3. 对寄生虫卵的杀灭率在数小时内就可达到90%	1. 自动化控制要求较高 2. 过程控制难度大，容易发生倒罐现象

10.2.4.3 餐厨垃圾厌氧发酵的工艺流程

基于对厌氧发酵效率和运行成本的对比分析，结合我国餐厨垃圾的含水率高的特点，目前较多采用的是湿式、单项、连续、中温厌氧发酵工艺技术，具体流程如图10-5所示。

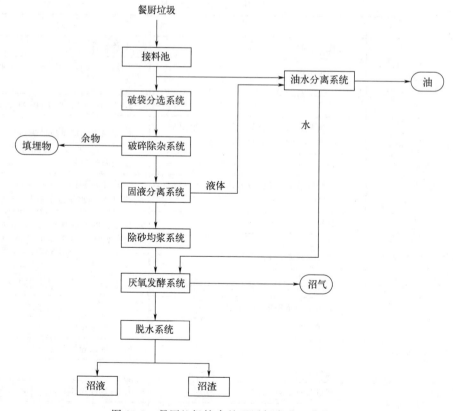

图 10-5 餐厨垃圾综合处理厌氧发酵工艺流程

餐厨垃圾处理流程包括多个环节。首先，将收集来的餐厨垃圾送入接料池，经过输送装置进行初步分离，然后，经破袋分选系统和破碎除杂系统处理，再通过固液分离系统将固体物质和液体物质分开，得到有机质干渣和油水混合物。油水混合物经过油水分离，油脂可用于生产生物柴油，剩余液体则进入厌氧发酵系统。有机质干渣经过出砂均浆后也进入厌氧发酵系统，与除油后的液体部分混合进行发酵。发酵产出沼气可以利用发电或制作压缩天然气（CNG），而余下的物料经脱水系统处理后，沼液可作为液体有机肥，沼渣则可制成颗粒有机肥或进行其他处理。整个处理过程使餐厨垃圾得到全面处理，达到资源化和无害化的目的，产出的产品种类多样，具有稳定的经济价值。详细技术操作如下：

(1) 接料池

餐厨垃圾收运车通常内部配有挤压推板，可在收集过程中完成固液初步分离。收运车经地磅称重后驶入卸料大厅，固体部分倒入接料斗，液体部分排至接料斗底端的渗滤液储存池。

接料斗设计为自动折叠式盖板，盖板可根据作业情况自动启闭，以防止废（臭）气扩散，顶部有排气管口，与除臭系统相连；接料斗底部连接输送机，将垃圾输送至分选系统。此外，接料斗底部还有滤孔，沥出来的渗滤液也进入渗滤液储存池内。

(2) 破袋分选系统

旨在有效分离垃圾中的塑料袋、木块、玻璃、金属等无法降解或会影响后续处理工艺的物质。由于餐厨垃圾中存在大量袋装垃圾，破袋的目的是破坏包装，使垃圾散落出来，便于后续的分选处理，同时也对较大尺寸的餐厨垃圾进行破碎处理。具体过程为：垃圾通过带式输送机送进破袋筛分机内，在旋转筛筒刮板和螺旋刮板的差动转动下对物料进行剪切，同时通过刮板的作用对塑料、编织袋等软性物料进行撕裂。物料在筛网上翻动前进的过程中，粗大的杂物被筛出，完成粗分拣，金属等物质则通过除铁器去除。

(3) 破碎除杂系统

经破袋粗分拣后的物料进入粗破碎机，并被初步打碎造浆。粗破碎采用非强制性破碎原理，物料在设备内翻腾着前进，随机落到快速旋转的刀片上进行破碎，同时连续注入低浓度废液，制成粗浆液和不易破碎物料的混合物，实现物料的分散和降黏。

(4) 固液分离

餐厨垃圾的液体中既含有水分，又含油脂，以不同的方式存在于垃圾中。餐厨垃圾中的液体含量为80%～90%，其中，20%～40%的游离态混合液比较易除去；15%～30%为存在于颗粒间的间隙水，需要较大的力量才能除去；余下的还有分子间结合水，需要破坏分子间的作用力才能除去。单螺旋固液分离机通常采用变螺距、变轴径的螺旋轴，以及出料口端的反推装置等技术手段加大挤压力。

当物料通过进料口进入后，部分游离水在重力作用下通过筛网排出，余下的垃圾则被螺旋轴带动向出料口推进。为了增加排出压力，出料口处设置了一个锥形调节盘，通过调节大小，施加反向推力，使得脱水机内的物料受到更大的压力。在经过变径、变距和调节压盘的处理后，脱水机内的物料被强力挤压，将其中的液体挤出。这些挤出的液体以及部分细小垃圾经过筛网后进入油水分离系统，而固体垃圾则从出料口顺利排出，完成了高效的处理过程。

(5) 油水分离系统

餐厨垃圾中的油脂可以被厌氧发酵降解，但其降解过程十分缓慢，并且极易在反应器内与其他物质形成黏度较大的悬浮物,影响设备的正常运行,因此在餐厨垃圾厌氧发酵工艺中通常先去除餐厨垃圾中的油脂。油脂在餐厨垃圾中以游离态和固态存在。固态的油脂必须经过高温之后才能转换为游离态,餐厨垃圾一般先通过加温系统,将固态油脂转换成游离态油脂,再进入油水分离系统。

目前餐厨垃圾油水分离常用的技术有离心分离技术和气浮分离技术,设备包括卧式提油机和立式提油机。离心分离技术是利用两相密度差,通过高速旋转产生不同的离心力,使轻组分油和重组分水分布在旋转器面壁和中心,实现油水分离。离心油水分离设备停留时间较短、设备体积小,但存在阻力较大、能耗高、不易维护等缺点;气浮分离技术是使大量微细气泡吸附在预去除的颗粒上,利用气体的浮力将油脂带出水面,从而实现油水分离。气浮油水分离设备处理效果好且稳定,但动力消耗大,维护保养困难,且浮渣难处理。

(6) 除砂均浆系统

经过破碎除杂后,仍会有一些颗粒小不能被降解的固体物质,如细砂等。这些物质进入厌氧发酵罐内会磨损发酵罐和搅拌器,降低设备使用寿命,且日积月累堆积在发酵罐底部,降低发酵罐的有效使用体积。

除砂方法分为重力沉降和离心沉降。重力沉降的沉砂装置是通过自重沉降完成集砂,定期将砂排放到砂水分离器,再进行砂水分离;离心沉降是依靠离心力的作用实现沉降,离心沉降典型设备为旋液分离器。

(7) 厌氧发酵系统

发酵罐是发酵系统的核心设备,系统内设有搅拌装置,将罐内的物料搅拌均匀,同时内部或外部铺设保温系统,以保证厌氧发酵所需的温度。微生物的繁殖、有机物的分解转化、沼气的生成都是在厌氧发酵罐内进行。

经过沉砂处理后的物料固含量仍然较高,直接送入发酵罐可能导致后续厌氧压力过大。为解决这一问题,一般会利用离心压滤机,分离出大于1mm的固体,剩余浆料与油水分离后的渗沥液混合开始进行发酵。

有机成分在水解酸化菌的作用下,由块状大分子逐步转化成为乙酸、丙酸、丁酸等小分子有机酸类,同时释放出二氧化碳、氢气、硫化氢等气体。由于水解酸化反应较快,反应器内很快形成酸性环境,过低的pH值使菌类受到抑制,导致降解效果下降。为解决这一问题,可向反应器内加入碱性物质进行中和,但碱性物质的加入会增加盐度,对厌氧发酵和沼液处理产生负面影响。此外为解决pH值过低的问题,也可使用pH值较高(约8)的循环回流水进行中和。回流水的使用可部分解决发酵后沼液处理问题,实现厌氧发酵厂内的物质循环利用。同时使用回流水也可补充部分养料及稀有金属供给厌氧菌使用,避免菌类因营养缺乏引起的活性下降甚至死亡。水解酸化阶段的温度通常控制在25~35℃,并且不会随着产甲烷阶段的温度变化而改变。可使用沼气热电联产后产生的热量维持反应器内温度。

产甲烷阶段也可称为产气阶段,是厌氧发酵的核心阶段。水解酸化阶段产生的有机酸类和溶解在液体中的氢气、二氧化碳等通过管道运输进入产甲烷罐中,有机酸和气体在反应器内被进一步转化为甲烷气体和二氧化碳气体,由于硫化氢在水解酸化阶段已经释放出去,在产甲烷阶段的硫化氢产量很小,几乎可忽略不计。

发酵后产生的沼气中含有甲烷、二氧化碳、硫化氢及其他气体。甲烷可燃,浓度可达到60%~75%,纯化后的沼气通入热电联产发电机后可进行发电,余热供垃圾处理设备自身使用。除了直接燃烧发电之外，还可进入城市煤气生产企业，经过加压后进入管网，供给居民日常生活使用。

(8) 脱水系统

厌氧发酵完的物料经脱水系统分离沼渣和沼液。一般采用的方法是挤压，设备是板框压滤机。

(9) 附属设备

附属设备主要是指对餐厨垃圾资源化利用的设备，包括生物柴油制取设备、沼气净化提纯设备、沼气发电设备、沼渣造肥设备等。

10.3 餐厨垃圾处理实例

10.3.1 项目背景

实例-青岛餐厨垃圾处理现场

2010 年，我国在开展"地沟油""垃圾猪"专项整治期间，加强了对餐厨垃圾的管理，并启动了餐厨垃圾资源化利用和无害化处理试点城市建设。此外，在开展生态文明试点城市建设和"无废城市"试点建设中，也将餐厨垃圾资源化处理作为了重点建设项目。

餐厨垃圾厌氧处理工艺主要是指通过成熟稳定的厌氧发酵技术，使收运来并且经过预处理的餐厨垃圾在厌氧菌的作用下，在一定的温度条件下，在密闭容器中发酵后产生沼气并且沼气通过热电联产发动机发电和供热的过程。发酵后产生的沼液和沼渣经过无害化、资源化处理后可作为肥料再次使用，从而实现厨余垃圾的资源化、减量化。

餐厨垃圾产生源相对比较集中，以熟食为主，杂质含量高，有一定的外源污染风险。餐厨废弃物中的食物残渣和食品加工废料部分带有大量化学药品、农药、病原微生物等残留物，人畜食用后极易感染病菌，导致交叉感染。餐厨垃圾被用来喂猪，易感染猪瘟，且食用了泔水的猪肉将严重危害人体的健康。另外，餐厨垃圾还是潜在的地沟油的源头，存在食品安全隐患。

2011 年 5 月，国家发展改革委与财政部印发了《循环经济发展专项资金支持餐厨废弃物资源化利用和无害化处理试点城市建设实施方案》，青岛成为首批试点城市并签订承诺书。青岛十方生物能源有限公司正式成立并中标。2012 年 10 月开工建设，2014 年 10 月 1 日正式开始商业运行，总投资约 9000 万元，采用预处理＋厌氧发酵的厌氧发酵工艺，设计处理餐厨垃圾能力为 200t/d。2016 年 6 月，作为首批试点项目通过了国家三部委的验收，实现餐厨废弃物资源化利用和无害化处理。

10.3.2 工艺说明

该处理工艺可分为四步，即预处理、湿热提油、厌氧发酵和产气四个阶段。具体的工艺流程如图 10-6 所示。

(1) 预处理

① 破碎分选。破碎分选的目的是把餐厨垃圾内的无机物杂质分选出来，同时将有机物制成浆液。

餐厨垃圾经过收运车辆的运输到达处理场地后，倾入进料池内。由于在餐厨垃圾产生地

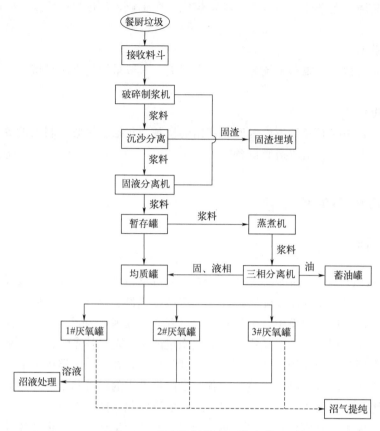

图 10-6　餐厨垃圾处理工艺流程

如餐馆、饭店收集垃圾时会使用塑料包装袋，因此进料垃圾首先进行破袋处理，破袋后的垃圾再进入预处理阶段，进行机械预处理。

收运来的餐厨垃圾中通常会含有一定量的干扰物质，如纸张、金属、骨头等。这些物质在厌氧发酵过程中不能被降解，因此应在预处理阶段分选出去。纸张和金属类物质可循环利用，其他的物质进入填埋场进行卫生填埋。

分选后的餐厨垃圾中仍然含有颗粒较大的物质，如水果、蔬菜、肉块等。颗粒较大的垃圾在输送管道内输送或在容器内搅拌时可能对设备的稳定运行产生影响，同时颗粒较大的物质比表面积较小，这样会使得垃圾颗粒在反应器内与厌氧菌的接触面积减小，降低厌氧发酵降解效果。为增强处理过程中设备运行的稳定性以及提高厌氧发酵的效果，在进行分拣后，餐厨垃圾通常需再进行粉碎处理，粉碎后的垃圾颗粒根据不同工艺要求不同，通常情况下颗粒大小在 10mm 左右。

② 沉沙分离。粉碎后的垃圾可进行固液分离。餐厨垃圾在经过了分选、粉碎后仍然含有一些颗粒较小，但是在厌氧反应器中不能够被降解掉的固体物质，如细砂等。这些固体物质进入反应器后通过内部搅拌，会磨损反应器和搅拌器，降低设备使用寿命。长时间运行时，还会在反应器底部形成堆积，降低反应器的有效使用体积。通过沉沙分离、固液分离可使得这部分固体物质从垃圾中分离出去，只剩下可降解物质进入反应器，从而提高厌氧发酵罐的工作效率，保证产气稳定，进而保证整个厌氧装置的高效稳定运行。

当餐厨垃圾的干物质含量（TS）高于反应器设计进料 TS 时，通常会在垃圾进入反应器前加入清水或循环回流水进行稀释，以降低 TS。此时可在预处理阶段设均浆工艺。经过均浆后的垃圾物料再通过管道输送入反应器内。

（2）湿热提油

湿热提油环节是整个餐厨垃圾资源化利用的重点。预处理环节过程中产生的液相全部进入储槽（暂存罐），在蒸煮机中加热浆液到 65℃，然后输送至三相提油机，在该温度下，实现固渣、料液及粗油脂的分离。此时粗油脂含水率约 15%，不利于后续利用或直接销售，故分离后的粗油脂还需进入粗油脂加热罐加热至 80℃再采用立式提油机进行提纯，产生纯度为 98%以上的毛油。

（3）厌氧发酵

经过提油处理后的固渣、料液进入均质罐进行均质处理，然后依次通入 1#～3# 发酵罐进行水解酸化。罐内设有搅拌装置，且内外部铺设保温系统。

有机垃圾在反应器内在水解酸化菌的作用下，由块状大分子有机物，逐步转化成为小分子有机酸类，同时释放出二氧化碳、氢气、硫化氢等气体。水解酸化阶段产生的有机酸主要是乙酸、丙酸、丁酸等。由于水解酸化过程进行得很快，反应器内很快形成酸性环境，也就是说 pH 值在降低。尽管水解酸化菌的耐酸性很好，但当 pH 值过低时，菌类仍然会受到抑制，导致降解效果低下。为解决 pH 值过低的问题，可使用 pH 值较高（约 8）的循环回流水进行中和。回流水的使用可部分解决发酵后沼液处理问题，实现厌氧发酵厂内的物质循环利用。同时使用回流水还可补充部分养料及稀有金属供厌氧菌使用，避免菌类因营养缺乏引起的活性下降甚至死亡。

（4）产气

产气阶段即为产甲烷阶段，是厌氧发酵的核心阶段，控制好这一阶段是控制好整个厌氧处理的关键。

水解酸化阶段的产物如有机酸类和溶解在液体中的氢气、二氧化碳等通过管道运输进入产甲烷罐中，有机酸和气体在反应器内被进一步转化为甲烷气体和二氧化碳气体，由于硫化氢在水解酸化阶段已经释放出去，在产甲烷阶段的硫化氢产量很小，几乎可忽略不计。

10.3.3 发酵产物的利用

（1）沼气的利用

发酵后产生的沼气中含有甲烷、二氧化碳、硫化氢和其他气体等。甲烷具有可燃性，浓度通常可达到 60%～75%，沼气通入热电联产发电机后可进行发电，剩余的热量可供垃圾处理设备自身使用。该项目日处理能力为 200t，每天的沼气产量可达到 25000～30000m^3，当沼气中的甲烷浓度为 60%时，由此产生的电能约为 60000～71000kW·h，约可满足 8000 个家庭的年用电需求。

除了直接燃烧发电之外，厌氧发酵后产生的沼气还可以在经过脱碳净化后进入城市煤气生产企业，经过加压后进入管网，供给居民日常生活使用。

随着技术的不断进步，新能源汽车逐渐出现在市场上。欧洲国家，如瑞典、德国等已经出现了利用沼气作为燃料的新能源汽车。如果能够普及加注站点，沼气也是十分优越的新能源汽车燃料。

（2）沼渣、沼液的利用

厌氧发酵后，从发酵罐出来剩余产物因具有较高的含水率，并不能直接填埋，需先进行脱水处理，之后得到沼液和沼渣。沼液和沼渣中富含有氮、磷、钾、微量元素等植物所需的营养物质，可用来作为有机肥料使用。

用沼渣、沼液制肥料在国外已有成熟的技术，并且经过实际应用，效果良好，前提是沼渣、沼液需要进一步处理，达到相关标准后方可使用。

（3）废油脂利用

通过三相提油机提取的毛油，外售给油脂加工企业，经化学方法或生物方法处理后转变为生物柴油或其他化工工业原料。

第四篇

工业固体废物

第11章
工业固体废物简介

工业固体废物包括废渣、碎屑、粉尘、污泥等物质，广泛来源于各类工业生产和资源利用过程。这些废物的成分与产业性质息息相关，呈现出错综复杂的特点。按行业分类，工业固体废物包括冶金废渣（如钢渣、高炉渣、赤泥等）、矿业废物（如煤矸石、尾矿等）、能源灰渣（如粉煤灰、炉渣、烟道灰等）、化工废物（如磷石膏、硫铁矿渣、铬渣等）、石化废物（如酸碱渣、废催化剂、废溶剂等）以及轻工业产生的下脚料、污泥、渣糟等多种类型。随着工业的不断发展，工业固体废物的种类和数量也在不断增加。

不同工业领域产生的固体废物具有不同的组分和特点。矿业、冶金等领域产生的废物，如尾矿、有色金属渣、粉煤灰和盐泥，排放量巨大；化工、电子等行业产生的废物，如油泥、酸碱液和电子废物，种类繁多且复杂。这样的多样性给后续的处理和处置工作带来了巨大挑战。简而言之，不同来源的工业固废具有不同的性质和特点，它们的处理方法和工艺细节可能就会迥然不同。

工业固体废物的污染控制与其他环境问题一样，经历了从简单处理到全面管理的发展过程。早期，各国普遍采取末端治理方式，主张实行减量化、资源化和无害化的原则。但是，一旦有工业废物未经有效处理而被堆积，新产生的废物将继续积累，如果无法及时清除和处理，长此以往，将带来极大的潜在环境污染风险。后来，人们逐渐认识到源头控制的重要性，提出了全过程管理理念，如图11-1所示。目前已取得共识的"3C原则"，即避免产生（clean）、综合利用（cycle）和妥善处理（control），就是该理念的体现。

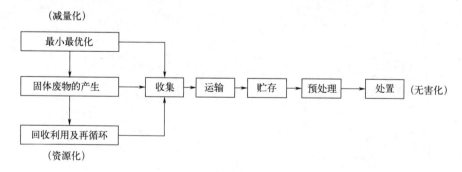

图11-1 工业固体废物的全过程管理控制体系

目前，国家提倡对工业固体废物进行因地制宜、选择性的资源化利用，以改变过去消极处理（如堆存、焚烧、填埋等）、资源化利用率偏低的情况。

11.1 工业固体废物的分类

工业固体废物的分类是较为灵活的，为便于实际管理，可按照不同标准执行。

(1) 按照 2024 年生态环境部印发的《固体废物分类与代码目录》中的工业固体废物进行分类

该目录主要用于固体废物管理台账、排污许可、跨省转移、信息公开等领域。需要特别注意的是，该目录不包含列入《国家危险废物名录》的固体废物和放射性固体废物，危险废物的分类与代码按照《国家危险废物名录》执行。此外，该目录不作为固体废物属性鉴别的依据。依据此目录，常见工业固体废物有：

① 冶炼废渣。炼铁、炼钢、钢压延加工、铁合金冶炼、常用有色金属冶炼、贵金属冶炼、稀土金属冶炼、有色金属合金制造、有色金属压延加工等产生的废渣。

② 粉煤灰。从燃煤过程产生的烟气中收捕下来的细微固体颗粒物，不包括从燃煤设施炉膛排出的灰渣。主要来自电力、热力生产和供应业，以及其他使用燃煤设施的行业，又称为飞灰或烟道灰。此外，还包括电厂协同处置固体废物过程中产生的粉煤灰。

③ 炉渣。电力生产、生活垃圾焚烧后从炉床直接排出的残渣，以及过热器和省煤器排出的灰渣、煤炭燃烧以及其他生产过程中产生的炉渣。

④ 煤矸石。煤开采和洗选、煤矿在开拓掘进、煤和煤炭洗选等生产过程中排出的含碳岩石，以及煤炭开采、洗选产生的其他工业固体废物。

⑤ 尾矿。选矿中分选作业的产物中有用目标组分含量较低而无法用于生产的部分。铁矿采选、锰矿采选、铬矿采选、常用有色金属矿采选、贵金属矿采选、稀有稀土金属矿采选、土砂石开采、化学矿开采、采盐、石棉及其他非金属矿采选等都会产生尾矿。

⑥ 脱硫石膏。煤炭加工、电力生产等过程中，通常会使用石灰-石灰石来处理烟气中的二氧化硫。石灰浆液与 SO_2 反应生成硫酸钙及亚硫酸钙，亚硫酸钙经氧化转化成硫酸钙，得到工业副产石膏，称为脱硫石膏。

⑦ 污泥。包括污水处理后再生利用的污泥、有机工业废水处理产生的物化和生化污泥、无机非金属工业废水处理产生的污泥，以及金属加工过程中产生的沉淀、物化、脱磷、脱氮等污泥。此外，河道疏浚过程中清理出的淤泥和其他行业废水处理产生的污泥也属于这一范畴。

(2) 按照《一般固体废物分类与代码》(GB/T 39198—2020) 进行分类

该标准依据一般固体废物来源、主要成分进行分类。适用于一般固体废物收集、贮存、包装、运输、处理、利用、处置及相关管理过程。不适用于一般固体废物中未分类的生活垃圾、建筑固体废物的相关管理过程。

根据该目录，常见工业固体废物有：废物资源，采矿业产生的一般固体废物，食品、饮料等行业产生的一般固体废物，轻工、化工、医药、建材等行业产生的一般固体废物，钢铁、有色冶金等行业产生的一般固体废物，非特定行业生产过程中产生的一般固体废物等类别。

(3) 依照《固定污染源排污许可分类管理名录》(2019 年版) 进行分类

根据排污单位污染物的产生量、排放量和对环境的影响程度，对排污许可实行重点管理、简化管理和登记管理三种管理方式。

对污染物产生量、排放量或者对环境的影响程度较大的排污单位，实行排污许可重点管理；对污染物产生量、排放量和对环境的影响程度较小的排污单位，实行排污许可简化管理；对污染物产生量、排放量和对环境的影响程度很小的排污单位，实行排污登记管理。

（4）其他

涉及对外业务时，还可以按照联合国统计委员会制定的《所有经济活动的国际标准行业分类》进行分类。

11.2　工业固体废物的特征

（1）形态特征

一般工业固体废物的物理形态，主要有固态（如锅炉渣等）和半固态（如工业废水处理污泥），以固态为主。

（2）污染物特征

在不同工业生产过程中，产生的固体废物种类和主要污染物种类会因所使用的原辅材料不同而有所不同。即使是相同的工业生产过程，生产工艺、原辅材料产地的差异，甚至是生产工况和员工操作方式的变化，也会导致主要污染物含量存在差异。

11.3　工业固体废物的产生

工业固体废物产生的方式有连续产生、定期批量产生、一次性产生和意外产生等多种方式。

（1）连续产生

固体废物在正常的生产过程中连续不断地产生。如热电厂粉煤灰浆、冶炼厂瓦斯泥、磁选尾矿浆、煤矸石等，它们通常利用管道或传送带等传输工具排出。产生量和性质具有一定的规律，保持一定的连续性。

（2）定期批量产生

固体废物在某一相对固定的时间段内分批产生，是最常见的废物产生方式。一般来说，同一批次产生的废物，它们的物理化学性质是相近的，但不同批次废物之间有可能存在较大差异。例如，冶炼渣、食品加工废物、铸造型砂、电镀废液和污泥、废溶剂等比较容易出现这种情况。

（3）一次性产生

在产品更新或设备检修时产生的固体废物多为一次性。废物产生量大小不等，有时还混杂有相当数量的车间清扫废物和生活垃圾等，所以组成复杂，污染物含量变化大，无规律性。如废催化剂、废吸附剂等都是常见的一次性固体废物。

（4）意外产生

因停水、停电等突发性事故导致生产被迫中断而产生的一些报废原料或产品等属于意外产生的固体废物。通常，这类废物的污染成分含量较高，且具有不可预见性。

11.4 工业固体废物的贮存

工业固体废物的贮存有容器贮存、散状堆积和池（坑、塘）贮存等方式。

（1）容器贮存

通常，对于一些粉末状、泥状或液态，且批量不大的废物会采用容器贮存，如废活性炭、工业粉尘、废油等。贮存容器有筒、罐、箱、槽、编织袋等多种形式。

由于产生的时间和批次不同，各容器间中污染物的含量可能存在差异。此外，在搬运过程中，由于震动和颠簸的影响，容器内的废物可能会发生物理分层，污染物含量在容器内部呈现梯次变化。

（2）散状堆积

采用散状堆积的大多是产生批量较多或一次性产生的不规则块、粒状固态废物。如尾矿、锅炉渣、冶炼渣、煤矸石等。

将多批产生的废物堆倒在一起就会形成散状堆积废物场。由于堆倒方式和自然风雨的影响，废物堆会出现不均匀的粒径分布，同时污染物也会在堆积过程中出现不均匀的分布情况。

（3）池（坑、塘）贮存

采用池（坑、塘）贮存的大多为浆状废物及半固态污泥等。如磁选尾矿浆、电镀废液和污泥、废酸碱等。

池（坑、塘）贮存时间一般较长，水分通过蒸发和下渗使废物得以干燥，需要做好防渗。其中的废物中污染物含量一般表现出规律性变化：贮存过程中，废物颗粒因沉降作用会呈现下粗上细的纵向分布；当贮池内多次排入废物时，废物颗粒的纵向分布则表现出多个层次；当废物排入口在池的一端时，废物颗粒的水平分布会表现出由粗到细的梯次变化。

11.5 工业固体废物的排放

工业固体废物的排放方式与产生方式相似，有连续排放、定期清运排放和集中一次性排放。

（1）连续排放

连续排放通常适用于量大且相对稳定的废物。可以通过传送带、管道或专用运输车辆进行清运。这种情况下，废物的运输方式和包装容器相对固定，批次和批量变化不大。废物种类和污染物含量相对稳定，因此更容易进行规划和控制。

（2）定期排放

定期排放废物的清运运输工具和包装容器相对固定，批次和批量变化不大，相对也较容易进行规划和控制。

（3）集中一次性排放

集中一次性排放一般会出现在两种情况下：一种是清运一次性产生的大批量废物；另一种是清运日常贮存累积的小批量多种废物。清运时，有散装运输和容器运输两种方式，对应的运输工具、包装容器以及清运的批量各不相同。废物种类和污染物含量相对复杂，甚至会有部分生活垃圾被混入一同运出。

11.6 工业固体废物的管理

工业固体废物的管理需依据《固废法》及其他相关法律法规、标准等具体规定实施。例如：

① 污染防治责任的划分和管理台账制度。《固废法》第三十六条规定，产生工业固体废物的单位应当建立健全工业固体废物产生、收集、贮存、运输、利用、处置全过程的污染环境防治责任制度，建立工业固体废物管理台账，如实记录产生工业固体废物的种类、数量、流向、贮存、利用、处置等信息，实现工业固体废物可追溯、可查询，并采取防治工业固体废物污染环境的措施。

② 排污申报许可制度。《固废法》第三十九条规定，产生工业固体废物的单位应当取得排污许可证。排污许可的具体办法和实施步骤由国务院规定。产生工业固体废物的单位应当向所在地生态环境主管部门提供工业固体废物的种类、数量、流向、贮存、利用、处置等有关资料，以及减少工业固体废物产生、促进综合利用的具体措施，并执行排污许可管理制度的相关规定。

③ 分类贮存和无害化管理制度。《固废法》第四十条规定，产生工业固体废物的单位应当根据经济、技术条件对工业固体废物加以利用；对暂时不利用或者不能利用的，应当按照国务院生态环境等主管部门的规定建设贮存设施、场所，安全分类存放，或者采取无害化处置措施。贮存工业固体废物应当采取符合国家环境保护标准的防护措施。建设工业固体废物贮存、处置的设施、场所，应当符合国家环境保护标准。

第12章 工业固体废物的综合利用

从物质流的角度上考虑，一般情况下，工业固体废物产生后便丧失了其原有的价值，如果不能进入后续流通过程，便彻底失去了使用价值。然而，随着废物处理技术的不断创新，工业固体废物经过适当的回收处理或参与产业共生体的资源交换后，往往可以作为原料或能源被再次利用，重新进入物质循环链，实现资源化综合利用的目标。所以，相对于自然资源而言，工业固体废物被称为"放错位置的资源"。

不同工业固体废物的来源和性质不同，其综合利用方式也各不同。现今，很多工业固体废物已被再利用制成其他产品，常见的有：

① 生产建材。制水泥、混凝土骨料和混合料、砖瓦、纤维、路基、回填等建筑材料。

② 回收有价组分。提取铁、铝、铜、铅、锌、钨、钼、钒、锗、钼、钪、钛等金属材料，部分可用作化工原料。

③ 制造肥料、土壤改良剂，用于处理废水等。

以下简要介绍部分典型工业固体废物的综合利用方式。

12.1 煤矸石

12.1.1 煤矸石的来源

煤矸石属于矿业固体废物。矿业固体废物简称矿业废物，指开采和洗选矿石过程中产生的废石和尾矿。例如，各类矿山在开采过程中所产生的剥离物和废石，以及在选矿过程中所排弃的尾矿等。

《固废法》第四十二条规定，矿山企业应当采取科学的开采方法和选矿工艺，减少尾矿、煤矸石、废石等矿业固体废物的产生量和贮存量。国家鼓励采取先进工艺对尾矿、煤矸石、废石等矿业固体废物进行综合利用。

12.1.2 煤矸石的性质

煤矸石是煤炭开采、洗选及加工过程中排放的废物，为多种矿岩的混合体，约占煤炭产量的15%。从成分讲，煤矸石是煤矿中夹在煤层间的脉石（又称为夹矸石）。大部分煤矸石结构较致密，黑色，自燃后呈浅红色，结构较疏松。煤矸石的主要矿物成分为高岭石、蒙脱石、石英砂、硅酸盐矿物、碳酸矿物、少量铁钛矿及碳质,且高岭石含量达68%,构成矿物成分的元素多达数十种,一般以Si、Al为主要成分,另外含有数量不等的Fe、Ca、Mg、S、K、Na、P等以及微量的稀有金属(如Ti、V、Co等),其典型矿物化学成分见表12-1。煤矸石中的有机质随含煤量的增加而增多,它主要包括C、H、O、N和S等,其中C是有机质的主要成分,也是燃烧时产生热量的最重要元素。

表 12-1 煤矸石的典型化学成分

成分	SiO_2	Al_2O_3	Fe_2O_3	CaO	MgO	Na_2O	K_2O
含量/%	40~65	15~30	2~9	1~7	0.5~4	0.2~2	0.3~2

12.1.3 煤矸石的危害

煤矸石对生态环境的危害表现在:露天堆积时会侵占良田、阻塞河道、造成水灾;自燃会释放大量有害气体,如CO、CO_2、SO_2、H_2S及NO_x等,甚至引起火灾;煤矸石的酸性淋溶水会损伤邻近土壤、农作物及水环境;煤矸石的细粒会随风飘散,造成降尘污染;煤矸石中天然放射性元素会对人体与环境产生危害;矸石山崩塌时,会危及人畜安全。

可见,煤矸石已成为固、液、气三害俱全的污染源,亟待治理。

12.1.4 煤矸石的综合利用

煤矸石也是宝贵的不可再生资源,它兼有煤、岩石、化工原料及元素等资源特性。

作为煤,煤矸石可用作煤矸石电厂和矿山沸腾炉的低热值燃料,利用其余热,制成型煤,还适合层燃炉使用;作为岩石,煤矸石在建材领域用途广泛,如生产水泥、砖瓦,既可以替代黏土和石料,又能节约能源;作为化工原料,煤矸石中硅、铝等元素的含量高,可以制备硅系化学品、铝系化学品,如硅酸钠、硫酸铝、聚合氯化铝等,并可用来生产某些新型材料,如SiC、分子筛等;煤矸石含有硫、铁、钡、钙、钴、镓、钒、锗、钽、铀等50多种微量元素和稀有元素,当某种元素或某几种元素富集到具有工业利用价值时,还可对其加以回收利用。

煤矸石的综合利用途径如图12-1所示。

12.2 粉煤灰

粉煤灰是燃煤电力、冶金、化工等行业常见的固体废物。

12.2.1 粉煤灰的来源

粉煤灰是燃煤电厂、冶炼厂、化工厂排放的非挥发性煤残渣,包括飘灰、飞灰和炉底灰三部分。

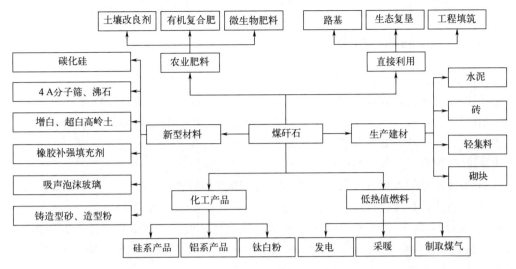

图 12-1 煤矸石的综合利用途径

12.2.2 粉煤灰的性质

根据煤炭灰分的不同,粉煤灰的产生量相当于电厂煤炭用量的 2.5%~5.0%。

粉煤灰是高温下高硅铝质的玻璃态物质,经快速冷却后,形成多孔蜂窝状固体物。属于火山灰类物质,外观类似水泥,颜色从乳白色到灰黑色,其物化性质取决于燃煤品种、煤粉细度、燃烧方式及温度、收集和排灰方法等。

粉煤灰属于硅铝酸盐,单体由 SiO_2、Al_2O_3、CaO、Fe_2O_3、MgO 和一些微量元素、稀有元素等组成,其中 SiO_2、Al_2O_3 和 Fe_2O_3 的含量约占总量的 80%,杂有表面光滑的球形颗粒和不规则的多孔颗粒的硅铝质非晶体材料,其物理性能及典型化学成分见表 12-2、表 12-3。由于富集有多种碱金属、碱土金属元素,粉煤灰的 pH 较高。此外,粉煤灰具有粒细、多孔、质轻、容重小、黏结性好、结构松散、比表面积较大、吸附能力较强等特性。

表 12-2 粉煤灰的典型物理性能

真密度/ (g/cm³)	堆积密度/ (g/cm³)	比表面积/ (m²/g)	粒径/ μm	孔隙率/ %	灰分/ %	pH	可溶性盐/ %	理论热值/ (kJ/kg)	表观热值/ (kJ/kg)
2.0~2.4	0.5~1.0	0.25~0.5	1~100	60~75	80~90	11~12	0.16~3.3	550~800	300~500

表 12-3 粉煤灰的典型化学成分

成分	SiO_2	Al_2O_3	Fe_2O_3	CaO	MgO	Na_2O	K_2O	V_2O_5	TiO_2	P_2O_5	其他
含量/%	48.92	25.41	8.03	3.04	1.02	0.78	2.05	1.58	0.82	0.99	8

12.2.3 粉煤灰的危害

随电力工业的发展,燃煤电厂的粉煤灰排放量逐年增加,成为我国排量较大的工业废渣之一。大量的粉煤灰不加处理,会占用大量土地,并产生扬尘,污染大气,若排入水系会造成河流淤塞,而其中的有毒化学物质还会对人体和生物造成危害。

12.2.4 粉煤灰的综合利用

粉煤灰的综合利用途径主要为：
① 用作建材原料，如水泥或混凝土掺料、制砖、砌块、硅钙板、陶粒等。
② 用于工程填筑，如路基、低洼地或荒地填充、废矿井或塌陷区回填等。
③ 用于农业生产，如复合肥、磁化肥、土壤改良剂等。
④ 回收有用物质，如空心微珠、工业原料、稀有金属等。
⑤ 用于环境保护，如废水处理、烟气脱硫、吸声材料等。
⑥ 生产功能性新型材料，如复合混凝剂、沸石分子筛、填料载体等。

例如，利用粉煤灰中的 SiO_2 来制备硅酸类化合物，可生产水处理用复合混凝剂。以粉煤灰为原料制备聚硅酸铝的工艺流程如图 12-2 所示。该复合混凝剂的主要成分为 Al、Fe、Si 的聚合物或混合物。

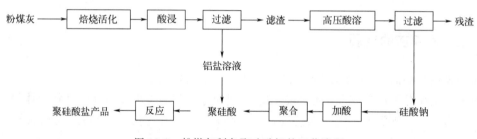

图 12-2 粉煤灰制备聚硅酸铝的工艺流程

12.3 高炉渣

12.3.1 高炉渣的来源

高炉渣主要是高炉炼铁过程中产生的固体废物，其次是经煤气净化塔净化下来的尘泥及原料场、出铁场收集的粉尘。

高炉冶炼生铁时，从炉顶加入的原料中除主要原料铁矿石和燃料（焦炭）外，还要加入助熔剂。因为大部分铁矿石中的脉石主要由酸性氧化物 SiO_2、Al_2O_3 等组成，熔化所需温度极高，炼铁的高炉温度很难将其熔化。为此，必须加入适量的助熔剂，如石灰石或白云石，使它们生成低熔点的共熔化合物，这些化合物连同被熔蚀的炉衬一起构成流动性良好的非金属渣。由于渣比铁水轻，会浮在铁水上面，从高炉的出渣口排出炉外。高温的液态渣经过不同的降温处理措施后，会变成固态渣，即高炉渣。

12.3.2 高炉渣的性质

高炉渣的矿物组成与生产原料和冷却方式有关。其化学成分与普通硅酸盐水泥相似，主要是 Ca、Mg、Al、Si、Mn 等的氧化物，个别含 TiO_2、V_2O_5 等。

高炉渣的产量与矿石的品位有关,一般为生铁产量的25%~100%,由于矿石的品位及冶炼生铁的种类不同,高炉渣的化学成分波动较大。由于高炉渣属于硅酸盐质材料,又是高温下形成的熔融体,因而可以加工成多品种、高质量的建筑材料。

12.3.3 高炉渣的综合利用

根据把液态渣处理成固态渣的方法不同,其成品渣的特性也各异。

利用高炉渣之前,需要对其加工处理,用途不同,加工处理的方法也不相同。高炉渣的综合利用途径见图12-3。

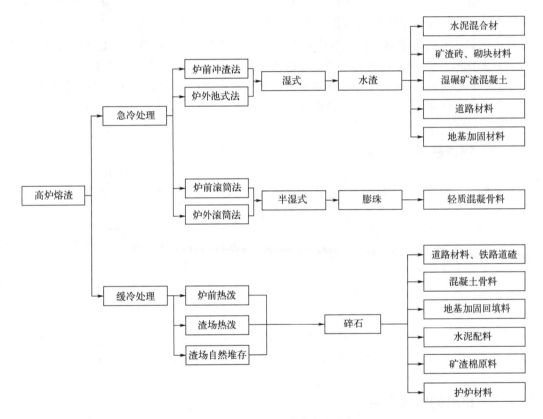

图 12-3 高炉渣的综合利用途径

① 水淬渣。高温熔渣用大量的水急冷成粒,其中的各种化合物来不及形成结晶矿物,而以玻璃体状态将热能转化成化学能封存其内,这种潜在活性可在激发剂作用下,与水化合生成具有水硬性的胶凝材料,是生产水泥的优质原料。

② 膨珠。内部含有气体和化学能,不仅具有与水淬渣相同的活性,还具备隔热、保温和质轻的优点,容重为 400~1200kg/m³。因此,膨珠是一种理想的建筑用轻质骨料和水泥原料。

③ 重矿渣。重矿渣的性质与天然碎石相近,容重大多在 1900kg/m³ 以上,抗压强度高于 49MPa,矿渣碎石的稳定性、坚固性、磨耗率及韧度均符合工程要求,因此可代替碎石用于建筑工程。

12.4 铬渣

12.4.1 铬渣的来源

铬渣是无机盐化工固体废物。

无机盐化工是一个多品种的基本原料工业，其特点是生产厂点多、布局分散、生产规模小、间歇操作多、设备密闭性差、"三废"治理跟不上。有些无机盐系列产品，如铬、氰、铅、磷、砷、锌和汞等，毒性大，生产过程排放出的"三废"，对周围环境污染严重。

无机盐化工中，产生量大、面广、危害严重的污染源主要有铬盐、黄磷、氰化物和锌盐等。在其生产过程中排放出的有毒固体废物主要有铬渣、磷泥、氰渣和钡渣等20余种。

铬渣是铬工业生产金属铬和铬盐产品生产过程中的主要废渣。铬工业是重要的基础原料工业，涉及国民经济10%以上的产品，在国民经济中占有重要的地位。鉴于原料品位不一、粉碎程度不同、生产设备和工艺的不尽相同，铬渣的产生量也有波动。通常，每生产1t金属铬会排放约10t铬渣，每生产1t铬盐排放3～5t铬渣。

12.4.2 铬渣的性质

铬渣的典型化学成分见表12-4。铬渣既是有害废渣，又是可利用的二次资源。

表12-4 铬渣的典型化学成分

成分	Cr_2O_3	SiO_2	Al_2O_3	Fe_2O_3	CaO	MgO	Na_2O	K_2O	H_2O
老渣/%	4.66	10.17	5.74	9.44	30	22.33	2.18	0.04	14
新渣/%	3.44	9.57	4.58	8.13	31.11	21.79	0.74	0.26	22

铬渣具有很大的危害性，通常含有大量水溶性六价铬而具有很大毒性。铬渣不经处理而露天堆放时，对环境污染很严重，含铬粉尘会随风扬散，污染周围大气和农田；受雨水淋洗时，含铬污水溢流或下渗，对地下水、河流和海域等造成不同程度的污染，危害各种生物和人类。

12.4.3 铬渣的综合利用

铬渣利用途径主要包括制砖、生产钙镁磷肥、用作玻璃着色剂、制彩色水泥、制矿渣棉制品及铸石制品等。

(1) 铬渣的无害化处理

铬渣的物相组成复杂、危害大，综合利用前，需进行无害化处理。具体无害化处理方法包括高温还原法（干法）、湿法还原法（湿法）和固化法，具体见表12-5。

表12-5 铬渣无害化处理的三种方法

方法	原理	应用	特点
干法	将粒度小于4mm的铬渣与煤粒按100:15的比例进行混合，在高温下进行还原焙烧，使六价铬还原成不溶性的三氧化二铬	烧制玻璃着色剂、钙镁磷肥助熔剂、炼铁辅料、铸石和水泥等	可得到有价值的产品，但处理成本高，吃渣量小，铬渣解毒不彻底

续表

方法	原理	应用	特点
湿法	将粒度小于120目的铬渣酸解或碱解后,向混合溶液中加入 Na_2S、$FeSO_4$ 等还原剂,将六价铬还原成三价铬或氢氧化铬	与呈还原性的造纸废液、味精废水等联合应用,可达到以废治废的目的	处理后 Cr^{6+} 含量 $\leqslant 2mg/kg$,但处理费用高,不宜处理大宗铬渣
固化法	将铬渣粉碎后加入一定量的 $FeSO_4$、无机酸和水泥,加水搅拌、凝固,使铬渣封闭在水泥里,不易再次溶出	以水泥固化为主,也有少量沥青、石灰、粉煤灰和化学药剂的固化应用	该法需加入相当量的固化剂,经济效益差

(2) 铬渣的综合利用

铬渣可用作建筑材料,生产辉绿岩铸石、生产铬渣棉、制砖、制水泥;可用作玻璃制品的着色剂、代替石灰用于炼铁、代替蛇纹石生产钙镁磷肥、制防锈颜料、制备其他铬系产品如 $Na_2Cr_2O_7$、Na_2S 等。

第五篇

建筑垃圾和农业固体废物

第13章
建筑垃圾的处理与资源化

13.1 概述

13.1.1 建筑垃圾的来源及特点

13.1.1.1 建筑垃圾的定义和来源

建筑垃圾是指建设、施工单位或个人对各类建筑物、构筑物等进行建设、拆迁、修缮及居民装饰房屋过程中所产生的余泥、余渣、泥浆及其他废弃物。

建筑垃圾的来源主要涵盖了建筑拆除、建筑施工、建筑装修及道路修护等几个环节。在建筑拆除过程中产生的垃圾包括废砖、废旧混凝土、废旧钢筋混凝土、砂浆渣土、碎木料、碎玻璃、碎瓷砖等。而在建筑施工阶段产生的垃圾则包括碎混凝土、碎砖、碎瓷砖、碎砌块、碎玻璃、砂浆渣土、工程渣土、钢筋混凝土桩头、金属、竹木材废料、各种包装材料等。此外，建筑装修垃圾主要来自建筑内部装修和家庭装修过程中产生的各种废料，而道路修护垃圾则是指在道路维护过程中产生的废沥青、渣块等建筑垃圾。

除了以上几个环节，建筑垃圾还包括建筑材料生产过程中的废弃物和废渣，例如在成品建筑材料加工搬运过程中产生的碎片和废料。

从我国建筑垃圾的构成分布来看，拆除旧建筑所产生的建筑垃圾是最主要的组成部分，占全国总量的 3/5，新建筑的施工产生的建筑垃圾约占 1/3，其余少量是建筑装修产生的。据估算，每拆除一平方米建筑平均产生约 1t 的建筑垃圾。我国大概每年至少要拆除 3000 万～4000 万 m^2 的旧建筑。对于新建筑施工阶段产生的垃圾，更多的是来自地铁的修建。例如，修建一个地铁站会产生约 8.7 万 m^3 的土方量，大约相当于 13 万 t 的垃圾。而修建 1km 长、直径为 6m 的地铁隧道，会产生约 6.8 万 m^3 的土方量，约相当于 10 万 t 的垃圾。因此，一条总长 30km、包含 23 座站点的地铁线路可产生约 600 万 t 的土方量。

目前，我国的建筑垃圾回收利用率仅约为 5%，远远低于其他发达国家 80% 的水平。大部分建筑垃圾被运往郊外或乡村，然后以露天堆放或填埋的方式处理，这种方式不仅浪费了大量土地资源，还导致环境问题如洒漏、粉尘、扬灰等。

13.1.1.2 建筑垃圾的分类

建筑垃圾可分为土地开挖、道路开挖、旧建筑物拆除、建筑施工四类垃圾，主要由渣土、碎石块、废砂浆、砖瓦碎块、混凝土块、沥青块、废塑料、废金属料、废竹木等组成。

① 土地开挖垃圾。分为表层土和深层土。表层土的厚度从几十厘米到几米不等，含有丰富的有机物，透气透水能力强，可用于种植。深层土没有丰富的营养物质，不适合植物生长，主要用于回填、造景等。

② 道路开挖垃圾。分为混凝土道路开挖和沥青道路开挖。包括废混凝土块、沥青混凝土块。还有一部分是在城市管网改造开挖中产生的垃圾，还包括了砖块、树根以及掺杂在其中的土壤。

③ 旧建筑物拆除垃圾。主要分为砖和石头、混凝土、木材、塑料、石膏和灰浆、屋面废料、钢铁和非铁金属，甚至会有部分混杂的生活垃圾等，数量巨大。其中混凝土大约占到40%、砖石、渣土约占40%，所以砖瓦和混凝土是资源化的主要对象。常见的做法是将解体的混凝土、砖石破碎后，筛分成各种级配的粗骨料，经冲洗，部分或全部取代天然粗骨料配制成混凝土，即再生骨料混凝土。

④ 建筑施工垃圾。分为剩余混凝土、建筑碎料以及房屋装饰装修产生的废料。建筑碎料包括凿除、抹灰等产生的旧混凝土、砂浆等矿物材料，以及木材、纸、金属和其他废料等类型。房屋装饰装修产生的废料主要有：废钢筋、废铁丝和废钢配件、金属管线废料，废竹木、木屑、刨花，装饰材料的包装箱、包装袋，散落的砂浆和混凝土、碎砖和碎混凝土块，搬运过程中散落的砂石块等。

13.1.1.3 建筑垃圾的特点

① 数量庞大。随着我国城市化进程的加快，大量的老旧建筑物被拆除或翻新，产生了大量建筑垃圾。每拆除一处建筑物，便会产生几百吨甚至上千吨的建筑垃圾。不仅如此，建筑物在新建的过程中也产生大量的建筑垃圾。截至2020年，我国建筑垃圾量为30.39亿t。

② 普遍性、经常性。全国各城市每天都有新的建设或拆除项目在进行，每天都在不断产生新的建筑垃圾。

③ 长期存放不易变质。建筑垃圾以砖头瓦块为主，也有一些塑料橡胶及木制品等，长期放置也不易变质。

④ 污染性。建筑垃圾多为砖头瓦块，堆放时除了占用土地表面上看不出明显的污染性，但实际上，它和其他一般固体废物一样，对土壤、地下水、河流等均产生二次污染。

13.1.2 建筑垃圾对环境的影响

建筑垃圾和其他固体废物一样，如果处理不当，就会对耕地、植被、水源和环境造成严重污染，同时也存在安全隐患。

(1) 随意堆放产生安全隐患

如果建筑垃圾没有得到规范管理，就会带来各种安全隐患。比如随意堆放会导致交通拥堵，堆放不标准容易引发崩塌事故。郊区的坑塘沟渠常被选为建筑垃圾的堆放地，但这样做不仅会降低水体的调蓄能力，还会影响地表排水和泄洪能力。此外，建筑垃圾中的易燃物质还具有引发火灾的潜在风险。

(2) 占用土地，降低土壤质量

随着城市建筑垃圾量的增加，垃圾堆放场地和面积也在逐渐扩大，占用土地现象严重。

大多数郊区垃圾堆放场多以露天堆放为主，经历长期的日晒雨淋后，垃圾中的有害物质，如城市建筑垃圾中的油漆、涂料和沥青等释放的多环芳烃构化物质，渗入土壤，导致土壤污染，降低土壤质量。此外，在外力的作用下，碎石块容易进入土壤，改变土壤组成，破坏土壤结构，进而降低土壤的生产力。

（3）影响空气质量

随意堆放的建筑垃圾，不仅占用土地，还会直接或间接地影响空气质量。

首先，垃圾中的细菌、粉尘很容易随风飘散，直接造成对空气的污染；其次，在适宜的温度、湿度等作用下，有些建筑垃圾会发生分解，产生有害气体，如建筑垃圾废石膏中含有大量硫酸根离子，硫酸根离子在厌氧条件下会转化为具有臭鸡蛋味的硫化氢，废纸板和废木材在厌氧条件下可溶出木质素和单宁酸并分解生成挥发性有机酸，这种有害气体排放到空气中就会污染大气。

（4）严重污染水资源

在建筑垃圾堆放和填埋过程中，由于发酵和雨水的作用，或地表水、地下水的浸润，产生的渗滤液或淋滤液会导致周边地表水和地下水遭受严重污染。

13.2 建筑垃圾的管理原则

13.2.1 有关建筑垃圾的法律法规

（1）国家法律

《中华人民共和国固体废物污染环境防治法》是固体废物管理法律法规体系中的大法，该法律（2020年修订版）在第六十三条对建筑垃圾作了专门规定："工程施工单位应当及时清运工程施工过程中产生的建筑垃圾等固体废物，并按照环境卫生主管部门的规定进行利用或者处置。工程施工单位不得擅自倾倒、抛撒或者堆放工程施工过程中产生的建筑垃圾。"

（2）行政法规

《城市市容和环境卫生管理条例》是城市管理固体废物的主要规范。该法规的第十六条规定，城市的工程施工现场的材料、机具应当堆放整齐，渣土应当及时清运；临街工地应当设置护栏或者围布遮挡；停工场地应当及时整理并作必要的覆盖；竣工后，应当及时清理和平整场地。

（3）部门规章

为了加强对城市建筑垃圾的管理，保障城市市容和环境卫生，根据《中华人民共和国固体废物污染环境防治法》《城市市容和环境卫生管理条例》和《国务院对确需保留的行政审批项目设定行政许可的决定》，制定《城市建筑垃圾管理规定》，该规定于2005年3月1日经第53次建设部常务会议讨论通过，2005年6月1日起施行。该规定适用于城市规划区内建筑垃圾的倾倒、运输、中转、回填、消纳、利用等处置活动。主要内容包括适用范围、适用原则、具体规定和责任追究四个部分。

《城市建筑垃圾管理规定》第三条规定："国务院建设主管部门负责全国城市建筑垃圾的管理工作。省、自治区建设主管部门负责本行政区域内城市建筑垃圾的管理工作。城市人民政府市容环境卫生主管部门负责本行政区域内建筑垃圾的管理工作。"第四条规定："建筑垃圾处置实行减量化、资源化、无害化和谁产生、谁承担处置责任的原则。国家鼓励建筑垃圾综合利用，鼓励建设单位、施工单位优先采用建筑垃圾综合利用产品"。表13-1列举了近些年出台的一些与建筑垃圾处理关联的相关法律法规及政策文件。

表13-1 一些建筑垃圾相关的法律法规及政策文件

序号	政策	发布时间
1	《城市建筑垃圾管理规定》	2005.3
2	《中华人民共和国循环经济促进法》	2008.8
3	《关于调整完善资源综合利用产品及劳务增值税政策的通知》	2011.11
4	《循环经济发展战略及近期行动计划》	2013.1
5	《促进绿色建材生产和应用行动方案》	2015.8
6	《建筑垃圾资源化利用行业规范条件》	2016.12
7	《全国城市市政基础设施建设"十三五"规划》	2017.5
8	《关于开展建筑垃圾治理试点工作的通知》	2018.3
9	《住房城乡建设部建筑节能与科技司2018年工作要点》	2018.3
10	《关于做好非正规垃圾堆放点排查和整治工作的通知》	2018.6
11	《关于促进砂石行业健康有序发展的指导意见》	2020.3
12	《中华人民共和国固体废物污染环境防治法》	2020.4（修订）
13	《住房和城乡建设部关于推进建筑垃圾减量化的指导意见》	2020.5

13.2.2 建筑垃圾的管理对策

(1) 源头控制

源头控制是建筑垃圾处理中的重要环节，很多国家都十分重视建筑垃圾的源头控制。

首先，源头控制是减少建筑垃圾产生的重要手段。建筑垃圾的产生主要是在施工和装修过程中，通过加强施工管理和技术改进，可以减少建筑垃圾的产生量。例如，采用新型的建筑材料和施工工艺，可以减少建筑垃圾的产生；在施工前进行全面的图纸审查和施工计划制定，可以避免因错误设计和施工而产生的建筑垃圾。

其次，源头控制可以提高建筑垃圾的回收利用率。通过在设计和施工阶段考虑建筑垃圾的回收利用，可以最大限度地提高建筑垃圾的利用率。例如，在设计阶段考虑使用可回收的材料，在施工阶段对建筑垃圾进行分类处理和回收利用，可以大大提高建筑垃圾的利用率，降低对环境的压力。

最后，源头控制还可以提高建筑行业的环保意识。通过加强建筑垃圾的源头控制，可以促进建筑行业对环保的重视和认识。这不仅有利于建筑行业的可持续发展，也有利于城市环境的改善和生态平衡的维护。

(2) 回收利用的监管

① 法律法规监管。制定相关的法律法规，明确建筑垃圾处理的责任和义务，对建筑垃圾的产生、收集、运输、处理和回收等方面进行严格监管，确保建筑垃圾处理的合法性和合规性。

② 行政监管。行政部门对建筑垃圾的处理进行监管，包括建筑垃圾的处理许可证、建筑垃圾运输车辆的资质证、建筑垃圾处理场所的许可证等，对违规行为进行严厉处罚，以起

到威慑作用。

③ 技术监管。对建筑垃圾的处理和回收利用进行技术监管，确保建筑垃圾处理的科学性和规范性。例如，对建筑垃圾进行分类处理和回收利用，对建筑废料进行再加工等。

④ 社会监管。通过公众监督和社会参与，对建筑垃圾的处理进行监管。例如，建立举报机制，鼓励公众对违规处理建筑垃圾的行为进行举报，增强社会监督力度。

总之，通过对建筑垃圾的监管等多种手段，规范、合理、科学地管理建筑垃圾，保证城市的可持续发展和环境的改善。

(3) 垃圾分拣精细化，提高建筑垃圾资源化利用比例

垃圾分拣精细化是实现资源化利用的关键，也是提高利用效率的重要手段。在建筑垃圾处理过程中，精细化分拣指的是对垃圾进行细致分类，将有价值的部分分离出来，为后续的资源回收利用打下基础。只有将不同类型的建筑垃圾进行分类处理，才能最大限度地提取出其中的有益成分，提高资源回收利用的效率。通过精细化的分拣，可以有效地分离出建筑垃圾中的各种成分，为后续的资源回收利用提供原料。同时，资源回收利用也可以推动分拣技术的发展，提高分拣的精细化程度。

建筑垃圾虽然没有生活垃圾那么复杂，但种类成分也不少。以混凝土、砖瓦碎块为主，还有一些木材、金属、塑料、玻璃等。通过精细化的分拣技术可以提取出建筑垃圾中的钢筋、木材、砖块等有价值的材料。例如，可以将钢筋分离出来，重新加工成新的钢筋；木材可以经过加工制成家具或其他木制品；砖块可以经过破碎、加工等处理，制成新的建筑材料。

(4) 加强施工管理，提高耐久性设计

在施工过程中，管理不善会直接导致建筑垃圾的增加。由于当前机械化施工程度高，稍有不慎出现错误，都会造成浪费产生垃圾，所以加强管理，提高施工技术和工艺，以避免建筑材料在运输、储存、安装时的损伤和破坏，提高结构的施工精度，避免局部凿除或修补，从而减少建筑垃圾的产生。

另外，旧建筑物的拆除，也是产生建筑垃圾的主要原因之一，通过延长建筑物的使用年限，提高结构的耐久性，可以大大减少建筑垃圾的产生。建设单位在设计阶段，除了考虑造价和质量等因素外，还应充分考虑建筑垃圾的问题。

13.2.3 建筑垃圾资源化的意义及实施

(1) 建筑垃圾资源化的意义

① 有效处理建筑垃圾有助于保护环境，减少对地下水、地下土壤和空气的污染，避免填埋和露天堆放建筑垃圾带来的负面影响。

② 有效处理建筑垃圾有助于节约资源，减少对土地资源的占用，通过建筑垃圾资源化再生产品的利用，能够有效减少对自然资源的过度开采。

③ 建筑垃圾处理产业具有巨大的发展潜力，成为新的经济增长点。我国建筑垃圾资源化处理产业尚处于起步阶段，未来有广阔的发展前景。一旦形成完整的产业链，将有效带动多个产业的需求和发展，促进经济增长，推动我国战略性新兴产业的发展，同时也有助于环境污染治理。

(2) 实施模式

城市建筑垃圾处置及资源化利用项目通常采用特许经营的模式，经市政府授权由市管理局作为项目的实施机构，市管理局通常委托专门的工程招标代理公司，以政府采购的形式进行招标，中标特许经营单位独资成立项目公司，并与市管理局签署特许经营协议，开展后续的项目设计、投融资、建设和运营等工作。项目招标书中会明确授权范围、覆盖区域、年处理规模等。项目建设及后续运营资金由企业自筹，自负盈亏，政府会根据存量建筑垃圾的处理情况按照吨单价给予财政补贴。此外，在当地市政府工程项目上，在同等条件下，当地相关部门会优先推荐使用项目公司再生产品。其他小型相关处置企业多以民营为主。

13.2.4 建筑垃圾资源化利用的现状

（1）量大

随着城市建设的蓬勃发展，各类建筑设施如地面建筑、地上交通和地下工程如雨后春笋般拔地而起。作为全球基础设施建设规模最大的国家之一，我国建筑垃圾的总产量居于世界前列，"十三五"末期，年产量已超过 20 亿 t。长期以来，我国的建筑行业基本上是传统方式施工，原料消耗大，管理滞后，拆除时产生大量的建筑垃圾。尽管新型建材的研发和利用已经初步展开，但规模和数量仍然有限。因此，在相当长的一段时间内，建筑垃圾仍然面临着量大、资源化程度低的困境。

（2）资源化程度低

由于准备不足，设施落后，缺少规划与对策，大量的建筑垃圾得不到处理，加之政策和经济原因，建筑垃圾随意倾倒、乱占土地、污染环境等事件在前几年常有发生。近年，随着管理部门执法力度的加大，随意倾倒的现象得到控制，但建筑垃圾在资源化利用上依然存在一些问题，表现如下：

① 建筑垃圾分类收集的程度不高，大部分依然是混合收集，增大了垃圾资源化、无害化处理的难度。

② 由于缺乏新技术、新工艺，对建筑垃圾的处理和资源化利用技术水平不高，处理设备落后，所以简单填埋是建筑垃圾处理的主要方式。这不仅浪费资源，还容易造成环境污染。

③ 专门从事建筑垃圾回收的企业不多。由于对建筑垃圾进行回收、分类以及利用的效果不佳，企业对建筑垃圾的关注度不高。在很多城市里面，没有专门从事建筑垃圾回收的机构，建筑垃圾的增长速度与处理效率也不成正比。

（3）未来目标清晰，政策导向明确

自 2008 年以来，相关部门陆续发布了一系列关于建筑垃圾处理和资源化的导则、标准和规范，如《建筑垃圾处理技术规范》（CJJ 134—2009）（已废止，现行的为 CJJ/T 134—2019）、《混凝土和砂浆用再生细骨料》（GB/T 25176—2010）、《混凝土用再生粗骨料》（GB/T 25177—2010）、《再生骨料应用技术规程》（JGJ/T 240—2011）、《循环再生建筑材料流通技术规范》（SB/T 10904—2012）、《道路用建筑垃圾再生骨料无机混合料》（JC/T 2281—2014）。2015 年，中国建筑垃圾资源化产业技术创新战略联盟提出，未来的目标是在"十三五"期间充分发展建筑垃圾资源化产业，同时不断完善相关法律法规和制度，以使大中城市的建筑垃圾资源化利用率达到 60%，其他城市预期达到 30%。随着建筑垃圾资源化管理制度和标准的完善，中国的建筑垃圾资源化正逐步进入快速发展阶段。2022 年 7 月 7 日，住房城乡建设部和国家发展改革委公布了《"十四五"全国城市基础设施建设规划》

(建城〔2022〕57号）。该规划提出了"十四五"期间城市基础设施主要发展指标，其中包括将城市建筑垃圾综合利用率在 2025 年提高至 50%以上。规划还将"建立健全建筑垃圾治理和综合利用体系"作为城市环境卫生提升的重要举措。此外，规划还强调了建筑垃圾分类全过程管理制度的建立、建筑垃圾处理设施的加速建设、再生建材产品应用体系的健全以及建筑垃圾资源化利用骨干企业的培育等措施。到"十四五"期末，地级及以上城市将初步建立全过程管理的建筑垃圾综合治理体系，基本形成建筑垃圾减量化、资源化、无害化利用和产业发展体系。"十四五"期间，全国城市新增建筑垃圾消纳能力 4 亿 t/a，建筑垃圾资源化利用能力 2.5 亿 t/a。

13.3 建筑垃圾的资源化利用

建筑垃圾主要来源于地面开挖、道路开挖、建筑拆除、建筑施工四个过程。地面工程挖出的是表层土和深层土，有营养的回填土地，用于种植，没营养的不适合植物生长，多用于回填、造景等，无须额外的资源化。建筑施工装修类废弃物量小成分复杂，资源化利用难度大。旧建筑拆除垃圾数量巨大，有砖头石头、混凝土、木材、塑料、石膏和灰浆、屋面废料、钢铁和非铁金属等，其中混凝土块、砖石、渣土含量最多，是资源化的主要对象。道路修补或市政工程挖出的多为废混凝土块和沥青混凝土块，也是资源化的一部分。以下介绍几种主要建筑废弃物的资源化途径。

建筑垃圾处置系统演示

13.3.1 废旧建筑混凝土块的再利用

废旧混凝土是建筑垃圾中含量最大的部分，占建筑垃圾总量的 30%~40%，其最常见的回收利用途径就是制造再生骨料。

所谓骨料是指混凝土及砂浆中起骨架和填充作用的粒状材料，如沙子、碎石等。如果没有骨料的支撑作用，只用水泥和水搅拌制成的混凝土就会变成稀糊状，无法成型，难以使用。骨料亦称"集料"，有细骨料和粗骨料两种。细骨料颗粒直径在 0.16~5mm 之间，如河砂、海砂、山谷砂等天然砂，也有坚硬岩石磨碎的人工砂；粗骨料颗粒直径大于 5mm，常用的有碎石和卵石。骨料还有天然和人造之分，也有轻骨料和重骨料之分。

利用废弃混凝土块生产再生骨料的过程包括分选除杂、破碎清洗和筛分分级几个关键步骤。通过合理组合各种破碎设备、筛分设备和传送设备，将混凝土块破碎为不同级别的再生骨料。

在实际的废弃混凝土块中，会夹杂着各种杂质，如钢筋、木块、塑料碎片、玻璃和建筑石膏等。为了确保再生混凝土的质量，需采取措施来清除这些杂质，包括手工去除大块钢筋和木块，利用电磁分离技术去除铁质杂质，以及通过重力分离方法去除小木块和塑料等轻质杂质，最终得到粗骨料、细骨料和微粉等三种优质骨料。图 13-1 为一种废旧混凝土资源化的工艺流程图。

再生骨料按来源可分为道路再生骨料和建筑再生骨料，按粒径大小可分为再生粗骨料（粒径 5~40mm）和再生细骨料（粒径 0.15~5mm）。利用再生骨料作为部分或全部骨料配制的混凝土，为再生骨料混凝土，简称再生混凝土。利用废弃混凝土再生骨料拌制的再生骨料混凝土是发展绿色混凝土的主要措施之一，已成为混凝土界关注的一大焦点。近几年来

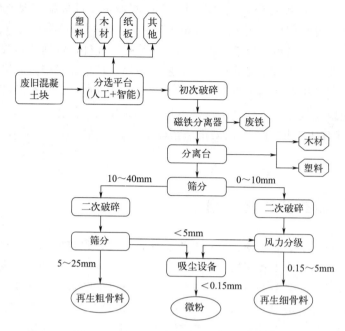

图 13-1 废旧混凝土资源化的工艺流程

我国政府对建筑垃圾的循环再利用高度重视，鼓励废弃物的研究开发利用。

再生骨料与天然砂石骨料相比，表面粗糙、棱角较多，组分中还含有硬化水泥砂浆，再加上混凝土块在破碎过程因损伤累积在内部造成大量的裂纹，导致再生骨料自身的孔隙率大、吸水率大、堆积空隙率大、压碎指标值高、堆积密度小，性能明显劣于天然骨料，只能用于制备低等级混凝土。一般来说，强度低、杂质多的废弃混凝土可用作道路垫层；经筛分后的废弃混凝土再生骨料可与其他筑路材料拌合后作为道路基层；级配较好的再生骨料可用来配制路面混凝土。

除了制成再生骨料，废弃混凝土还可以加工成各种轻型砌块和路面砖；与石灰石按一定比例混合，磨细后入窑烧制制得不同标号的再生水泥。由于对再生混凝土的耐久性缺乏深入研究，因此，很少用于房屋结构中柱、梁、板等重要的部位。

13.3.2 废旧砖瓦的再利用

废旧砖瓦是建筑物拆除废弃物的另一种主要成分。据不完全统计，碎砖（砌）块约占建筑垃圾总量的30%以上。近年来国家有关部门虽然禁止在大、中城市使用黏土实心砖，但在一些经济欠发达地区和边远农村等地区依旧在生产使用。对于建筑物拆除产生的废砖，如果砖块形状完整且砂浆容易剥离，可作为砖块回收并重新利用；而对于形状不完整或砂浆难以剥离的废砖，则经过处理后方可再次利用。

(1) 碎砖块生产混凝土砌块

废砂浆、碎砖石经破碎、过筛后与水泥按比例混合，再添加辅助材料，可制成轻质砌块、空（实）心砖、废渣混凝土多孔砖等，具有抗压强度高、耐磨、轻质、保温、隔声等优点。

用废旧砖瓦生产再生砖的生产工艺如图13-2所示，设备简单，工艺成熟。建筑垃圾再生砖具有黏土砖的基本性质，产品性能稳定。建筑垃圾普通再生砖可以替代黏土实心砖用于墙体等承重和非承重结构部位，再生古建砖适用于仿古建筑的修建。

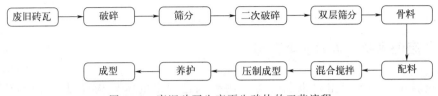

图 13-2　废旧砖瓦生产再生砖块的工艺流程

（2）废砖瓦替代骨料配制再生轻骨料混凝土

将碎砖瓦破碎处理制成再生骨料，用来配制中低强度的混凝土，即形成轻骨料再生混凝土。这种混凝土质量轻，应用范围广，解决大量碎砖瓦废弃物处理困难问题的同时，又可以减少对天然砂石的开采，保护生态环境。

将废砖瓦破碎、筛分、粉磨所得的废砖粉在石灰、石膏或硅酸盐水泥熟料激发条件下，具有一定的强度活性。由于砖瓦颗粒容重较小，基本具备作轻骨料的条件，再辅以密度较小的细骨料或粉体，可制成具有承重、保温功能的轻骨料混凝土构件（板、砌块）或便道砖及花格砖等水泥制品。

（3）破碎废砖块作骨料生产耐热混凝土

由于砖块都是烧制而成，本身具有耐火耐热性，这在制备耐热混凝土上表现出一定的优势。用废弃红砖制成的骨料，与水泥、粗沙混合，可制得耐热混凝土。

有试验表明，用普通砂石、耐火骨料等作粗骨料的耐火混凝土试件，经高温灼烧后，表面均有较多的角裂纹，而用砸碎的废红砖作粗骨料制成的试件经高温灼烧后表面并无裂纹出现。产生这种现象的主要原因可能与粗骨料的弹性模量及热胀性有关，碎红砖的弹性模量较小，胀缩性也接近于水泥石，所以用碎红砖作粗骨料制成的混凝土，经高温灼烧后表面不产生龟裂。

13.3.3　废旧沥青的再利用

废旧沥青主要包括废旧沥青屋面材料和废旧沥青路面材料，在屋顶拆除和道路翻修后会产生大量沥青、混凝土的混合物，经过分选分离之后，沥青材料还可以循环使用。沥青是由多种化学结构复杂的化合物组成，时间久了会出现老化，表现为针入度降低、黏度增大、延度减小、软化点提高等。

废旧沥青屋面材料的再利用主要有热添加混入沥青路面材料和冷添加拌入沥青路面材料两种方式。热添加若掺入的比例过高，路面性能下降较大。一般高等级公路热拌沥青路面中废料的掺入率为5％，低等级道路中废料的掺入率为10％～15％。冷拌的沥青屋面废料主要用于填补坑洞、修补车道和修补桥梁、填充通道等。

废旧沥青路面材料再利用主要是再生产沥青混凝土，用于铺筑路面的面层或基层。旧沥青路面经过翻挖回收、破碎筛分，再和再生剂、新骨料、新沥青材料按比例重新拌合，形成具有一定路用性能的再生沥青混凝土。废旧沥青混合料的再生工艺有热再生和冷再生两种。热再生法就是提供强大的热量，在短时间内将沥青路面加热至施工温度，通过旧料再生等一些工艺措施，使病害路面达到或接近原路面指标的一种技术。冷再生就是利用铣刨机将旧沥青路面层及基层材料翻挖，将旧沥青混合料破碎后当作骨料，再加入再生剂混合均匀，碾压成型后，主要作为公路基层及底层使用。这两种工艺既可以在现场进行就地再生，也可以进行厂拌再生。

13.3.4 废旧木材、木屑的再利用

建筑垃圾中废旧木料主要来源于建筑物拆除过程中的木质构件以及建筑施工及装修过程中的多余木料。例如废旧门窗、地板、托梁、隔板、柱、扶梯等拆除垃圾，水泥模板、脚手架、栏杆、饰条等施工垃圾都是常见的木质建筑垃圾。很多国家早在20世纪90年代就已开展木质废弃物的回收利用研究，建筑垃圾中废旧木料的再生利用主要有以下几个方面。

(1) 一般废旧木材、木屑的再利用

① 直接利用。从建筑物拆解下来的大块废旧木材，如较粗的立柱、椽、托梁以及木质较硬的橡木、红杉木、雪松等，可直接翻新使用。考虑到木材的腐坏、表面涂漆及个别部位破损等情况，酌情降等使用。

② 作燃料使用。未经防腐处理的废木料、无油漆的废木料、碎木、锯末和木屑等可直接作为燃料使用。

③ 作堆肥原料。木料的含碳量极高，碳氮比可达（200~600）:1，是堆肥过程中调节碳氮比的优异原料。未经防腐处理的废木料、无油漆的废木料、碎木、锯末和木屑等，粉碎后均可作为调节剂掺入堆肥原料中，注意掺入时需考虑其清洁度。

④ 制造木质人造板。废旧木材粉碎后，可以用来生产人造板（如刨花板、中纤板、石膏刨花板、水泥刨花板等），制造$1m^3$人造板可节约$3m^3$原木，充分利用废旧木材，可有效保护森林资源。

⑤ 制造木塑复合材料。将废旧塑料和枝杈、碎木、锯末等木质材料以一定比例混合，添加特制的黏合剂，经高温高压处理后制成结构型材。这种木塑新型复合材料是一种性能优良、经济环保的新材料，可以用于门窗框、地板、建筑模板、交通护栏等，也可以用于包装、铺垫外运货物。

⑥ 生产黏土-木料-水泥复合材料。将废木料与黏土、水泥混合可生产出黏土-木料-水泥复合材料（黏土木料水泥混凝土）。与普通混凝土相比，黏土木料水泥混凝土具有质量轻、热导率小等优点，可作为特殊的绝热材料使用。

(2) 防腐木材的再利用

由于越来越多的防腐处理后的木材已达到其使用寿命而被淘汰，其处置方式受到高度关注。硼酸盐是一种常用的防腐剂，经硼酸盐处理的废木材可以作为堆肥原料使用，但一般规定这种废木材的含量不得超过5%。含铬酸盐的砷酸铜溶液（简称CCA）也是常用的防腐剂，由于CCA中含有有毒成分，CCA处理后的废旧木材不仅不能堆肥还不能燃烧。因为燃烧后的灰烬中含较多有毒重金属，增加了后续处理的环节，同时在燃烧过程中木材中的砷还会挥发进入烟气而污染大气。

一些研究表明，CCA防腐处理过的废旧木材可用于生产木料-水泥复合材料，且性能优于不经过CCA处理的废木材生产出的复合材料。

13.3.5 细粉料资源化利用

除了建筑垃圾本身含有粉尘和泥土,在建筑垃圾预处理及再生产品的加工过程中,也会持续或间断地产生大量粉尘。这些粉尘产生点较为分散,如破碎、筛分设备的进料口与出料口、输送皮带机转接处、破碎机的料斗处、振动筛的筛面上部、风选设备的空气流等。粉尘产生的区域比较大,需要针对不同的粉尘产生源的特点采用不同的措施进行收集。

目前,有关建筑垃圾微粉资源化的研究较少,应用也不是很多。

(1) 制成再生微粉添加到混凝土中

将建筑废弃物再生微粉添加到混凝土中,对提高混凝土的早期抗裂性能效果明显。掺入再生微粉的混凝土第一次开裂的时间出现延迟,开裂宽度的最大值与长度的最大值都明显缩小,表明建筑垃圾再生微粉能够有效提升混凝土早期抗裂性能。

(2) 生产硅酸钙砌块

用建筑垃圾微粉取代部分或全部石英砂,与水泥(或石灰)、水按一定比例混合后置于一定规格的模具中,然后在 180~200℃ 高压蒸汽中养护数小时,可得到因硅酸钙的水化作用而形成的具有相当强度的砌块,结果表明掺入建筑垃圾微粉砌块的性能相当于甚至优于未掺入的产品。

第14章 农业固体废物的处理与资源化

14.1 概述

14.1.1 农业固体废物的来源及特征

(1) 来源

农业生产活动涵盖了种植业、畜牧业、林业、渔业及其他副业,因此农业固体废物的范围广泛,且形态也各异。有种养业直接产生的废物,如果木剪枝、畜禽粪便等,也有农产品初加工过程中产生的废物,如果壳、玉米芯、花生壳等,还有废旧农业投入品,如废旧农膜、废弃农药包装物、废弃水产养殖网箱等。表14-1总结了农业固体废物根据来源、毒性、组分和形态进行分类的情况,为更好地管理和处理这些废物提供了参考。

表14-1 农业固体废物的分类方法和组成

分类方法	类型	主要组成
来源	农业种植固体废物	农作物秸秆、果木剪枝、废菌包、尾菜烂果等
	畜禽水产养殖固体废物	畜禽粪便、废垫料、病死畜禽、废饲料等
	产地加工固体废物	花生壳、玉米芯、果皮、蛋壳、废羽毛等
	废旧农业投入品	废旧农膜(地膜、棚膜、菌包膜)、农药包装物、废旧网箱等
毒性	一般固体废物	秸秆、畜禽粪污、果木剪枝、废旧农膜、病死畜禽等
	危险废物	农药包装物等
组分	易腐有机固体废物	秸秆、畜禽粪污、果木剪枝、尾菜、花生壳等
	难降解有机固体废物	废旧农膜、农膜包装物(塑料类)等
	无机固体废物	农药包装物(石英类、金属类)、废旧金属机具等
形态	固态废物	作物秸秆、果木剪枝、废菌包、废旧农膜、农药包装物、花生壳、玉米芯等
	半固态废物	畜禽粪污、养殖废垫料等

畜禽粪污、农作物秸秆、废弃农用薄膜、农药包装废弃物是最常见也是最具代表性和普遍性的四类农业固体废物。

过去,秸秆作为家禽饲料以及薪材被消耗掉一大部分,少量剩余的留在地里,一般被烧掉变成草木灰成为土壤的一部分。但随着经济的发展,薪柴和饲料对秸秆的需求明显减少,特别是机械化收割,使大量的秸秆留在了田地里。《中华人民共和国大气污染防治法》第七十七条规定,省、自治区、直辖市人民政府应当划定区域,禁止露天焚烧秸秆、落叶等产生烟尘污染的物质。

禽畜粪便对环境的污染，主要体现在规模化的禽畜养殖场。个体农家由于养殖量小，禽畜粪便又是良好的有机肥原料，资源化利用起来负担不大。而对于规模化的养殖场，日产粪污量庞大，排出物中含有大量有机物、病原微生物和寄生虫卵等，如果没有合理的净化及处理措施，不仅周边邻里长期受到困扰，清理这些粪污时产生的大量污水以及粪污都会对当地的自然环境造成极大的污染。

农用塑料地膜是一种难以自然降解的高分子烃类化合物。为了降低成本，农业生产普遍采用 0.012mm 以下的超薄地膜，虽然成本低廉，但易碎且难以回收。随着地膜应用年限的增长，土壤中残留的地膜逐渐增多。这些残留的地膜不仅降低了土壤的渗透性和含水量，削弱了耕地的抗旱能力，还对作物根系生长发育产生不利影响，导致作物减产。目前，我国每年农膜的使用量已达 140 万 t，且在逐年增加。农膜不仅改变了土壤的物理性质，还阻碍了作物的生长发育，导致农作物减产。同时，被丢弃的农膜在田野、排泄渠道、湖泊水体以及树枝上随处可见，成为白色污染的重要源头。

2022 年 3 月，农业农村部、财政部联合印发《关于开展地膜科学使用回收试点工作的通知》，决定自 2022 年起，组织开展地膜科学使用回收试点工作，聚焦重点用膜地区，选择地膜用量大、工作基础好、主体积极性高的县进行试点，重点支持推广加厚高强度地膜和全生物降解地膜，系统解决传统地膜回收难、替代成本高的问题。

(2) 特征

农业固体废物来源广泛且形态各异，除具有一般固体废物的基本特征外，还有一些自身特性，体现在以下几个方面：

① 统一来源与类型多样的双重性。农业废物来自农业活动，但其类型复杂多样：以无毒性废物为主，但也包含有毒性废物，少数属危险废物，如农药包装物；以有机废物为主，也有无机废物；以固体废物为主，也有半固态废物。各类废物适宜的资源化利用和无害化处置技术路径差异大。

② 潜在污染与重要资源的两面性。大部分农业废物来自农作物种植和畜禽水产养殖，如秸秆和粪便，是重要的生物质资源。然而，若处理不当，会成为重要的污染源，对土壤、水体和大气造成污染。

③ 全年产生与季节波动的复杂性。农业固体废物与农业生产密切相关，由于种植业具有明显的季节性，废物的产生量随之发生波动，为废物的储存、转运和资源化利用带来困难。

14.1.2 管理体系

14.1.2.1 主要法规与政策

我国农业固体废物具有量大面广、性质复杂的特性，是固体废物的重要组成部分。据第二次全国污染源普查（2017 年）测算，我国畜禽粪污年产量 30.5 亿 t，秸秆产生量 8.05 亿 t，其中可收集资源量 6.74 亿 t，利用量 5.85 亿 t；地膜使用量 141.93 万 t，多年累计残留量 118.48 万 t。一些地区农业面源污染严重，没有规范的农业固体废物防治法规约束，就没有乡村生态环境，也没有农业高质量发展。

目前，中国在农业固体废物污染防治和综合利用等方面，已基本形成了较完善的法规与政策体系。农业领域的法律文件包括《中华人民共和国农业法》《中华人民共和国畜牧法》《中华人民共和国固体废物污染环境防治法》《中华人民共和国土壤污染防治法》《中华人民共和国大气污染防治法》和《中华人民共和国水污染防治法》等。这些法律明确规定了对农业固体废物的处理和利用，要求对秸秆、养殖粪便、废水、废旧农膜等进行资源化利用或无害化处理，以防止对土壤、水和大气的污染，保护农业生态环境和农村生活环境，确保食品安全和人体健康。这些法律为相关政策的制定和行政监管提供了法律依据。一些综合性法规政策及针对特定农业固体废物的专项条例政策如表14-2所示。

表14-2 农业固体废物污染防治与利用主要法规政策

分类	代表性法规/政策	发布部门与年份	代表性法规/政策	发布部门与年份
综合性法规政策	中华人民共和国农业法	2012版	农业农村部关于深入推进生态环境保护工作的意见	农业农村部，2018
	中华人民共和国畜牧法	2022版	关于创新体制机制推进农业绿色发展的意见	中共中央办公厅、国务院，2017
	中华人民共和国动物防疫法	2021版	关于全面加强生态环境保护坚决打好污染防治攻坚战的意见	中共中央、国务院，2018
	中华人民共和国固体废物污染环境防治法	2020版	关于印发"无废城市"建设试点工作方案的通知	国务院办公厅，2019
	中华人民共和国土壤污染防治法	2019版	农业部关于打好农业面源污染防治攻坚战的实施意见	农业部，2015
	中华人民共和国大气污染防治法	2018版	农业部关于实施农业绿色发展五大行动的通知	农业部，2017
	中华人民共和国水污染防治法	2017版	农业农村污染治理攻坚战行动计划	生态环境部、农业农村部，2018
农作物秸秆专项政策	关于加快推进农作物秸秆综合利用的意见	国务院办公厅，2008	关于开展秸秆气化清洁利用工程建设的指导意见	国家发展改革委等，2017
	关于做好秸秆沼气集中供气工程试点项目建设的通知	农业部，2009	农业农村部办公厅关于全面做好秸秆综合利用工作的通知	农业农村部，2019
	关于开展农作物秸秆综合利用试点促进耕地质量提升工作的通知	农业部、财政部，2016	关于进一步加快推进农作物秸秆综合利用和禁烧工作的通知	国家发展改革委、财政部、农业部、环境保护部，2015
畜禽粪污专项政策	畜禽规模养殖污染防治条例	2014版	畜禽粪污资源化利用行动方案（2017—2020年）	农业部，2017
	关于加快推进畜禽养殖废弃物资源化利用的意见	国务院办公厅，2017	农业部办公厅关于统筹做好畜牧业发展和畜禽粪污治理工作的通知	农业部办公厅，2017
	关于做好畜禽粪污资源化利用项目实施工作的通知	农业部、财政部，2017		
废农膜与农药包装政策	关于加快推进农用地膜污染防治的意见	农业农村部、国家发展改革委等，2019	农用薄膜管理办法	农业农村部、工业和信息化部等，2020
	农药包装废弃物回收处理管理办法	环保部、农业农村部，2020		
病死畜禽专项政策	关于建立病死畜禽无害化处理机制的意见	国务院办公厅，2014	关于进一步加强病死畜禽无害化处理工作的通知	农业农村部、财政部，2020
	病死及病害动物无害化处理技术规范	农业部，2017		

参照国务院办公厅印发的相关政策文件，针对农作物秸秆、畜禽粪污、废旧农膜和农药包装物以及病死畜禽的处理问题，各地及相关部门制定了一系列政策措施，旨在加快推进资源综合利用和环境保护。

依据国务院办公厅印发的《关于加快推进农作物秸秆综合利用的意见》，农作物秸秆污染防治和综合利用方面的政策文件相继出台，明确将推进秸秆综合利用与提高农业效益、增加农民收入紧密结合。文件规定在指定区域内禁止焚烧秸秆，以严防空气污染；提倡"农用优先、多元利用"，支持发展成型燃料、气化、干馏、沼气等秸秆能源化项目，积极推动秸秆清洁供暖；对于资源丰富、禁烧任务紧迫、利用潜力巨大的地区，在全县范围内进行综合推进；加快构建政府、企业和农民三方利益共享机制。

依据《畜禽规模养殖污染防治条例》和国务院办公厅发布的《关于加快推进畜禽养殖废弃物资源化利用的意见》，相关政策文件相继出台。明确规定，畜禽养殖废弃物必须经过处理后才能排放，不得直接对环境造成污染。政策同时强调加强环境评估、加强污染监管以及责任制度的全面实施。为促进畜牧业的可持续发展，政府积极推进畜牧业与农业的互动循环，打造了种养结合的发展模式。此外，政策还鼓励畜牧大县加快推动畜禽粪便资源的有效利用，全面管理减少废弃物产生，加强处理过程控制以及末端利用的各个环节。

根据《关于创新体制机制推进农业绿色发展的意见》，有关处理废旧农膜和农药包装物的一些规定不断出台。建立健全废旧地膜和农药包装废弃物回收处理制度，防控"白色污染"，促进农业绿色发展；探索推动地膜生产者责任延伸制度试点；实行政府扶持、多方参与的原则来回收农用薄膜。此外，农药包装废弃物回收按"回收于农田、再用于农业"的原则，以实现资源的充分利用。

依据国务院办公厅印发的《关于建立病死畜禽无害化处理机制的意见》，制定涉及病死畜禽无害化处理的专项政策，明确强化生产经营者主体责任，落实属地管理责任，加强无害化处理体系建设；通过物理、化学等方法处理病死及病害动物，消灭其所携带的病原体；减少深埋、化尸窖、堆肥等处理方式，确保有效杀灭病原体，清洁安全，避免污染环境。

14.1.2.2 运行与监管体系

农业固体废物种类繁多、来源广泛，其处理和利用方式各不相同。在农业固体废物处理利用市场中，主要参与者包括农业生产者/经营者、社会化服务组织和专业化运营公司等。根据《中华人民共和国环境保护法》所确立的原则，谁开发谁保护，谁污染谁治理，参考《中华人民共和国固体废物污染环境防治法》相关规定，对产生畜禽粪污、作物秸秆、废弃薄膜等农业固体废物的单位和个人，应当采取回收利用等措施，以防止农业固体废物对环境造成污染。生产者/经营者要承担农业固体废物污染防治的主体责任。

负责指导监管农业固体废物污染防治和处理利用的政府部门包括农业农村部、生态环境部、自然资源部、住房城乡建设部等。根据《中华人民共和国农业法》的规定，对秸秆、养殖粪便和废水应综合利用或无害化处理，县级以上人民政府应采取措施，督促相关单位进行治理，强调了地方政府对农业固体废物污染防治与利用的责任。根据《中华人民共和国固体废物污染环境防治法》的规定，各级人民政府农业农村主管部门负责组织建立农业固体废物回收利用体系，推进农业固体废物综合利用或无害化处置设施的建设和运行。《中华人民共和国土壤污染防治法》规定，地方政府农业农村主管部门应当鼓励农业生产者采取有利于防止土壤污染的种养结合措施。因此，农业农村主管部门负责指导和组织管理农业固体废物污染防治与利用；生态环境部门依法进行全程监管，而自然资源、生态环境、住房城乡建设等部门则负责重大工程的审批和建设监管。

14.2 畜禽养殖废物

14.2.1 畜禽养殖废物的来源及特点

畜禽养殖废弃物主要来源于养殖过程中产生的各种废弃物，包括粪便、尿液、垫料、冲洗水、动物尸体、羽毛、饲料残渣和臭气等。其中畜禽粪便、尿液和冲洗水最为常见。根据《固废法》第六十五条规定，从事畜禽规模养殖应当及时收集、贮存、利用或处置养殖过程中产生的畜禽粪污等固体废物，避免造成环境污染。

我国农村副业蓬勃发展，畜禽养殖业规模不断壮大，畜禽数量不断增加，然而这也不可避免地引发了畜禽养殖废弃物的激增。随着畜禽养殖业由传统的庭院式向集约化、规模化、商品化方向迈进，其发展呈现出以下具体特点：

① 排放量大。我国人口众多，农副业需求量大。中国农业农村信息网发布的数据显示，2022 年全年牛存栏量 10216 万头，出栏量 4840 万头；羊存栏量 32627 万头，出栏量 33624 万头；猪存栏量 45256 万头，出栏量 69995 万头；家禽存栏量 67.7 亿只，出栏量 161.4 亿只。年畜禽粪污产生量达 30 亿吨以上。

② 治理难度大。由于饲养环境及饲料的影响，畜禽排泄物中除了含有大量有机成分，还不乏一些重金属和病原微生物以及抗生素残留，在一定程度上提高了治理难度。粪污还田是自古以来最便捷的治理途径，但如果粪污中有抗生素残留或重金属超标，便不宜做有机肥。

③ 饲养规模集约化。过去畜禽养殖业多为分散经营、规模小，禽粪通常由养殖户自行还田处置，由于缺乏明确的管理措施，一些养殖户甚至会将家禽粪便随意丢弃。但随着家禽养殖业逐渐成为农村重要的主导产业，养殖场的规模化和集约化趋势日益明显。大型养殖场每天产生大量粪污，如果不及时处理，不仅严重影响环境，更是资源的浪费。2020 年，农业农村部、生态环境部联合发布了《关于进一步明确畜禽粪污还田利用要求强化养殖污染监管的通知》，明确了畜禽粪污还田利用标准，要求加强事中事后监管，完善粪肥管理制度，加快构建种养结合、农牧循环的可持续发展新格局。

④ 畜禽场由农业区、牧区转向城镇郊区。畜禽养殖所散发的气味对周边环境影响极大。尽管国家支持农户发展养殖业，但也强调不能让养殖场过于靠近村庄，建议设立专门的养殖区域并依规养殖。为满足城市居民对农产品的需求，优化商业流通，许多大型养殖场选择在交通便利、人口相对较少的地区或城乡接合部建设，其生产周期短，机械化程度高。然而，这也导致城市周边堆积了大量未经处理的畜禽粪便，严重影响了城郊环境，潜在地威胁周边大气、水、土壤等生态环境。为此，各省市相继出台政策，提出要求畜禽粪污综合利用率达到 75％以上，规模养殖场粪污处理设施装备配套率达到 95％以上。

14.2.2 畜禽养殖废物的主要污染成分

畜禽粪便是养殖过程中排放量最大的污染物，内含多种污染成分。

① 氮磷污染。由于部分饲料中含有难以消化的氮物质，动物在未能充分吸收前就将其排出体外。同时，当日粮中的氨基酸平衡不佳或蛋白质含量过高时，多余或不匹配的氨基酸将在体内代谢后通过尿液排出。这些情况导致了粪便中的氮污染。此外，植物性饲料中大约有 2/3 的磷以植酸磷的形式存在，而单胃动物体内缺乏分解植酸盐的酶，导致饲料中的植酸磷无法被机体有效吸收，最终随粪便排出体外。

② 矿物质元素污染。如今的畜禽养殖已经普遍实行规模化和集约化管理，主要以饲料喂养为主。与人类一样，动物的生长发育也需要各种营养物质，如能量、蛋白质、氨基酸、矿物质微量元素等。当常规饲料无法满足动物生长需求时，需要各种添加剂以促进生长，预防疾病，或便于饲料的保存与贮藏。由于添加的各种矿物质元素往往只有部分被畜禽吸收，大部分未被吸收的矿物质元素，特别是重金属就会通过粪便直接排出体外。

③ 恶臭物质污染。主要体现为刺激性臭气，包括氨、硫化氢、挥发性脂肪酸、酚类、醛类、胺类、硫醇类等。

④ 生物病原污染。动物的粪便、尿液、尸体中含有大量的微生物，甚至可能包括一些传染性病原体。例如口蹄疫病毒、高致病性禽流感病毒、非洲猪瘟病毒等属于一类动物病原微生物；猪瘟病毒、鸡新城疫病毒、炭疽杆菌、布氏杆菌等属于二类动物病原微生物；低致病性流感病毒、破伤风梭菌、气肿疽梭菌、致病性大肠杆菌、沙门氏菌等则属于三类动物病原微生物。这些微生物有时还可能引起人畜共患疾病。

⑤ 药物添加剂污染。包括饲料添加剂（微量营养元素、激素、抗生素）、垫料、圈舍消毒剂等。

14.2.3 畜禽养殖废物污染的危害及排放标准

养殖粪污包括畜禽粪便、废弃的垫草垫料、生产及生活污水等。养殖场对环境的污染包括养殖场产生的有毒有害气体、粉尘、病原微生物、噪声、未被动物消化吸收的有机物、矿物质等，如若处理不当，将对大气、水体、土壤造成污染。

14.2.3.1 畜禽养殖废物污染的危害

（1）污染空气

畜禽养殖对空气的污染主要发生在畜牧场圈舍内外及粪污周围的空间。这些地区粪便产生的有毒有害挥发性气体浓度极高，会导致局部性空气污染。其污染物形式主要有粪便的恶臭和粉尘携带病菌的传播。

① 恶臭污染。恶臭气体主要来自畜禽的粪尿、污水、垫料、饲料残渣、畜禽的呼吸气体、畜禽皮肤分泌物、死禽死畜等，并与养殖舍的通风状况和空气中的悬浮物密切相关。其中畜禽粪尿和污水是养殖场恶臭的主要发生源。

这些恶臭气体会刺激嗅觉神经与三叉神经，从而对呼吸中枢发生作用，引发恶心呕吐、身体不适等现象。刺激性臭味还会使血压及脉搏发生变化，有的还具有强烈的毒性。恶臭对畜禽的危害与其浓度和作用时间有关，低浓度、短时间的作用一般不会产生显著危害；高浓度的影响比较严重，如导致呼吸困难，影响代谢功能等，但这种情况并不多见。在实际生产中，恶臭对畜禽的影响往往是长时间、低浓度的，长时间的作用使畜禽慢性中毒，体质变弱，抗病力下降，生产性能下降。

恶臭气体中对畜禽危害较大的成分主要有氨气、硫化氢、挥发性脂肪酸（VFA）。氨气无色、具有强烈刺激性臭味，在畜禽舍内，主要是由细菌和酶分解粪尿所产生，常被溶解或吸附在潮湿的地面、墙壁和家畜的黏膜上。硫化氢无色、有特殊腐蛋臭味，并具有刺激性和窒息性，主要由新鲜粪便中含硫有机物的厌氧降解所产生。VFA 是指由乙酸、丙酸、丁酸等组成的混合物，其中丁酸和戊酸的臭味较强，其蒸气具有强烈的刺激性，腐败味强，对畜禽的眼睛和呼吸道黏膜有刺激性，可引起动物烦躁不安、食欲减退、抗病力下降，易发生呼吸道疾病。长时间处于高浓度的 VFA 环境中，动物会出现呕吐，严重者呼吸困难、肺水肿充血。

② 粉尘传播病菌。畜禽废弃物中含有大量的病原微生物和寄生虫卵，尽管大部分的微生物离开动物身体后会快速死亡，但还是会有相当一部分的微生物能适应外界的环境而存活下来。这些病原体会通过粉尘传播扩散，在人类和动物之间传播感染，从而引发疫情。同时，蚊蝇也可能成为病原体传播的媒介。据世界卫生组织和联合国粮农组织资料显示，至少有 90 余种人畜共患传染病可以由动物传播给人类。

（2）污染水环境

畜禽粪便对水环境造成污染主要有两个途径：一是在清理过程中，粪便随着冲洗水直接流失；二是在贮存和堆放过程中，受雨水冲刷淋失。资料显示，畜禽粪水进入水体的比例高达 50%，而粪便的流失率也在 5%～9%之间。

畜禽养殖废水含有高浓度的氮和磷。如果大量的氮磷物质流入水体会导致水体富营养化，引发水华现象，造成水生动物缺氧死亡；而这些氮和磷若进入土壤，就会转化为硝酸盐和磷酸盐。当土壤中的氮蓄积量过高时，不仅会对土壤造成污染，还会导致硝酸盐渗出到土壤表面，通过冲刷和毛细管作用污染地下水。污染的水不适宜饮用，甚至用来灌溉作物也会导致产量大幅减少，影响水稻等农作物的生长。

（3）直接还田危害农田生态系统

农村畜禽粪便是一种很好的农家肥，效果比化肥要好，庄稼施农家肥不仅长得好，而且土壤也不易板结，种出的菜口感也更好，但却不能直接还田使用。原因如下：

① 畜禽粪重金属超标。在大规模畜禽养殖中，为了促进畜禽的生长速度和增强其免疫力，通常会在饲料中添加微量元素，比如铜、砷和锌等。由添加剂引入的重金属有一大部分没有被吸收，而是随粪便排出体外。这些重金属超标的畜禽粪便如果直接施用，不仅会在土壤中富集，还会影响农田生态系统。如铜元素过量会抑制植物的生长发育，镉元素易积累在作物的根部和籽粒中，大量食用后会对人体健康造成危害。

② 增加农作物病虫害。畜禽生粪中有各种寄生虫卵，如果直接施在农作物上，这些寄生虫就会转移到农作物上面，不仅增加了农作物的病虫害，影响生长，还会加重农民种田的成本。

③烧苗烧根。生粪施入后，会在土壤中逐渐发酵、腐熟，并产生氨气、硫化氢等有毒气体。这些有毒气体如果在土壤中大量积聚，会对农作物和杂草种子的发芽和生长产生不利影响。此外，如果发酵距离植物根部过近，产生的热量也会对作物生长造成负面影响，甚至导

致植株死亡。

14.2.3.2 畜禽养殖废物的排放标准

为履行环境保护法律法规，控制畜禽养殖废水、废渣和恶臭对环境造成的污染，促进养殖业技术和生产工艺的提升，维护生态平衡，我国制定了《畜禽养殖业污染物排放标准》（GB 18596—2001）。

这一标准适用于规模化的畜禽养殖场，旨在控制废水、废渣和恶臭的排放，推动养殖业向种养结合及生态养殖发展，实现全国养殖业的合理布局。根据养殖规模，《畜禽养殖业污染物排放标准》分阶段规定了污染物的控制标准，包括生化、卫生学及感官指标等。

针对畜禽养殖业的废水排放，《畜禽养殖业污染物排放标准》规定了不同养殖场的废水排放标准，要求养殖场建设废水处理设施，确保排放符合标准，减少水环境污染。

针对畜禽养殖业的废气排放，《畜禽养殖业污染物排放标准》要求养殖场应采取有效措施，减少氨气、硫化氢等有害气体的排放。同时，对养殖场周边的空气质量也提出了要求，要求养殖场周边的空气质量不得超过规定的标准限值，保障周边居民的健康。

针对废渣处理，《畜禽养殖业污染物排放标准》规定，养殖场需对废渣进行科学合理的处理，减少对土壤和地下水的污染。同时，养殖场应当建立健全废渣处理设施，确保废渣的安全处理和利用。

14.2.4 畜禽粪便肥料化技术

通过生物发酵处理畜禽粪便实现肥料化，简称为"堆肥"，是我国实现畜禽粪便资源化、无害化利用的主要途径。在堆肥过程中，可杀死大部分病原微生物和寄生虫（卵），也可除去臭气，这一方法操作简单，投入成本较低，应用广泛。

最早的粪便肥料化可追溯到公元前，陕西米脂县官庄村出土的拾粪画像石、山东省滕州市龙阳店出土的拾粪画像石都记录了那个时代人们对粪便的利用。北魏贾思勰的《齐民要术》和宋代陈敷的《陈敷农书》都有对堆肥过程的清晰描述。传统的堆肥方法通常是在地面上挖一个圆形或矩形的坑，然后将稻草秸秆、动物粪便、水生杂草及污泥等放入作为底层材料。这种方式没有专门的机械设备，也缺乏对堆体的精细管理，通常是采用厌氧或兼氧的堆肥方式，因此常常伴有难闻的气味。传统堆肥产品主要施用在农田、果园或苗圃中，为土壤提供养分，促进植物生长。

根据生物处理过程中起作用的微生物对氧气的不同需求，堆肥分为好氧堆肥和厌氧堆肥。相对好氧堆肥而言，厌氧堆肥分解速率缓慢，处理效率低，容易产生恶臭，其工艺条件也较难控制，目前，国际上对堆肥化的统一定义为好氧堆肥。

14.2.4.1 好氧堆肥的基本原理

堆肥化的本质是生物化学过程，是微生物以废物中的有机物为养料，在完成自身生长繁殖的同时对有机废物进行生化降解的过程。在这个过程中，微生物是控制的主体，有机固体废物是原料，富含腐殖质的有机肥料是产物。下面从有机物的分解和微生物的更迭两个方面对好氧堆肥的过程和原理进行进一步阐述。

好氧堆肥原理示意图

在堆肥化过程中，固体废物中的可溶性小分子有机物质，可透过微生物的细胞壁和细胞膜直接被吸收；而对于不溶性的大分子有机物质，则是先吸附在微生物体外，在胞外酶的作用下分解为可溶性小分子物质后再渗入微生物的细胞内部。微生物通过自身的生命代谢活动，进行分解代谢（异化作用）与合成代谢（同化作用），被吸收的有机物一部分被氧化成简单的无机物，并释放出供生物生长、活动所需要的能量，另一部分有机物则被转化合成新的细胞物质，使微生物生长繁殖，产生更多的生物体。图 14-1 反映了这一分解代谢的基本原理。

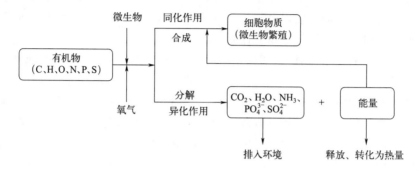

图 14-1　好氧堆肥的基本原理示意图

堆肥过程中，有机物的变化可用下列反应式表示：

$$C_sH_tN_uO_v \cdot aH_2O + bO_2 \longrightarrow$$
$$C_wH_xN_yO_z \cdot cH_2O + dH_2O(\text{气}) + eH_2O(\text{液}) + fCO_2 + gNH_3 + \text{能量}$$

通常情况下，堆肥产品 $C_wH_xN_yO_z \cdot cH_2O$ 与堆肥原料 $C_sH_tN_uO_v \cdot aH_2O$ 的质量比为 0.3～0.5。这是氧化分解后减量化的结果。一般情况下，堆肥原料化学式中参数的取值范围为：$w=5\sim10$，$x=7\sim17$，$y=1$，$z=2\sim8$。

14.2.4.2　堆肥过程中温度与微生物菌群的变化过程

堆肥化的过程不仅仅是将有机固体废物转化为腐殖质，更是微生物菌群在微观层面上进行生长繁殖的过程。随着微生物的新陈代谢，堆肥中的有机物和无机物持续地被分解、合成，完成了堆肥原料的矿质化和腐殖化，这一过程体现在堆肥温度的持续变化上。根据温度的变化，我们可以将堆肥过程分为不同阶段，如图 14-2 所示。在这四个不同的阶段中，不同的菌群扮演着不同的角色，发挥着各自的作用。

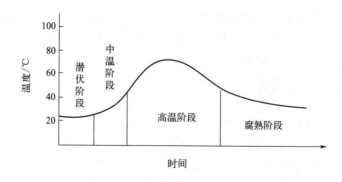

图 14-2　堆肥过程中温度的变化规律

(1) 潜伏阶段

潜伏阶段指堆肥开始时微生物适应新环境的过程，即驯化过程。在这一阶段，没有微生物的大量繁殖，也没有温度的明显变化。当微生物适应了新环境，开始变得活跃时，便进入下一阶段。

(2) 中温阶段

这一阶段的堆体温度基本处于25～45℃范围内。经过潜伏期的驯化，嗜温性微生物开始活跃。这些活跃的微生物依靠可溶性小分子物质（糖类和淀粉等）得到生长和繁殖，随着繁殖增速，微生物进入指数级增长，释放的热量将堆体温度升高，当温度升高到一定程度时，不再适合嗜温性微生物的生长，堆肥进入下一阶段。这一阶段的嗜温性微生物以真菌、细菌和放线菌为主。

(3) 高温阶段

当堆体温度升至45℃以上时即进入高温阶段。在这一阶段，嗜温性微生物因无法耐受高温而受到抑制甚至死亡，嗜热菌成为主体。堆肥中残留的和新生成的可溶性有机物质继续被氧化分解，半纤维素、纤维素和蛋白质等复杂的有机物开始被快速分解。伴随有机质的分解，堆体温度继续升高，嗜热菌的类群和种群相互交替成为优势菌群。通常50℃左右最活跃的是嗜热性真菌和放线菌；当温度上升到60℃时，真菌则几乎完全停止活动，仅有嗜热性放线菌和细菌活动；当温度超过70℃时，大多数嗜热菌无法适应会出现大批死亡和休眠。随着有机物的消耗殆尽，发热量减少，温度随之下降，堆肥进入下一阶段。

(4) 腐熟阶段

经历了高温阶段，堆肥中的大部分病原菌和寄生虫均被杀死，剩下的物质主要是难降解有机物和新形成的腐殖质。由于温度降低，嗜温性微生物重新占据主导，对残余较难分解的有机物做进一步分解，腐殖质得到积累堆体趋于稳定，经历腐熟阶段后，堆肥过程结束。在腐熟阶段，温度下降，需氧量大大减少，含水率也降低，堆肥物空隙增大，氧扩散能力增强，此时只需自然通风。

堆肥过程中微生物主要来自两个途径：一个是有机废物固有的微生物种群；另一个是人工加入的特殊菌种。细菌是堆肥中形体最小、数量最多的微生物。它们分解了有机固体废物中的大部分有机物，并放出热量。在堆肥初期，温度低于40℃，嗜温菌占优势；当温度升至40℃以上时，堆肥进入高温阶段，嗜热菌逐步占优势，其微生物的主体为杆菌。当环境改变不利于微生物生长时，杆菌通过形成孢子壁而幸存下来。厚壁孢子对热、冷、干燥及食物不足都有很强的耐受力，一旦周围环境改善，它们可重新恢复活性。堆肥后期，当水分逐步减少时，真菌发挥主要作用。与细菌相比，它们更能够忍受低温环境。成品堆肥散发的泥土气息是由放线菌引起的。

14.2.4.3 堆肥的工艺流程

目前，尽管堆肥系统多种多样，但畜禽粪便好氧堆肥工艺大致相同，其工艺流程见图14-3。

堆肥的工艺流程

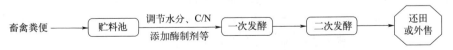

图14-3　畜禽粪便好氧堆肥工艺流程

14.2.4.4 好氧堆肥过程中的影响因素

堆肥化是在人工控制条件下进行的，掌握堆肥的影响因素，创造有利于微生物生长和废物分解的条件，可有效提高堆肥效率及产品质量。在好氧堆肥过程中，影响堆肥效果的因素很多，主要包括供氧量、含水率、温度、有机质含量、颗粒度、pH值、C/N 和 C/P 等。

(1) 供氧量

氧是堆肥过程中有机物降解和微生物生长所必需的物质，是好氧生物处理过程的基本条件之一。堆肥过程中的供氧是靠通风来实现的。通风有三个作用，即供氧、散热和去除水分，在不同阶段其作用不同。

堆肥初期：料堆处于温度上升期，堆肥需要热量来维持料堆温度的迅速升高，此时的通风在满足生物所需氧的基础上，尽量使散热达到最小。因此，这一阶段通风的作用是供氧。

堆肥中期：料堆处于恒温或高温阶段，在这一阶段，温度达到嗜热菌的要求后需要维持温度的恒定，避免温度继续升高，此时的通风在满足生物所需氧的基础上，还需要散热以维持料堆温度的恒定。因此，这一阶段通风的作用是供氧并兼具散热冷却的作用。

堆肥后期：经过高温之后，可分解的有机物基本被消耗掉，代谢减慢，产热减少，堆体温度下降。此时应减少通风或者停止通风，以尽量维持温度。因此，这一阶段通风的作用是少量供氧。

收尾阶段：可分解的有机物被分解殆尽，发酵不再需要氧参加反应，此时，堆体通风的目的是去除堆肥产品的水分，使堆肥产品达到干燥的要求。因此，这一阶段通风的作用是干燥堆肥产品。

(2) 含水率

水分是微生物赖以生存、维持代谢的基础，水的作用一是溶解有机物，参与微生物的新陈代谢，二是调节堆体温度，温度过高时通过水分的蒸发，带走一部分热量。

水分适当与否直接影响堆肥发酵速率和腐熟程度。微生物只能摄取溶解性养料，微生物体内水及流动状态的自由水是进行生化反应的介质。此外，堆体内的水分含量将会控制堆体的温度，直接影响物料的发酵速率和堆肥腐熟程度。

堆肥原料的最佳含水率通常在 50%～60% 之间。如果原料中的有机成分含量较低，低于 50%，那么料堆宜保持的含水率为 45%～50%。当物料含水率低于 30% 时，微生物的繁殖速度变得缓慢；而当含水率低于 12% 时，微生物的繁殖就会完全停止。如果堆肥原料的含水率不在适宜的范围内，可以通过添加含水率不同的固体物料进行调节。

(3) 温度

对于好氧堆肥来说，温度不仅影响微生物的活动，也是控制堆肥工艺的关键因素。适宜的温度是微生物生存和繁殖的基本条件之一，无论哪种微生物都有其特定的适宜温度范围。

堆肥适宜的温度应设计在 55～60℃ 之间。因为高温堆肥，不仅分解速度快，而且经过升温、高温及降温阶段可将虫卵、病原菌、寄生虫、孢子杀灭，实现无害化要求。然而，如果温度过高，会导致有机质过度消耗，影响堆肥产量，甚至杀死有益细菌。举例来说，当温度超过 70℃ 时，对农业生产有益的放线菌等细菌将被全部摧毁。而堆体温度过低则会导致分解反应缓慢，同时无法满足热灭活和无害化处理的要求。

料堆的热量主要来自微生物对有机物的分解，而主要是靠通风或翻堆来实现自然降温。

(4) 有机质含量

有机质是堆肥的原料。一般认为堆肥原料中，有机质最适宜的含量在 20%～80%之间。当有机质含量过高时，对氧需求量大，一旦通风量达不到要求，就会产生恶臭，影响堆肥的顺利进行，而通风量过高又会过多影响堆体内温度。当有机质含量过低时，则无法产生足够的热量来维持堆体温度，就会限制微生物的繁殖，也达不到无害化标准，最终有可能使堆肥过程难以继续下去。

(5) 颗粒度

堆肥颗粒为微生物的繁殖提供场所，同时颗粒之间形成的空隙又为供氧提供了通道。

通常颗粒的平均粒径选择在 12～60mm 之间。颗粒太小，不利于通风，易造成厌氧条件；颗粒过大，有利于通风供氧，但因比表面积变小不利于微生物的繁殖。适宜的颗粒度，既要搭建合理的空隙，又要保持适当的比表面积，使其有利于与空气接触，便于微生物繁殖。

(6) C/N 和 C/P

碳是生物发酵过程能量的来源，是生物发酵的动力和热源；氮是微生物的营养来源，主要用于合成微生物体，是控制生化合成的重要因素，也是控制反应速率的重要因素。

堆肥原料中，适宜的 C/N 为 (25～35):1。如果 C/N 过小，容易引起菌体衰老和自溶，造成氮源浪费和酶产量下降；如果 C/N 过高，容易引起杂菌感染，造成碳源浪费和酶产量下降；成品堆肥的碳氮比过高，施入土壤后，将夺取土壤中的氮素，使土壤陷入"氮饥饿"状态，影响作物生长。

磷也是微生物必需的营养元素之一，它是磷酸和细胞核的重要组成元素，也是生物能三磷酸腺苷（ATP）的重要组成部分，对微生物的生长也有重要的影响。堆肥化适宜的 C/P 介于 (75～150):1 之间。

(7) pH 值

pH 值是微生物生长的一个重要环境条件。适宜的 pH 可以使微生物有效地发挥作用，使堆肥过程得以顺利进行。

通常 pH 在 7.5～8.5 时，可获得最大的堆肥化速率。一般情况下，pH 有足够的缓冲作用，能使 pH 值稳定在合适的酸碱度范围内。但当 pH 发生偏离时，需要添加一些物料进行调节。例如，当 pH 小于 7.5 时，可添加石灰等一些碱性物质进行调节。

14.2.4.5 堆肥腐熟度的评价

腐熟度即堆肥腐熟的程度，指堆肥原料经过矿化、腐殖化后达到稳定的程度。它是衡量堆肥产品质量好坏的一个重要指标。

堆肥过腐时，大量养分由于得不到充分利用而白白消耗，而未完全腐熟的产品被施用后也会对作物产生负面影响。如果肥料没有完全腐熟，肥中的微生物会继续降解，将消耗土壤间隙中的氧气，导致植物根系缺氧；碳氮比过高，微生物缺氮就会摄取土壤中的氮，造成土壤的氮饥饿。此外，微生物在持续的降解活动中还会产生作为副产品的各种有机酸，对植物产生毒性，尤其是以乙酸和酚类为代表的这类有机化合物会抑制植物种子发芽和根系的生长。因此，在堆肥过程中，需要对堆肥产品的腐熟程度进行科学而合理的判断和评价。评价指标一般可分为物理学指标、化学指标、生物学指标。

(1) 物理学指标

是对堆肥化过程中一些变化比较直观的性质进行的观察和检测。常用的评价指标有：温度、气味、颜色。

① 温度。在堆肥过程中，温度是一项至关重要的常规检测指标。堆肥开始后，堆体温度先升高再降低，当堆肥腐熟完成时，堆体温度会与环境温度基本持平，或略高于环境温度，通常不会有明显的差异。通过观测温度可推测堆肥进行的程度。

② 气味。也是一个重要指标，因为堆肥在不同的阶段有不同的味道。堆肥初期，由于会产生 H_2S、NO_2 等难闻性气体，原料散发的是令人不快的气味，随着堆肥的进行，气味逐渐减小，最后消失，堆肥结束时，散发的是泥土的霉味。

③ 颜色。随着堆肥的进行，堆料的颜色逐渐由淡灰变黑，腐熟后，产品呈现的是黑色或黑褐色。

(2) 化学指标

是指堆肥过程中堆料的化学成分或化学性质变化。这些化学指标包括：有机质变化指标、碳氮比、氮化合物、腐殖酸等。

① 有机质变化指标。反映有机质变化的参数有化学需氧量（COD）、生化需氧量（BOD）、挥发性固体（VS）。随着有机物的降解，物料中的含量会有所变化，因而可用 BOD、COD、VS 来反映堆肥有机物降解和稳定化的程度。

② 碳氮比（C/N）。C/N 也是常用的堆肥腐熟度评估方法之一。一般当 C/N 降至 (10~20):1 时，可认为堆肥达到腐熟。

③ 氮化合物。由于堆肥中含有大量的有机氮化合物，在堆肥后期，部分氨态氮可被氧化成硝态氮或亚硝态氮。因此，根据氨态氮、硝态氮及亚硝态氮的浓度变化，可评价堆肥的腐熟程度。

④ 腐殖酸。堆肥过程中伴随着腐殖化的过程，研究各腐殖化参数的变化是评价腐熟度的重要方法之一。根据堆肥在酸、碱中的溶解性质，可将堆肥中的腐殖质划分为腐殖质 HS、腐殖酸 HA、富里酸 FA、富里部分 FF 及非腐殖质成分 NHF，它们的含量通常以含碳量表示。在堆肥原料中 HA 含量低，FA 含量多，但随着堆肥过程的进行，HA 含量增加，FA 含量下降。通常有机质的腐殖化程度可通过以下参数来表示：腐殖化指数（HI＝HA/FA）、腐殖化率（HR＝HA/FF，FF＝FA＋NHF）、胡敏酸的百分含量（HP＝HA×100％/HS）及腐殖化度。通过对这些参数的测试推断腐熟化的程度。

(3) 生物学指标

指料堆中微生物的活性变化及堆肥对植物生长的影响。这些指标主要有呼吸作用、生物活性、酶学分析及种子发芽率等。

① 呼吸作用。指堆肥过程中微生物吸收 O_2 和释放 CO_2 的强度。当堆肥产品趋于稳定，微生物处于休眠状态时，腐殖质的生化降解速率及 CO_2 的产生和 O_2 的消耗都较慢，因此可以用二氧化碳的产生和微生物的耗氧速率作为反映腐熟度的指标。

② 生物活性。堆体中微生物量及种群的变化，也是反应堆肥代谢情况的依据。反应微生物活性变化的参数有酶活性以及 ATP 和微生物的数量、种类等，这些参数都可以用来评价堆肥的稳定性和腐熟程度。

③ 酶学分析。分析相关的酶活力，可间接反映微生物的代谢活性和酶特定底物的变化情况。这是因为堆肥过程中，多种氧化还原酶和水解酶与 C、N、P 等基础物质代谢密

切相关。例如，水解酶表现较高活性反映了堆肥处在降解代谢过程，较低活性时反映堆肥进入腐熟阶段，这与 CO_2 的释放和 ATP 浓度变化是一致的；纤维素酶和脂酶对难分解碳源的利用，在堆肥后期（80~120d）会表现出活性迅速增加，故可用来了解堆肥的稳定性。

④ 种子发芽率。以种子发芽和根长度计算的发芽指数（GI）。未腐熟的堆肥产品含有植物毒性物质，对植物的生长产生抑制作用，因此可用堆肥和土壤的混合物中植物的生长状况来评价堆肥的腐熟度。考虑到堆肥的实际意义，种子发芽试验是最终和最具说服力的评价方法。从理论上讲，GI<100% 可判断为有植物毒性，但在实际操作中，通常认为 GI>50% 时堆肥降到植物可以承受的范围，如果 GI≥85%，则可认为堆肥已达到了腐熟程度。这个方法被一些国家作为评价有机废物和粪便堆肥腐熟度的标准，但种子发芽实验存在工作量大和测定时间长等不利因素。

以上介绍了多种评价指标，但堆肥的腐熟度受多种因素综合影响，单个指标无法直接、全面地反映对植物生长的影响。因此不能用单一指标来评价堆肥的腐熟度。目前较为认同的方法是，将化学指标与生物指标结合起来，采用多种方法多种指标，对堆肥进行综合的分析和判断。

14.2.4.6 堆肥工艺的分类

根据堆肥过程中的温度范围不同，堆肥工艺可分为中温堆肥和高温堆肥。中温堆肥的温度一般在 25~45℃ 范围内，由于这个温度很难杀死病原菌，所以目前很少采用。高温堆肥的温度一般在 50~65℃，可以最大限度地杀灭病原菌，同时，对有机质的降解速度快，堆肥所需天数短，臭气发生量少，是堆肥化的首选。

按堆肥过程中物料的运动形式，堆肥又分为静态式、间歇式和连续式堆肥。静态堆肥可以采用露天的静态强制通风垛形式，或在密闭的发酵池、发酵箱、静态发酵仓内进行。一批原料建堆或置于发酵装置内后，不再添加新料，也不翻倒，直到堆肥腐熟后运出。间歇式堆肥也采用静态一次发酵的技术路线，但发酵过程中有翻堆环节。它是将肥料一批一批地发酵，建堆后利用翻抛机间歇式强制通风或利用发酵仓间歇性进出料。间歇式发酵装置有长方形池式发酵仓、卧式发酵罐、立式圆筒形发酵仓等，各配设通风管，有的还配设搅拌或翻堆装置。对于高有机质含量的物料，在采用强制通风的同时，用翻抛机将物料间歇性翻堆，以防止堆肥物料结块，使其混合均匀，有利于通风，从而加快发酵过程，缩短发酵周期。连续式堆肥是一种发酵时间更短的动态二次发酵工艺。原料在一个专设的发酵装置内，采取连续进料和连续出料的方式。由于物料处于一种连续翻动的动态情况下，物料组分混合均匀，易于形成空隙，水分易于蒸发，因而发酵周期缩短，可有效地杀灭病原微生物，并可防止异味的产生。

依据堆肥的环境不同，堆肥也可分为开放式和封闭式。不用反应器的堆肥系统称为开放式，可以是露天堆肥、大棚堆肥或者池槽堆肥。封闭式则是采用反应器进行的堆肥系统。反应容器可能是一个谷仓或贮藏建筑物，可允许堆放更高的原料，比堆体更好地利用地面空间。堆肥仓还能解决天气和臭气问题，也便于温度控制。

由此可见，堆肥化系统很难按一种分类方式进行划分，往往是多种方式综合并用。

14.2.4.7 开放式堆肥的工艺及设备

(1) 条垛堆肥

堆肥的科学研究是从 20 世纪 50 年代在西方开始的。第二次世界大战以后,西方的堆肥进入快速工业化发展阶段,许多堆肥工艺及方法被开发出来并开始工业化。我国也在原有的传统堆肥技术基础上进行发展改进,但仍然限于较为简单的堆肥,包括露天堆肥、覆膜堆肥、大棚堆肥等。50 年代,条垛堆肥系统是当时最常见的堆肥方式,尽管也有项目采用反应器堆肥系统,但是由于经济原因和技术上的缺陷,反应器堆肥系统几乎都是失败的。

条垛堆肥技术目前也在应用,但已经进化到机械翻堆。条垛堆肥的技术典型的特征就是将混合好的原料排成行堆成垛,可以露天也可以在棚架下,通过机械设备周期性地翻动堆垛进行发酵。垛的断面可以是梯形、不规则四边形或三角形。条垛堆肥的优点在于操作灵活,适合多种原料,并且运行成本低,不足之处在于容易受到气候条件的影响,占地面积大,堆肥的时间长,一次发酵周期一般为 1~3 月。

翻堆的作用在于调节温度,降低水分,还可以通过翻堆让微生物有足够的氧气来生长繁殖,加快有机物的分解,缩短发酵时间。履带式翻抛机是条垛式堆肥的专用翻堆设备。工作时,整机骑跨在预先堆制好的条垛形料堆上,履带式行走方式,边行走边翻起并抛出,液压调节可升降的翻抛滚筒。

(2) 静态垛式

静态垛式堆肥和条垛堆肥的不同之处是堆肥过程不进行翻堆,由专门的通风系统和风机为堆体强制供氧。建堆时,一般先在堆体下方放置一些小木块、碎稻草等透气性好的材料作通气层,通气层中铺设通气管道,通气管道与风机相连向堆体供气。这种供氧方式不仅解决了堆肥过程的用氧问题,还可利用通风控制堆体温度和水分,避免产生恶臭滋生病原菌。静态垛式堆肥由于没有搅拌装置,不能对物料进行有效混合,而且在发酵期间物料会聚积并黏结成块,容易局部厌氧,释放大量臭气。

这种方法目前已进化为功能膜法好氧堆肥技术。功能膜覆盖好氧堆肥技术起源于 20 世纪 90 年代的德国,最初是在强制通风静态垛式的基础上,使用纺织材料密封覆盖堆体,以解决好氧堆肥过程中产生臭气和污染的问题。在过去的 20 多年里,德国一直处于领先地位。系统的关键性技术包括用于覆盖堆体的纺织材料的选用、通风排水系统的改良升级、智能控制管理系统的引入以及相关设备(卷膜机等)的配套使用等。目前,这些技术已逐步趋于完善,并覆盖了全球不同气候带的 20 多个国家。

2010 年上海的朱家角污水处理厂引进我国第一例功能膜覆盖好氧堆肥系统,用于污泥的堆肥化处理,之后,内蒙古、青海、西藏、福建等地也相继引入该技术。由于国外引进技术设备的附加成本过高,我国也陆续出现一些企业开始自主研发核心技术。目前,随着我国自主知识产权技术的开发,功能膜覆盖好氧堆肥技术本土化应用得到全面升级,特别是在处理畜禽粪便方面,受到农业部门的大力推荐。畜禽粪便纳米膜好氧发酵堆肥技术入选 2021 年农业农村部农业主推技术名单。

图 14-4 为纳米膜好氧发酵堆肥技术示意图。堆肥原料外部覆盖功能性分子膜,内部通过微压送风系统,使氧气与堆肥原料充分接触,迅速升温发酵。功能性分子膜具有选择性透过的特点,即气体水分子可快速透过膜向外

纳米膜好氧发酵堆肥工艺流程

溢出,降低物料含水率;而臭气及刺激性气味气体无法溢出。这种创新技术不仅解决了环保臭味问题,还提升了肥效。此外,功能性分子膜还具有防水功能,可有效阻止雨水渗入堆体,不需要额外建设厂房节省建设成本。

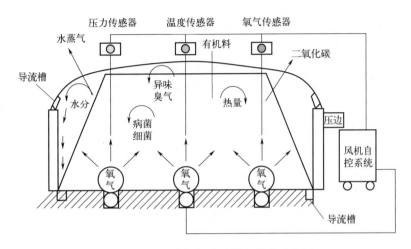

图14-4 纳米膜好氧发酵堆肥技术示意图

(3) 槽式堆肥

槽式堆肥工艺也是一种开放式堆肥工艺。它与条垛式、静态垛式的不同是发酵过程不在平整开放的土地上,而是在专用的发酵槽内完成。物料被投放进长而窄的槽内通道里,发酵槽两侧的墙体上部安装有轨道,轨道上设有翻抛机。翻抛机在轨道上前后运行对物料进行翻堆,槽的底部铺设有曝气管道可对堆料进行通风曝气。这种堆肥工艺的特点是将可控通风与定期翻堆相结合。通常一台翻抛机借助移行机可在发酵槽之间来回转运,翻抛机下部的翻抛滚筒对物料起到搅拌、混合、破碎作用。堆肥过程中有槽式翻抛机翻搅和槽底管路通风充氧曝气,一般堆肥20~30天即可腐熟达到无害化要求。

槽式堆肥的工艺过程如下:

① 砌槽。发酵槽多为钢筋混凝土结构,相邻两个发酵槽共用池壁。池壁的宽度根据翻抛机的要求确定。池壁要能承受翻抛机的压力。发酵槽底板既要承受发酵物料的重力,又要承受装载机的重力,同时还要满足通风的要求。

② 安装供氧装置。发酵槽多采用风机强制供氧加翻抛供氧的方式。根据堆体温度、堆体氧气浓度等参数按照事先编制好的程序控制风机的鼓风量,在发酵槽的底部安装布气板,空气从底部向上进入堆体。此外,在堆肥过程中会有大量的水以水蒸气的形式散发出来,同时还可能伴有氨气、硫化氢等臭味气体的产生,所以在设计供氧装置的同时需一并考虑堆肥车间的通风。

③ 混料。堆肥原料进入发酵槽之前,需和辅料进行混合以获得合适的含水率与碳氮比,并达到一定的疏松度,使氧气容易扩散进去。

④ 上料。在堆肥厂,物料输送贯穿于堆肥的各个阶段。输送方式有车辆输送、皮带机输送、无轴螺旋机输送、有轴螺旋机输送、斗式提升机输送等。最经济的输送方式是皮带机输送,最不经济的方式是车辆输送。

⑤ 翻堆及日常管理。适用于槽式堆肥工艺的翻抛机有链板式翻抛机和槽式翻抛机。

链板式翻堆机由机架、链板、翻堆装置、动力系统、控制系统和行走装置等部分组成。机架是链板式翻堆机的支撑部分，采用高强度钢材制造，底部配有轮子或履带，确保工作过程中具备足够的刚性和稳定性；链板由多节链条连接而成，形成一个连续的输送带，负责将堆肥物料推送到翻堆装置的工作区域；翻堆装置是链板式翻堆机的核心部分，由一组翻斗或旋转刀片组成，负责将物料进行翻动和搅拌，有助于提高氧气的渗透率，促进微生物的活性，还能加速堆肥的发酵过程，是链板式翻堆机的核心部件；动力系统通常采用电动机作为主要动力源，通过传动装置将动力传递给链板和翻堆装置，实现设备的整体运作；控制系统则负责设备的运行监控和管理；行走装置使得链板式翻堆机能够在不同的堆肥区域自由移动。

相对于链板式翻堆机，槽式翻抛机则相对简单，主要由翻抛臂、槽体和动力系统组成。槽体是翻抛机的主要工作区域，物料在槽内进行翻抛。槽式翻抛机的工作原理是通过翻抛臂的摆动，带动翻抛刀片将物料翻动。翻抛刀片深入堆肥中，将底部的物料翻到上面，增强物料的通气性，有利于微生物的活跃生长。槽式翻抛机的特点是灵活性强，适合小规模或中等规模的堆肥生产。此外，槽式翻抛机的投资成本较低，操作维护也相对简单，适合农民自建或小型合作社使用。

14.2.4.8 反应器发酵工艺及设备

最初的反应器发酵系统设备简单，被称为容器发酵系统，即将物料放置在部分或全部封闭的发酵装置内，如发酵仓、发酵塔等。通过控制通气和水分条件，促使物料进行生物降解和转化过程。反应器也被称为消化器或发酵器。

到20世纪80年代后期，反应器堆肥工业逐渐成熟。目前，现代的堆肥反应器已经演变为一体化智能发酵设备。这种设备可以将人畜粪便、易腐垃圾、农作物秸秆等有机废弃物放入一体化密闭反应器中。利用曝气、搅拌、混合、协助通风等设施智能控制堆体温度和含水率，同时解决了物料的自动移动和出料问题。这一进步不仅改善了微生物的新陈代谢，提高了发酵速率，还使得发酵技术实现了机械化，生产过程走向智能化。这种一体化好氧发酵技术也被称为反应器发酵。

反应器发酵具有占地面积小，土建要求低，易于控制发酵条件，无异味且产品质量优良等诸多优势。常见的一体化好氧发酵设备包括筒仓式堆肥发酵仓、立式堆肥发酵塔、卧式堆肥发酵滚筒以及箱式堆肥发酵池等。

(1) 筒仓式堆肥反应器

筒仓式堆肥反应器呈单层圆筒形，一般堆积高度 4~5m。混合好后的堆肥原料，通过上料机传送至仓顶，仓顶有布料机，原料通过布料机被均匀布入仓内，自上而下依次移动，仓内旋转桨对堆肥原料进一步搅拌混合。筒仓的底部设置排料装置，初步腐熟的堆肥由仓底通过出料机出料。筒仓底部设有通风系统，空气从筒仓的底部通过堆料，在筒仓的上部收集和处理废气。

筒仓式堆肥工艺是一种典型的高温好氧发酵技术，由前（预）处理、主发酵（一次发酵）、后发酵（二次发酵）、后处理、脱臭及贮存等工序组成，其工艺流程如图14-5所示。

① 前处理。前处理阶段需要完成以下工作：

通过破碎、分选和筛分等方式，提前清除大块垃圾和无法堆肥的物质，以确保机械设备顺畅运行，最大化利用发酵仓容量，促进堆体升温并保障产品质量。

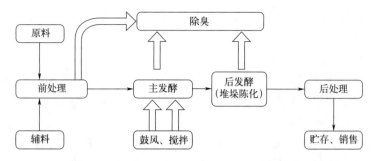

图 14-5　筒仓式好氧发酵的工艺流程

调整堆肥物料的粒度、含水率，并且均匀化。特别是当以含水率较高的人畜粪便、污水污泥等为主要原料时，前处理的主要任务就是调整水分和碳氮比，有时还需要添加适当的菌种和酶制剂，以促进发酵过程的顺利进行。

添加调理剂和膨胀剂，目的是增加透气性，兼具调整碳氮比。加调理剂就是向堆肥原料中掺入干性有机物，借以增加与空气的接触面积，便于通风供氧，同时又增加物料中有机物含量。理想的调理剂是干燥、质轻且易分解的物料，如秸秆、稻壳、树叶、木屑等。膨胀剂是指有机的或无机的三维固体颗粒。通过向堆肥湿料中加入膨胀剂，使颗粒间搭建空气流通道，保证物料与空气的充分接触，干木屑、花生壳、粒状的轮胎、小块岩石等物质都是不错的膨胀剂。

② 主发酵。主发酵阶段也称一次发酵，即在发酵仓内，堆体温度持续保持升高的这一阶段。这一阶段发酵的特点是：

a. 主发酵通常是在发酵仓内进行。发酵初期，原料和土壤中存在的微生物开始作用，使易分解的物质首先被分解，产生 CO_2、H_2O，同时产生的热量提高堆体温度。

b. 依据发酵条件和底料的不同，主发酵期一般为 4～12 天。发酵初期，主要靠嗜温菌的作用进行，随着堆体温度的升高，嗜温菌被嗜热菌取代，分解效率也会随之升高。

c. 这一阶段需要的空气通常是靠强制通风或翻堆搅拌来供给，具体依发酵仓种类而异。

③ 后发酵。也称二次发酵，是堆体温度开始下降之后的发酵阶段。经过主发酵的半成品被送到后发酵仓，前一阶段未分解彻底的有机物进一步分解，使之变成腐殖酸、氨基酸等比较稳定的有机物，得到完全成熟的堆肥制品。这一阶段发酵的特点如下：

a. 后发酵可以在专设的仓内，也可以采用敞开式发酵场。通常物料被堆积成 1～2m 高的堆层，通过自然通风和间歇性翻堆方式供氧。敞开式发酵场需要考虑防雨措施。

b. 后发酵时间通常在 20～30 天以上。具体发酵时间可根据肥料的使用情况进行调整。例如，用于温床种植时，可在主发酵后直接使用，因为这样发酵过程释放的热量可以被充分利用；当用于不急于耕作的土地时，大部分也可以使用未进行后发酵的堆肥，而对于正在耕作的土地，则必须使用已经充分腐熟的稳定状态肥料，避免夺取土壤中的氮。

④ 后处理。后处理阶段主要是打包装袋、压实造粒等。如果有必要，还需经过一道分选工序，以去除前处理工序中没完全去除的塑料、玻璃、陶瓷、金属、小石块等杂物。

⑤ 除臭。在堆肥化工艺过程中，每个工序系统都有臭气产生，主要有氨、硫化氢、甲基硫醇、胺类等，必须进行脱臭处理。除臭的方法有很多，如水洗法、化学处理法、燃烧法、吸附法、空气稀释法、掩蔽法、臭氧氧化法、等离子体法和生物脱臭法等。生产中应用广泛的方法之一是生物脱臭，即通过生化反应分解和转化气味成分，在生物体的作用下达到脱臭的目的。目前，利用微生物处理恶臭，也被称为微生物脱臭。这种方法的优点是操作成

本低，节省能源和资源，易于维护。此外还有熟堆肥氧化吸附除臭法。在源于堆肥产品的腐熟堆肥中置入脱臭器，将臭气通入系统，使之在堆体内同时发生生物分解和吸附作用，其臭气去除效率可达98%以上。也可用特种土壤代替堆肥，这种设备称土壤脱臭过滤器。

⑥ 贮存。堆肥一般在春秋两季使用，冬夏两季生产的堆肥只能贮存，所以需要建立可贮存6个月生产量的库房。贮存方式有：直接堆存、装袋存放。场地要求干燥、透气，如果通风不好容易受潮，影响产品质量。

这种筒仓式堆肥方式设计灵活，既可以发酵一个周期结束后一次性出料，也可以设计成每天进出料，每日进出料的数量为$1/n$，n为发酵周期天数，一般需要6～12天。从筒仓中取出的堆肥产品如果不够熟的话，还可以设置后发酵阶段继续腐熟化。

筒仓式反应器（图14-6）的特点是物料从筒仓上方进入，从底部出料，除了适用于畜禽粪便，还可处理厨余垃圾、污泥以及混合秸秆等多种原料。同时，也支持多种原料的混合使用。这种设备的缺点是通气性较差，主要是因为在堆肥过程中，螺旋叶片会重复切断原料，导致原料被压在螺旋面上形成压实块。此外，它还有原料滞留时间不均匀、产品质地不均匀以及难以密闭等问题。为了克服这些缺点，发酵原料需在进入筒仓之前进行充分混合。

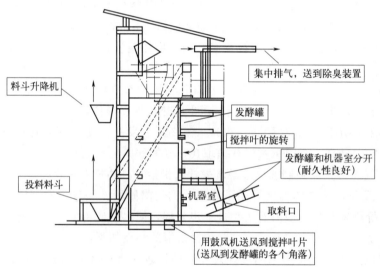

图14-6 筒仓式堆肥反应器示意图

立式好氧发酵塔

(2) 立式多层反应器

立式多层反应器的发酵仓体呈塔形，内外层由水泥或钢板制成，也称直落式发酵塔，是立式多层堆肥系统的代表，其工艺原理如图14-7所示。

发酵主原料、发酵菌剂和发酵所需的各种辅料，搅拌均匀后从底部经提升装置（皮带或料斗）提到发酵塔顶层的承料翻板上，按照设定的翻转周期与发酵温度变化，各层翻板按照一定的程序打开，发酵塔上各层物料因重力作用从上一层依次落入下一层翻板上。经过一个

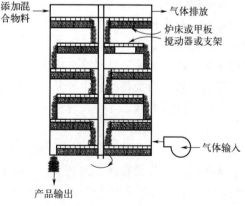

图14-7 立式多层堆肥系统工艺原理示意图

堆肥化周期后，发酵成熟的物料从顶层最终落到发酵塔底部的输送装置上进行出料。

堆肥物料从塔顶逐层地移动到塔底出料，完成一次发酵。发酵周期一般为 5~8 天。塔内温度分布从下层至上层逐渐升高。通过在塔身一侧不同高度安装通风口将空气定量地通入塔内以满足微生物对氧的需求。

在堆肥过程中还可增加一些辅助装置对整个塔体进行升温、通风。塔式发酵占地面积小，结构紧凑，自动化程度高，环境污染小，可以很方便地实现自动化上料和自动化出料。其缺点是处理量不大，设备投资大，耗用钢材多，翻动装置全部采用液压传动，设备维护费用相对较高，同时维修也不方便，所以往往用于年产量不超过 1×10^4 t 的小型堆肥厂。

（3）卧式滚筒发酵反应器

卧式滚筒发酵反应器又称达诺式发酵滚筒。滚筒水平倾斜放置，由支架、滚筒、喷水装置、内部抄板和动力系统组成。滚筒可在支架上自由转动，滚筒前段有投料口，滚筒末端进行卸料，工作时滚筒旋转，反应器内原料与辅料进行混合。采用逆向通风和自动旋转翻抛技术，经 1~5 天发酵后排出，堆成条垛放置熟化。

卧式滚筒发酵反应器具有搅拌强度大、结构简单、运行成本低等特点，但其主机耗能较大，工艺原理如图 14-8 所示。

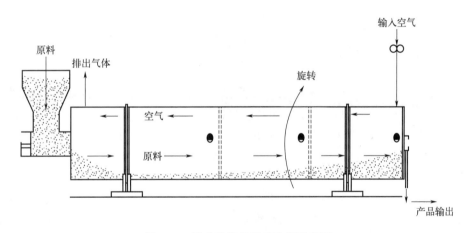

图 14-8　卧式滚筒发酵反应器示意图

卧式滚筒发酵反应器的生产效率高，常将它与立式多层堆肥发酵塔组合应用，高速完成发酵任务，实现自动化生产。其缺点在于堆肥过程中，原料滞留时间短，发酵不充分，装置密闭困难，能耗高。此外，由于在发酵过程中，筒体不断旋转，对物料进行重复切断，易产生物料压实现象，影响通气，且不易均质化。

（4）搅动箱式堆肥反应器

搅动箱式堆肥反应器是一种水平流动的通风固体搅拌箱式反应器，它采用强制通风和机械搅动，可以使操作更加灵活。反应器通常不封顶，而且是安装在建筑物内，为的是能够全天操作和控制杂质。许多反应器一天只开展一次原料循环。一般分圆形和矩形反应器两种。

在圆形反应器系统里，许多旋转钻顺次安装在移动的桥上，从反应器的中心旋转，很像一个圆形的清理器装置，一般完成一次旋转需要两个小时。当桥旋转的时候，原料沿外围给入，钻头转动搅拌，将新旧堆肥原料混合。原料逐渐地输送到反应器的中心，在那里经过一个可以调节的溢流口下落到一个出口传送带上，这个出口传送带位于反应器下面的廊道上。

矩形搅动反应器系统的搅动装置安装在箱壁顶端的横杆上运转，像圆形箱一样，原料从箱子的一端进入然后靠搅动装置沿箱子移动，最后从箱子的另一端出来。

箱式系统的长宽可调节，有较小的箱子，宽2m，长2m，较大的箱子宽可达6m，高3m，长220m。较大的箱子通过把基质沿着箱子的长度放在指定的格子内操作。原料在一个星期后翻转，而且一直保存在指定的格子内，直到可以移出。如果用小箱子，原料可以每天搅动。

上述堆肥类型目前在世界各地均有应用，每一种系统都有各自的优缺点，取决于特定的条件。堆肥厂可以根据自己的物料、场地、生产规模、当地气候、环保政策、投资、产品质量等来选择最切合实际的堆肥类型。

未来，堆肥设备工艺将朝着智能化、自动化、高效化、环保化等方向发展。堆肥设备将配备先进的传感器、控制系统和人工智能技术，能够实现自动化生产和智能诊断。同时，设备还将采用更加高效的生产工艺和环保材料，实现高效生产和环保减排。此外，随着物联网技术的发展，未来的堆肥设备还将实现远程监控和数据分析，为农业生产提供更加精准的服务。

14.2.5　畜禽粪便饲料化技术

对于农业生产来说，无论过去、现在或将来，畜禽粪便都是一种优质的有机肥源。在20世纪80年代以前，养殖业废物是我国农村肥料的主要来源。但随着经济改革，农村实行包产到户，我国化肥产量迅速提升，农民更愿意选择简单省力的化肥种田。与此同时，养殖大型化、规模化，畜禽粪便集中排放，超过了养殖场周围农田环境的消纳能力，成为新的环境污染源。

畜禽粪便作为饲料的概念最早可追溯到1922年，由Mclullum提出。随后的研究表明，畜禽粪便中含有丰富的氮素、矿物质和纤维素等营养成分，可作为饲料中一些营养元素的替代。但由于畜禽粪便可能携带病原菌，1967年美国开始限制其作为饲料使用，再加上畜禽粪便饲料化的环境和经济效益并不十分明显，发展受到一定限制。直到20世纪80年代，随着畜牧业的迅速发展，畜禽粪便饲料化再次受到关注。

14.2.5.1　畜禽粪便饲料化的可行性

(1) 畜禽粪便的营养成分

目前大型畜禽养殖场都采用机械化作业，全饲料喂养，饲料中的许多营养物质未被消化吸收就被排到体外，使得粪便中含有大量未消化的粗蛋白质、维生素B、矿物质、粗脂肪和一定量的糖类物质。畜禽粪便经简单加工，没有了原来的特征，但其营养价值基本没有损耗，其外形、气味和味道均符合畜禽饲料的要求。粪便中营养价值随畜禽种类、日粮成分和饲养管理条件等因素的不同而不同。各种畜禽干粪中营养物质含量见表14-3，其中鸡干粪的营养价值最好，猪干粪次之。鸡由于消化道较短，采食进去的饲料在肠道停留时间短，只能吸收约30%的养分，其余部分通过直肠排出体外。

表 14-3　鸡、猪和牛干粪中营养物质含量　　　　　　　　　单位：%

营养成分	粗蛋白	粗脂肪	粗纤维	灰分	无氮浸出物	钙	磷
鸡干粪	27.75	2.35	13.06	22.45	30.76	7.8	2.2
猪干粪	16.99	8.24	20.69	16.87	37.21		
牛干粪	12.21	0.87	21.01	11.75	34.55	0.99	0.55

(2) 畜禽粪便饲料化的安全性

畜禽粪便中含有丰富的矿物质、维生素及大量的营养物质，但也是有害物的潜在来源，如病原微生物、寄生虫、虫卵及重金属、药物残留等。各国针对畜禽粪便饲料化利用的安全性也曾进行过广泛讨论，认为畜禽粪便虽具有潜在的危害性，但只要采用一些适当处理和控制手段，还是可以避免这些隐患的。控制手段包括禁止使用治疗期的粪便，以及在畜禽屠宰前减少或停止使用粪便饲料。目前，作为饲料及其添加剂使用是综合利用畜禽粪便的重要途径之一。

14.2.5.2　畜禽粪便饲料化的方法

(1) 新鲜粪便直接作饲料

这种方法主要适用于鸡粪。由于鸡的肠道短，吸收不完全，从摄入到排出大约需要 4h，所食饲料中营养物质的 70% 左右被排出体外。在排泄的鸡粪中，除了有 20%～30% 的粗蛋白（按干物质的计算），还含有丰富的微量元素，氨基酸的含量不低于玉米等谷物饲料，可代替部分精料喂猪养牛。该方法的最大不足是鸡粪成分复杂，含有吲哚、脂类、尿素、病原微生物、寄生虫等，易造成畜禽间交叉感染或传染病的暴发，这也是限制其推广使用的主要原因。也有一些研究指出，将甲醛含量为 37% 的福尔马林溶液与鸡粪混合后，在 24h 内可有效消灭吲哚、脂类、尿素、病原微生物等。另外，还有研究表明，可先接种米曲霉和白地霉，随后使用瓮灶蒸锅进行杀菌处理。

(2) 干燥法

干燥处理是畜禽粪便饲料化的另一种方法，因其直接、营养价值损失小而受到推广。目前有塑料大棚干燥、高温快速干燥、烘干法等。这种方法既除臭又能彻底杀灭虫卵，达到卫生防疫和生产商品饲料的要求。由于鸡粪的夏季保鲜困难，大批量处理时仍有臭气产生，处理臭气和产物都需要额外的费用，增加了使用推广的难度。

小型养殖场可以将圈舍中的畜禽粪便单独或掺入一定比例的糠麸，拌匀后摊放在阳光下自然晒干，去除羽毛、沙石等杂物，粉碎后添加在饲料中喂食。此法成本低，但干燥时间过长，容易受自然天气的影响。对于大型养殖场，可通过微波干燥、热喷炉干燥、转炉式干燥等方法对畜禽粪便进行人工干燥，这些方法干燥速度快，但能源消耗较大，适用于饲养规模较大、畜禽粪便产生量较多的养殖场。

(3) 青贮法

将畜禽粪便与玉米秸秆、蔬菜、谷物等一起放到青贮窖中压实、密封，厌氧发酵一段时间后直接饲喂畜禽。青贮法的饲料具有酸香味，可以提高其适口性，同时通过发酵可杀死粪便中的病原微生物、寄生虫等。这种处理的畜禽粪便主要用来作为反刍动物饲料。该法能够充分提高蛋白消化率和代谢能，改善饲料的适口性，是畜禽粪便饲料化利用的最佳方法之一。

(4) 分解法

利用优良品种的蚯蚓、蝇蛆、黑水虻等低等动物分解畜禽粪便,达到既提高运动蛋白质含量又能处理畜禽粪便的目的。利用黑水虻和蚯蚓的自身分解转化功能处理有机固体废物是近几年发展起来的一项主要针对城市有机生活垃圾、畜禽粪便的生物处理技术。利用黑水虻和蚯蚓处理固体废物的过程主要是利用它们在其生命活动中,大量吞食有机残落物质,通过肠道内的生物化学作用对有机物质进行分解和转化,从而实现有机固体废物资源化的一种处理技术。

14.2.5.3 蚯蚓的生物分解技术

固体废物的蚯蚓分解处理是近年发展起来的一项主要针对农林废弃物、城市生活垃圾和污水处理厂污泥的生物处理技术。蚯蚓分布广、适应性强、繁殖快、抗病力强,且易于大规模饲养。在固体废物处理过程中,蚯蚓与微生物共同发挥作用,构建了以蚯蚓为主导的处理系统。蚯蚓通过直接吞食垃圾,将其中的有机质转化为可溶解、易被作物吸收利用的可给态养分,形成蚯蚓粪颗粒,为微生物提供理想的生长基质。另外被微生物分解或半分解的有机物质是蚯蚓的优质食物。二者构成了相互依存的关系,共同促进有机固体废物的分解。目前,蚯蚓养殖处理有机废物已被农业农村部等推选为农村有机废弃物资源化利用典型技术模式之一。

(1) 蚯蚓生物处理对象

蚯蚓是杂食性动物,喜欢吞食腐烂的落叶、枯草、蔬菜碎屑、作物秸秆、畜禽粪便及居民的生活垃圾。蚯蚓消化力极强,它的消化道分泌蛋白酶、脂肪分解酶、纤维素酶、甲壳酶、淀粉酶等,除金属、玻璃、塑料及橡胶外,几乎所有的有机物质都可被它消化。有机物质被蚯蚓摄食后,少部分被直接同化利用,大部分以颗粒状经蚯蚓体内排出。

蚯蚓生物处理的对象包括生活垃圾、农林废弃物、畜禽粪便等,此外蚯蚓还具有富集重金属的功能。

(2) 工艺流程

蚯蚓生物处理技术一般可分为预处理、放置蚯蚓、蚯蚓转化、产品分离等几个步骤。工艺流程简图如图 14-9 所示。

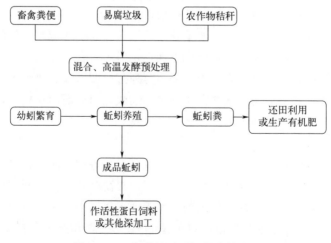

图 14-9 蚯蚓养殖处理的技术路线图

① 干湿分离。采用干湿分离机将畜禽粪便进行干湿分离，分别得到干燥的畜禽粪便和污水。

② 配制养殖基土。将分离得到的干燥的畜禽粪便与生活污泥按照（2～5）:1 的比例进行配比，得到搅拌均匀的养殖基土。

③ 放置蚯蚓。在养殖架上均匀铺设配好的养殖基土，厚度通常在 10～30cm 之间。然后放置蚯蚓开始养殖。蚯蚓在不断消耗养殖基土的同时，得到繁殖。蚯蚓喜欢湿润的环境，因此每天需为养殖床浇水，并打开大棚两侧通风，确保蚯蚓生长环境保持适宜的温度和湿度。根据蚯蚓的生长状况，有时需要添加一些有益微生物，适量的微生物有利于堆肥的快速有效进行。

④ 分离蚯蚓和蚯蚓粪。蚯蚓得到充分生长之后，面临着蚯蚓和蚯蚓粪的分离。框漏法、饵诱法、刮粪法都是比较有效的分离方式。

⑤ 蚯蚓循环利用。一般新蚯蚓培育 15～25 天后，重复第三步的方法放置蚯蚓，通过重复利用以处理更多的畜禽类粪便和生活污泥，并得到更多的蚯蚓粪便。

(3) 转化过程的主要影响因素

① 温度。蚯蚓的最适生长温度一般在 20～22℃。温度低于 10℃时，蚯蚓活动迟缓，要 35 天左右才产一粒卵；温度在 18～25℃，湿度 30%～50%，通风换气好时，一般 1.5～4.5 天就产一粒卵；当温度高达 35℃时，产卵数量下降，37℃就会迅速死亡。

② 湿度。湿度与蚯蚓的生长、产卵及卵茧孵化的关系很密切。蚯蚓体内含有约 80% 的水分。如久不浇水，会造成蚓体萎缩，影响产卵，甚至自溶死亡。蚯蚓喜欢潮湿的环境，一般情况下水势为 2.7 左右时，蚯蚓吃食多，生长快，产卵多，孵化率高。

③ 透气性。透气性也是影响蚯蚓生长繁殖的一个重要因素。蚯蚓依赖蚓床中的氧气呼吸，透气性越好，其新陈代谢越旺盛，产卵也越频繁。反之，通气不良会导致蚯蚓逃离，因为过多的二氧化碳、甲烷、氮气和硫化物会威胁它们的生存。严重时，这些因素甚至会导致蚯蚓大量死亡。

④ pH 值。蚯蚓对酸碱都很敏感，因为蚯蚓体表各部分散布着对酸、碱等有感受能力的化学感受器官，蚯蚓床的酸碱度过高或过低都会危害蚯蚓生长繁殖，以 pH 值 6～8 为宜。

(4) 资源化途径

① 生态价值。蚯蚓在维护生态平衡方面发挥着不可或缺的作用。首先，它们通过挖掘和松土，分泌黏液，为微生物提供了理想的生长环境。其次，蚯蚓的进食、消化和排泄过程对于物质循环和能量传递至关重要。这些行为不仅有利于土壤的健康，也有助于维持整个生态系统的平衡和稳定。

② 药用价值。蚯蚓是一味常见的中药材，味咸，性寒，归肝、脾、膀胱经，能清热、定惊、通络、平喘、利尿，可用于高热神昏、惊痫抽搐、关节痹痛、肺热喘咳、水肿尿少等病症。

③ 饲料价值。蚯蚓营养丰富，鲜体粗蛋白质含量达 12%～20%，干体粗蛋白质含量达 60%～65%，粗脂肪含量为 8%，碳水化合物为 14%，还含有丰富的维生素、氨基酸等，这些氨基酸是畜禽和鱼类生长发育所必需的，可广泛用于垂钓，也可深加工成为蛋白饲料的替代品，用于禽畜和水产的养殖。

④ 肥料价值。蚯蚓粪富含有机腐殖酸，是一种高效有机农肥和土壤改良剂，所以分离后的蚯蚓粪可作为肥料销售贩卖。

(5) 利用蚯蚓生物处理的优势及局限性

① 优势。同单纯的堆肥工艺相比，蚯蚓生物处理具有诸多优势。首先，这是一种生物处理过程，无不良环境影响，能彻底消化有机物，产出的肥料效果比传统堆肥更佳。其次，将养殖和种植业的副产品合理利用，避免资源浪费。再者，减容效果更为明显，实验表明，传统堆肥减容效果为15%～20%，而经过蚯蚓处理后可超过30%。此外，除了获取大量高效有机肥料外，还能获得大量蚓体，提高了附加值。

② 局限性。蚯蚓处理有机固体废弃物还存在一定的局限性。一方面，经济效益不明显。目前尚未充分挖掘蚯蚓的潜在应用价值，导致许多养殖户面临销售困境，利润被中间商抽取。另一方面，蚯蚓养殖具有一定的科技含量，尤其在国内，以奶牛粪污为主要饲料养殖蚯蚓较为常见。直接使用新鲜猪粪、鸡粪、果渣等基料作为蚯蚓的饲料并不可行，因其水分含量过高、通气性不足，容易产生有害物质和气体，导致蚯蚓大量死亡。为有效利用蚯蚓的生长繁殖潜力，需要通过科学的配比和处理，控制适宜的条件，方能达到预期的养殖效果。

14.2.5.4 黑水虻的生物分解技术

(1) 黑水虻

黑水虻原产美洲，是腐生性的水虻科昆虫，近年引入我国，具有成虫繁殖迅速、量大，幼虫食性杂、食量大、生命力顽强等特点。黑水虻从卵到成虫，经历交配产卵、幼虫、蛹化及羽化成虫四个时期，生长周期为40～49天，生长适宜温度为20～30℃。黑水虻以餐厨垃圾、动物粪便、动植物尸体等腐烂的有机物为食，将有机废物的营养成分转化为自身的粗蛋白和脂肪，虫体可作为畜禽和鱼类的优质活体饲料，虫粪可作生物肥料。动物粪便、餐厨垃圾、市政污泥、酒糟、秸秆甚至是填埋产生的有机渗滤液等都是黑水虻喜欢的食物。

(2) 黑水虻的养殖技术

① 养殖场所。黑水虻的养殖场所，多数选择在禽畜养殖场或小型生活垃圾处理场，分成产卵区和幼虫养殖区。

② 饲养模式。黑水虻的饲养模式有池养、盒养和桶养三种，以池养居多。池内预先铺设好鸡粪或有机垃圾等饲料，然后将收集到的黑水虻的虫卵放入池内，2～4天便可以孵化出大量的幼虫。

③ 饲喂管理。孵化后的黑水虻幼虫会自动爬到饲料堆里进食。为了方便对幼虫进行管理，建议把同一天孵化的幼虫集中在一起饲养。

(3) 影响因素（养殖技巧）

饲养黑水虻时，要特别管理好养殖场所内的温度和湿度，如果环境过于干燥，或者温度过高，都会导致黑水虻幼虫死亡。一般情况下，由于幼虫的活动和取食不断地代谢产生能量，以及饲料发酵本身产生大量的热量，饲料中的温度通常会高于周围环境温度。影响饲料内温度的因素有：

① 饲料中营养成分的含量。利用餐厨垃圾或者人工配制的饲料饲养黑水虻时，饲料的发热量比较大，而利用禽畜粪便等营养成分含量相对较低的饲料饲养黑水虻时，饲料的发热量较小。

② 饲料中的幼虫密度。饲料中黑水虻幼虫的密度越大，所代谢的热量越多，饲料发热量也越多。

③ 饲料的厚度。饲料过厚，产生的热量难以挥发，会导致内部热量积累，温度易于升高。

④ 环境的温度。通常情况下，当环境温度低于25℃时，幼虫活动减缓，微生物活动也受到抑制，导致饲料的发酵热量较低；当环境温度介于25～30℃之间时，饲料温度通常会比环境温度高出2～10℃；而当环境温度超过30℃时，幼虫和饲料中的微生物活跃度增强，导致饲料温度有可能比环境温度高出20℃以上，这时就需要采取一些降温措施。

⑤ 环境的通风散热能力。如果养殖环境通风性能良好，饲料中产生的多余热量容易散发出去，饲料的温度就不易过高。

(4) 黑水虻的深度资源化

① 黑水虻幼虫蛋白质含量高，可用于养殖行业。黑水虻幼虫高蛋白、高脂肪，其氨基酸含量与鱼粉相似，可替代鱼粉作为饲料添加剂。研究显示，在肉鸡饲料中添加黑水虻后，肉鸡体重明显增加，而干物质摄入量无明显变化；蛋鸡的产蛋量和采食量无显著变化，且在喂养期间无死亡和健康问题。黑水虻作为畜禽饲料，其营养物质易被吸收，能增强动物抗病能力，降低养殖成本。相较于传统饲料如骨粉和豆粉，黑水虻含有更丰富的氨基酸，具有显著的经济效益。黑水虻虫粉可广泛应用于畜禽和水产养殖业。

② 可生产生物柴油。黑水虻的体内含有比较丰富的脂肪，是一种生产生物柴油的优质原料。中国是能源使用的大国，如果能用黑水虻来生产生物柴油，那么就可以有效缓解能源紧张问题。

③ 可作化妆品添加剂。黑水虻含有的蛋白质具有抗氧化活性，因此可以用来制备天然的抗氧化剂和具有抗氧化功能的蛋白质产品，可用于化妆品行业。

④ 可处理有机物垃圾。黑水虻不仅能够高效处理畜禽粪便，还具备处理厨余垃圾等各类有机废物的能力。它不仅是环保的选择，同时也是一条可持续利用资源的有效途径。

14.2.6 畜禽粪便燃料化技术

畜禽粪便燃料化技术是指利用厌氧发酵法，将畜禽粪便、有机生活垃圾和秸秆等一起进行厌氧发酵产生沼气的一种技术。这项技术不仅提供清洁能源，还能有效应对畜禽养殖过程中的环境污染问题。通过畜禽粪便发酵产生的沼气直接为农户提供能源，沼液可还田，沼渣则可养鸡、鸭、鱼等，实现了畜禽粪便资源的有效利用。关于厌氧发酵法的原理在第10章已做过详细介绍，在此不再赘述。

畜禽粪便燃料化工艺流程

沼气池结构简单，种类繁多。按贮气方式可分为水压式沼气池、分离浮罩式沼气池、气袋式沼气池；按沼气池结构的几何形状划分为圆柱形、球形、扁球形、长方形、拱形、坛形、椭球形、方形等，其中圆柱形沼气池较为普遍，其次是球形和扁球形；按沼气池的埋设位置可划分为地上式、地下式、半地下式，以采用地下式居多，因为便于与厕所、圈舍相结合，使人畜粪便能直接流入沼气池内。建池材料的种类也很多，如砖、石材、混凝土材料、钢筋混凝土材料（主要用于大、中型沼气池）、新型材料（如聚乙烯塑料、红泥塑料、玻璃钢等）、金属材料等，在建池选材时，应本着因地制宜、就地选材的原则，降低建池造价。

14.2.6.1 水压式沼气池

水压式沼气池是我国农村普遍采用的一种人工制取沼气的厌氧发酵密闭装置，推广数量约占沼气池总量的85％以上，其结构如图 14-10 所示。沼气池大多制成圆形或椭圆形。池内用于装料发酵和贮气，即发酵间和贮气室为一个，进料口和出料口分布在池体两侧，出料口上有一定容积的敞口池，称为水压间。当发酵间产气时，气压使池内液面下降，水压间的液面随之上升。二者的液面差即池内压力，是输送沼气的压力。水压式沼气池结构简单，造价较低，适用于多种发酵原料，但大量出料不甚方便，用气时，气压将随液位差变动。

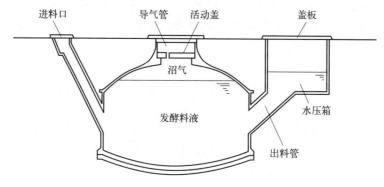

图 14-10　水压式沼气池简图

水压式沼气池的工作原理是：产气时，沼气压料液使水压箱内液面升高；用气时，料液压沼气供气。产气、用气循环工作，依靠水压箱内料液的自动升降，使储气室的气压自动调节，以保证燃烧灶具的火力稳定。

水压式沼气池的池形和建池特点为：①圆、小、浅。沼气池的池形呈球形或圆柱形，家用池的容积一般在 5～10m³。"浅"有两种含义，一是指池体本身的深度浅；二是指池子离地面的距离较浅，通常池顶距离地面约 30cm。②中国式沼气池顶部固定，配有活动盖和进出料双管。沼气发酵和储存在同一池内，随着沼气产生和使用，内部压力会有较大变化。活动盖设计方便更换原料，口径较大便于清理池子。进出料的双管分开设计，避免新旧原料直接接触，有利于保持卫生。③沼气池建于地下，有助于保温。

中国式沼气池的发酵特点是：自然温度发酵；多种原料发酵，半连续式投料，发酵周期长，一般在 200 天以上。

14.2.6.2　分离浮罩式沼气池

浮罩式沼气池最早出现在印度，称为哥巴式沼气池。最简单的一种是发酵池与气罩一体化。基础池底用混凝土浇制，两侧有进出料口，池口敞开，上方扣一浮罩，发酵池与气罩一体，发酵池产生沼气后，慢慢将浮罩顶起，并依靠浮罩的自身重力，使气室产生一定的压力，便于沼气输出。这种沼气池可以一次性投料，也可半连续投料，其特点是所产沼气压力比较均匀。印度多采用植物性垃圾和牲畜粪便为发酵原料，属于干发酵工艺，产气率比较高。这类沼气池适合于气温较高的地区。

近年来，我国也在推广干发酵工艺，建造分离式浮罩沼气池，其结构如图 14-11 所示。分离浮罩式沼气池综合了浮罩式和水压式的优点，将发酵池与贮气箱分开。发酵间与水压式沼气池相仿，但尽可能缩小贮气间体积，然后另做一个浮罩气室，用管道把两部分连接起来。发酵池产气后，产生的沼气由导气管不断地输送到浮罩中，当沼气压力大于浮罩总体重量时，浮罩逐渐上升，沼气贮存容积逐渐增大，直到平衡。当使用沼气时，浮罩内气压下降，浮罩又逐渐下降，沼气贮存容积减少。这种结构特别适合大型沼气池，可避免贮气间漏气，并获得稳定压力的沼气，对多用户集体供气十分有利。

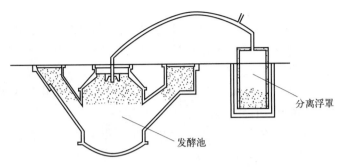

图 14-11　分离浮罩式沼气池

14.2.6.3　软体沼气池

(1) 结构特征

软体沼气池也是一种新型的沼气设备，主要包括软体可折叠沼气发酵袋、沼气储气袋、沼气升压泵、脱硫器、分水器、沼气输送管及相关管件。设备的主体是软体可折叠沼气发酵袋，是用高强度塑性材料（双面PVC夹网布或优质PVC抗拉膜）经高频热合制成，设有出气孔、进料口、出料口。沼气池压力较低，对防渗漏要求不高，要选用低压灶具，或在储气袋上加压沙袋等重物，或使用升压泵，以增加输气压力。

软体沼气池的顶部主要有沼气导气管和输气管道连接两部分，池体的两侧有进料管和出料管及其对应直径的硬质管置于进料池底部侧面与软体沼气池的进料口连接。在软体沼气池的外部则设置有大小相适应的防护体，其高度应大于填料的深度，可挖坑或砌砖。

软体沼气池的安装可地上、地下或地上地下各半因地制宜地安装，可以做成密闭式，进出料口用夹板密封，也可以按照浮罩式生产、安装。在寒冷的冬季，可以利用太阳能来提高池温，促进产气。

软体沼气池的材质有PE涂层布、PE与PVC复合增强涂层布、PVC膜、PVC改性增强涂层布和红泥塑料布料。软体沼气池的类型根据形状不同可分为圆台形、圆柱形和矩形三大类；根据性能结构不同可分为普通型、自配重型和浮罩型三大类。

(2) 特点

传统沼气池从开始的地埋砖混结构，逐步发展到钢筋混凝土结构，后来又有搪瓷拼装罐结构，虽然耐用但都造价过高。新型软体沼气池最大的特点是降低成本，最开始在广东地区悄然兴起，现在山东也有很多可折叠软体沼气袋的生产厂家。红泥可折叠软体沼气池的建池成本大概是钢混结构沼气池的十分之一，是黑膜沼气池的五分之一。优点如下：

① 经济耐用，价格低廉，投资少，见效快。

② 重量轻，可折叠，体积小，运输携带方便，可任意移动安装。

③ 安装简单快捷，坑体深浅可根据用户条件任意选择。设备的主体是用高强度塑性材料制成的软体可折叠沼气发酵袋，具有较高的机械强度和延伸率，安装时不受地理条件限制。

④ 无须搅拌，产气量高。发酵池的池体可露天，便于吸收太阳能。这种沼气池在气温高的地区有很大优势，在北方地区冬季可放在太阳能温室内使用。另外由于池体是高强度软

体材料制造，抗撕裂性能非常强，可随时在池体顶部向下压迫和震动，无须搅拌，使发酵池体内液平面上的浮物（即结壳部分）浸入液平面以下，从而解决了发酵池内发酵料结壳而影响产气的难题。

⑤ 应用广泛，一些粪便、垃圾、生活污水等都是沼气发酵的好原料，随着这些原料进入沼气池的病菌、寄生虫卵等，在沼气池中密闭发酵而被杀死，从而改善了农村的环境卫生条件，对人畜健康都有好处。而且技术要求不高，使用安全，维修方便。

缺点是使用软体沼气池时，一般都会担心气体的压差问题，怕压强太大，导致爆炸等情况。目前的解决方案是安装自动排气阀。

沼气池刚出来的时候，国家给予大力支持和补贴，很多地方都建设了沼气池，但近几年，沼气池在农村并没有被推广下去，其原因有：

① 出气量不稳定。沼气的产量与气候有很大关系。夏天气温高，沼气有机发酵的速度会更快，产生的沼气也多，而在寒冷的天气，发酵速度就会减慢许多，产生的沼气也相对较少，不够使用。

② 缺少发酵原料。农村沼气池的发酵原料主要是动物粪便、秸秆等有机物。以前，几乎每家每户都有种田和养殖等，发酵原料很充分，但近年种植和养殖的人都在减少，缺少发酵原料。

③ 清理维修麻烦。建设沼气池并不是一劳永逸的事情，想要一直使用的话，后期是需要经常进行清理的，而清理和维修比较麻烦。

④ 存有一定的安全隐患。目前农村以老人、小孩居多，这两个群体对沼气池并不是很了解，也不懂得要怎么添加发酵原料或者处理一些故障问题，一旦处理不慎，很可能会引起一些安全问题。

以上种种原因，对沼气池的推广造成了影响。

14.3　农作物秸秆

14.3.1　农作物秸秆概况

(1) 农作物秸秆的产生和分布

秸秆是成熟农作物茎叶（穗）部分的总称，是指小麦、水稻、玉米、高粱、薯类、油菜、棉花、甘蔗和其他农作物（通常为粗粮）在收获籽实后的剩余部分。按照作物种类，可将秸秆分为大田作物秸秆和园艺作物秸秆。目前，在农作物秸秆综合利用中所说的作物秸秆仅指大田作物秸秆。农作物光合作用的产物有一半以上存在于秸秆中，含有丰富的氮、磷、钾、钙、镁及有机质，秸秆可以说是农业生产的"另一半"。秸秆虽然被称作农业废弃物，却很少被真正丢弃，据农业农村部发布《全国农作物秸秆综合利用情况报告》显示，2021年，全国秸秆产生量8.65亿t，其中玉米、水稻、小麦三大粮食作物秸秆产量分别达到3.21亿t、2.22亿t和1.79亿t，合计占比83.5%。农作物秸秆利用量达6.47亿t，综合利用率为88.1%。

(2) 农作物秸秆的主要成分

秸秆主要由纤维物质和少量的粗蛋白、粗脂肪组成，同时富含钙、磷等矿物质。每吨秸秆的营养价值相当于0.25t粮食。此外，农作物秸秆中富含氮、磷、钾、镁等农作物生长所需的关键营养元素,使其成为重要的生物质资源。秸秆可用作肥料、饲料、基料、原料和燃料等,然而,由于其有用成分含量低、自然密度不高,利用难度大且成本较高,又不便于运输和储存,从而影响了其深加工或二次开发利用。

秸秆资源中以稻秸、麦秸和玉米秸为主,还有大量的蔬菜瓜类副产品即蔬菜瓜类藤蔓及残余物。一般情况下,农作物秸秆的组成元素中,碳占绝大部分。例如水稻、小麦、玉米等粮食作物秸秆的含碳量能占到40%左右,其次为钾、硅、氮、钙、镁、磷、硫等元素。秸秆中有机成分以纤维素、半纤维素为主,其次是木质素、蛋白质、氨基酸、树脂、单宁等。

(3) 危害性与污染特征

① 秸秆焚烧和乱堆乱放影响空气和环境。第一,秸秆焚烧会排放大量的一氧化碳、二氧化碳、氮氧化物、多环芳烃等污染物和温室气体。第二,秸秆焚烧导致空气中$PM_{2.5}$、PM_{10}等可吸入颗粒物增加,造成雾霾天气。第三,燃烧时生成大量的白色固体烟雾,会影响城市、高速公路、机场等地的能见度。第四,随意堆放秸秆不仅影响农村人居环境,还可能引发安全问题。

② 污染呈面状分布。农作物秸秆的产生涉及农村千家万户,呈"小规模、高分散"的特点。有用物质含量低、密度低、品位低,回收费时费力,经济效益低,这些都增加了其收集、利用和治理的难度。

(4) 资源化综合利用

随着我国农村地区电气化、煤炭、煤气使用率的逐渐提高,秸秆的家用燃料地位正在被替代,机械收割多为一体机,直接将秸秆粉碎在地里,也给回收家用带来难度,由此造成的农村家庭秸秆使用量的锐减,使大量的秸秆只能堆积腐烂。秸秆的合理化资源利用正在成为迫切需要解决的问题。

秸秆蕴含丰富元素和有机质,具有巨大的资源化潜力。农作物秸秆资源的综合利用不仅可以帮助农民增加收入,还能推动环境保护、资源节约,为农业经济的可持续发展贡献力量。

推动秸秆综合利用是提升耕地品质、改善农村生态环境、推进农业绿色低碳发展的关键举措。农业农村部办公厅在《关于做好2022年农作物秸秆综合利用工作的通知》中要求将秸秆综合利用与年度"三农"重点任务要求紧密结合,坚持农用优先、多措并举,完善秸秆综合利用方式,建设一批全国秸秆综合利用重点县,培育壮大秸秆利用市场主体,完善收储运体系,加强秸秆资源台账建设,健全监测评价体系,强化科技服务保障,探索建立可推广、可持续的产业发展模式和高效利用机制,引领秸秆综合利用提质增效。要求2022年,建设300个秸秆利用重点县、600个秸秆综合利用展示基地,全国秸秆综合利用率保持在86%以上。

目前农作物秸秆综合利用主要有5种途径,简称为"五化",即秸秆肥料化、饲料化、燃料化、原料化、基料化。如表14-4所示。

表14-4 秸秆"五化"综合利用技术

技术类别	技术	秸秆来源
肥料化	直接还田	玉米、小麦、水稻、油菜、棉花等
	腐熟还田	水稻、小麦等
	生物反应堆	玉米、小麦、水稻、豆类、蔬菜(藤蔓)等
	堆沤还田	除重金属超标的农田秸秆外的所有秸秆

续表

技术类别	技术	秸秆来源
饲料化	青(黄)贮	玉米、高粱等
	碱化/氨化	小麦、水稻等
	压块饲料加工	小麦、水稻、豆类、薯类(藤蔓)、向日葵(盘)等
	揉搓丝化加工	玉米、豆类、向日葵等
	固化成型	玉米、水稻、小麦、棉花、油菜、烟草等
燃料化	秸秆炭	玉米、棉花、油菜、烟草等
	秸秆沼气	玉米、小麦、豆类、花生、薯类、蔬菜(蔓)等
	纤维素乙醇	玉米、小麦、水稻、高粱等
	直燃发电	玉米、小麦、水稻、棉花、油菜等
	热解气化	玉米、小麦、水稻、棉花、油菜等
原料化	人造板材	水稻、小麦、玉米、棉花等
	复合材料加工	大部分秸秆
	清洁制浆	小麦、水稻、棉花、玉米等
	木糖醇生产	玉米、棉花等
基料化	替代木屑种植蘑菇等	水稻、小麦、玉米、豆类、棉花等

14.3.2 农作物秸秆肥料化利用

14.3.2.1 秸秆直接（机械）还田作肥料

秸秆机械还田技术就是采用专业机械将农作物的秸秆直接粉碎并深翻掩埋，或采用多道工序先均匀地抛撒于地面再掩埋。根据秸秆种类、地区、收获季节及气候不同，常见的还田技术有以下几种：

① 秸秆切碎抛洒在地。利用秸秆粉碎还田机或收获机切碎还田，抛洒在田地地表。

② 秸秆不切碎。调整还田机械切碎装置，使秸秆不切碎，还田秸秆长度以 20～30cm 为宜。

③ 秸秆高留根茬还田。利用人工收割秸秆，使秸秆保留 40cm 左右根茬，翌年使用旋耕机将秸秆旋碎搅拌在土壤中。

④ 秸秆整秆还田。调整机械还田切割装置或人工收割秸秆，使秸秆整秆还田在垄沟中过冬，翌年在秸秆上埋土种植。这种还田方式的弱点是耗能大、成本高，山区、丘陵地带田块面积小机械使用受限。

14.3.2.2 秸秆间接还田作肥料

(1) 利用高温发酵原理进行秸秆堆沤还田

利用催腐剂或腐秆灵处理秸秆，或者将作物秸秆与土壤、粪便混合堆肥发酵，制成优质有机肥料。这种方法特别适用于晚稻、一季稻的秸秆以及秋季玉米的秸秆处理。

(2) 秸秆养畜，过腹还田

秸秆经过青贮、氨化、微贮处理，饲喂畜禽，以畜禽粪尿施入土壤。这是一种效益较高的秸秆利用方式，不仅解决了秸秆资源化的问题，还可以缓解畜牧业饲料粮短缺的问题；为农业增加大量的有机肥，降低农业成本，促进农业生态系统良性循环。

14.3.2.3 秸秆生化腐熟快速还田

生化快速腐熟技术是将秸秆制成优质生物有机肥的先进方法。其原理是：采用先进技术培养能分解粗纤维的优良微生物菌种，生产出可加快秸秆腐熟的化学制剂，并采用现代化设备控制温度、湿度、数量、质量和时间，经机械翻抛、高温堆腐、生物发酵等过程，将农业废弃物转化为优质有机肥。其特点是：自动化程度高，腐熟周期短，产量高，无环境污染，肥效强。

14.3.2.4 秸秆还田肥料化的意义

秸秆还田是把不宜直接作饲料的秸秆（麦秸、玉米秸和水稻秸秆等）堆积腐熟后或直接施入土壤中的一种方法。秸秆还田是禁止秸秆焚烧之后国家极力推广的一项秸秆处理技术，其优势体现在以下几个方面。

① 改善环境。以前，农村80%的秸秆主要采取燃烧处理，造成污染空气，影响交通，使土壤表层焦化等，有时还引起火灾。通过还田使废弃秸秆有了合理处理方式，避免了秸秆焚烧带来的环境污染问题。

② 补充土壤养分。秸秆中含有大量有机质和氮、磷、钾等速效养分，通过秸秆还田可增加土壤有机质，协调缓解氮、磷、钾肥比例失调的矛盾，提高土壤肥力。

③ 促进微生物活动。秸秆中含大量的能源物质，还田后生物激增，土壤生化活性强度提高，接触酶活性可增加47%。秸秆耕翻入土后，在分解过程中进行腐殖质化释放养分，使一些有机质化合物缩水，土壤有机质含量增加，微生物繁殖增强，生物固氮增加，碱性降低，促进酸碱平衡，养分结构趋于合理。此外，秸秆还田可使土壤容重降低、土质疏松、通气性提高、犁耕比阻减小，土壤结构明显改善。

④ 提高土壤水分的保蓄能力。秸秆覆盖还田后，土表覆盖的秸秆既能增强降雨入渗，阻挡水分向上的扩散和蒸发，又能减少太阳辐射而引起的土壤水的汽化和棵间蒸发，因此，秸秆覆盖玉米田，能减少棵间蒸发，起到抗旱保墒的作用。

⑤ 减少化肥使用量。秸秆还田的增肥增产作用显著，一般可增产5%～10%，是促进农业稳产、高产，走可持续发展道路的重要途径。所以，秸秆还田是弥补化肥长期使用缺陷的极好办法。

14.3.2.5 秸秆还田肥料化的弊端

秸秆还田不仅与土壤肥力、环境保护以及农田生态平衡密切相关，而且已经成为持续农业和生态农业不可或缺的一部分。然而，若处理不当，秸秆还田也可能带来一些不利影响。

(1) 还田量过大，增加成本

当秸秆还田量过大或不均匀时，容易发生土壤秸秆还田生物（由秸秆转化的微生物）与作物幼苗争夺养分的问题。一般每亩秸秆粉碎翻压还田不超过300kg，最多不超过500kg，否则会影响秸秆在土壤中的分解速度及作物产量。因此在秸秆直接还田时，一般要适当增施一些氮肥，缺磷的补施磷肥，或者增施一些菌肥，加速秸秆的腐化分解，但这样又会增加秸秆还田的成本。

（2）土壤间隙大，死苗弱苗

秸秆翻压还田后，土壤变松，有时孔隙大小比例不均，如若大孔隙过多，会导致跑风，出现种苗"吊根"现象，严重的甚至出现黄苗、死苗、断垄等现象。

（3）带入病原体，增加病虫害风险

秸秆上往往带有大量病菌和虫卵，在秸秆粉碎过程中无法杀死，还田后留在土壤里，病虫害就会直接发生或者越冬来年发生。秸秆还田给地下害虫带来了生存的环境和空间，近几年呈现逐年上升势头。一般采取土壤处理及种衣剂拌种进行预防。

（4）腐化不彻底

温度偏低的北方地区大量种植玉米，粉碎后的玉米秸秆，往往在短期内难以彻底腐化，以至开春后仍有很多未腐化秸秆的残留，给春耕带来不便，且容易滋生病虫害，还时有出苗不均现象。对此，专家给出的建议是升级秸秆还田机械，提高秸秆粉碎度，实行深耕，或施加菌剂加速秸秆腐化。

14.3.3 农作物秸秆饲料化利用

随着人们生活水平的提高，对动物性食品的需求量不断增加，这刺激了畜牧业的迅速发展。然而，畜牧业的发展速度受到动物饲料短缺的限制。为了解决这一问题，秸秆饲料化利用成为了一种重要的补充方式，不仅可以弥补动物饲料的短缺，还可以减少资源的浪费。

农作物秸秆饲料主要以玉米、水稻、棉花、高粱等粉碎加工利用的纤维饲料为主，是反刍动物的主要饲料来源。反刍动物具有独特的能力，能够有效地利用秸秆中的粗纤维。通过瘤胃和盲肠中的微生物分泌纤维素降解酶，将纤维素分解成宿主细胞可以吸收的单糖。农作物秸秆饲料的主要特点是粗纤维含量高、适口性差、利用率低。其结构主要由纤维素、半纤维素和木质素组成。木质素被认为是一种刚性较强且相对难处理的生物聚合物。它的主要结构单元是由对羟基肉桂醇单体和相关化合物的氧化偶联合成的芳香族苯丙素亚单位和木质素醇组成。这些化合物主要存在于次生增厚的植物细胞壁中，与半纤维素共价结合，为细胞壁提供强度和刚度。

我国秸秆资源丰富，数量庞大，但长期以来大部分秸秆被直接还田或焚烧后还田，还有一部分作为生活能源烧掉，真正作为饲料利用的只占很少一部分。因为秸秆质地坚硬、粗糙，动物咀嚼困难，适口性和营养性都很差，特别是纤维素含量高、蛋白质和可溶性糖类含量低的黄麦秸、稻草等，牛羊都不爱吃。由此可见，提高秸秆饲料的适口性和营养价值是促进秸秆饲料化利用的关键所在。

目前，秸秆饲料化加工技术主要有物理处理法（汽爆法、热水处理）、化学处理法（碱化、氨化）和微生物发酵处理法（青贮、微贮）。这些处理方法各有优缺点。如膨化、蒸煮、粉碎、制粒等物理处理方法虽操作简单，容易推广，但一般情况不能增加饲料的营养价值。化学处理法可以提高秸秆的采食量和体外消化率，但也容易造成化学物质的过量，且使用范围狭窄、推广费用高。生物处理法可以提高秸秆的生物学价值，但技术要求较高，处理不好，容易造成腐烂变质。总之，各地应根据当地的实际情况，采取不同的处理措施，加大对秸秆的开发利用。

14.3.3.1 微生物发酵处理技术

微生物发酵处理技术是利用微生物（乳酸菌、酵母菌、霉菌等）发酵或生物酶（纤维素酶、果胶酶、漆酶等）的作用，酶解秸秆中的纤维素、木质素等物质，破坏其结构，从而将这些难以消化的物质转化成容易吸收的单糖、氨基酸等小分子物质的技术手段。微生物发酵处理技术包括青贮、微贮、酶解处理等方法。

(1) 青贮技术

青贮是利用微生物的乳酸发酵作用，达到长期保存青绿多汁饲料的营养特性的一种方法。其实质是将新鲜植物紧实地堆积在不透气的容器中，通过微生物（主要是乳酸菌）的厌氧发酵，使原料中所含的糖分转化为有机酸，主要是乳酸。当乳酸在青贮原料中积累到一定浓度时，pH 一般达到 4.0 左右，就能抑制其他腐败菌的生长，并阻止原料中养分被微生物分解破坏，从而将原料中的养分很好地保存下来。乳酸发酵过程中产生大量热能，当青贮原料温度上升到 50℃时，乳酸菌也就停止了活动，发酵结束。由于青贮原料是在密闭并停止微生物活动的条件下贮存的，因此可以长期保存不变质。这种饲料对解决家畜越冬期间青饲料不足问题十分重要，故有"草罐头"的美称。贮好的饲料具有特殊芳香气味，营养多汁，是目前被广泛应用的一种秸秆饲料化加工手段。秸秆青贮技术路线如图 14-12 所示。

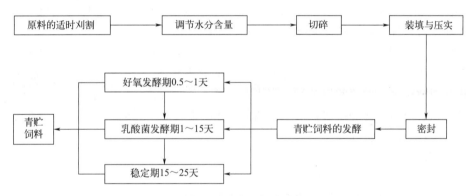

图 14-12 秸秆青贮技术路线图

秸秆青贮有以下特点：

① 适口性好，消化率高，可以最大限度地保持青绿秸秆的营养价值。青绿秸秆鲜嫩多汁，同时在青贮过程中由于微生物发酵作用，产生大量乳酸和芳香物质，更增强了其适口性和消化率，是牛羊四季特别是冬春季节的优良饲料。这不仅节约了大批粮食，而且大幅降低了饲养成本。但青贮法对纤维素消化率的提高甚微，科研工作者正在寻找某些纤维分解菌，以提高青贮饲料的消化率。

② 可调剂青饲料供应的不平衡。由于青饲料生长期短，老化快，受季节影响较大，很难做到一年四季均衡供应。而青贮饲料一旦做成可以长期保存，保存年限可达 2～3 年或更长，弥补了青饲料利用季节性的不足，确保全年平稳供给。

③ 可净化饲料，保护环境。青贮能杀死农作物秸秆中的病菌、虫卵，破坏杂草种子的再生能力，从而减少对畜禽和农作物的危害。另外，通过秸秆青贮避免焚烧，既可使秸秆资源变废为宝，又能减少对环境的污染。

(2) 微贮技术

秸秆微贮技术即农作物秸秆微生物发酵贮存技术，是利用微生物菌剂对秸秆进行厌氧发酵，提高适口性、延长贮存期的一种处理技术。

在经机械加工揉碎的秸秆中，添加一种或多种菌种及辅料制成发酵原料，然后密封贮藏。在贮藏的过程中，添加的微生物菌种得到生长繁殖，并产生纤维素酶及其他代谢产物，这些酶及产物可以降解秸秆中一些难以利用和消化的物质，同时抑制杂菌生长，使质地粗硬的秸秆原料变成柔软多汁、适口性好的粗饲料。同青贮相似，微贮也需要将农作物秸秆机械切碎，并放入密闭设施（如水泥池、土窖等）中，不同的是需要加入合适比例的微生物发酵菌剂、辅料及补充水分，而非自然发酵。

总之，农作物秸秆在这些微生物和酶的作用下，通过密封贮藏，变为质地柔软、湿润蓬松、气味酸香、牛羊喜食的粗饲料。其优势如下：

① 与秸秆的其他处理方法相比，微贮处理发酵速度更快，一般只需1~3天，而青贮、氨化等一般需要7~30天，大大缩短了发酵时间。而且前期投入少，发酵过程不用挖坑、砌窖，处理费用大大降低。

② 通过对秸秆发酵前后营养成分的分析发现，微生物发酵可明显提高秸秆的粗蛋白、粗脂肪及维生素含量，增加了营养性，同时还提高了淀粉酶、蔗糖酶、脂肪酶等消化酶的活性，促进了动物的消化吸收，提高了饲料的转化率。

③ 通过发酵处理，秸秆产生丰富的有机酸，赋予醇香果味，口感松软细腻，易于消化吸收，提高了适口性，促进动物采食量的增加。

④ 发酵后的农作物秸秆是许多有益微生物的理想栖息地。动物食用这些微生物能够平衡它们的肠道微生态，有效地消灭和抑制胃肠内的有害病菌，增强畜禽的抗病能力。同时，这个过程会释放出丰富的酶和氨基酸，促进畜禽的生长，提高它们的免疫功能。因此，使用发酵秸秆可以有效预防各种疾病，减少腹泻的发生，既保障了动物的健康，又降低了饲养成本，使肉类生产更加环保和安全。

14.3.3.2 化学处理技术

化学处理是通过使用化学制剂来破坏秸秆细胞壁中的纤维素、半纤维素和木质素结构，便于瘤胃微生物的分解，以提高秸秆的消化率及营养价值。

秸秆中富含大量碳水化合物，主要构成成分是纤维素、半纤维素、木质素等。纤维素和半纤维素可在牛羊的瘤胃微生物作用下转化为脂肪酸，提供营养；而木质素等则无法被消化，它们坚固地嵌入纤维素中，难以分解，阻碍动物的消化过程。碱性物质中的氢氧根能削弱纤维素分子内的氢键，使纤维素膨胀，同时溶解半纤维素和降解木质素，有利于瘤胃微生物的作用。通过电子显微镜观察发现，碱处理后的粗饲料结构发生了改变，更有利于微生物的附着和消化。碱化作用可以促使纤维素、半纤维素和木质素部分分解，打破它们之间的紧密联系，增加渗透性，使动物的消化液和细菌酶更容易与纤维素、半纤维素接触。同时，少量木质素被溶解成羟基木质素，提高了秸秆的消化率。碱化、氨化、氨碱复合等方法可以用于处理秸秆，提高其营养利用率。

(1) 碱化处理

碱化处理是一种利用碱性试剂处理秸秆的方法，通过破坏粗纤维中的醚键或酯键，溶解木质素和硅酸盐，从而提升秸秆饲料的营养价值，提高消化率。这种处理方式实质上是针对秸秆中木质素的处理,将难以消化的木质素转变为易消化的羟基木质素,打破纤维素和木质素之间的连接,使纤维素吸水膨胀,使植物细胞间的结构变得松散,更容易受到纤维素酶和其他消化液的影响,从而提高秸秆有机物的消化率。

在当前的生产实践中,NaOH、生石灰、过氧化氢、$NaHCO_3$ 等都是常用的碱化处理试剂。以 NaOH 处理秸秆为例,根据处理后是否用清水冲洗,可分为氢氧化钠的湿法处理和氢氧化钠的干法处理两种方式。

① 氢氧化钠的湿法处理。配制 1.5%NaOH 溶液,将秸秆浸泡其中,用量约为秸秆的 10 倍,即每 100kg 秸秆大概用 1000kg 的碱溶液。浸泡 24~48h 后,捞出秸秆并用清水反复清洗。碱液可重复使用,但需不断增加氢氧化钠,以维持碱液浓度的恒定,清洗后的秸秆即可以喂食牛羊。

也可将秸秆在 1.5%氢氧化钠溶液中浸泡 0.5~1h 后,晾干 0.5~2h,再堆放熟化 3~6 天(10℃左右的气温)。有研究显示,经浸泡法碱化处理的秸秆,有机物质消化率提高 20%~25%,如果在浸泡液中加入 3%~5%的尿素,则秸秆的处理效果会更好。

用氢氧化钠溶液处理秸秆,秸秆的消化率与氢氧化钠用量有关。试验证明,只有当每 100kg 秸秆用 6kg 以上氢氧化钠处理时,秸秆的消化率才会显著提高。

② 氢氧化钠的干法处理。用秸秆干重 4%~5%的氢氧化钠,配制成浓度为 25%~40%的碱溶液,喷洒在粉碎的秸秆上,堆积数日后不用冲洗,直接喂饲反刍家畜,秸秆消化率可提高 12%~20%。该法操作简单,不需要清水冲洗,既可减少有机物的损失和环境污染,也便于机械化生产。但值得注意的一点是,如果牲畜长期食用这种饲料,会导致它们的粪便中钠离子含量增加。当这些粪便被用于田间施肥时,会引发土壤碱化。

由于碱化法用碱量大,需用大量水冲洗,易造成环境污染,所以在生产中应用并不广泛。也有研究用酸处理秸秆的,如硫酸、盐酸、磷酸、甲酸等,但效果不如碱化,酸处理秸秆的原理与碱化处理基本相同。

(2) 氨化处理

秸秆氨化处理技术,是指在密闭条件下,将氨(原液氨、氨水、尿素溶液、碳酸氢铵溶液)按一定的比例喷洒到植物秸秆上,在适宜的温度条件下,经过一定时间的化学反应,破坏秸秆木质素与纤维素之间的联系,促使木质素与纤维素、半纤维素分离,使秸秆细胞膨胀、结构疏松,提高适口性和营养价值的一种处理方法。

① 氨化处理的操作方法。将秸秆饲料切成 2~3cm 长的小段,放入密闭的塑料薄膜或氨化窖中进行处理。在处理过程中,可以选择液氨、氨水、尿素、碳酸氢铵等氮化合物作为氮源,通常使用的氨量要占到干秸秆重量的 2%~3%。经过充分的氨化后,就得到了含水量为 20%~30%的又软又香的秸秆饲料。当然,外界温度不同,氨化时间不等,短的 5~7 天,长的时候也有 28 天以上的。

氨化堆垛法是一种用于大批量氨化的有效方法。首先,在平整的地面上,将秸秆整齐地堆放成长方形垛,并覆盖上塑料薄膜,然后注入氮源进行氨化处理。最佳的选择是在背风、向阳、干燥的地方铺设无毒的聚乙烯薄膜,为了节约资源,如果条件允许最好建立永久性水泥场来替代塑料薄膜。秸秆的堆垛有两种形式,一种是打捆成垛,另一种是散放成垛。相比之下,打捆成垛更加理想。在进行堆垛之前,建议对一些粗硬的秸秆进行切碎处理,这样既方便饲料使用,也降低了氨化薄膜和秸秆刺破塑料薄膜的风险。

秸秆的含水量一般在 12%~15%,而液氨氨化的最适含水量不应低于 20%。因此,在堆垛的过程中需少施一些水分，调整秸秆的含水量在20%以上。堆垛完成后，用无毒聚乙烯塑料薄膜严密覆盖，确保四周边缘与底部塑料薄膜相重合，然后使用沙袋或泥土将其压实。在距离地面0.5m处插入氨枪至垛的中心位置，缓慢打开氨瓶的下阀门，按比例注入液氨。待拔出氨枪后，还要用胶带纸密封注氨孔，或用绳子将注氨孔牢固扎紧。对于过大的堆垛，可以分多次在不同方向进行注氨，但务必保持均匀。

堆垛法的优点是不需要建造基本设施、投资少、适于大量制作、堆放与取用方便，适于夏季气温较高的季节采用。主要缺点是塑料薄膜容易破损，使氨气逸出，影响氨化效果。

② 氨化的作用原理。秸秆中含有大量的粗纤维，直接作饲料适口性差，消化率低。秸秆进行氨化处理后，粗蛋白含量增加，质地松软，味甘辛，可提高适口性，增加采食量，提高了秸秆的消化率及养畜的经济效益。秸秆氨化的作用原理可以体现在三个方面。

首先是碱化作用。氨的碱性可以破坏木质素和纤维素之间的连接结构，使其分离，变得容易被牲畜消化吸收。

其次是氨化作用。反刍家畜的瘤胃微生物能将饲料蛋白质分解为氨基酸，再分解为氨、二氧化碳和有机酸，然后利用氨或氨基酸再合成微生物蛋白质。来自尿素、铵盐、酰胺等的非蛋白氮也可以被瘤胃中的微生物利用合成微生物蛋白质。由于非蛋白氮在瘤胃中分解速度很快，当瘤胃中的饲料不能及时提供发酵能量时，多余的非蛋白氮将被瘤胃壁吸收，有中毒危险。将秸秆氨化处理，一方面氨吸附在秸秆上，为瘤胃微生物提供了生长所必需的氮源，增强了其活力，另外减缓了氨的释放速度，在促进瘤胃微生物活动的同时，避免氨的浪费及对牲畜的伤害。

再有就是中和作用。氨呈碱性，当处理低质粗饲料时，能与其中的有机酸化合，消除酸根，中和饲料的潜在酸度，形成适宜瘤胃微生物活动的微碱性环境。随着微生物数量的增加，不但可生产更多的菌体蛋白，而且将消化更多的饲料供畜体利用。另外，氨化秸秆属于碱性饲料，在精饲料喂量较高或饲喂大量青贮饲料导致瘤胃pH值降低时，氨化秸秆具有一定的缓和作用。

③ 秸秆氨化技术的优点。主要有以下几点：a. 改善了秸秆的口感，吸引家畜更多地采食秸秆。经过处理后的秸秆质地柔软，带有糊香味，口感更佳，家畜爱吃，采食量和采食速度可提高至少20%。b. 提高了消化率。相比未处理的秸秆，处理后的氨化秸秆消化率可提高10%~20%。c. 提升了秸秆的营养价值。处理后，秸秆的粗蛋白质含量增加了4%~6%，超过了反刍家畜饲料中蛋白质含量不得低于8%的要求，同时提高了蛋白质的生物学价值。d. 操作简便、成本低廉。液氨价格低廉，容易入手，也不需要特殊的设备，简单易操作，也便于推广。e. 氨化处理具有杀灭病虫害的作用。氨化处理能够杀死秸秆上的虫卵和病菌，减少家畜患病风险，同时可使秸秆中的杂草种子失去发芽能力，有助于控制农田杂草的生长。

14.3.3.3 物理处理技术

物理处理是指通过调整秸秆的长度和硬度，增加与家畜瘤胃微生物的接触，从而提高其消化利用率的处理方法。秸秆经过切短或粉碎处理后，可更利于家畜的咀嚼，提高家畜的采食量。这不仅可以减少采食过程中的能量消耗，还可以减少饲料浪费。

秸秆的物理处理较为简单，包括切断、粉碎、热喷、辐射、膨化、蒸煮、蒸汽爆破、超声波处理等方法，常作为其他方法的前处理。

机械加工是用机械设备将秸秆切割、粉碎，将秸秆搓成丝状或者条状，以增加饲料和动物消化液的接触面积，使其混合均匀，提高饲料的利用率以及动物的适口性。热加工处理则是利用热喷或者膨化技术破坏纤维素的结晶，切断纤维素、半纤维素与木质素的紧密联系，减少木质素对纤维素分解的阻碍，增加接触面积，使纤维素消化酶以及微生物可以降解纤维素，从而增加动物的采食量，提高秸秆的消化利用率。对于传统的机械加工，秸秆的消化利用率还是比较低，现在研究较多的是秸秆的热喷、膨化技术以及蒸汽爆破技术。

(1) 颗粒化技术

该技术将秸秆经粉碎机粉碎揉搓成一定长度后，用颗粒机制成颗粒饲料，它可将维生素、非蛋白氮、添加剂等成分混进颗粒中，提高营养物质的利用率，达到平衡饲料中各种营养元素的目的，并改善秸秆的适口性。

颗粒化的秸秆饲料密度增大，含水量降低，贮存时间可延长至6～8个月，更利于长途运输和贮存，有助于缓解牧区的"白灾"和"黑灾"问题。经过高温挤压成型后，秸秆的纤维素、半纤维素和木质素的结构得到破坏，提高了其中纤维素、半纤维素的消化率。同时，颗粒状秸秆饲料带有浓郁的糊香味和轻微的甜度，增强了适口性，提高了牲畜的食欲。

饲料经压制由生变熟，无毒无菌，有助于疾病预防，增强动物的免疫功能。总的来说，采用颗粒化技术将秸秆与优质饲料混合后制成颗粒，不仅减少了体积，方便运输，同时改善了适口性，提高了食物的摄食量。这种方法将秸秆饲料的利用率提高50%，生产成品率可达97%。

(2) 热喷处理技术

秸秆的热喷处理是将初步破碎或不经破碎的粗饲料装入压力罐内，在一定压力的热饱和蒸汽下保持一定时间（1～30min），然后突然降压喷放，即得到热喷饲料。经过热喷处理后，粗饲料的纤维细胞撕裂，细胞壁变得疏松，颗粒变小且总面积增大，从而提高饲料的营养价值。同时，热喷处理还可以改善饼粕的适口性，使其更容易消化。

热喷后的秸秆在动物饲料中表现出色，采食率和消化率都有明显提高。用热喷饲料喂养的羔羊和乳牛，增重明显；用热喷饲料喂养的奶牛，产奶量没有下降，但可以节约大量饲草。不足是秸秆的热喷技术对蒸汽压力以及操作方法要求相对较高，成本也比较高。

(3) 膨化处理技术

膨化处理是将含有一定水分的秸秆原料放在密闭的膨化设备中，经过高温、高压处理一定时间后，迅速降压，使饲料膨胀的一种处理方法。秸秆膨化处理后可明显增加可溶性成分和可消化吸收的成分，饲用价值提高。但是，秸秆的膨化处理必须要有专门的设备，由于设备投资较高，很难实现生产中大范围应用。

14.3.4 农作物秸秆能源化利用

秸秆作为生活燃料自古以来在我国农村就非常普遍，曾经是北方农村做饭取暖必不可少之物。这种秸秆的直接燃烧，不仅解决了农村居民生活用能问题，也减少了薪柴采伐，但这种低效、不卫生的传统直燃方式正在逐渐被现代化的农村生活所淘汰，富裕起来的农民更喜欢优质、清洁、方便的能源。

目前，我国乡村生活用能结构虽然有所改变，但薪柴、秸秆等生物质能依然占据消费总动能的50%以上，是乡村生活中的主要能源。特别是在偏远山区，生物质灶具依然是农户做饭、供暖的日常生活道具。然而，传统的固体燃料方式存在诸多缺点，如热效率低下、烦琐、不卫生等。相比之下，气体燃料效率高、清洁便捷，既提高了能源利用效率，又减少了环境污染。

目前，我国在秸秆能源利用技术的研究上取得了一些成果，有些技术已趋于成熟，并得到一定程度的推广。现行主要的秸秆能源利用技术有秸秆直接燃烧供热技术、秸秆热解气化技术、秸秆发酵制沼技术、秸秆压块成型炭化技术及秸秆发电技术等。

14.3.4.1 秸秆直接燃烧供热技术

秸秆直接燃烧供热技术是"九五"国家重点攻关课题的成果。它是以秸秆为燃料，以专用的秸秆锅炉为核心形成的供热系统。秸秆的锅炉是以秸秆颗粒为燃料产生热能、电能的锅炉形式，主要由以下几部分组成：

① 给料系统。由料仓、振动给料器、螺旋给料机、螺旋给料管等部件组成。为保证连续下料及物料输送的稳定性，在料仓和螺旋给料机之间连接一台振动给料器。

② 燃烧系统。燃烧系统由燃烧器、风机、点火器等部件组成。大多采用双燃烧室的结构，通过强化辐射换热，保证秸秆在含水率较高的情况下顺利燃烧和燃尽。燃烧产生的烟气通过炉膛进入对流烟道进行换热，再经除尘、净化处理后排出。

③ 烟风系统。秸秆锅炉送风系统经鼓风机将空气送至炉膛，利用引风机将燃烧产生的高温烟气引入烟管进行对流换热，经除尘器净化，由烟囱排出。

④ 吹灰系统。秸秆锅炉配有全自动吹灰装置，定时对炉膛和烟管进行吹扫，防止烟管表面积灰，保证锅炉正常运行。

⑤ 自控系统。多采用PLC控制系统为中央控制单元，以人机对话方式与用户交换信息，实现BMF锅炉全自动操作运行。

秸秆直接燃烧供热技术可以应用在秸秆主产区，适合为乡镇企业、乡镇政府机关、中小学校及居民提供生产、生活热水和冬季采暖。这项技术可以大量消耗秸秆，节省商品燃料。

14.3.4.2 秸秆热解气化技术

气化是指将固体或液体燃料转化为气体燃料的热化学过程。秸秆热解气化技术是近年来发展的一项较新的秸秆利用技术。在氧气不充分的条件下，使秸秆类物料不完全燃烧，产生包括CO、H_2、CH_4等成分的可燃气体。这些可燃气体便于运输，可进一步转化成热被利用，既可以直接燃料供热，又可以驱动燃气轮发电机或燃气内燃发电机发电。

14.3.4.3 秸秆发酵制沼技术

沼气发酵制沼技术是指在厌氧条件下，利用微生物的厌氧消化功效，将秸秆转化成沼气，并附带有沼渣、沼液产生的一项秸秆利用技术。

厌氧消化技术本身已经非常成熟，并被广泛地应用于多种有机废弃物的处理，如人畜粪便、食品废物、生活垃圾、活性污泥等易降解有机物。在实践中，一般不以秸秆为主原料进行厌氧消化生产沼气，大多是以"配料"的角色（约占畜禽粪便的10%），用于调节畜禽粪便厌氧发酵过程中的物料性状和碳氮比例等。秸秆沼气化受限的原因主要有：

① 秸秆成分中缺少氨和磷，不利于微生物的生长。因此，利用秸秆制沼气在一定程度

上增大了微生物分解的难度，采用的发酵技术还不能够完全满足秸秆沼气发展的需要，只能在小范围内进行示范性应用。

② 秸秆的木质纤维素含量高，不易或不能被厌氧菌消化，导致消化效率不高、产气量低、投入产出效益差；秸秆也不具有流动性，无法进行连续消化，而且密度小、体积大，进出料困难，生产效率低。

③ 现有反应器主要是污水处理和畜禽粪便消化用反应器，缺乏适合秸秆物料特性，并能稳定、高效运行的专用反应消化器。

尽管存在上述问题，农业农村部仍将秸秆沼气生产技术列为我国农业和农村"十大节能减排技术"之首。这是因为通过合理搭配秸秆和畜禽粪便制造沼气，不仅解决了人和畜禽粪便的问题，也满足了农户清洁能源的需求。此外，厌氧消化后的沼液和沼渣不仅是优质的有机肥料，还可以有效培肥地力，增强作物的抗逆能力。这种生态平衡的建立有助于改善农家庭院的卫生状况，提高生活质量。

14.3.4.4 秸秆发电技术

(1) 秸秆发电技术路线

秸秆发电技术是指以农业秸秆为原料进行发电的资源化利用。根据秸秆利用方式的不同，秸秆发电技术有秸秆直接燃烧发电、秸秆与煤混合燃烧发电、秸秆气化发电三种技术路线。

① 秸秆直接燃烧发电。秸秆直接燃烧发电技术是把秸秆原料送入特定蒸汽锅炉产生蒸汽驱动蒸汽轮机从而带动发电机发电的技术。秸秆直燃发电和燃煤发电并没有本质上的区别，只是在原料的理化性质方面，与煤相比，一般的秸秆原料具有"两小两多"的特点，即热值小、密度小，钾含量多、挥发分多。所以，燃烧秸秆锅炉的燃烧室、受热部件、供风系统，特别是进料系统在结构上都要与秸秆的这些特性相适应。

② 秸秆与煤混合燃烧发电。秸秆和煤的混合燃料发电是将秸秆掺入煤中进行燃烧发电的方式。秸秆和煤的混合方式主要有直接混合燃烧、间接混合燃烧和并联混合燃烧3种。直接混合燃烧是指在秸秆预处理阶段，将粉碎处理好的秸秆与煤粉在进料的上游充分混合后，输入锅炉燃烧。间接混合燃烧是指先对秸秆进行气化，然后将秸秆燃气输送至锅炉燃烧。并联混合燃烧指秸秆在独立的锅炉中燃烧，将产生的蒸汽与传统燃煤锅炉产生的蒸汽一并供给汽轮机发电机组做功。

③ 秸秆气化发电。秸秆气化的基本原理是在不完全燃烧条件下，将秸秆中较高分子量的烃类化合物裂解，变成较低分子量的 CO、H_2、CH_4 等可燃气体，然后将转化后的可燃气体由风机抽出，经冷却除尘、去焦油和杂质后，供给内燃机或者小型燃气轮机，带动发电机发电。

秸秆气化发电工艺过程复杂，难以适应大规模应用，主要用于较小规模的发电项目。

(2) 制约秸秆发电的几个问题

① 秸秆热值低，收运难，经济成本高。虽然秸秆的产量很大，但是密度小、体积大，过于分散，导致收集和运输成本高；秸秆燃烧热值低，仅为标准煤的40%；供货量季节性强，需要的储存空间大。这些因素都导致秸秆发电运行经济成本的增加。

② 存在技术缺陷。秸秆灰中 K、Na 等碱金属的含量相对较高，导致飞灰的熔点低，易产生结渣。一旦灰分变成固体和半流体，运行中难以清除，就会阻碍管道中从烟气至蒸汽的

热量传输。严重时甚至会完全堵塞烟气通道，引起过热器碱腐蚀、氯腐蚀和受热面黏灰等问题。

秸秆作物中的氯含量过高（玉米秸秆中氯的含量为 0.5%～1%），燃烧过程中燃料释放出来的氯与烟气中的其他成分反应生成氯化物，与飞灰颗粒一起沉积在受热面上形成沉积物，这些氯化物对管壁造成严重的腐蚀，使管壁越来越薄。

沉积物影响锅炉的安全运行。随着锅炉的运行，受热面上的沉积物日益增厚，当达到一定程度或受外力影响时，沉积块（渣块）会从受热面上脱落，形成塌灰，也称垮灰。脱落的渣块有可能损坏设备，引起水冷壁振动，引发更多的落渣。而且渣块形成时的温度很高，渣块的热容较大，短时间内大量炽热渣块落入炉底冷灰斗，蒸发大量的水蒸气，会导致炉内压力的大幅度波动。压力波动超过一定限制时，会引发燃烧保护系统误动，切断燃料投放，导致锅炉灭火或停炉。

所以，保证秸秆循环流化床锅炉正常运行的关键是解决床料烧结、受热面高温碱腐蚀、氯腐蚀及积灰问题。

目前，我国秸秆发电行业正处于发展初期，秸秆发电规模不大，市场规模和产能发展不及期望。但随着政策的支持，随着对生物质燃料研究的进行，秸秆发电未来也会不断走向实用化，在未来几年中呈现出良好的发展趋势。

14.3.5 农作物秸秆原料化利用

目前我国秸秆综合利用率已达 86% 以上，但从利用结构上看，大部分秸秆还是用于还田，产业链总体效益不高，工业利用率仅占 1% 左右。从秸秆利用的产业现状看，秸秆离田利用还是以小农户自用为主，市场化主体利用量偏低。秸秆过量还田不仅浪费资源，还影响作物生长，而秸秆焚烧又污染大气环境，为此，提高工业化利用率也是实现秸秆资源化利用的途径之一。

14.3.5.1 用于造纸及包装材料

秸秆是一种植物纤维资源，可以用于制造各种纸张和包装材料。

在造纸方面，秸秆可以单独使用，也可以与其他植物纤维混合使用。秸秆纸浆的生产过程与木材纸浆的生产过程类似，需要经过蒸煮、机械磨碎和漂白等工艺处理。秸秆造纸可以提高纤维资源的利用率，减少对环境的破坏。

在包装材料方面，秸秆可以用于生产各种包装制品，如纸箱、纸袋、纸杯、纸盘等。这些包装制品可以代替常用的塑料包装材料，减少白色污染。此外，秸秆还可以用于制造可降解塑料的原料，以减少对传统石油资源的依赖。如采用无胶模压成型技术，以秸秆为主要原料制作果蔬内包装衬垫；玉米秸秆热压工艺成型生产瓦楞纸芯等。

14.3.5.2 用作建筑装饰材料

(1) 秸秆轻型建材

秸秆富含纤维素、木质素，是生产建材的优良原料。秸秆与化学胶合剂混合，经热压可生产轻型建材，如秸秆轻体板、轻型墙体隔板、秸秆黏土砖、蜂窝复合轻质板等。

技术路线：将秸秆粉碎后按一定比例加入轻粉、膨润土作为黏合剂，再加入阻燃剂和其他配料，进行机械搅拌、挤压成型、恒温固化，即可制成符合国家规范的"五防"（防水、防火、防虫、防老化、防震）轻质建筑材料。产品具有成本低、质量轻、美观大方的特点。

（2）秸秆人造板

秸秆人造板是以秸秆为原料，以改性异氰酸酯为胶黏剂，在一定的温度压力下压制而成的一种人造板，因其使用的是改性异氰酸酯胶，在固化以后，不产生游离甲醛，是绿色环保材料。此外，秸秆人造板具有高强度、阻燃、耐水性等重要优点。其出色的耐水性降低了板材受潮膨胀和变形的可能性，从而提高了板材的尺寸稳定性。

秸秆板可广泛用于家具、厨房和浴室柜、家庭娱乐柜、存储柜、安装用具、柜台面板、门板、模具和货架等领域。此外，它还可用于地板系统和家居结构件，是一种优质的替代纯木质刨花板的产品。

我国对木材的需求量大，但资源供应不足，这导致了木材的短缺。目前及未来可预见的相当长一段时间内，传统的木质人造板在我国的发展受到严重限制。而秸秆人造板作为一种替代品，不仅可以有效解决农业废弃物处理难题，还能节约木材资源，成为我国林业和建材行业长期发展的一个重要方向。

14.3.5.3　制备燃料酒精

（1）制备工艺

秸秆制燃料乙醇的工艺技术过程可以分为以下几个步骤：

① 原料预处理。通过化学或物理的方法进行预处理，使纤维素与木质素、半纤维素等分离，提高纤维素酶解转化率。

② 纤维素和半纤维素水解糖化。通过添加纤维素酶或混合酶，对原料进行酶解糖化，将纤维素和半纤维素水解成糖。

③ 五碳糖与六碳糖的发酵。将水解得到的糖进行发酵，生成乙醇和二氧化碳。

④ 蒸馏。将发酵得到的乙醇进行蒸馏，分离出乙醇溶液。

⑤ 脱水。将蒸馏得到的乙醇溶液进行脱水，得到高纯度的乙醇。

（2）制约因素

① 成本较高。相比于传统的化石燃料，秸秆制燃料乙醇的成本较高，需要投入大量的资金才能实现大规模生产。

② 技术难度较大。秸秆制燃料乙醇的工艺技术相对复杂，需要解决的技术难题较多，包括预处理、酶解糖化、发酵、蒸馏、脱水等多个环节。秸秆的主要成分是木质纤维素，其中纤维素占30%~50%，半纤维素占20%~35%，木质素占20%~30%。纤维素和半纤维素被难以降解的木质素包裹，使得纤维素酶和半纤维素酶无法接触底物。虽然经过有效的预处理，可以破坏木质纤维素的高级结构，但以木质纤维素为糖源生产燃料乙醇的利用和转化率通常只有百分之十几。

③ 秸秆资源不足。虽然秸秆是一种丰富的生物质资源，但分布分散，季节性明显，收集、运输和存储难度较大，成本较高。

④ 对环境的影响不确定。秸秆制燃料乙醇的生产过程可能会对环境产生一定的负面影响，如土地利用变化、水污染、空气污染等。

⑤ 政策支持力度有待提高。对于秸秆制燃料乙醇的支持力度不足，缺乏相应的政策扶持和补贴，也缺乏相应的法律法规支持。

14.3.5.4 制作淀粉

农作物的秸秆和秕壳，除了作家畜饲料或堆积沤制肥料之外，经过适当的科学处理，还可以制取淀粉。制取的淀粉不仅能制作饴糖、酿醋、酿酒，而且还能够制作多种食品与糕点。因此，由秸秆制作淀粉，不仅是目前市场上看好的一种食品原料加工方法，也是通过加工增值，提高经济效益的一项最佳途径。

(1) 用玉米茎秆制作淀粉

将剥掉硬皮露出瓤子的玉米茎秆切成薄片，清水浸泡12h后放入大锅蒸煮，待能搅成糊状时，再加适量清水稀释搅匀过细筛。将滤好的溶液装入细布袋进行挤压或吊干，便可得到湿淀粉。一般每100kg原料可得湿淀粉75kg左右。过筛后的筛上物粉渣可用来酿酒或制醋。另外，也可直接将玉米秆瓤煮至发黄，然后将其粉碎再过细筛，筛上物粉渣可以制作饴糖，筛下的细粉便可制作糕点、食品等。

(2) 用各类豆荚皮制作淀粉

先将洗净的豆荚皮用清水浸泡8~10h后放入大锅中，按20%的比例加入适量纯碱猛火蒸煮，直至豆荚发黏时捞出，粉碎后再加入清水搅匀过细筛，将滤得的浆液装入面袋内挤干即成湿淀粉。一般每100kg原料可得湿淀粉65kg。

(3) 用麦秸制取淀粉

用清水将麦秸洗干净，然后切成约5cm长的小段，置于铁锅内，每6kg麦秸加沸水18kg、纯碱0.12kg，放入锅内煮沸，大约30min将麦秸捞出放入冷水里，先用手揉搓后，再放到石磨或石碾上粉碎成浆液（越细越好）。把揉搓过的浆液同碾磨后的浆液混合在一起，经过细筛过滤，把滤液置于干净的缸内澄清，放置沉淀12h后，弃去上层碱清液，换清水搅拌均匀后，再放置沉淀12h，除去上层清液，把下层沉淀液装入布袋里，挤压掉所含全部水分，即可获得湿淀粉。每100kg麦秸大约可得湿淀粉60kg。

14.3.5.5 生产饴糖

饴糖，也称水饴或糖稀，可代替白糖生产糖果、糕点及果酱等食品。饴糖有较高的医疗价值，是良好的缓和性滋补强壮剂，具有温补脾胃、润肺止咳功效。玉米秸秆含有12%~15%的糖分，是加工饴糖的好原料。利用玉米秸秆加工饴糖，不仅可以变废为宝，而且可用酶剂或麸皮代替麦芽作糖化剂节约大量粮食，具有显著的社会效益和经济效益，糖渣还可作为牲畜饲料，是玉米产区专业户致富的一条门路。玉米秸秆加工饴糖技术简介如下。

(1) 原料配比

鲜玉米秸秆100kg、淀粉酶0.5kg（或麸皮20kg或麦芽粉15kg）、粗稻糠20kg。

(2) 加工工艺流程

原料→碾碎→蒸料→糖化→过滤→浓缩→冷却→成品。

(3) 工艺技术要点

① 原料与碾碎。将鲜玉米秸秆除去大部分茎叶，用5节茎部内秸秆，切碎或用铡刀铡成3cm左右的小段，然后将其碾碎。

② 蒸料与糖化。根据原料配比，将碾碎的玉米秸秆和粗稻糠混合均匀。这样有助于蒸汽软化。将混合物均匀铺在蒸笼内，锅中注入适量清洁水，确保蒸汽能充分渗透秸秆，大火煮沸蒸制秸皮和秸秆中心软化。将软化的蒸料倒入大缸中，待温度下降至60~65℃时，加

入0.5%的淀粉酶（AMY）作为糖化剂。如果没有淀粉酶，可以用20%的麸皮代替。虽然使用麦芽粉会增加成本，但相比于使用淀粉酶，会多出15%的饴糖产量。搅拌均匀后，再加入约50kg温度为75℃的蒸料水。用干净的木棒沿着缸边来回搅拌，确保充分混合。为避免杂菌污染，缸口用塑料膜捆紧密封，温度保持在70℃左右，促使其发酵糖化。整个过程大约需要24h。

③ 过滤与浓缩。将糖化料捞入滤袋，过滤，反复挤压，至无水滴出为止，糖渣可作牲畜饲料。

将滤液倒入铁锅，用大火在常压下煮沸使水分蒸发，注意不断搅拌，防止糖液黏锅焦糊。当锅内开始冒泡并有糖饴溢出时，不要加水。用勺子轻轻舀动糖浆，它会自然下落，泡沫出现后不久，当糖浆呈现黄红色、鱼鳞状时，即可停止浓缩，出锅冷却后即为成品饴糖。

14.3.5.6 制取木糖醇

图14-13是一种植物秸秆酶解发酵生产木糖醇的工艺流程，该生产过程中伴有乙醇、木质素和纤维素纤维浆副产品。

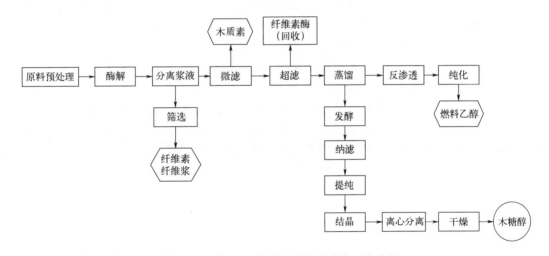

图14-13 秸秆酶解发酵生产木糖醇的工艺流程

① 原料预处理。将植物秸秆用揉丝机揉成4～8cm丝状，揉软无硬结。

② 酶解。将预处理后的秸秆中掺入多功能复合纤维质酶，加水、pH缓冲液，然后用密封双层料袋打包，室内储存，酶解温度为2～30℃，酶解时间为7～150天，pH值≤7。

③ 分离。将酶解物直接装入真空洗浆机中，通过挤压、过滤，将液体从纤维素浆中分离出来得到木醇糖发酵液。余下的纤维素浆经过进一步筛选，可获得副产品纤维素纤维浆。

④ 木醇糖发酵液体送入微滤装置提取木质素后，再送入超滤装置回收纤维质酶，然后进行蒸馏。

⑤ 蒸馏、发酵、纳滤。为了提取乙醇，向发酵液中通入水蒸气，控制温度为78.5～80℃，将乙醇蒸发成气体，经冷却送入反渗透装置进行脱水提纯得到燃料乙醇；蒸馏后的产物即糖液，在有氧条件下进行发酵后送入纳滤装置进行脱水分离，再经提纯、结晶、分离、干燥工序，生产出成品木糖醇。

秸秆组织在植物秸秆纤维质酶的作用下，经历了一系列复杂的分解过程。首先，水分子逐渐渗入秸秆组织，使其膨胀发生变化。原本紧密的组织变得疏松，水溶性果胶开始溶解，为酶的进入提供了通道。接着，酶的组分迅速进入底物表面，开始发挥其水解功能。在果胶质酶的作用下，果胶物被水解为可溶性物质，组织细胞彻底成为分离状态；在纤维素酶、半纤维素酶和木质素酶的协同作用下，纤维素、半纤维素和木质素之间组成的高级复杂结构被破坏，三者成为分离的状态。最后纤维素、半纤维素和木质素在各自酶组分的作用下，进一步水解成纤维微丝、葡萄糖、木糖和木质素。葡萄糖在酒化酶的催化下转化为乙醇，而木糖则在有氧条件下通过发酵转化为木糖醇。植物秸秆为玉米秸秆、高粱秸秆、小麦秸秆、大麦秸秆、水稻秸秆、谷物秸秆中的一种或几种。

14.3.6 农作物秸秆基料化利用

秸秆基料化技术是以麦秸、稻草等禾本科作物秸秆为主要原料，通过与其他原料混合或经高温发酵，配制成基料供食用菌栽培的一项秸秆利用技术。由于作物秸秆中含有丰富的碳、氮、矿物质及激素等营养成分，加之资源丰富、成本低廉，因此很适合作多种食用菌的培养基料。目前国内能够用于作物秸秆（包括稻草、麦秸、玉米秸、油菜秸和豆秸等）生产的食用菌品种已达20多种，不仅可生产出如草菇、香菇、凤尾菇等品种，还能培育出如黑木耳、银耳、猴头菇、毛木耳、金针菇等品种。食用菌采收结束后，菌糠再经高温堆肥处理后还田，是一种多级循环利用技术。秸秆种植食用菌技术，既可用于一般农户，也可运用于工厂化、产业化规模生产，操作方便。

秸秆食用菌栽培技术包括秸秆栽培草腐菌类技术和秸秆栽培木腐菌类技术两大类。利用秸秆生产的草腐菌主要有双孢蘑菇、草菇、鸡腿菇、大球盖菇等；利用秸秆生产的木腐菌主要有香菇、平菇、金针菇、茶树菇等。适用的秸秆主要有稻秆、麦秸、玉米秸、豆秸、棉秆、油菜秸秆、麻秆、花生秧、向日葵秆等。

14.3.6.1 栽培工艺

以蚕豆秸秆栽培草菇为例进行说明。

用蚕豆秸秆栽培草菇，产量是以稻麦秸秆为原料的2～3倍，可与棉籽壳相媲美，每100kg原料可栽培产鲜草菇40kg左右。其栽培工艺如下：

① 原料处理。先将蚕豆脱粒，再将茎秆晒干，使用石碾或机械碾压成5～10cm小段。

② 培养料配制。将蚕豆秆、干牛粪粉、麦麸或米糠、油菜籽饼粉、过磷酸钙、石膏粉混合，添加适量石灰粉调节pH值和含水量。

③ 建堆发酵。预湿蚕豆秆和辅料，建堆后覆膜保温，定期翻堆促进发酵。

④ 翻堆。在保持适宜温度的情况下进行多次翻堆，确保料堆内水分充足。

⑤ 播种发菌。采用两段栽培法，在塑料袋或大床中进行播种，控制基料厚度并覆盖营养土，最终覆膜发菌。

⑥ 出菇管理。维持适宜的温度和湿度，定期喷水并保持通风，促进子实体生长发育。

⑦ 采收。在子实体色泽变浅且菌幕紧包菌盖或稍脱离菌柄时进行及时采收。

14.3.6.2 优势

① 秸秆来源广泛，价格低廉，利用秸秆基料栽培食用菌技术成熟，资源效益和经济效

益较高。

② 利用秸秆部分替代木料种植木腐菌，具有保护林木资源的作用。

14.3.6.3 注意事项

① 合理配混营养，提高菌棒质量。
② 注重培养料高温杀菌消毒，严禁使用农药。
③ 在无菌环境下，安全保存和接种菌棒，避免菌棒和菌种发霉变质。
④ 受污染菌棒要及时销毁。

14.3.7 农作物秸秆利用现状

2022年，农业农村部发布了《全国农作物秸秆综合利用情况报告》。从2019年起，农业农村部开始建立全国秸秆资源台账，覆盖全国31个省（自治区、直辖市）和新疆生产建设兵团，包括2963个县级单位、3.4万家市场主体和34.3万户抽样农户。《全国农作物秸秆综合利用情况报告》显示，全国农作物秸秆综合利用率稳步提升，2021年，全国农作物秸秆利用量达到6.47亿吨，综合利用率达到88.1%。

通过秸秆还田，生态效益逐渐显现。2021年，秸秆还田量达4亿吨，其中玉米、水稻、小麦秸秆还田量分别为1.26亿吨、1.13亿吨、1.04亿吨，分别占可收集量的42.6%、66.5%、73.7%。

秸秆的离田利用效率也在不断提高。2021年，秸秆离田利用率达到33.4%，其中饲料化利用量为1.32亿吨；燃料化利用量稳定在6000多万吨；基料化和原料化利用量达到1208万吨。目前，秸秆的离田利用主要以小农户自用为主，市场化主体利用量仅占到离田总量的20.8%。

秸秆市场化利用加快突破。2021年，全国秸秆利用市场主体为3.4万家，较2018年增加7747家，其中年利用量万吨以上的有1718家，较2018年增加268家。饲料化利用主体占比最高，达到76.9%，肥料化、燃料化、基料化、原料化利用主体分别占比7.8%、8.9%、3.8%、2.6%。目前大部分秸秆只是用于还田，产业链总体效益不高。应该推动秸秆利用的数量与质量并重，提升科学利用水平，支持高值化利用。

14.4 农用塑料残膜

14.4.1 农用塑料残膜的危害

农用塑料残膜是指在农业生产中遗留在温室、菌包、地面或土壤中的废旧塑料薄膜。这些塑料薄膜在农作物种植过程中发挥着重要的保湿和保温作用，但由于未能有效回收或处理，导致了环境污染问题的产生。

农用薄膜是应用于农业生产的塑料薄膜的总称，包括顶棚覆盖膜和地膜。主要用于覆盖农田，起到提高地温、保持土壤湿度、促进种子发芽和幼苗快速增长的作用，还有抑制杂草生长的作用，对改善农作物的生长有很好的作用。随着科技的不断进步，市面上涌现出各种新型薄膜，如轻薄型、多功能型、耐用型、防虫型、防病型、除草型和降解型等。这些薄膜的原材料主要包括聚乙烯、聚丙烯、聚氯乙烯、尼龙等，广泛应用于农田覆盖、大棚养殖、食用菌栽培、青饲料贮藏等领域。

我国的塑料薄膜覆盖技术起源于 20 世纪 60 年代，在水稻育秧过程中首次应用。这项技术不仅能够保温保湿、防冻抗旱、防虫害，还能促进作物的早熟高产。如今，地膜覆盖栽培技术已经在全国范围内广泛推广，覆盖的作物类型多种多样，包括蔬菜、水果、粮食作物、经济作物、花草和树苗等。据统计，粮食作物采用地膜覆盖栽培技术普遍能够增产 30%，经济作物的增产幅度可达 20% 至 60% 不等。因此，农膜覆盖种植栽培技术被誉为农业领域继化肥和种子之后的第三次革命。据统计，2021 年，中国的农用塑料薄膜使用量为 235.8 万吨。

随着农膜技术的推广和普及，农业塑料残膜的危害也逐渐显现出来。废塑料对环境的污染主要表现在两个方面，即视觉污染和潜在危害。视觉污染是指散落在环境中的塑料废物对市容和景观的破坏。潜在危害是指塑料废物进入自然环境后难以降解而带来的长期潜在环境问题。农用塑料薄膜易老化、易破碎、回收困难，导致大量碎片残留在农田中，形成了农田的"白色污染"。这些残留物不仅难以蒸发挥发，也不易被土壤微生物降解，长期滞留在土壤中，成为一种持久的固体污染物。

污染的具体表现包括以下几个方面：首先，农膜残片进入农田后会破坏土壤结构，导致土壤生产力下降，从而影响作物产量。其次，残留在土壤中的塑料薄膜会阻碍土壤水分和气体的交换，妨碍农作物正常生长发育。此外，塑料薄膜的分解过程会释放出有害物质，对土壤中的微生物生存造成负面影响。塑料薄膜不及时清理，还会阻塞河道，影响水利和水电建设，甚至导致水体污染，引发二次污染环境。

14.4.2 农用塑料残膜污染防控技术

（1）推进地膜覆盖减量化

加快地膜覆盖技术适宜性评估，推进地膜覆盖技术合理应用，降低地膜覆盖依赖度，减少地膜用量。加强倒茬轮作制度探索，通过粮棉、菜棉轮作，减少地膜覆盖。示范推广一膜多用、行间覆盖等技术。

（2）推进地膜产品标准化

推动地膜新国家标准颁布实施，地膜厚度标准由 0.008mm 提高到 0.01mm，增加拉伸强度、断裂伸长率，从源头保障地膜的可回收性。配合有关部门加强监管，严格地膜标准执行，严禁生产和使用不合格地膜产品。各地推动出台地膜地方标准，推进 0.01mm 以上加厚地膜应用。

（3）推进地膜捡拾机械化

加快地膜回收机具的推广应用，加大地膜回收机具补贴力度。在有条件的地区，将地膜回收作为生产全程机械化的必需环节，推动组建地膜回收作业专业组织，全面推进机械化回收。加强地膜回收机具研发和技术集成，推动形成区域地膜机械化捡拾综合解决方案。

（4）推进地膜回收专业化

研究制定地膜回收加工的税收、用电等支持政策，扶持从事地膜回收加工的社会化服务组织和企业，推动形成回收加工体系。引导种植大户、农民合作社、龙头企业等新型经营主体开展地膜回收，推动地膜回收与地膜使用成本联动，推进农业清洁生产。

14.4.3 农用塑料残膜的回收和再利用

14.4.3.1 农用塑料残膜的回收

农膜是继种子、化肥和农药之后的第四大农业生产资料，在我国应用广泛，但使用后的残留碎片难以清除，容易造成环境污染。虽然有相关农膜标准，但仍然有大量的超薄地膜在被使用，这给回收带来了很大不便。我国农膜回收率不足 2/3，大量塑料农膜被废弃、破碎散落于田间地头。开展好废旧塑料的回收再利用，不仅可以防止对土壤和环境的污染，同时利用废膜资源进行深加工再生制品，也是节省能源的有效途径之一。

(1) 回收原则

农业农村部 2020 年发布的《农用薄膜管理办法》中要求：农用薄膜回收实行政府扶持、多方参与的原则，各地要采取措施，鼓励、支持单位和个人回收农用薄膜。农用薄膜使用者应当在使用期限到期前捡拾田间的非全生物降解农用薄膜废弃物，交至回收网点或回收工作者，不得随意弃置、掩埋或者焚烧。农用薄膜生产者、销售者、回收网点、废旧农用薄膜回收再利用企业或其他组织等应当开展合作，采取多种方式，建立健全农用薄膜回收利用体系，推动废旧农用薄膜回收、处理和再利用。农用薄膜回收网点和回收再利用企业应当依法建立回收台账，如实记录废旧农用薄膜的重量、体积、杂质、缴膜人名称及其联系方式、回收时间等内容。回收台账应当至少保存两年。鼓励研发、推广农用薄膜回收技术与机械，开展废旧农用薄膜再利用。支持废旧农用薄膜再利用企业按照规定享受用地、用电、用水、信贷、税收等优惠政策，扶持从事废旧农用薄膜再利用的社会化服务组织和企业。农用薄膜回收再利用企业应当依法做好回收再利用厂区和周边环境的环境保护工作，避免二次污染。

表 14-5 为近年出台的一些相关政策。

表 14-5　农用薄膜行业相关政策

时间	部门	政策文件	相关内容
2021 年	国家发展改革委、生态环境部	"十四五"塑料污染治理行动方案	到 2025 年，塑料污染治理机制运行更加有效，农膜回收率达到 85%，全国地膜残留量实现零增长。深入实施农膜回收行动，继续开展农膜回收示范县建设，推广标准地膜应用，推动机械化捡拾、专业化回收和资源化利用
2022 年	农业农村部	农业农村部关于落实党中央、国务院 2022 年全面推进乡村振兴重点工作部署的实施意见	加大加厚地膜与全生物降解地膜推广应用力度，打击非标农膜入市下田。在长江、黄河等重点流域选取一批重点县整县推进农业面源污染综合治理
2022 年	农业农村部、财政部	关于开展地膜科学使用回收试点工作的通知	目标 2022 年在重点用膜地区推广应用全生物降解地膜 500 万亩，2025 年推广全生物降解地膜 3000 万亩以上
2023 年	中共中央、国务院	中共中央 国务院关于做好 2023 年全面推进乡村振兴重点工作的意见	推进农业绿色发展。加快农业投入品减量增效技术推广应用，推进水肥一体化，建立健全秸秆、农膜、农药包装废弃物、畜禽粪污等农业废弃物收集利用处理体系

续表

时间	部门	政策文件	相关内容
2023年	农业农村部办公厅	农业农村部办公厅关于开展第三批国家农业绿色发展先行区创建工作的通知	突出系统集成,全域推进面源污染防治。统筹推进秸秆科学还田和离田高效利用,科学推进加厚高强度地膜应用,有序推广全生物降解地膜,整治违规农膜生产销售使用行为。加快构建农业废弃物循环利用体系,实现应收尽收、就地利用

(2) 回收渠道

目前我国的废旧塑料大部分由小商贩收购,不易集中。为此,需要相应法规政策,鼓励回收,确保集中加工处理,便于发挥技术优势,确保废弃塑料的稳定来源及数量,便于塑料分类,促进再生加工处理技术的研究开发,提高回收再生料价值。

(3) 适期揭膜

目前,我国还是以人工揭膜为主,为了减少污染,多采用适期揭膜。例如新疆等地的棉花采取头水前揭膜,因为这时的农膜尚未老化,韧性好,不易破碎,回收率达90%以上。山西玉米覆膜栽培在玉米出苗后45天揭膜,也能大幅度提高地膜回收率。适期揭膜是一种减少地膜残留的有效措施,可以较好地解决农田残留地膜污染问题,但由于种植作物不一样,作物最佳揭膜时间也不一样,在使用该技术时要因地制宜,适应区域和种植对象正确选择地膜回收方法。

(4) 机械回收

机械回收是国外残膜回收的主要技术途径。日本是地膜覆盖大国,由于日本覆盖地膜的土壤主要是火山灰土,土壤疏松不易损膜,同时,日本应用的地膜较厚、强度大、覆盖期相对较短,清除时可保持较完整,在回收时缠绕扎在地膜两边的绳索,将地膜收起。总体来看,在欧美各国和日本等发达国家,地膜覆盖一般用于蔬菜、水果等经济作物,覆盖期相对较短。为了便于回收,这些国家使用的地膜较厚,一般为0.020~0.050mm,可采用收卷式回收机进行卷收。欧美等国家为解决残膜造成的危害,一方面推广使用高强度、耐老化地膜,另一方面积极开发研制新型地膜,如可降解地膜等,但因其价格偏高或存在其他问题,目前还没能推广应用于大田作物,仅在经济价值较高的蔬菜等作物中应用。以色列、法国等国家已研制和推广可控光降解地膜,但此方法对于埋入土层内的残膜难以光降解,目前尚未得到普遍应用。

我国的农用地膜很薄,厚度一般在0.006~0.008mm,强度低,覆盖期相对较长,清除时易碎,不易回收,因此,采用传统收卷式地膜回收机基本不行。目前我国已研发出的残留地膜回收机主要有滚筒式、弹齿式、齿链式、滚轮缠绕式和气力式等。根据作业方式有单项作业和联合作业两种作业形式,按作业时段可分为苗期残膜回收机、秋后残膜回收机和播前残膜回收机。

14.4.3.2 农用塑料残膜的再生利用

目前,塑料残膜的再利用方式主要有三种:机械再生、热塑再生和化学回收。

(1) 热塑再生

先将废塑料经过浸泡、烘干等处理手段去除污染物,然后进行加热熔化、挤出、压力分离等多种工序,最终得到高质量的废塑料颗粒,可以进行再制造。这种方法的优点是回收废塑料的成品质量较高，但由于生产成本较高，不太划算。

（2）热解回收

这是一种通过高温和压力将塑料废物转化为原始的化学物质的方法。这些化学物质可以用于生产新的塑料制品。热解回收可以处理各种类型的塑料，包括复杂的塑料混合物。然而，由于需要高温和能源消耗较大，热解回收的成本相对较高。但随着技术的进步，这种方法的成本正在逐渐降低。

（3）化学回收

将废塑料溶解在特定的化学溶剂中，分离出塑料成分，得到原材料，最终可以制造新的塑料制品。这种方法技术较为复杂，但化学回收的成品质量最高，使用最广，效果最好，能够回收大部分废塑料。与热解回收不同，化学回收使用的是化学反应而不是高温。这种方法可以处理各种类型的塑料，包括多层塑料和复杂的塑料混合物。化学回收是一种相对新的技术，目前仍处于发展阶段。

总之，塑料残膜处理是一个具有挑战性但又必须解决的问题。通过回收再利用、推广可降解农膜和加强残膜收集与处理等措施，实现塑料农膜在农业生产中的可持续应用。

国家对农用地膜科学使用回收强调两个重点：一是使用加厚地膜，以达到 80% 以上的回收要求；二是推广全生物降解地膜。在试点中面临的一个比较大的问题就是资金问题，虽然给予一定补助金，但还是难以补齐价格差距。可降解地膜短时期内难以大面积推广，而今后一段时间内，农业上仍然离不开大量的塑料地膜，根据我国现有的科技水平和经济条件，采用机械化清除残膜是比较现实的一条出路。

第六篇

危险废物

第15章 危险废物的处理与处置

15.1 危险废物的鉴别与管理

15.1.1 危险废物的鉴别

15.1.1.1 鉴别程序

目前,我国危险废物的鉴别按照以下程序进行:

① 依据法律规定和《固体废物鉴别标准 通则》(GB 34330—2017),判断待鉴别的物品、物质是否属于固体废物,不属于固体废物的,则不属于危险废物范畴。

② 判断属于固体废物的,再依据《国家危险废物名录》鉴别。凡列入《国家危险废物名录》的固体废物,属于危险废物,不需要进行危险特性鉴别。

③ 未列入《国家危险废物名录》,但不排除具有腐蚀性、毒性、易燃性、反应性的固体废物,依据《危险废物鉴别标准》(GB 5085.1~6—2007)以及《危险废物鉴别技术规范》(HJ 298—2019)进行鉴别。凡具有腐蚀性、毒性、易燃性、反应性中一种或一种以上危险特性的固体废物,属于危险废物。

④ 对未列入《国家危险废物名录》且根据危险废物鉴别标准无法鉴别,但可能对人体健康或生态环境造成有害影响的固体废物,由国务院生态环境主管部门组织专家认定。

15.1.1.2 危险废物名录鉴别法

根据《中华人民共和国固体废物污染环境防治法》制定的《国家危险废物名录》(2021年版)将具有腐蚀性、毒性、易燃性、反应性或者感染性等一种或者几种危险特性的,以及不排除具有危险特性,可能对环境或者人体健康造成有害影响,需要按照危险废物进行管理的固体废物(包括液态废物)列入。名录中列出的危险废物分为50大类别,467种,主要包括医疗废物、医药废物、农药废物、废有机溶剂与含有机溶剂废物、精(蒸)馏残渣、生物制药废物、废矿物油与含矿物油废物、焚烧处置残渣、含重金属废物、废酸、废碱、有色金属采选冶炼废物等。

国家危险废物名录

同时新增了《危险废物豁免管理清单》,共列出豁免管理的废物31种(类),清单中的危险废物,在所列的豁免环节,且满足相应的豁免条件时,可以按照豁免内容的规定实行豁免管理。不仅可以减少危险废物管理过程中的总体环境风险,而且可以提高危险废物环境管理效率。此外,未列入豁免管理清单的危险废物或利用过程不满足豁免管理清单所列豁免条件的危险废物，在环境风险可控的前提下，根据省级生态环境部门确定的方案，实行危险废物"点对点"定向利用，即一家单位产生的一种危险废物，可作为另外一家单位环境治理或工业原料生产的替代原料进行使用时，其利用过程不按危险废物处理。

15.1.1.3 危险特性鉴别法

目前，国家关于危险特性的鉴别标准共有6个，分别为关于腐蚀性、反应性、易燃性、急性毒性初筛、浸出毒性初筛、毒性物质含量的鉴别标准。

(1) 腐蚀性鉴别标准

当废物浸出液pH值≥12.5，或者≤2.0时，或在55℃条件下，或废物对《优质碳素结构钢》（GB/T 699—2015）中规定的20号钢材的腐蚀速率≥6.35mm/a时，固体废物为具有腐蚀性的危险废物。

(2) 反应性鉴别标准

符合下列任一条件的固体废物，属于反应性危险废物。

① 具有爆炸性质。常温常压下不稳定，在无引爆条件下，易发生剧烈变化；或在标准温度和压力下（25℃，101.3kPa），易发生爆轰或爆炸性分解反应；或受强起爆剂作用或在封闭条件下加热，能发生爆轰或爆炸反应。

② 与水或酸接触产生易燃气体或有毒气体。与水混合发生剧烈化学反应，并放出大量易燃气体和热量；或与水混合能产生足以危害人体健康或环境的有毒气体、蒸气或烟雾；或在酸性条件下，每千克含氰化物废物分解产生＞250mg氰化氢气体，或者每千克含硫化物废物分解产生≥500mg硫化氢气体。

③ 废弃氧化剂或有机过氧化物。极易引起燃烧或爆炸的废弃氧化剂或对热、震动或摩擦极为敏感的含过氧基的废弃有机过氧化物。

(3) 易燃性鉴别标准

① 液态易燃性危险废物。闪点温度低于60℃（闭杯试验）的液体、液体混合物或含有固体物质的液体。

② 固态易燃性危险废物。在标准温度和压力（25℃，101.3kPa）下，因摩擦或自发性燃烧而起火，经点燃后能剧烈而持续地燃烧并产生危害的固体废物。

③ 气态易燃性危险废物。在20℃、101.3kPa状态下，在与空气的混合物中体积分数≤13%时可点燃的气体，或者在该状态下，不论易燃下限如何，与空气混合，易燃范围的易燃上限与易燃下限之差≥12%的气体。

(4) 急性毒性初筛鉴别标准

当废物的口服毒性半数致死量LD_{50}≤200mg/kg，液体LD_{50}≤500mg/kg；或皮肤接触性半数致死量LD_{50}≤1000mg/kg；或经蒸气、烟雾或粉尘吸入，吸入毒性半数致死浓度LC_{50}≤10mg/L时，属于危险废物。

(5) 浸出毒性初筛鉴别标准

浸出毒性指固体废物遇水浸沥，其中有害的物质迁移转化，污染环境的危害特性。《危险废物鉴别标准 浸出毒性鉴别》（GB 5085.3—2007）中列出了无机元素及化合物、有机农药类、非挥发性有机化合物、挥发性有机化合物共计50种浸出液中危害成分的浓度限值。废物浸出液中任何一种危害成分的浓度超过标准中规定的限值，则表明该废物是具有浸出毒性的危险废物。详见表15-1。

表 15-1　浸出毒性鉴别标准值

序号	危害成分项目	浸出液中危害成分浓度限值/(mg/L)	序号	危害成分项目	浸出液中危害成分浓度限值/(mg/L)
	无机元素及化合物		26	灭蚁灵	0.05
1	铜(以总铜计)	100		非挥发性有机化合物	
2	锌(以总锌计)	100	27	硝基苯	20
3	镉(以总镉计)	1	28	二硝基苯	20
4	铅(以总铅计)	5	29	对硝基氯苯	5
5	总铬	15	30	2,4-二硝基氯苯	5
6	铬(六价)	5	31	五氯酚及五氯酚钠(以五氯酚计)	50
7	烷基汞	不得检出①	32	苯酚	3
8	汞(以总汞计)	0.1	33	2,4-二氯苯酚	6
9	铍(以总铍计)	0.02	34	2,4,6-三氯苯酚	6
10	钡(以总钡计)	100	35	苯并(a)芘	0.0003
11	镍(以总镍计)	5	36	邻苯二甲酸二丁酯	2
12	总银	5	37	邻苯二甲酸二辛酯	3
13	砷(以总砷计)	5	38	多氯联苯	0.002
14	硒(以总硒计)	1		挥发性有机化合物	
15	无机氟化物(不包括氟化钙)	100	39	苯	1
16	氰化物(以 CN⁻ 计)	5	40	甲苯	1
	有机农药类		41	乙苯	4
17	滴滴涕	0.1	42	二甲苯	4
18	六六六	0.5	43	氯苯	2
19	乐果	8	44	1,2-二氯苯	4
20	对硫磷	0.3	45	1,4-二氯苯	4
21	甲基对硫磷	0.2	46	丙烯腈	20
22	马拉硫磷	5	47	三氯甲烷	3
23	氯丹	2	48	四氯化碳	0.3
24	六氯苯	5	49	三氯乙烯	3
25	毒杀芬	3	50	四氯乙烯	1

① 不得检出指甲基汞<10ng/L，乙基汞<20ng/L。

(6) 毒性物质含量鉴别标准

《危险废物鉴别标准 浸出毒性鉴别》(GB 5085.3—2007)中列出了剧毒物质 39 种，有毒物质 143 种，致癌物质 63 种，致突变性物质 7 种，生殖毒性物质 11 种，持久性有机污染物 11 种。当固体废物含有一种或一种以上剧毒物质的总含量≥0.1%；或含有一种或一种以上有毒物质的总含量≥3%；或含有一种或一种以上致癌性物质的总含量≥0.1%；或含有一种或一种以上致突变性物质的总含量≥0.1%；或含有一种或一种以上生殖毒性物质的总含量≥0.5%时；或任何一种持久性有机污染物(除多氯二苯并对二噁英、多氯二苯并呋喃外)的含量≥50mg/kg 或含有多氯二苯并对二噁英和多氯二苯并呋喃的含量≥15μgTEQ/kg，该固体废物为危险废物。

15.1.1.4 危险废物混合后判定规则

① 具有毒性、感染性中一种或两种危险特性的危险废物与其他物质混合，导致危险特性扩散到其他物质中，混合后的固体废物属于危险废物。

② 仅具有腐蚀性、易燃性、反应性中一种或一种以上危险特性的危险废物与其他物质混合，混合后的固体废物经鉴别不再具有危险特性的，不属于危险废物。

③ 危险废物与放射性废物混合，混合后的废物应按照放射性废物管理。

15.1.1.5 危险废物利用处置后判定规则

① 仅具有腐蚀性、易燃性及反应性中一种或一种以上危险特性的危险废物利用过程和处置后产生的固体废物，经鉴别不再具有危险特性的，不属于危险废物。

② 具有毒性危险特性的危险废物利用过程产生的固体废物，经鉴别不再具有危险特性的，不属于危险废物。

③ 除国家有关法规、标准另有规定的外，具有感染性危险特性的危险废物利用处置后，仍属于危险废物。

15.1.2 危险废物的管理

我国现行的危险废物环境污染防治法规体系如图 15-1 所示。

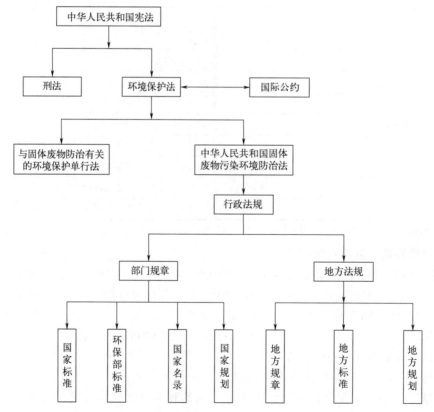

图 15-1 危险废物环境污染防治法规体系

《中华人民共和国固体废物污染环境防治法》第七十四条至第九十一条对危险废物环境污染防治做了特别规定。主要的危险废物管理制度如下：

（1）危险废物标识制度

对危险废物的容器和包装物以及收集、贮存、运输、利用、处置危险废物的设施、场所，应当按照规定设置危险废物识别标志。

（2）危险废物管理计划制度

产生危险废物的单位，应当按照国家有关规定制定危险废物管理计划；建立危险废物管理台账，如实记录有关信息，并通过国家危险废物信息管理系统向所在地生态环境主管部门申报危险废物的种类、产生量、流向、贮存、处置等有关资料。危险废物管理计划应当报产生危险废物的单位所在地生态环境主管部门备案。产生危险废物的单位已经取得排污许可证的，执行排污许可管理制度的规定。

（3）污染者负责制度

产生危险废物的单位，应当按照国家有关规定和环境保护标准要求贮存、利用、处置危险废物，不得擅自倾倒、堆放。

（4）危险废物经营许可证制度

从事收集、贮存、利用、处置危险废物经营活动的单位，应当按照国家有关规定申请取得许可证。许可证的具体管理办法由国务院制定。禁止无许可证或者未按照许可证规定从事危险废物收集、贮存、利用、处置的经营活动。禁止将危险废物提供或者委托给无许可证的单位或者其他生产经营者从事收集、贮存、利用、处置活动。

（5）分类管理制度

收集、贮存危险废物，应当按照危险废物特性分类进行。禁止混合收集、贮存、运输、处置性质不相容而未经安全性处置的危险废物。贮存危险废物应当采取符合国家环境保护标准的防护措施。禁止将危险废物混入非危险废物中贮存。从事收集、贮存、利用、处置危险废物经营活动的单位，贮存危险废物不得超过一年；确需延长期限的，应当报经颁发许可证的生态环境主管部门批准；法律、行政法规另有规定的除外。

（6）转移联单制度

转移危险废物的，应当按照国家有关规定填写、运行危险废物电子或者纸质转移联单。跨省、自治区、直辖市转移危险废物的，应当向危险废物移出地的省、自治区、直辖市人民政府生态环境主管部门申请。移出地省、自治区、直辖市人民政府生态环境主管部门应当及时商经接受地的省、自治区、直辖市人民政府生态环境主管部门同意后，在规定期限内批准转移该危险废物，并将批准信息通报相关省、自治区、直辖市人民政府生态环境主管部门和交通运输主管部门。未经批准的，不得转移。危险废物转移管理应当全程管控、提高效率，具体办法由国务院生态环境主管部门会同国务院交通运输主管部门和公安部门制定。

（7）应急预案制度

产生、收集、贮存、运输、利用、处置危险废物的单位，应当依法制定意外事故的防范措施和应急预案，并向所在地生态环境主管部门和其他负有固体废物污染环境防治监督管理职责的部门备案；生态环境主管部门和其他负有固体废物污染环境防治监督管理职责的部门应当进行检查。

(8) 其他制度

运输危险废物，应当采取防止污染环境的措施，并遵守国家有关危险货物运输管理的规定。禁止将危险废物与旅客在同一运输工具上载运。

禁止经中华人民共和国过境转移危险废物。

医疗废物按照国家危险废物名录管理。县级以上地方人民政府应当加强医疗废物集中处置能力建设。医疗卫生机构应当依法分类收集本单位产生的医疗废物，交由医疗废物集中处置单位处置。医疗废物集中处置单位应当及时收集、运输和处置医疗废物。

15.2 危险废物的收集、贮存与运输

15.2.1 危险废物的收集

危险废物产生单位进行的危险废物收集包括两个方面：一是在危险废物产生节点将危险废物集中到适当的包装容器中或运输车辆上的活动；二是将已包装或装到运输车辆上的危险废物集中到危险废物产生单位内部临时贮存设施的内部转运。

应根据危险废物产生的工艺特征、排放周期、危险废物特性、废物管理计划等因素制定收集计划。

危险废物收集时应根据危险废物的种类、数量、危险特性、物理形态、运输要求等因素确定包装形式，具体包装应符合如下要求：

① 包装材质要与危险废物相容，可根据废物特性选择钢、铝、塑料等材质。
② 性质类似的废物可收集到同一容器中，性质不相容的危险废物不得混合包装。
③ 危险废物包装应能有效隔断危险废物迁移扩散途径，并满足防渗、防漏要求。
④ 包装好的危险废物应设置相应的标签，标签信息应填写完整翔实。
⑤ 盛装过危险废物的包装袋或包装容器破损后应按危险废物进行管理和处置。
⑥ 危险废物还应根据《危险废物货物运输包装通用技术条件》（GB 12463—2009）的有关要求进行运输包装。

15.2.2 危险废物的贮存

危险废物必须装入容器内并贮存于专用的危险废物贮存设施。

在常温常压下易爆、易燃及排出有毒气体的危险废物必须进行预处理，使之稳定后贮存，否则，按易爆、易燃危险品贮存。在常温常压下不水解、不挥发的固体危险废物可在贮存设施内分别堆放；禁止将不相容（相互反应）的危险废物在同一容器内混装；无法装入常用容器的危险废物可用防漏胶袋等盛装；装载液体、半固体危险废物的容器内须留足够空间，容器顶部与液体表面之间保留100mm以上的空间；盛装危险废物的容器上应粘贴标签；医院产生的临床废物，必须当日消毒，消毒后装入容器。常温下贮存期不得超过1天，于5℃以下冷藏的，不得超过7天。

危险废物的盛装容器要完好无损且材质要满足相应的强度要求。材质和衬里要与危险废物相容（不相互反应）。液体危险废物可注入开孔直径不超过70mm并有放气孔的桶中。

15.2.3 危险废物的运输

危险废物的清运过程是危险废物生产与废物贮存、处理之间的关键环节。整个清运过程要严格按照一定的规章制度来进行运作，确保危险废物安全清运到目的地。

危险废物可以通过陆路（包括公路和铁路）、水路以及空中运输工具进行清运。出于安全、经济、方便等方面的考虑，常常选取公路和铁路清运作为危险废物的主要清运方式，运输工具为专用公路槽车或铁路槽车。槽车设有特制防腐衬里，以防运输过程中发生腐蚀泄漏。

运输过程中为防止泄漏造成污染的控制方法包括：

① 危险废物的运输车辆需经过主管单位检查，并持有有关单位签发的许可证，负责运输的司机应通过培训，持有证明文件。

② 承载危险废物的车辆需有醒目的标志或适当的危险符号。

③ 载有危险废物的车辆在公路上行驶时，需持有运输许可证，其上应注明废物来源、性质和运往地点，此外，在必要时需有专门单位人员负责押运工作。

④ 组织危险废物的运输单位，事先需制定周密的运输计划并确定行驶路线，包括废物泄漏情况下有效的应急措施。

15.2.4 危险废物识别标志

危险废物识别标志是由图形、数字和文字等元素组合而成的标志，用于向相关人群传递危险废物的有关规定和信息，以防止危险废物危害生态环境和人体健康。包括危险废物标签，危险废物贮存分区标志，危险废物贮存、利用、处置设施标志。图15-2为《危险废物识别标志设置技术规范》（HJ 1276—2022）中规定的危险特性警示图形。

图15-2 危险特性警示图形

危险废物标签为设置在危险废物容器或包装物上，由文字、编码和图形符号等组合而成，用于向相关人群传递危险废物特定信息，以警示危险废物潜在环境危害的标志。危险废物标签应包含废物名称、废物类别、废物代码、废物形态、危险特性、主要成分、有害成分、注意事项、产生/收集单位名称、联系人和联系方式、产生日期、废物重量和备注。几种主要危险特性标记如表 15-2 所示。

表 15-2　几种主要危险特性标记

特性	标记	特性	标记
毒性	T	易燃性	I
EP 毒性	E	腐蚀性	C
急性毒性	H	反应性	R

危险废物贮存区分区标志为设置在危险废物贮存设施内部，用于显示危险废物贮存设施内贮存分区规划和危险废物贮存情况，以避免潜在环境危害的警告性信息标志。宜在危险废物贮存设施内的每一个贮存分区处设置危险废物贮存分区标志。分区标志应包含但不限于设施内部所有贮存分区的平面分布、各分区存放的危险废物信息、本贮存分区的具体位置、环境应急物资所在位置以及进出口位置和方向。危险废物贮存单位可根据自身贮存设施建设情况，在危险废物贮存分区标志中添加收集池、导流沟和通道等信息。

图 15-3 及图 15-4 分别为 HJ 1276—2022 中规定的危险废物标签样式示意图及分区标志示意图。

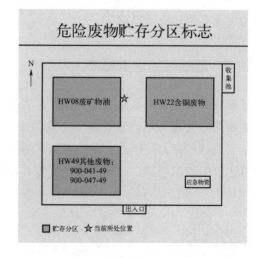

图 15-3　危险废物标签样式示意图　　图 15-4　危险废物分区标志示意图

危险废物相关单位的每一个贮存、利用、处置设施均应在设施附近或场所的入口处设置相应的危险废物贮存设施标志、危险废物利用设施标志、危险废物处置设施标志。对于有独立场所的危险废物贮存、利用、处置设施，应在场所外入口处的墙壁或栏杆显著位置设置相应的设施标志。位于建筑物内局部区域的危险废物贮存、利用、处置设施，应在其区域边界或入口处显著位置设置相应的标志。图 15-5 为 HJ 1276—2022 中规定的危险废物贮存、利用、处置设施标志示意图。

图 15-5　危险废物贮存、利用、处置设施标志示意图

15.3　危险废物的固化/稳定化处理

　　危险废物预处理的目的是方便后续的减量化、资源化或无害化处理与处置。危险废物预处理技术包括物理法、化学法和固化/稳定化等。危险废物的预处理主要用于危险废物焚烧、非焚烧及安全填埋处置前。

　　物理法是指通过物理的方法使危险废物改变形态或相变化，便于后续运输、储存、处理、利用及处置等。对于固态的危险废物，常用压实、破碎、分选等方法。对于液态的危险废物（废液），常用絮凝、增稠、气浮、离心、过滤（微滤、超滤、纳滤）、吸附、萃取、干燥、结晶、蒸发与蒸馏浓缩等方法。

　　化学法是指采用化学方法破坏危险废物中的有害成分，以达到无害化或将其转变为适于进一步处理处置的形态，包括化学氧化、化学还原、絮凝沉淀和酸碱中和等。

　　固化/稳定化技术是危险废物管理中的一项重要技术，是处理重金属废物和其他非金属危险废物的重要手段，经其他无害化、减量化处理的固体废物，都要全部或部分地经过稳定化/固化处理，才能进行最终处置或加以利用。稳定化/固化作为废物最终处置的预处理技术在国内外已得到广泛应用。

15.3.1　固化/稳定化的概念

　　危险废物的固化/稳定化是指采取某种方法使危险废物中的污染组分通过化学转变引入某种稳定固体物质的晶格中使其呈现惰性或将污染组分掺入惰性基材中将其包容起来，而使其稳定化的一种过程。其目的是降低废物的毒性和可迁移性，减少危险废物在贮存、运输及填埋处置过程中对环境的潜在危险，便于实现较安全的运输、处置或利用。如焚烧产生的灰渣、锌铅冶炼过程产生的高浓度砷渣等，在被处置前必须进行稳定化处理以避免其对环境造成污染。

稳定化是选用某种适当的添加剂与危险废物混合，发生某种物理或化学变化将有毒有害污染物转变为低毒性、低迁移性及低溶解性的物质的过程，可分为化学稳定化和物理稳定化。化学稳定化是通过化学反应使危险废物中的有毒物质转变为不溶性化合物，使之固定在稳定的晶格内而不移动；物理稳定化是将危险废物与某种疏松物料（如粉煤灰）混合生成较坚实的紧密固体，以便于运输或处置。

固化是在危险废物中添加固化剂，改变废物的工程特性，使其转变为不可流动的固体或形成紧密固体的过程。这种固体可以方便地按尺寸大小进行运输，而无需任何辅助容器。固化过程是一种特定的稳定化过程。

15.3.2 衡量固化/稳定化的指标

为使危险废物达到无害化，其固化/稳定化处理过程及产物要尽量满足以下基本要求：

① 固化体应具有良好的抗渗透性、抗浸出性、抗干湿性、抗冻融性及足够的机械强度等，最好能作为资源加以利用，如作建筑基础材料和路基材料等。

② 所需材料和能量消耗要低，增容比（即所形成的固化体体积与被固化废物的体积之比）要低。

③ 工艺过程简单、便于操作，应采取有效措施减少有害物质的逸出。

④ 所需材料来源丰富、价廉易得。

⑤ 处理费用低。

衡量固化/稳定化处理效果的指标包括：固化体的浸出率、增容比、抗压强度等。

(1) 浸出率

固化体浸泡时的溶解性能（即有毒有害物质溶解并进入环境的程度），是衡量固化体性能的重要指标。浸出率是指固化体浸于水中或其他溶液中时，有害物质的浸出速度。

$$R_{in} = \frac{a_r/A_0}{(F/M)t} \tag{15-1}$$

式中，R_{in} 为标准比表面积的样品每天浸出的有害物质的量，$g/(d \cdot cm^2)$；a_r 为浸出时间内浸出的有害物质的量，mg；A_0 为样品中含有的有害物质的量，mg；F 为样品暴露的表面积，cm^2；M 为样品的质量，g；t 为浸出时间，d。

(2) 增容比

增容比指固化/稳定化处理后废物体积与处理前废物的体积之比，是鉴别固化/稳定化处理方法和衡量最终处置成本的一项重要指标，其大小取决于惰性基材或药剂掺入量和有毒有害物质控制水平。

(3) 抗压强度

固化体的抗压强度为物理性质评价指标，是固化体基本工程特性指标，目的在于确保固化体在贮运过程和最终处置过程中不至于出现结构破坏。固化体一旦出现破碎或散裂，就会增加暴露的表面积和污染环境的可能性。一般情况下，固化体的抗压强度越高，其有毒有害组分的浸出率就越低。

对危险废物固化体进行不同的处理处置时要求的抗压强度也不同，当进行装桶储存，对抗压强度要求较低时，可控制在 0.1~0.5MPa；如进行安全填埋，无侧限抗压强度（指试件在无侧向压力的条件下，抵抗轴向压力的极限强度）大于 50kPa；作为建筑填土，无侧限抗压强度大于 100kPa；作为建筑材料，无侧限抗压强度大于 100kPa。

在《低、中水平放射性废物固化体性能要求 水泥固化体》（GB 14569.1—2011）中，要求在室温、密闭条件下，经过养护、完全硬化后的水泥固化体，应是密实、均匀、稳定的块体，并应满足下列要求：

① 抗压强度。水泥固化体试样的抗压强度不应小于 7MPa。

② 抗冲击性能。从 9m 高处竖直自由下落到混凝土地面上的水泥固化体试样或带包装容器的固化体不应有明显的破碎。

③ 抗浸泡性。水泥固化体试样抗浸泡试验后，其外观不应有明显的裂缝或龟裂，抗压强度损失不超过 25%。

④ 抗冻融性。水泥固化体试样抗冻融试验后，其外观不应有明显的裂缝或龟裂，抗压强度损失不超过 25%。另外，对于一般的危险废物，经固化处理后得到的固化体，容重宜控制在 $1.5 \sim 3.0 t/m^3$。

15.3.3 固化/稳定化技术

根据固化基材及固化过程，常用的固化/稳定化技术可分为水泥固化、沥青固化、玻璃固化、石灰固化、塑料固化、自胶结固化和药剂稳定化等。各种方法适于处理一种或几种危险废物。

15.3.3.1 水泥固化

(1) 固化原理

危险废物水泥固化流程

水泥是一种无机胶结材料，经过水化反应后可以生成坚硬的水泥固化体，水泥固化是最常用的固化技术。水泥的品种很多，包括普通硅酸盐水泥、矿渣硅酸盐水泥、矾土水泥、沸石水泥等都可以作为废物固化处理的基材，其中最常用的普通硅酸盐水泥（也称为波特兰水泥）是将石灰石、黏土以及其他硅酸盐物质混合在水泥窑中，高温下煅烧，然后研磨成粉末状。它是钙、硅、铝及铁的氧化物的混合物，其主要成分是硅酸二钙和硅酸三钙。

水泥固化是将废物与水泥混合起来，利用废物中的水分，或添加水分使之水化以后形成钙铝硅酸盐的坚硬晶体结构。硅酸盐水泥固化的反应过程如图 15-6 所示。

(2) 固化工艺

水泥固化工艺包括外部混合法、容器内混合法和注入法。

外部混合法将废物、水泥、添加剂和水在单独的混合器中进行混合，经过充分搅拌后再注入处置容器中。混合过程见图 15-7。该法需要设备较少，可以充分利用处置容器的容积，但搅拌混合以后的混合器需要洗涤，不但耗费人力，还会产生一定数量的洗涤废水。

容器内混合法是直接在最终处置使用的容器内用可移动的搅拌装置混合。混合方法见图 15-8。该法不产生二次污染物，但由于处置所用的容器体积有限（通常为 200L 的桶），充分搅拌比较困难，还会留下一定的无效空间，不适合大规模应用。该法适于处置危害性大但数量不太多的废物，例如放射性废物。

注入法适用于粒度较大或粒度十分不均匀、不便进行搅拌的固体废物。首先将废物放入桶内，然后再注入水泥浆料。为保证混合均匀，可以将容器密闭后放置在以滚动或摆动的方

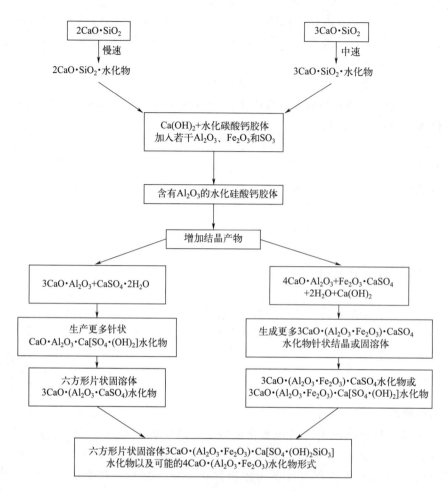

图 15-6　普通硅酸盐水泥的反应过程

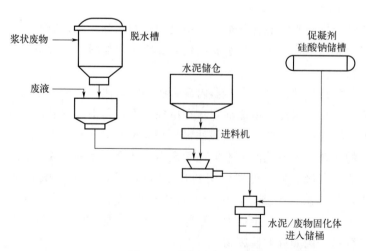

图 15-7　外部混合法

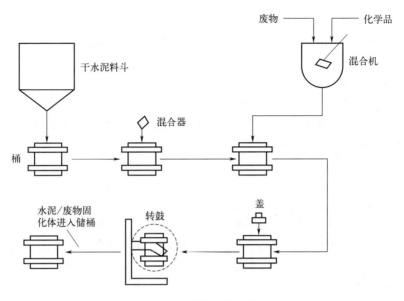

图 15-8　容器内混合法

式运动的台架上。但应注意,有时在物料的拌和过程中会产生气体或放热,从而增加容器的压力。此外,为了达到混匀的效果,容器不能完全充满。

(3) 水泥固化的影响因素

影响水泥固化的因素很多,在固化操作中需要严格控制以下几种条件。

① pH 值。大部分金属离子的溶解度与 pH 值有关。当 pH 值较高时,许多金属离子将形成氢氧化物沉淀。但当 pH 值过高时,金属离子会形成带负电荷的羟基络合物,溶解度反而升高。例如,pH<9 时,铜主要以 $Cu(OH)_2$ 沉淀的形式存在,当 pH>9 时,则形成 $Cu(OH)_3^-$ 和 $Cu(OH)_4^{2-}$ 络合物,溶解度增加。许多金属离子都有这种性质,如 Pb 当 pH>9.3 时、Zn 当 pH>9.2 时、Cd 当 pH>11.1 时、Ni 当 pH>10.2 时,都会形成金属络合物,溶解度增加。

② 水、水泥和废物量之比。水泥固化过程中会发生水化反应,因此水分过小,无法保证水泥的充分水合作用;而水分过大,则会出现泌水现象,从而影响固化体的强度。由于在废物中往往存在妨碍水合作用的成分,这种干扰程度难以估计,因此水、水泥及废物之间的比例通常通过试验确定。

③ 凝固时间。为确保水泥废物混合浆料在混合以后有足够的时间进行输送、装桶或者浇注,必须适当控制初凝时间和终凝时间。通常控制初凝时间大于 2h,终凝时间在 48h 以内。可以通过加入促凝剂或缓凝剂控制凝结时间。

④ 添加剂。在水泥固化处理过程中,为了改善固化条件,提高固化体的质量,有时需掺入适宜的添加剂,如吸附剂(活性氧化铝、黏土等)、促凝剂(偏铝酸钠、氯化钙、氢氧化铁等无机盐)、缓凝剂(柠檬酸等有机物、泥沙、硼酸钠)、减水剂(表面活性剂)等。如废物中过多的硫酸盐会生成水化硫酸铝钙而导致固化体的膨胀和破裂,可加入适当数量的沸石或蛭石来消耗硫酸或硫酸盐。如可加入少量硫化物固定重金属离子以减小其浸出速率。

(4) 水泥固化的特点及应用

水泥固化法具有常温下可进行操作,固化设备和工艺过程简单,原料价廉易得,投资、动力消耗和运行费用较低,对含水率较高的废物可直接固化等优点。同时水泥固化法也存在固化体的浸出率较高、增容比较高等特点,处理化学泥渣时,由于生成胶状物而排料较困难、操作过程中会产生粉尘。

水泥固化法适合处置各种无机废物,尤其是重金属废物。应用实例较多,如包含Cd、Cr、Cu、Pb、Ni、Zn等各种重金属的电镀污泥以及垃圾焚烧厂产生的焚烧飞灰等危险废物,也被应用于处理中低放射性废物。

15.3.3.2 沥青固化

(1) 固化原理

沥青有良好的黏结性、化学稳定性及一定的弹性和塑性,对大多数酸、碱、盐类有耐腐蚀性,并具有较好的辐射稳定性,适合作为固化基材。沥青固化是以沥青为固化基材,将其与危险废物在一定的温度、配料比、碱度和搅拌作用下产生皂化反应,使危险废物均匀地包容在沥青中,形成固化体的过程。

沥青固化处理后所生成的固化体空隙小、致密度高、抗浸出性极强,现多用于固化放射性废物、废水化学处理中产生的污泥、焚烧炉灰渣、塑料废物、电镀污泥和砷渣等。

(2) 沥青固化的基本方法

沥青固化操作有两种方式:一种是高温熔化混合法,即将沥青加热,在高温下变成熔融胶黏性液体,将废物掺和、包覆在沥青中,待水分和其他挥发组分排出,冷却后即形成沥青固化体。另一种是乳化法,即利用乳化剂将沥青乳化,将乳化沥青与废物混合,然后破乳、脱去混合物中的水分,形成沥青固化体。

高温熔化混合蒸发法的固化流程如图15-9所示。其主要设备有沥青预热器、给料设备和带有搅拌设备的混合槽以及废气净化系统。操作步骤为:将沥青加热,在高温下变成熔融胶黏性液体,熔化好的沥青送入混合槽,并通过混合槽的加热装置使其维持在一定的温度范围内,然后将危险废物以一定的速率加入混合槽内,通过高速搅拌,使沥青与危险废物充分混合,当加入的废物与沥青的质量达到设定比例时,将混合物排至贮存桶,待其冷却硬化后形成固化体。在混合加热过程中会产生蒸气,蒸气含有一定的油质,其中的重油部分通过沥青回流柱返回混合槽,轻油组分随蒸气进入冷凝器,待冷凝处理后,不凝气通过油雾过滤器

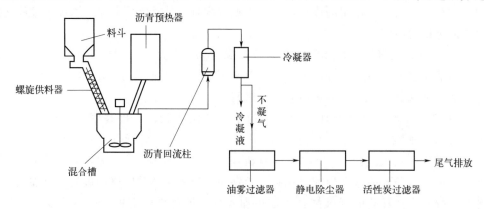

图15-9 沥青高温固化流程示意图

或静电除尘器进一步净化，最后还需要经过活性炭过滤后排放。此工艺装置简单、操作方便，但由于废物和沥青需要在反应装置中停留较长时间，容易使沥青老化。

乳化法是通过螺杆挤压机将污泥浆、沥青与表面活性剂混合成乳浆状，并分离除去大部分水分，然后通过螺旋干燥器进一步升温干燥，使混合物脱水。工艺流程见图 15-10。乳化法采用的设备为双螺杆挤压机，流程中采用两级螺杆挤压机是为了提高挤压机的蒸发能力。

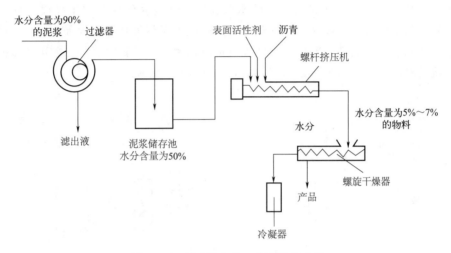

图 15-10　暂时乳化法工艺流程示意图

(3) 影响沥青固化体浸出率的因素

① 沥青的种类。一般来说，较软的沥青比较硬的沥青所得固化体浸出率低。直馏沥青得到的固化体浸出率低，但氧化沥青比直馏沥青具有更好的辐照稳定性。

② 废物量、组成及混合状况。由于沥青与废物之间存在复杂的物理和化学作用，过高的废物量将导致固化体浸出率的急剧上升。鉴于操作和安全上的考虑，一般控制加入的废物量与沥青的质量比在 40%～50%。

③ 残余水分。固化体中残余水分的存在会增加沥青中的细孔数量，因此固化体中残余水分的质量分数应控制在 10% 以下，最好小于 0.5%。

④ 表面活性剂。加入某些表面活性剂可导致固化体浸出率升高。

⑤ 固化体的化学稳定性。在沥青固化过程中，沥青会与某些掺入的化合物、氧化剂等发生化学反应，从而影响固化体的化学稳定性。如沥青的燃点一般为 420℃ 左右，而在掺入硝酸盐、亚硝酸盐后，其燃点降至 250～330℃，因而会增加燃烧的危险性。

(4) 沥青固化的优缺点

沥青固化与水泥固化相比具有如下优点：①原料易得、价低，固化成本低于水泥固化；②减容效果较好，固化同量的废物，沥青固化体的体积为水泥固化体的 1/4～1/2；③沥青固化体的含盐量可高达 50%～60%，而水泥固化体的含盐量达到 10%～20% 后，固化体机械强度就显著降低；④沥青固化体的质量和体积随时间的变化远比水泥固化体小，可降低处置费用；⑤沥青能抵御微生物的侵蚀。

同时也存在一些缺点：①工艺及设备比水泥固化复杂，需要工艺尾气处理系统；②沥青需要软化并脱水，需加热，故能耗较高；③为防止沥青在处置场环境温度较高（如高于

40℃时）时软化，需要外包装容器；④沥青具有可燃性，需配备有效的防火系统；⑤沥青固化体的抗辐射性较差。

15.3.3.3 玻璃固化

玻璃固化是以玻璃原料为固化剂，将待处理的危险废物与细小的玻璃质如玻璃屑、玻璃粉以一定的配料比混合后，在 1000～1500℃ 的高温下熔融，经退火后形成玻璃固化体，借助玻璃体的致密结晶结构，确保固化体的永久稳定。玻璃固化主要用于高放废物的固化处理。近年来，重金属污泥的玻璃固化处理也逐步引起重视和研究。在含有各种重金属的电镀污泥中添加锌和二氧化硅进行玻璃固化处理时可以抑制铬等金属的溶出。采用较多的是磷酸盐和硼酸盐玻璃固化。其工艺流程如图 15-11 和图 15-12 所示。

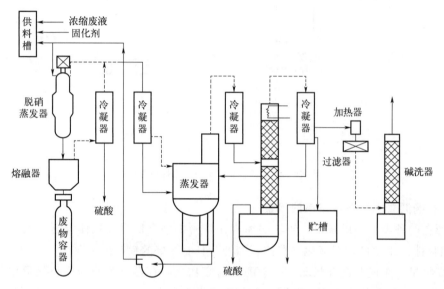

图 15-11 磷酸盐玻璃固化工艺流程

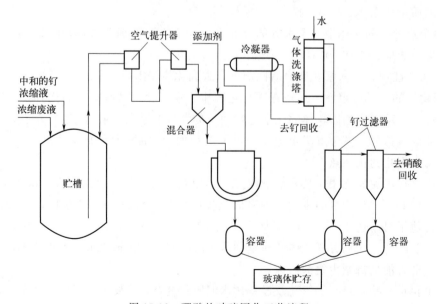

图 15-12 硼酸盐玻璃固化工艺流程

玻璃固化相比于其他固化技术的优点是固化体中有害组分的浸出速率最低,固化体的增容比最小,可以得到高质量的建筑材料。但由于烧结过程需要在高温下进行,会产生大量有害气体,其中包括挥发金属元素,因此要求配备尾气处理系统。同时,由于在高温下操作,会给工艺带来一系列困难,需要的能源较多,费用也相当高。

15.3.3.4 石灰固化

石灰固化是指采用石灰和具有火山灰性质的物质(如垃圾焚烧飞灰、水泥窑灰以及熔矿炉炉渣等)为固化基材对危险废物进行固化/稳定化的方法。石灰与凝硬性物料结合会产生能在化学及物理上将废物包裹起来的黏结性物质。凝硬性物质包括火山灰和人造凝硬性材料。人造材料如烧过的黏土、页岩和废油页岩、烧过的纱网、烧结过的砂浆和粉煤灰等。最常用的粉煤灰和水泥窑灰本身就是废料,因此这种方法具有共同处置的优点。

常用的技术是加入氢氧化钙(熟石灰)使污泥得到稳定。在适当的催化环境下进行反应,将污泥中的重金属成分吸附于所产生的胶体结晶中。但石灰固化处理后的固化体的强度不如水泥固化,因而较少单独使用。

15.3.3.5 塑料固化

塑性材料固化是以塑料为固化剂,与危险废物按一定的比例配料,并加入适量催化剂和填料进行搅拌混合,使其共聚合固化,形成具有一定强度和稳定性固化体的过程。根据所用材料的性能不同可以分为热固性塑料固化和热塑性塑料固化两种方法。

(1) 热固性塑料固化

热固性塑料是指在加热时会从液体变成固体并硬化的材料。这种材料即使以后再次加热也不会重新液化或软化。目前使用较多的材料是脲甲醛、聚酯和聚丁二烯等,有时也可使用酚醛树脂或环氧树脂。由于绝大多数固化过程中废物与塑料之间不发生化学反应,所以固化的效果取决于废物颗粒度、含水量等以及进行聚合的条件。

热固性塑料固化法是固化低水平有机放射性废物的重要方法之一,同时也可用于稳定非蒸发性的、液体状态的有机危险废物。该法的主要优点是引入的物质密度较低,所需要的添加剂数量较小,固化体密度低。缺点是操作过程复杂,热固性材料自身价格高昂,且由于操作中有机物的挥发,容易引起燃烧起火,所以通常不能在现场大规模应用。适于处理少量、高危害性废物,例如剧毒废物、医院或研究单位产生的少量放射性废物等。

(2) 热塑性塑料固化

热塑性塑料是指具有加热软化、冷却硬化特性的塑料。可使用的热塑性塑料有聚乙烯、聚丙烯等。在操作时,通常是先将废物干燥脱水,然后将塑料与废物在适当的高温下混合,并在升温的条件下将水分蒸发掉,冷却后废物就被固化的热塑性塑料所包容。

热塑性塑料固化与水泥等无机材料的固化工艺相比,具有浸出速率低、所需要的包容材料少、增容比低的优点。该法的主要缺点是需在高温下进行操作,耗能大,且操作时会产生大量的挥发性物质。

15.3.3.6 自胶结固化

自胶结固化是利用废物自身的胶结特性来达到固化目的的方法。该技术主要用来处理含有大量硫酸钙和亚硫酸钙的废物,如磷石膏、烟道气脱硫废渣等。

其原理是废物中所含有的 $CaSO_4$ 与 $CaSO_3$ 均以二水化物的形式存在,其形式为 $CaSO_4 \cdot 2H_2O$ 与 $CaSO_3 \cdot 2H_2O$。当将它们加热到脱水温度(107~170℃)时二水化合物转变为 $CaSO_4 \cdot 0.5H_2O$ 和 $CaSO_3 \cdot 0.5H_2O$,这两种物质在遇到水以后,会重新恢复为二水化物,并迅速凝固和硬化。

将含有大量硫酸钙和亚硫酸钙的废物在一定温度下煅烧,然后与特制的添加剂和填料混合成为稀浆,经过凝结硬化过程即可形成自胶结固化体。烟道气脱硫泥渣自胶结固化工艺流程见图 15-13。

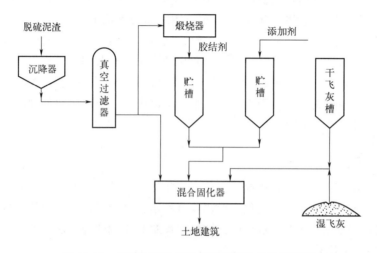

图 15-13 烟道气脱硫泥渣自胶结固化的工艺流程

自胶结固化法的主要优点是工艺简单,不需要加入大量添加剂,固化体抗渗透性高、抗微生物降解和污染物浸出率低。但该方法应用面窄。此外所需设备复杂、操作要求高,且煅烧需要消耗一定的热量。

几种常用危险废物固化处理技术的优缺点及适用对象见表 15-3。

表 15-3 常用危险废物固化处理技术的适用对象及优缺点

技术	适用对象	主要优点	主要缺点
水泥固化法	重金属、氧化物、废酸	① 水泥搅拌,处理技术已相当成熟; ② 对废物中化学性质的变动具有相当的承受力; ③ 可通过控制水泥与废物的比例来弥补固化体的结构缺点,改善其防水性; ④ 无需特殊的设备,处理成本低; ⑤ 废物可直接处理,无须前处理	① 废物如含特殊的盐类,会造成固化体破裂; ② 有机物的分解造成裂隙,增加渗透性,降低结构强度; ③ 大量水泥的使用可增加固化体的体积和质量
石灰固化法	重金属、氧化物、废酸	① 所用物料来源方便,价格便宜; ② 操作不需要特殊设备及技术; ③ 产品通常便于装卸,渗透性有所降低	① 固化体的强度较低,需较长的养护时间; ② 有较大的体积膨胀,增加清运和处置的困难
沥青固化法	重金属、氧化物、废酸	① 固化体孔隙率和污染物浸出速率均大大降低; ② 固化体的增容比较小	① 需高温操作,安全性较差; ② 一次性投资费用与运行费用比水泥固化法高; ③ 有时需要对废物预先脱水或浓缩

续表

技术	适用对象	主要优点	主要缺点
塑料固化法	部分非极性有机物、氧化物、废酸	① 固化体的渗透性较其他固化法低；② 对水溶液有良好的阻隔性；③ 接触液损失率远低于水泥固化与石灰固化	① 需特殊设备和专业操作人员；② 废物如含氧化剂或挥发性物质，加热时可能会着火或逸散，在操作前先对废物干燥、破碎
玻璃固化法	不挥发的高危害性废物、核能废物	① 固化体可长期稳定；② 可利用废玻璃屑作为固化材料；③ 对核能废料的处理已有相当成功的技术	① 不适用于可燃或挥发性的废物；② 高温热熔需消耗大量能源；③ 需要特殊设备及专业人员
自胶结固化法	含大量硫酸钙和亚硫酸钙的废物	① 烧结体的性质稳定，结构强度高；② 烧结体不具生物反应性及着火性	① 应用面较狭窄；② 需要特殊设备及专业人员

15.4 危险废物处置技术

危险废物处置技术包括焚烧处置、非焚烧处置及安全填埋处置等。其中焚烧处置包括回转窑焚烧、液体注射炉焚烧、流化床炉焚烧、固定床炉焚烧和热解焚烧等。非焚烧处置主要包括热脱附处置、熔融处置、电弧等离子处置等。安全填埋处置包括单组分填埋处置和多组分填埋处置等。各种方法适于处理一种或几种危险废物。

15.4.1 焚烧处置技术

焚烧处置技术是指废物通过焚烧设施在高温条件下发生燃烧等反应，实现无害化和减量化，并回收利用余热的过程。焚烧处置适用于有机成分多、热值高的固态、液态和气态危险废物，但含汞废物不适宜采用焚烧技术进行处置，爆炸性废物必须经过合适的预处理技术消除其反应性后再进行焚烧处置，或者采用专门设计的焚烧炉进行处置。

与普通废物或城市生活垃圾的焚烧过程不同，危险废物焚烧过程最主要的目的是焚毁有毒有害有机物质，杀死和去除病菌，除去有毒重金属物质和酸性气体，然后是确保不产生二次污染，做到烟气的排放完全清洁和干净。而热能回收或其他资源回收不是最重要的内容，某些条件下甚至可以不考虑。

危险废物的焚烧过程通常需要借助自身可燃物质或辅助燃料进行，调节适当的空气输入，可以在适当的高温范围和时间内，实现较高的焚毁率、较低的热灼减率，最大限度地降解或分解其中有毒有害有机物和杀死病菌，同时实现较低的污染排放指标。由于焚烧过程的进行与危险废物的组成、形态和物化特性有密切关系，也与燃烧过程的化学反应过程、流场、热力特性有关，因此实际焚烧过程非常复杂。

危险废物的焚烧设施及工艺与生活垃圾及一般工业固体废物相近，但焚烧污染控制标准更严格。

15.4.1.1 焚烧厂选址要求

① 厂址选择应符合城市总体发展规划和环境保护专业规划，符合当地的大气污染防治、

水资源保护和自然生态保护要求,并应通过环境影响和环境风险评价。

② 为保证焚烧设施处于长期相对稳定的环境,选址要综合考虑设施服务区域、交通运输、地质环境、土地利用现状、基础设施状况、运输距离及公众意见等因素。

③ 不允许建设在地表水环境质量Ⅰ类、Ⅱ类功能区和环境空气质量一类功能区。焚烧厂内危险废物处理设施距离主要居民区以及学校、医院等公共设施的距离不少于800米。

④ 厂址选择时,应充分考虑焚烧产生的炉渣及飞灰的处理与处置,并宜靠近危险废物安全填埋场。

15.4.1.2 危险废物焚烧处置系统

与普通焚烧系统相比,危险废物的焚烧系统首先要考虑的指标包括毒性分解指标、重金属去除指标、环境污染指标、安全管理指标,其次才考虑减容减量指标、热能回收指标、资源回收指标、热能利用指标、经济效益及其他热经济技术指标。

危险废物焚烧处置系统包括预处理及进料系统、焚烧炉系统、热能利用系统、烟气净化系统、残渣处理系统、自动控制和在线监测系统及其他辅助装置。

(1) 预处理及进料系统

危险废物入炉前需根据其成分、热值等参数进行设置,以保障焚烧炉稳定运行,降低焚烧残渣的热灼减率。危险废物搭配时要注意相互间的相容性,避免不相容的危险废物混合后产生不良后果。具有易爆性的危险废物禁止直接进行焚烧处置。进料系统需处于负压状态,防止有害气体逸出。

(2) 焚烧炉系统

危险废物的焚烧在封闭的焚烧炉内进行,一个焚烧炉要有两个或两个以上的焚烧室,通过多次焚烧实现有毒有害物质的分解和去除。目前,国内的焚烧炉类型有回转窑焚烧炉、热解焚烧炉、炉排炉、流化床焚烧炉、液体喷射炉等形式。其中炉排炉由于炉排在炉膛内的高温情况下运行极易损坏以及对物料要求较为严格,因此通常不使用。流化床焚烧炉由于对物料要求比较严格,物料必须被破碎到一定的粒径以下才能满足要求,控制困难,运行稳定性差。目前危险废物焚烧主要采用回转窑焚烧炉和热解焚烧炉两种形式。表15-4中列出了几种常见焚烧炉及其处理危险废物的种类。表15-5为危险废物焚烧炉的技术性能指标。

表15-4 常见焚烧炉及其处理危险废物种类

焚烧设备	处理危险废物种类
回转窑炉	有机蒸气、高浓度有机废液、液态有机废物、粒状均匀废物、非均匀的松散废物、含易燃组分的有机废物、未经处理的粗大而散装的废物、含卤化芳烃废物、有机污泥等
液体喷射炉	有机蒸气、高浓度有机废液、液态有机废物、含卤化芳烃废物
流化床炉	粉状危险废物、块状废物及废液
固定床炉	有机蒸气、粒状均匀废物、非均匀的松散废物、低熔点废物、含易燃灰组分的有机废物等
热解炉	有机物含量高的危险废物

表 15-5　危险废物焚烧炉的技术性能指标

指标	焚烧炉高温段温度/℃	烟气停留时间/s	烟气含氧量(干烟气，烟囱取样口)/%	烟气一氧化碳浓度（烟囱取样口）/(mg/m³)		燃烧效率/%	焚毁去除率/%	热灼减率/%
				1h均值	24h均值或日均值			
限值	≥1100	≥2.0	6～15	≤100	≤80	≥99.9	≥99.99	<5

(3) 热能利用系统

危险废物焚烧过程中可产生的焚烧烟气温度在 850℃ 左右，而烟气净化系统允许温度在 250℃ 左右。因此可以对热能进行回收利用，如预热助燃空气、加热产生热水供暖或蒸汽发电等。

利用危险废物焚烧热能的锅炉，需充分考虑烟气对锅炉的高温和低温腐蚀问题，且为避免二噁英的产生，热能利用应避开 200～500℃ 温度区间。

(4) 烟气净化系统

焚烧烟气净化装置的主要功能是除尘、脱硫、脱硝、脱酸、去除二噁英类及重金属类污染物。可根据不同的废物类型及其组分含量选择采用湿法烟气净化、半干法烟气净化以及干法烟气净化等方式。

为控制二噁英的产生和排放，可采用如下措施：①严格控制燃烧室烟气的温度、停留时间和流动工况，使危险废物完全焚烧；②采取急冷处理，使焚烧产生的高温烟气迅速降到 200℃ 以下，减少烟气在 200～500℃ 温区的滞留时间；③采用活性炭或多孔性吸附剂，或设置活性炭或多孔性吸附剂吸收塔（床）对烟气进行处理。

(5) 残渣处理系统

残渣处理系统应包括炉渣处理系统、飞灰处理系统。炉渣处理系统包括除渣冷却、输送、贮存、碎渣等设施。飞灰处理系统包括飞灰收集、输送、贮存等设施。焚烧炉渣经鉴别后属于危险废物，按照危险废物进行安全处置，不属于危险废物的按一般废物进行处置。

15.4.2　安全填埋处置技术

危险废物安全填埋场是各类填埋场中防护要求最高的一类。适于处置《国家危险废物名录》中，除与填埋场衬层不相容废物之外的危险废物。由于危险废物中的有毒有害成分往往具有不可降解性能，所以危险废物填埋场没有稳定期，要求危险废物填埋场在尽可能长的时间内保持安全和无破损，因此对危险废物安全填埋场选址、废物入场要求、防渗及日常维护及封场都有更高的要求。典型的安全填埋场剖面图如图 15-14 所示。

安全填埋技术根据填埋废物的种类可分为单组分填埋和多组分填埋。单组分填埋适用于处置化学形态相同的危险废物；多组分填埋适用于处置两类以上混合后不发生化学反应，或发生非激烈化学反应后性质稳定的危险废物。根据防渗层的不同，安全填埋场可分为两类，采用双人工复合衬层作为防渗层的填埋处置设施称为柔性填埋场；采用钢筋混凝土作为防渗阻隔结构的填埋处置设施称为刚性填埋场。

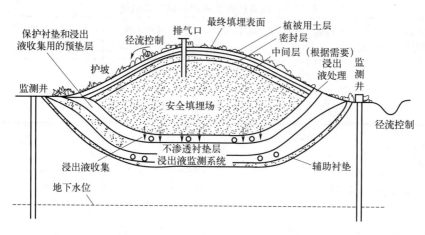

图 15-14　安全填埋场剖面图

15.4.2.1　安全填埋场的选址

场址选择必须通过各专业技术人员密切配合，与当地有关政府部门人员一起，有针对性地对可能的建设场址进行现场踏勘，并搜集必要的设计基础资料，经过场址方案的技术与经济比较后，推荐出一个最佳场址方案供政府机关审查批准。安全填埋场选址过程见图 15-15。

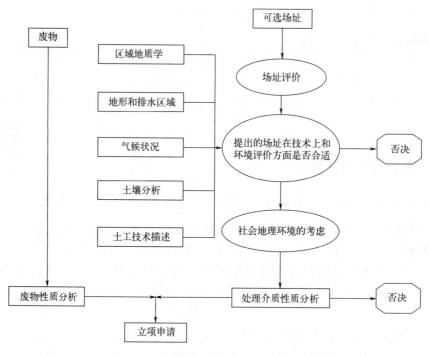

图 15-15　安全填埋场选址过程

填埋场场址不应选在国务院和国务院有关主管部门及省、自治区、直辖市人民政府划定的生态保护红线区域、永久基本农田和其他需要特别保护的区域内。

填埋场场址不得选在：破坏性地震及活动构造区、海啸及涌浪影响区；湿地；地应力高度集中，地面抬升或沉降速率快的地区；石灰溶洞发育带；废弃矿区、塌陷区；崩塌、岩堆、滑坡区；山洪、泥石流影响地区；活动沙丘；尚未稳定的冲积扇、冲沟地区及其他可能危及填埋场安全的区域。填埋场场址标高应位于重现期不小于100年一遇的洪水位之上。

柔性填埋场场址要满足如下条件：场区的区域稳定性和岩土体稳定性良好，渗透性低，没有泉水出露；填埋场防渗结构底部应与地下水有记录以来的最高水位保持3m以上的距离，场址不在高压缩性淤泥、泥炭及软土区域；场址天然基础层的饱和渗透系数不大于1.0×10^{-5}cm/s，且其厚度不小于2m。如不能如上条件，则应建设刚性填埋场。

在对危险废物填埋场场址进行环境影响评价时，应重点考虑危险废物填埋场渗滤液可能产生的风险、填埋场结构及防渗层长期安全性及其由此造成的渗漏风险等因素，根据其所在地区的环境功能区类别，结合该地区的长期发展规划和填埋场设计寿命期，重点评价其对周围地下水环境、居住人群的身体健康、日常生活和生产活动的长期影响，确定其与常住居民居住场所、农用地、地表水体以及其他敏感对象之间合理的位置关系。

15.4.2.2 填埋场运行管理要求

在填埋场投入运行之前，要制定一套简明的运行计划，这是确保填埋场运行成功的关键。运行计划不仅要满足常规运行要求，还要提出应急措施，以保证填埋场能够被有效利用和环境安全。填埋场运行应满足的基本要求包括：①入场的危险废物必须符合填埋物入场要求，或须进行预处理达到填埋场入场要求。②填埋场运行中应进行每日覆盖，避免在填埋场边缘倾倒废物，散状废物入场后要进行分层碾压，每层厚度视填埋容量和场地情况而定。③在不同季节气候条件下，应保证填埋场进出口道路通畅，并且通向填埋场的道路应设栏杆和大门加以控制。④填埋工作面应尽可能小，使其能够得到及时覆盖。⑤废物堆填表面要维护最小坡度，一般为1∶3（垂直∶水平）。⑥必须设有醒目的标志牌，应满足《环境保护图形标志 固体废物贮存（处置）场》（GB 15562.2—1995）的要求，以指示正确的交通路线。⑦每个工作日都应有填埋场运行情况的记录，内容包括设备工艺控制参数、入场废物来源、种类、数量，废物填埋位置及环境监测数据等。⑧运行机械的功能要适应废物压实的要求，必须有备用机械。⑨填埋场不能露天运行，必须有遮雨设备，以防止雨水与未进行最终覆盖的废物接触。⑩填埋场运行管理人员应参加环境管理部门的岗位培训，合格后上岗。

15.4.2.3 安全填埋场入场废物

不能进行安全填埋处置的废物包括：医疗废物、与衬层具有不相容性反应的废物及液态废物。

柔性填埋场适合填埋的废物包括：①浸出液中有害成分浓度不超过表15-6中允许填埋控制限值的废物；②浸出液pH值在7.0~12.0之间的废物；③含水率低于60%的废物；④水溶性盐总量小于10%的废物；⑤有机质含量小于5%的废物；⑥不再具有反应性、易燃性的废物。

表 15-6 危险废物允许填埋的控制限值

序号	项目	稳定化控制限值/(mg/L)	序号	项目	稳定化控制限值/(mg/L)
1	烷基汞	不得检出	8	锌(以总锌计)	120
2	汞(以总汞计)	0.12	9	铍(以总铍计)	0.2
3	铅(以总铅计)	1.2	10	钡(以总钡计)	85
4	铬(以总铬计)	0.6	11	镍(以总镍计)	2
5	总铬	15	12	砷(以总砷计)	1.2
6	六价铬	6	13	无机氟化物(不包括氟化钙)	120
7	铜(以总铜计)	120	14	氰化物(以 CN^- 计)	6

刚性填埋场适合填埋的废物为：不具有反应性、易燃性或经预处理不再具有反应性、易燃性的废物及砷含量大于5%的废物。

15.4.2.4 安全填埋场组成

安全填埋场包括接收与贮存系统、分析与鉴别系统、预处理系统、填埋处置设施（防渗系统、渗滤液收集和导排系统、填埋气体控制设施）、环境监测系统、封场覆盖系统、应急设施及其他公用工程和配套设施。根据具体情况可选择设置渗滤液和废水处理系统、地下水导排系统。

(1) 接收与贮存系统

填埋场入口附近设置计量设施，并在废物接收区放置放射性废物快速检测报警系统，避免放射性废物入场。填埋场应设有初检室，对废物进行物理化学分类。

贮存设施应分区设置，将已经过检测和未经过检测的废物分区存放，其中经过检测的废物应按物理、化学性质分区存放，而不相容危险废物应分区并相互远离存放。盛装危险废物的容器应当完好无损，其材质和衬里要与危险废物相容，且容器及其材质要满足相应的强度要求。另外，填埋场应设包装容器专用的清洗设施，单独设置剧毒危险废物贮存设施及酸、碱、表面处理废液等废物的贮罐，并且各贮存设施应有抗震、消防、防盗、换气、空气净化等措施。

(2) 分析与鉴别系统

安全填埋场应设分析实验室，对入场的危险废物进行分析和鉴别。应具备 Cr、Zn、Hg、Cu、Pb、Ni、Cd、As 等重金属及氰化物等项目的检测能力，及进行危险废物与危险废物间、危险废物与防渗材料间的相容性实验的能力。超出自设分析实验室检测能力以外的分析项目，可采用社会化协作方式解决。分析实验室不应布置在震动大、灰尘多、噪声高、潮湿和强磁场干扰的地方。

(3) 预处理系统

安全填埋场应设预处理站，包括废物临时堆放、分拣破碎、固化和稳定化处理设施等。对不能直接入场填埋的危险废物须在填埋前进行稳定化/固化处理。如焚烧飞灰可采用重金属稳定剂或水泥进行稳定化/固化处理；重金属类废物可在确定重金属的种类后，采用硫代硫酸钠、硫化钠或重金属稳定剂进行稳定化处理，并酌情加入一定比例的水泥进行固化；酸碱污泥可采用中和方法进行稳定化处理；含氰污泥可采用稳定化剂或氧化剂进行稳定化处理；散落的石棉废物可采用水泥进行固化；大量的有包装的石棉废物可采用聚合物包裹的方法进行处理。

(4) 防渗系统

填埋场所选用的防渗材料应与所接触的废物相容，并考虑其抗腐蚀特性。应选择具有化学兼容性、耐久性、耐热性、高强度、低渗透率、易维护、无二次污染的材料。一般双衬层系统可满足防渗要求。

柔性填埋场应设置渗滤液收集和导排系统，以保证人工衬层之上的渗滤液深度不大于30cm。渗滤液收集和导排系统包括渗滤液导排层、导排管道和集水井。渗滤液导排层的坡度不宜小于2%。

柔性填埋场双人工复合衬层系统见图15-16。在两层人工复合衬层之间设置渗漏检测层，包括双人工复合衬层之间的导排介质、集排水管道和集水井，并分区设置。检测层渗透系数应大于0.1cm/s。若采用高密度聚乙烯膜，其渗透系数$\leqslant 1.0\times 10^{-12}$cm/s。上层膜厚度应$\geqslant 2.0$mm，下层膜厚度应$\geqslant 1.0$mm。

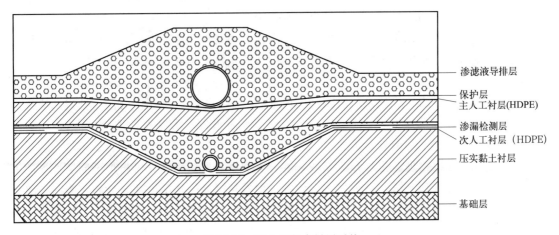

图15-16 双人工复合衬层系统

其结构由下到上依次为：基础层、压实黏土衬层、次人工衬层、渗漏检测层、压实黏土衬层、主人工衬层、膜上保护层、渗滤液导排层。

刚性填埋场采用钢筋混凝土作为防渗结构，一般设计成若干独立对称的填埋单元，每个填埋单元面积不超过50m²且容积不超过250m³，并设置雨棚，杜绝雨水进入。刚性填埋场示意图见图15-17。

钢筋混凝土的防水等级应符合GB 50108—2008一级防水标准；钢筋混凝土抗压强度不低于25N/mm²，厚度不小于35cm。在填埋场底部以及侧面钢筋混凝土与废物接触面应覆有防渗、防腐材料，如采用高密度聚乙烯膜，厚度均应$\geqslant 2.0$mm。

(5) 渗滤液控制系统

渗滤液控制系统包括渗滤液集排水系统、渗滤液处理系统、雨水集排水系统和地下水集排水系统。

根据所处衬层系统中的位置可分为初级集排水系统、次级集排水系统和排水系统。初级集排水系统应位于上衬层表面和废物之间，由排水层、过滤层、集水管组成，用于收集和排除初级衬层上面的渗滤液。次级集排水系统应位于上衬层和下衬层之间，用于监测初级衬层

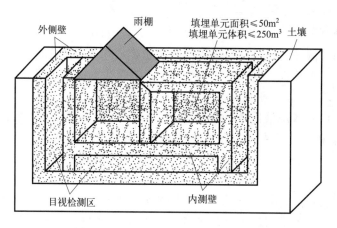

图 15-17 刚性填埋场示意图（地下）

的运行状况，并作为初级衬层渗滤液的集排水系统。

柔性填埋场作业单元应用临时衬层覆盖，刚性填埋场作业单元应设置雨棚。填埋区设立分区独立排水系统，将填埋区的渗滤液和未填埋区的未污染雨水分别排出。

填埋场内渗滤液在排入自然环境前必须经过严格处理，满足废水排放标准后方可排放。需自设渗滤液处理设施，严禁将危险废物填埋场的渗滤液送至其他污水处理厂处理。应根据各地危险废物种类，设置相应的渗滤液调节池调节水质水量。渗滤液处理前应进行预处理，预处理应包括水质水量的调整、机械过滤和沉砂等。

渗滤液处理应以物理、化学方法处理为主，生物处理方法为辅。可根据不同填埋场的不同特性确定适用的处理方法。物理化学方法可采用絮凝沉淀、化学沉淀、砂滤、吸附、氧化还原、反渗透和超滤等，以去除水中的无机物质和难以生物降解的有机物质。生物处理法可采用活性污泥、接触氧化、生物滤池、生物转盘和厌氧生物等处理方式去除水中的有机物质。

（6）环境监测系统

安全填埋场应设置监测系统，以满足运行期和封场期对渗滤液、地下水、地表水和大气的监测要求，并应在封场后连续监测 30 年。

渗滤液监测点位应位于每个渗滤液集水池。渗滤液监测指标包括水位及水质。

地下水监测井应尽量接近填埋场，沿地下水渗流方向设置。监测指标应包括水位和水质，与渗滤液监测指标相同。

填埋场区内、场区上风向、场区下风向、集水池、导气井应各设一个大气采样点。污染源下风向为主要监测方位。超标地区、人口密度大地区、距离工业区较近的地区应加大采样密度。监测项目根据填埋的危险废物主要有害成分及稳定化处理结果来确定。

（7）应急系统

应制定完备的事故应急预案，并对相关人员进行培训，使其掌握基本应急技能。填埋场应设置事故报警装置和紧急情况下的气体、液体快速检测设备；应设置渗滤液渗漏应急池等应急预留场所，还应设置危险废物泄漏处置设备；还应设置全身防护、呼吸道防护等安全防护装备，并配备常见的救护急用物品和中毒急救药品。

15.4.2.5 安全填埋场封场及封场后维护管理

安全填埋场处置的废物数量达到安全填埋场设计容量时,应进行堆体稳定性分析,确定填埋标高后实行安全填埋场封场。

柔性填埋场填埋作业达到设计容量后,应及时进行封场覆盖。封场结构自下而上为:①导气层,由砂砾组成,渗透系数大于 0.01cm/s,厚度不小于 30cm。②防渗层,厚度 1.5mm 以上的糙面高密度聚乙烯防渗膜或线性低密度聚乙烯防渗膜;采用黏土时,厚度不小于 30cm,饱和渗透系数小于 1.0×10^{-7}cm/s。③排水层,渗透系数不小于 0.1cm/s,边坡采用土工复合排水网,排水层与填埋库区四周的排水沟相连。④植被层,由营养植被层和覆盖支持土层组成,营养植被层厚度大于 15cm。覆盖支持土层由压实土层构成,厚度大于 45cm。

刚性填埋单元填满后应及时对该单元进行封场,封场结构包括 1.5mm 以上高密度聚乙烯防渗膜及抗渗混凝土。

填埋场封场后,除绿化和场区开挖回收废物进行利用外,禁止在原场地进行开发用作其他用途。

封场后管理主要是为了完成废物稳定化过程,防止场内发生难以预见的反应。封场后管理阶段一般规定要延续 30 年,其间应进行的维护管理工作包括:①维护最终覆盖层的完整性和有效性;②维护和监测检漏系统;③继续进行渗滤液的收集和处理;④继续进行填埋场产出气体的处置;⑤继续监测地下水水质的变化。

15.4.3 非焚烧处置技术

危险废物非焚烧处置技术,包括热脱附技术、熔融技术、电弧等离子技术等,需根据技术特点和被处置废物的特性进行选择。其中热脱附技术适用于处置挥发性、半挥发性及部分难挥发性有机类固态或半固态危险废物,可用于处理含有上述危险废物的土壤、泥浆、沉淀物、滤饼等。熔融技术适用于处置危险废物焚烧残渣和固体废物焚烧产生的飞灰等。电弧等离子体技术适用于处置毒性较高、化学性质稳定,并能长期存在于环境中的危险废物,特别适宜处置垃圾焚烧后的飞灰、粉碎后的电子垃圾、液态或气态有毒危险废物等。

参 考 文 献

[1] 李国鼎.环境工程手册: 固体废物污染防治卷 [M].北京: 高等教育出版社, 2003.
[2] 庄伟强.固体废物处理与利用 [M].北京: 化学工业出版社, 2002.
[3] 庄伟强, 刘爱军.固体废物处理与处置 [M].4版.北京: 化学工业出版社, 2023.
[4] 谢磊磊, 余良谋.固体废物处理与处置技术 [M].北京: 冶金工业出版社, 2023.
[5] 刘汉湖, 蒋家超.固体废物处理与处置 [M].2版.徐州: 中国矿业大学出版社, 2021.
[6] 杨治广.固体废物处理与处置 [M].上海: 复旦大学出版社, 2019.
[7] 吴宇琦.典型有机固体废物高效处理处置与资源化 [M].北京: 化学工业出版社, 2022.
[8] 唐雪娇, 沈伯雄.固体废物处理与处置 [M].2版.北京: 化学工业出版社, 2018.
[9] 沈华.固体废物资源化利用与处理处置 [M].2版.北京: 科学出版社, 2023.
[10] 徐婧.工业危险固体废物的五大处置技术 [J].中国资源综合利用, 2020, 38 (5): 89-90, 116.
[11] 高士杰.垃圾填埋产气量预测模型及填埋场内压力分布研究 [D].北京: 北京建筑工程学院, 2008.
[12] 唐文荣.上海老港填埋场转型发展实践分析 [J].河南科技, 2022 (17): 94-98.
[13] 王卫, 黄峰威.浅析垃圾填埋场封场治理和再开采复用 [J].环境保护与循环经济, 2022 (7): 43-46.
[14] 袁慰顺, 胡秀荣.天然钠基膨润土和人工钠化膨润土的异同 [J].中国非金属矿工业导刊, 2008, 4: 9-20.
[15] 肖诚, 熊向阳, 夏军.生活垃圾卫生填埋场防渗结构设计影响因素分析 [J].环境卫生工程, 2007, 15 (5): 29-32.
[16] 钱学德, 郭志平, 施建勇, 等.现代卫生填埋场的设计与施工 [M].北京: 中国建筑工业出版社, 2001.
[17] 陆鲁, 郭辉东.大型垃圾集装化转运系统中转站主体工艺优化分析 [J].环境卫生工程, 2007, 15: 23-26.
[18] 冯颖俊, 李云.中国城市生活垃圾分类收集的研究 [J].污染防治技术, 2009, 22: 75-77.
[19] 杨玉楠, 熊运实, 杨军, 等.固体废物的处理处置工程与管理 [M].北京: 科学出版社, 2004.
[20] 李金惠.危险废物管理与处理处置技术 [M].北京: 化学工业出版社, 2003.
[21] 祝建中, 蔡明招, 陈烈强, 等.城市垃圾焚烧炉内残渣性质及结渣形成 [J].城市环境与城市生态, 2002, 15 (2): 46-48.
[22] 孙燕.几种垃圾焚烧炉及炉排的介绍 [J].环境卫生工程, 2002, 10 (2): 77-80.
[23] 张长森.生物质流化床气化及热解实验研究 [D].郑州: 郑州大学, 2006.
[24] 曹建军, 刘永娟, 郭广礼.煤矸石的综合利用现状 [J].环境污染治理技术与设备, 2004, 5 (1): 19-22.
[25] 常前发.矿山固体废物的处理与处置 [J].矿产保护与利用, 2003, 5: 38-42.
[26] 陈闽子, 佟琦, 韩树民.磷石膏、粉煤灰在硅钙硫肥料生产中的应用 [J].中国资源综合利用, 2003 (9): 9-11.
[27] 高占国, 华珞, 郑海金.粉煤灰的理化性质及其资源化的现状与展望 [J].首都师范大学学报: 自然科学版, 2003, 24 (1): 70-77.
[28] 胡燕荣.化工固体废物的综合利用 [J].污染防治技术, 2003, 16 (1): 37-39.
[29] 纪柱.铬渣的危害及无害化处理综述 [J].无机盐工业, 2003, 35 (3): 1-4.
[30] 李亚峰, 孙凤海, 牛晚扬.粉煤灰处理废水的机理及应用 [J].矿业安全与环保, 2001, 28 (2): 30-33.
[31] 梁爱琴, 匡少平, 白卯娟.铬渣治理与综合利用 [J].中国资源综合利用, 2003 (1): 15-18.
[32] 刘宪兵.我国工业危险废物污染防治的技术原则和技术路线 [J].中国环保产业, 2002 (3): 26-27.

[33] 贲玉杰, 安学琴. 粉煤灰综合利用现状及发展建议 [J]. 煤化工, 2004, 32（2）: 35-36.
[34] 梁爱琴, 匡少平, 丁华. 煤矸石的综合利用探讨 [J]. 中国资源综合利用, 2004（2）: 11-14.
[35] 聂永丰. 三废处理工程技术手册: 固体废物卷 [M]. 北京: 化学工业出版社, 2000.
[36] 钱易. 清洁生产与可持续发展 [J]. 节能与环保, 2002（7）: 10-13.
[37] 田立楠. 磷石膏综合利用 [J]. 化工进展, 2002, 21（1）: 56-59.
[38] 王春峰, 李尉卿, 崔淑敏. 活化粉煤灰在造纸废水处理中的综合利用 [J]. 粉煤灰综合利用, 2004, 18（2）: 39-40.
[39] 王健, 金鸣林, 魏林, 等. 用粉煤灰制备新型水处理滤料 [J]. 化工环保, 2003, 23（6）: 352-355.
[40] 杨崇豪, 周瑞云. 粉煤灰技术在污水处理中的应用研究及存在问题讨论 [J]. 环境污染治理技术与设备, 2003, 4（2）: 49-53.
[41] 杨启霞. 工业固体废物在絮凝剂制备上的应用及问题探讨 [J]. 再生资源研究, 2003（5）: 29-32.
[42] 周珊, 杜冬云. 粉煤灰-Fenton法处理酸性红印染废水 [J]. 环境科学与技术, 2004, 27（2）: 69-71.
[43] 朱桂林. 中国钢铁工业固体废物综合利用的现状和发展 [C]. 2002年中国国际钢铁大会. 2002.
[44] 朱海涛, 张灿英, 陈磊, 等. 煤矸石等工业废物研制环保陶瓷生态砖 [J]. 新型建筑材料, 2003（2）: 11-12.
[45] 赵由才, 等. 可持续生活垃圾处理与处置 [M]. 北京: 化学工业出版社, 2007.
[46] 宋立杰, 赵天涛, 赵由才. 固体废物处理与资源化实验 [M]. 北京: 化学工业出版社, 2008.
[47] 赵由才, 宋玉. 生活垃圾处理与资源化技术手册 [M]. 北京: 冶金工业出版社, 2007.
[48] 楼紫阳, 赵由才, 张全. 渗滤液处理处置技术与工程实例 [M]. 北京: 化学工业出版社, 2007.
[49] 牛冬杰, 秦峰, 赵由才. 市容环境卫生管理 [M]. 北京: 化学工业出版社, 2007.
[50] 王罗春, 赵爱华, 赵由才. 生活垃圾收集与运输 [M]. 北京: 化学工业出版社, 2006.
[51] 赵由才, 张全, 蒲敏. 医疗废物管理与污染控制技术 [M]. 北京: 化学工业出版社, 2005.
[52] 边炳鑫, 赵由才, 康文泽. 农业固体废物的处理与综合利用 [M]. 北京: 化学工业出版社, 2005.
[53] 边炳鑫, 解强, 赵由才. 煤系固体废物资源化技术 [M]. 北京: 化学工业出版社, 2005.
[54] 柴晓利, 赵爱华, 赵由才. 固体废物焚烧技术 [M]. 北京: 化学工业出版社, 2005.
[55] 柴晓利, 张华, 赵由才. 固体废物堆肥原理与技术 [M]. 北京: 化学工业出版社, 2005.
[56] 赵由才, 龙燕, 张华. 生活垃圾卫生填埋技术 [M]. 北京: 化学工业出版社, 2004.
[57] 边炳鑫, 张鸿波, 赵由才. 固体废物预处理与分选技术 [M]. 北京: 化学工业出版社, 2004.
[58] 王罗春, 将路漫, 赵由才. 建筑垃圾处理与资源化, 2版 [M]. 北京: 化学工业出版社, 2017.
[59] 解强, 边炳鑫, 赵由才. 城市固体废弃物能源化利用技术 [M]. 北京: 化学工业出版社, 2004.
[60] 赵由才, 张承龙, 蒋家超. 碱介质湿法冶金技术 [M]. 北京: 冶金工业出版社, 2009.
[61] 李鸿江, 刘清, 赵由才. 冶金过程固体废物处理与资源化 [M]. 北京: 冶金工业出版社, 2008.
[62] 蒋家超, 招国栋, 赵由才. 矿山固体废物处理与资源化 [M]. 北京: 冶金工业出版, 2007.
[63] 牛冬杰, 孙晓杰, 赵由才. 工业固体废物处理与资源化 [M]. 北京: 冶金工业出版社, 2007.
[64] 王罗春, 何德文, 赵由才. 危险化学品废物的处理 [M]. 北京: 化学工业出版社, 2006.
[65] 赵由才. 危险废物处理技术 [M]. 北京: 化学工业出版社. 2003.
[66] 赵由才. 实用环境工程手册: 固体废物污染控制与资源化 [M]. 北京: 化学工业出版社, 2002.
[67] 赵由才. 生活垃圾资源化原理与技术 [M]. 北京: 化学工业出版社, 2002.
[68] 赵由才, 黄仁华. 生活垃圾卫生填埋场现场运行指南 [M]. 北京: 化学工业出版社, 2001.
[69] 张益, 赵由才. 生活垃圾焚烧技术 [M]. 北京: 化学工业出版社, 2000.
[70] 许玉东, 陈荔英, 赵由才. 污泥管理与控制政策 [M]. 北京: 冶金工业出版社, 2010.
[71] 王罗春, 李雄, 赵由才. 污泥干化与焚烧技术 [M]. 北京: 冶金工业出版社, 2010.
[72] 李鸿江, 顾莹莹, 赵由才. 污泥资源化利用技术 [M]. 北京: 冶金工业出版社, 2010.
[73] 王星, 赵天涛, 赵由才. 污泥生物处理技术 [M]. 北京: 冶金工业出版社, 2010.
[74] 曹伟华, 孙晓杰, 赵由才. 污泥处理与资源化应用实例 [M]. 北京: 冶金工业出版社, 2010.
[75] 孙英杰, 赵由才, 等. 危险废物处理技术 [M]. 北京: 化学工业出版社, 2006.

[76] 李金惠, 等. 危险废物处理技术 [M]. 北京: 中国环境科学出版社, 2006.

[77] 国家环境保护总局危险废物管理培训与技术转让中心. 危险废物管理与处理处置技术 [M]. 北京: 化学工业出版社, 2003.

[78] 何晟, 等. 城市生活垃圾分类收集与资源化利用和无害化处理 [M]. 苏州: 苏州大学出版社, 2015.

[79] 张小平. 固体废物污染控制工程 [M]. 北京: 化学工业出版社, 2010.

[80] 陈冠益. 生物质能源技术与理论 [M]. 北京: 科学出版社, 2017.

[81] 李新禹. 城市生活垃圾热解设备与特性的研究 [D]. 天津: 天津大学, 2007.

[82] 聂永丰, 岳东北. 固体废物热力处理技术 [M]. 北京: 化学工业出版社, 2016.

[83] 马文超, 王铁军, 徐莹, 等. 松木粉热解和生物油精制的实验研究 [M]. 太阳能学报, 2015, 36(4): 976-980.

[84] 潘敏慧. 村镇生活垃圾热解气化装置与工艺研发 [D]. 天津: 天津大学, 2017.

[85] 陈冠益, 杨会军, 姚金刚, 等. 两段式固定床芦竹催化热解实验研究 [J]. 天津大学学报: 自然科学与工程技术版, 2017, 50(1): 59-64.

[86] 邓高峰, 张衍国, 李清海, 吴占松. 150t/d 循环流化床生活垃圾焚烧炉的工艺结构与污染排放 [J]. 环境污染治理技术与设备, 2003, 4(1): 81-84.

[87] 任芝军. 固体废物处理处置与资源化技术 [M]. 哈尔滨: 哈尔滨工业大学出版社, 2010.

[88] 代国忠. 垃圾填埋场防渗新技术 [M]. 重庆: 重庆大学出版社, 2021.

[89] 姚婷. 工业固体废物资源化利用研究 [M]. 上海: 上海社会科学院出版社, 2022.

[90] 杨春平, 吕黎. 工业固体废物处理与处置 [M]. 北京: 科学出版社, 2017.

[91] 杨玉飞. 固体废物鉴别与管理 [M]. 郑州: 河南科学技术出版社, 2016.

[92] 过震文, 李立寒, 胡艳军. 生活垃圾焚烧炉渣资源化理论与实践 [M]. 上海: 上海科学技术出版社, 2019.

[93] 宋博宇, 张海萍. 中国生活垃圾焚烧环境管理创新与探索 [M]. 昆明: 云南科技出版社, 2021.

[94] 刘海力. 厨余垃圾的燃烧与热解特性研究 [M]. 成都: 西南交通大学出版社, 2015.

[95] 熊新宇, 邵孝峰, 蒋龙进. 危险废物处理技术及综合利用工程可行性研究实例 [M]. 合肥: 安徽科学技术出版社, 2018.

[96] 陈昆柏, 郭春霞. 危险废物处理与处置 [M]. 郑州: 河南科学技术出版社, 2017.

[97] 李季, 彭生平. 堆肥工程实用手册 [M]. 北京: 化学工业出版社, 2011.

[98] 朱能武. 固体废物处理与利用 [M]. 北京: 北京大学出版社, 2006.

[99] 边炳鑫, 赵由才, 乔艳云. 农业固体废物的处理与综合利用 [M]. 北京: 化学工业出版社, 2017.

[100] 孙晓军, 肖正, 王志强. 生活垃圾焚烧厂自动燃烧控制系统的原理与应用 [J]. 环境卫生工程, 2009, 17(4): 20-23.

[101] 孙晓曦, 黄光群, 何雪琴, 等. 功能膜法好氧堆肥技术研究进展 [J]. DOI: 10.12377/1671-4393.21.11.10.

[102] 王长虹, 王国兴, 晏磊, 等. 寒区条垛式和槽式堆肥工艺的比较研究 [J]. 黑龙江八一农垦大学学报, 2016, 28(1): 68-72.

[103] 田晓东, 张典, 俞松林, 等. 沼气工程的技术设计 [J]. 可再生能源, 2011, 29(3): 157-159.

[104] 郝春霞, 陈灏, 赵玉柱. 餐厨垃圾厌氧发酵处理工艺及关键设备 [J]. 环境工程, 2016, 34: 691-695.

[105] 刘涛. 黑水虻联合好氧堆肥对畜禽粪便无害化及资源化的研究 [D]. 西北农林科技大学, 2022.

[106] 李鑫. 黑水虻生长条件及处理餐厨垃圾的效能研究 [D]. 哈尔滨工业大学, 2021.

[107] 许志国. 畜禽养殖废弃物罐式好氧发酵技术模式. 畜牧兽医科技信息 [J]. 2018(03): 10.

[108] 冯康, 孟海波, 周海宾, 等. 一体化好氧发酵设备研究现状与展望 [J]. 中国农业科技导报, 2018(06): 74-84.